"十四五"职业教育国家规划教材

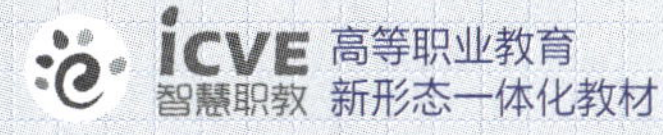

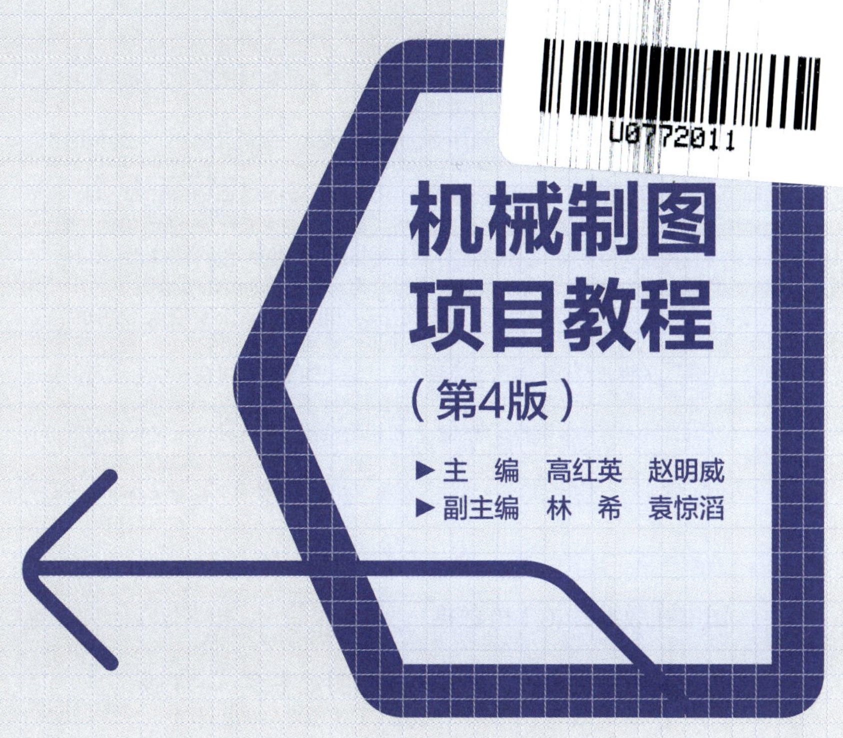

机械制图项目教程

（第4版）

▶主　编　高红英　赵明威

▶副主编　林　希　袁惊滔

中国教育出版传媒集团

高等教育出版社·北京

内容提要

本书是“十四五”职业教育国家规划教材。

本书根据高等职业教育有关制图课程的基本要求（机械类专业）和最新颁布的《技术制图》《机械制图》国家标准修订而成。

本书从高等职业教育机械制图课程改革和发展的实际情况出发，对传统的教学内容进行优化整合，将内容划分成五大模块共 14 个项目，主要内容有手柄平面图样的绘制、投影基础、基本体的投影及表面交线、简单零件轴测图的绘制、组合体视图的绘制与识读、机件的常用表达方法、标准件及常用件、轴套类零件绘制、盘盖类零件图绘制与识读、叉架类零件图绘制与识读、箱体类零件图绘制与识读、典型部件装配图的绘制、典型部件装配图的识读、利用 AutoCAD 绘图。

本书编写形式新颖，从学习目标到任务引入、知识链接、任务实施、学习小结、复习自查等，结构完整、设计合理。全书将思维能力、绘图和读图能力的培养作为根本目标，关键知识点配有微课等数字化资源，便于教师讲授和学生学习，亦可登录“智慧职教”平台搜索“机械制图与计算机绘图”进行在线教学。

本书可作为高等职业院校、继续教育机构的机械类和近机类专业的制图教学用书，参考学时为 90 ~ 120 学时，也可作为其他专业技术人员的制图参考书。

授课教师如需本书配套的教学课件等资源，可发送邮件至邮箱 gzjx@pub.hep.cn 获取。

图书在版编目 (C I P) 数据

机械制图项目教程 / 高红英，赵明威主编 . --4 版 . -- 北京：高等教育出版社，2023.7（2024.4 重印）
ISBN 978-7-04-059731-8

Ⅰ. ①机… Ⅱ. ①高… ②赵… Ⅲ. ①机械制图－高等职业教育－教材 Ⅳ. ① TH126

中国国家版本馆 CIP 数据核字（2023）第 009352 号

机械制图项目教程（第 4 版）
JIXIE ZHITU XIANGMU JIAOCHENG

策划编辑 张 璋　　责任编辑 张 璋　　封面设计 王 琰　　版式设计 张 杰
责任绘图 于 博　　责任校对 刘娟娟　　责任印制 高 峰

出版发行	高等教育出版社	网　　址	http://www.hep.edu.cn
社　　址	北京市西城区德外大街 4 号		http://www.hep.com.cn
邮政编码	100120	网上订购	http://www.hepmall.com.cn
印　　刷	北京汇林印务有限公司		http://www.hepmall.com
开　　本	850mm × 1168mm 1/16		http://www.hepmall.cn
印　　张	21.5	版　　次	2012 年 7 月第 1 版
字　　数	470 千字		2023 年 7 月第 4 版
购书热线	010-58581118	印　　次	2024 年 4 月第 2 次印刷
咨询电话	400-810-0598	定　　价	49.80 元

物 料 号 59731-00

“智慧职教”服务指南

“智慧职教”（www.icve.com.cn）是由高等教育出版社建设和运营的职业教育数字教学资源共建共享平台和在线课程教学服务平台，与教材配套课程相关的部分包括资源库平台、职教云平台和 App 等。用户通过平台注册，登录即可使用该平台。

• 资源库平台：为学习者提供本教材配套课程及资源的浏览服务。

登录“智慧职教”平台，在首页搜索框中搜索 “机械制图与计算机绘图”，找到对应作者主持的课程，加入课程参加学习，即可浏览课程资源。

• 职教云平台：帮助任课教师对本教材配套课程进行引用、修改，再发布为个性化课程（SPOC）。

1. 登录职教云平台，在首页单击“新增课程”按钮，根据提示设置要构建的个性化课程的基本信息。

2. 进入课程编辑页面设置教学班级后，在“教学管理”的“教学设计”中“导入”教材配套课程，可根据教学需要进行修改，再发布为个性化课程。

• App：帮助任课教师和学生基于新构建的个性化课程开展线上线下混合式、智能化教与学。

1. 在应用市场搜索“智慧职教 icve”App，下载安装。

2. 登录 App，任课教师指导学生加入个性化课程，并利用 App 提供的各类功能，开展课前、课中、课后的教学互动，构建智慧课堂。

“智慧职教”使用帮助及常见问题解答请访问 help.icve.com.cn。

第 4 版前言

党的二十大报告指出，建设中国式现代化必须“实施科教兴国战略，强化现代化建设人才支撑”。为贯彻和落实报告精神，本书保持第 3 版的编写宗旨，以“推进职普融通、产教融合、科教融汇，优化职业教育类型定位”为原则，以培养学生专业基础能力和创新能力为目标、绘图能力和读图能力为主线，融合企业实际生产典型案例，采取任务驱动形式组织教学活动。本书修订后有以下特点：

（1）为贯彻教育部《高等学校课程思政建设指导纲要》文件精神，机械制图课程作为机械类专业的专业基础课程，不仅要培养学生的绘图能力和读图能力，更应注重素养教育，引导学生养成一丝不苟的图学素养和精益求精的工匠精神，具有探索未知、追求真理、勇攀科学高峰、技能报国的责任感和使命感，注重培养安全意识、质量意识和团队协作能力。因此本次修订对书中每个项目的学习目标和学习小结进行更新和完善，将育人目标与课程内容有机融合。

（2）采用机械制图相关的最新国家标准，对标准件和尺寸极限等内容进行及时更新。

（3）在编写形式上采用“项目教学法”，以学习项目为目标，以典型任务为驱动，进行教学内容的组织和知识的学习。本书涉及的典型任务从简单的零件到复杂的零件和部件都以机械行业普遍应用的零、部件为例，实用性较强。

（4）对第 3 版中的动画、微课和视频等数字化教学资源进行更新，提高数字化资源质量。

本书由高红英、赵明威担任主编，林希、袁惊滔担任副主编。参加本书修订的有：高红英（绪论、模块二项目四、模块四）、陕西工业职业技术学院张翔（模块一、模块二项目三）、邓丰曼（模块二项目一）、杨利红［模块二项目二（2.1、2.2）］，西安航空职业技术学院王兰［模块二项目二（2.3、2.4、2.5）］，陕西工业职业技术学院赵明威（模块二项目五），南京工业职业技术大学李萍萍（模块三项目一），陕西工业职业技术学院林希（模块三项目二～项目五）、张妍（模块五）、袁惊滔（附表），全书由高红英负责统稿。陕西工业职业技术学院吕守祥教授、西安航天发动机有限公司技能专家何小虎对本书的编写给予了很大的支持和帮助，原中国图学学会理论图学专业委员会主任委员、西北工业大学高满屯教授审阅了本书，并对本书提出了宝贵的意见和建议，在此对以上各位专家、老师表示诚挚谢意。

由于编者水平有限，书中难免存在缺点和错误，恳请使用本书的师生和有关同志批评指正。

编者

2023 年 3 月

第3版前言

本书是在第2版的基础上修订而成的，并采用最新的《技术制图》《机械制图》等国家标准。

本书保持第2版的编写宗旨，以培养学生绘图能力和读图能力为目标，对学生空间思维和空间想象能力的培养采取了由易到难、循序渐进的教学方法。本书修订后有以下特点：

（1）本书在内容上进行了适当的删减，对直线、平面的投影只涉及基本知识，删减了锥齿轮和蜗杆蜗轮等部分，简化学习内容，降低了学习难度，更符合高职教材编写“必需、够用”的原则。

（2）本书在编写形式上采用“项目教学法”的思路，以学习项目为目标，以典型任务为驱动，进行教学内容的组织和知识的学习。本书所涉及的典型任务从简单的零件到复杂的零件和部件都以机械行业普遍应用的零、部件为例，实用性较强。本书在设计形式上思路新颖，从学习目标到任务引入、知识链接、任务实施、学习小结、复习自查等，便于教也易于学。在本书编写过程中，编者认真总结经验，广泛吸取同类教材的优点，在注重学科知识的系统性、表达的规范性和准确性的同时，充分考虑高职学生的思维特点和对知识的接受性，凡属教学的重点或难点均力求讲清、讲细、讲透，书中的作图多以分步作图和分步叙述的形式出现，充分展示作图的思路和过程，易学、易懂。

（3）为适应互联网技术飞速发展，本书采用数字化的技术，将动画、微课和视频等信息化教学资料立体化地展现给学习者，学生可以通过扫码学习相关的知识，动态了解作图方法和过程，可视性强，便于学生课内课外学习，线上线下学习。

本书由高红英和赵明威担任主编，贺炜和林希担任副主编。参加本书修订的有：陕西工业职业技术学院张翔（模块一、模块二项目三）、邓丰曼（模块二项目一）、杨利红［模块二项目二（2.1、2.2）］，西安航空职业技术学院王兰［模块二项目二（2.3、2.4、2.5）］，陕西工业职业技术学院赵明威（模块二项目五）、高红英（绪论、模块二项目四、模块四、附表）、林希（模块三），南京工业职业技术学院贺炜（模块五项目一），南京工业职业技术学院李萍萍（模块五项目二），全书由高红英负责统稿。陕西工业职业技术学院吕守祥教授、西北机器有限公司高级工程师刘辉对本书的编写给予了很大的支持和帮助。中国图学学会常务理事、中国图学学会理论图学专业委员会主任委员、西北工业大学高满屯教授审阅了本书，并对本书也提出了宝贵的意见和建议，在此对以上各位专家、老师表示诚挚谢意。

由于编者水平有限，书中难免存在缺点和错误，恳请使用本书的师生和有关同志批评指正。

编者

2017年9月

第2版前言

本书是在第1版的基础上修订而成的，并采用最新的《技术制图》《机械制图》等国家标准。

本书仍保持第1版的编写宗旨，以培养学生绘图能力和读图能力为目标，对学生空间思维和空间想象能力的培养采取了由易到难、循序渐进的教学方法。本书修订后有以下特点：

（1）教材知识体系完善，适用面广、应用性强。知识体系的设计符合机械制图的基本思路，在内容设计上既有普遍性，又有针对性，将展开图、焊接图和计算机绘图等内容编入教材，以拓展学生的专业知识和专业能力，为后续的学习奠定良好的专业基础。由于教材内容上有适当的裕量，教师可根据教学时数、专业需求和教学条件按一定的深度、广度进行取舍。

（2）本书在编写形式上采用“项目教学法”的思路，以学习项目为目标，以典型任务为驱动，进行教学内容的组织和知识的学习。本书所涉及的典型任务从简单的零件到复杂的零件和部件都以机械行业普遍应用的零、部件为例，实用性较强。教材在设计形式上思路新颖，从学习目标到任务引入、知识链接、任务实施、学习小结、复习自查等，便于教也易于学。在教材编写过程中，编者认真总结经验，广泛吸取同类教材的优点，在注重学科知识的系统性、表达的规范性和准确性的同时，充分考虑符合高职学生的思维特点和对知识的接受性，凡属教学的重点或难点均力求讲清、讲细、讲透，书中的作图多以分步作图和分步叙述的形式出现，充分展示作图的思路和过程，易学、易懂。

（3）增加了教材配套的教学课件和虚拟立体模型库、习题答案等，教学资源丰富，方便教师授课。

本书由高红英和赵明威担任主编，林希和李一栋担任副主编。参加本书修订的有：陕西工业职业技术学院张翔（模块一、模块二项目三、模块五项目一）、邓丰曼（模块二项目一）、杨利红［模块二项目二（2.1、2.2）］，西安航空职业技术学院王兰［模块二项目二（2.3、2.4、2.5）］，陕西工业职业技术学院赵明威（模块二项目五、模块五项目二）、高红英（绪论、模块二项目四、模块三项目一、模块四、附表1~15）、林希（模块三项目二～项目五、附表16~22），黑龙江职业学院李一栋（模块五项目三）。全书由高红英负责统稿。陕西工业职业技术学院吕守祥教授对本书的编写给予了很大的支持和帮助，西北机器有限公司高级工程师刘辉对本书也提出了许多宝贵的意见和建议，在此对以上各位老师表示诚挚谢意。

由于编者水平有限，书中难免存在缺点和错误，恳请使用本书的师生和有关同志批评指正。

编者

2014年5月

第1版前言

本书是以高等职业教育制图课程基本要求（机械类专业）为指导思想，以适应高等职业教育的发展为目标，根据高职高专人才培养方案、课程体系和课程标准等相关改革的教学要求，结合多年来制图教学改革实践经验，以培养学生绘图能力和读图能力为主线，以“必需、够用”为度，编写了本书及配套的习题集。本书采用最新的《技术制图》和《机械制图》等国家标准，以便适应图学的发展。

本书适于高职高专学校机械类相关专业（如机械制造、数控技术、材料成形、模具设计与制造、焊接技术、计算机辅助设计与制造、机电一体化等）学生使用。本书知识体系的设计符合机械制图的基本思路，考虑到制图知识的完整性和专业的拓展需求，在内容设计上既有普遍性，又有针对性，针对不同专业学生专业能力培养的需求，编入了展开图、焊接图和计算机绘图等内容，可以拓展学生的专业知识和专业能力，为后续的专业课程学习奠定良好的专业基础。由于本书内容上有适当的裕量，教师可根据教学时数、专业需求和教学条件按一定的深度、广度进行取舍。

本书在编写形式上采用“项目教学法”的思路，以学习项目为目标，以典型任务为驱动，进行教学内容的组织。这种创新思路可以使学习者在学习过程中目标更明确，通过完成项目任务，掌握制图的基本知识和基本技能。本书所涉及的典型任务从简单的零件到复杂的部件都以机械行业普遍应用的零、部件为例，实用性较强。本书在设计形式上思路新颖，从学习目标到任务引入、知识链接、任务实施、学习小结、复习自查等，结构完整、设计合理，便于自学。在编写过程中，编者认真总结长期的课程教学经验，广泛吸取兄弟院校同类教材的优点，在注重学科知识的系统性、表达的规范性和准确性的同时，充分考虑符合高职学生的思维特点和对知识的接受性，凡属教学的重点或难点均力求讲清、讲细、讲透，书中的作图多以分步作图和分步叙述的形式出现，充分展示作图的思路和过程，易学、易懂。

在培养学生的空间思维能力和三维构形能力方面，本书采用以图说文、以形解图的思路，在绘图和读图过程中立足培养学生“由形及图、由图及形”的能力。书中采用大量的三维实体造型图，生动、直观，给学习者带来了很大的方便。

本书由高红英和赵明威担任主编，林希和李一栋担任副主编。参加本书编写的有：陕西工业职业技术学院张翔（模块一、模块二项目三、模块五项目一），陕西工业职业技术学院邓丰曼（模块二项目一），陕西工业职业技术学院杨利红［模块二项目二（2.1、2.2）］，西安航空职业技术学院王兰［模块二项目二（2.3、2.4、2.5）］，陕西工业职业技术学院赵明威（模块二项目五、模块五项目二），陕西工业职业技术学院高红英［绪论、模块二项目四、模块三项目一（3.1、3.2、3.3、3.4、3.5），模块四］，陕西工业职业技术学院林希［模块三项目一（3.6）、项目二～项目五］，黑龙江职业学院李一栋（模块五项目三），附录由高红英和林希共同编写。全书由高红英负责统稿。

陕西工业职业技术学院吕守祥教授对本书的编写给予了很大的支持和帮助。本书由中国图学学会常务理事、中国图学学会理论图学专业委员会主任委员、西北工业大学高满屯教授审阅，并提出了许多宝贵的意见和建议，对本书编写质量起到至关重要的作用，作者在此致以衷心的感谢。

虽然编者尽力将本书编写成为一本适应于大多数高职院校工科专业教学的教材，但是由于编者水平有限，书中难免存在缺点和错误，恳请读者批评指正。

编者

2012 年 3 月

目录

绪论……1
模块一　机械制图的基本规定与基本技能……5
项目　手柄平面图样的绘制……6
任务引入……7
知识链接……8
1.1　认识机械图样……8
1.2　国家标准关于图样的基本规定……9
1.3　绘图工具和仪器的使用……20
1.4　几何作图……23
1.5　绘制平面图形……27
任务实施……31
学习小结……34
复习自查……34
模块二　简单形体视图的绘制与识读……37
项目一　投影基础……38
任务引入……39
知识链接……39
1.1　正投影基础……39
1.2　三视图……41
1.3　点的投影……43
1.4　直线的投影……46
1.5　平面的投影……48
任务实施……51
学习小结……52
复习自查……53
项目二　基本体的投影及表面交线……54
任务引入……55
知识链接 1……55
2.1　平面立体的投影……55
2.2　曲面立体的投影……58
2.3　截交线……63
任务实施 1……70
知识链接 2……71
2.4　相贯线……71
2.5　截断体与相贯体的尺寸标注……77
任务实施 2……79
学习小结……80
复习自查……80
项目三　简单零件轴测图的绘制……81
任务引入……82
知识链接……82
3.1　轴测图的基本知识……82
3.2　正等测……84
3.3　斜二测……90
任务实施……91
学习小结……93
复习自查……93
项目四　组合体视图的绘制与识读……94
任务引入……95
知识链接 1……95
4.1　组合体的形体分析……95
4.2　组合体三视图的画法……98
4.3　组合体三视图的尺寸标注……103
任务实施 1……107

知识链接 2……109
4.4 读组合体视图……109
任务实施 2……118
学习小结……121
复习自查……121
项目五 机件的常用表达方法……122
任务引入……123
知识链接 1……123
5.1 视图……123
任务实施 1……127
知识链接 2……128
5.2 剖视图……128
5.3 断面图……142
5.4 机件其他表达方法……147
任务实施 2……154
学习小结……156
复习自查……157
模块三 典型零件视图的绘制与识读……159
项目一 标准件及常用件……160
任务引入……161
知识链接……161
1.1 螺纹……161
1.2 螺纹紧固件……170
1.3 齿轮……175
1.4 键、销连接……179
1.5 滚动轴承……182
1.6 弹簧……186
任务实施……190
学习小结……191
复习自查……191
项目二 轴套类零件绘制……192
任务引入……193
知识链接……193
2.1 零件图的内容……193
2.2 零件的视图选择……194
2.3 零件图的尺寸标注……196
2.4 零件的尺寸极限与配合……201
2.5 零件的表面结构和几何公差……210
任务实施……218
学习小结……220
复习自查……220
项目三 盘盖类零件图绘制与识读……221
任务引入……222
知识链接……222
3.1 铸造零件的工艺结构……222
3.2 盘盖的视图表达及尺寸标注……224
3.3 读盘盖类零件图……226
任务实施……228
学习小结……230
复习自查……230
项目四 叉架类零件图绘制与识读……231
任务引入……232
知识链接……233
4.1 支架零件图的绘制……233
4.2 读叉架类零件图……235
任务实施……235
学习小结……236
复习自查……236
项目五 箱体类零件图绘制与识读……237
任务引入……238
知识链接……238
5.1 阀体的零件图绘制……238
5.2 零件的测绘……241
5.3 读阀体零件图……243
任务实施……244
学习小结……245
复习自查……246

模块四　典型部件装配图的绘制与识读……247
项目一　典型部件装配图的绘制……248
任务引入……249
知识链接……249
1.1　装配图的内容和表达方法……249
1.2　装配图的尺寸标注和技术要求……254
1.3　装配图中明细栏和零件序号的编排……255
1.4　装配体的工艺结构……257
1.5　画装配图的方法……260
任务实施……268
学习小结……271
复习自查……271
项目二　典型部件装配图的识读……272
任务引入……273
知识链接……273
2.1　读装配图的方法和步骤……273
2.2　由装配图拆画零件图……277
任务实施……280
学习小结……282
复习自查……282
模块五　计算机绘图……283
项目　利用 AutoCAD 绘图……284
任务引入……285
知识链接……286
1.1　AutoCAD 的主要功能……286
1.2　AutoCAD 的基本命令……286
任务实施……289
学习小结……304
复习自查……305
附表……307
参考文献……327

绪论

1. 本课程的性质和任务

工程上以投影原理为基础，按照国家规定的制图标准绘制，表达出机器或建筑物的形状结构、尺寸大小和有关技术要求的图，称为图样。在现代工业中，设计、制造、安装各种机械、电机、仪器仪表、矿山机械等设备，都离不开工程图样，所以每个工程技术人员都必须能够绘制和识读工程图样。

本课程是研究绘制、识读工程图样原理和方法，培养学生形象思维能力的一门专业基础课。课程内容主要包括机械制图的基本规定与基本技能、简单形体视图的绘制与识读、典型零件视图的绘制与识读、典型部件装配图的绘制与识读、计算机绘图五大模块，涉及关于机械制图基本规定、投影理论、制图基础和机械图样等的国家标准。投影理论部分主要学习用正投影法表示空间几何形体和解决简单空间几何问题的原理和方法。制图基础部分主要学习国家标准《技术制图》和《机械制图》的基本规定，训练用绘图工具和仪器绘图、徒手绘图、计算机绘图的基本技能，培养绘制和识读投影图的基本能力，是本课程的重点。机械图样部分主要培养学生绘制和识读常见机器或典型部件的零件图和装配图的基本能力。

本课程的主要目的是培养学生自觉地运用各种绘图手段来构思、分析和表达工程问题的能力。

本课程的主要任务是：

（1）学习正投影理论及其应用。

（2）培养绘制和识读机械图样的能力。

（3）培养空间思维能力和空间构形能力。

（4）掌握机械图样的有关知识，培养查阅有关标准的能力。

（5）培养用绘图工具和仪器绘图、徒手绘图和计算机绘图的能力。

（6）培养分析问题和解决问题的能力。

（7）培养认真负责的工作态度和严谨细致的工作作风。

2. 本课程的学习方法

（1）注重理论联系实际，要认真学习投影原理，在理解基本投影规律的基础上，不断地由物绘图，由图想物，分析和研究空间形体与平面视图的对应关系，逐步提高空间思维能力和空间构形能力。学习本课程应做到勤动手、多动脑，掌握正确的读图、绘图方法和步骤，提高绘图技能。

（2）做习题和作业时应在掌握基础知识的前提下，按照正确的绘图方法和步骤作图，养成正确使用绘图工具和仪器的习惯，严格遵守机械制图相关国家标准，并具备查阅有关标准和资料的能力。制图时必须做到投影正确、尺寸齐全、字体工整、图线分明、图面干净，通过习题和作业，培养绘图和读图的能力。

（3）自学能力和独立工作能力是科技人员必须具备的基本素质，在学习过程中，要有意识地加以培养和提高。

图样在生产中起着重要的作用，绘图和读图的差错都会给实际生产带来巨大的损失，因此无论是在完成习题和作业时，还是在日后的学习、工作中，都应养成严谨、认真的学习习惯和精益求精的工作作风。

3. 中国工程制图的发展概况

中国工程制图的发展，历经了早期制图（即粗略图样）、精确制图、按一定画法理论制图三个阶段。春秋时代的技术著作《周礼·考工记》中记载了规矩、绳墨、悬垂等绘图工具的运用情况。在工程制图尚未形成一门专门的学科之前，古代从事绘图的大多是画师，人们将绘画的技术应用到各种工程图的设计与绘制上。早期绘图中采用最能反映事物特征的正面或者侧面形象，已是现代工程图中使用的“正视图”和“侧视图”的萌芽，而中国古代绘画中几何图案的出现、视图的选择，正是工程制图所需要的绘图基础。在宋代，由于“画学”的设立，促进了工程制图的发展。组合视图的出现及在绘制物体时的应用，是宋代工程制图独创性发明的一个显著标志。在《考古图》中就出现了组合视图的应用，图0–1–1a所示的“瑞玉璏”采用了主视图和右视图，图0–1–1b所示的“玉杯”采用了主视图和俯视图的组合视图。宋代工程制图的发展使工程制图成为一门独立学科，也为现代工程制图的形成及发展奠定了理论基础。

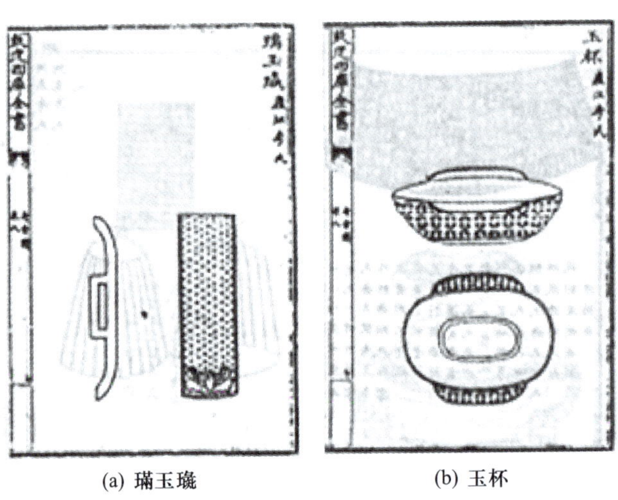

(a) 瑞玉璏　　(b) 玉杯

图0–1–1　《考古图》图样

中华人民共和国成立后，随着工农业生产的发展，工程制图作为一门学科有了较大的完善和发展。1956年原第一机械工业部颁布了第一个部颁标准《机械制图》，1959年国家颁布了第一个国家标准《机械制图》，还制定了适应各类技术图样的国家标准《技术制图》。这些标准随着科学技术的不断发展也在不断地修订或增颁。

计算机的广泛应用大大促进了图形学的发展，计算机图形学的兴起开创了图形学应用和发展的新纪元。以计算机图形学为基础的计算机辅助设计（CAD）技术推动了几乎所有领域的设计革命。CAD技术从根本上改变了过去的手工绘图，可以实现从设计到生产全过程技术管理，使创新设计思想变为现实。但是应该认识到，计算机绘制机械图样，仍然需要人来指挥和操作，因而初学者必须认真学习、掌握本课程的投影理论、制图基础和机械图样等内容，才能应用计算机绘制出正确的机械图样。

我们作为未来的工程技术人员，应该积极响应党的二十大报告中提出的“实施科教兴国战略，强化现代化建设人才支撑”号召，努力学习专业知识，坚持自信自强、守正创新，肩负起科技强国之大任，立志成为我国装备制造行业创新发展的技术技能型人才。

模块一

机械制图的基本规定与基本技能

项目　手柄平面图样的绘制

知识目标

1. 认知机械图样。
2. 认知国家标准关于图纸幅面和格式、比例、字体、图线及尺寸标注的有关规定。
3. 认知绘图工具和仪器的正确使用方法。
4. 认知平面图形尺寸分析、线段分析的方法和步骤。

能力目标

1. 能正确贯彻国家标准关于图纸幅面和格式、比例、字体、图线及尺寸标注的有关规定。
2. 能正确使用绘图工具和仪器，养成良好的绘图习惯。
3. 能熟练绘制平面图形。

素养目标

1. 养成遵守国家标准规定的习惯。
2. 养成严谨、认真的工作作风。

任务引入

图1-1-1a所示的手柄，在工程上可以用图1-1-1b所示的零件图来表达，这张零件图上都包含了哪些内容？又应如何绘制呢？

从图1-1-1b中可以看出，图样通常绘制在图纸上，包含图形、文字、符号等内容，为了便于绘制与识读图样，国家标准对图纸的大小及格式、图线的格式及用途、文字的书写等内容做出了明确的规定。本项目主要学习国家标准关于图样的基本规定、绘图工具和仪器的使用及平面图形的绘制。

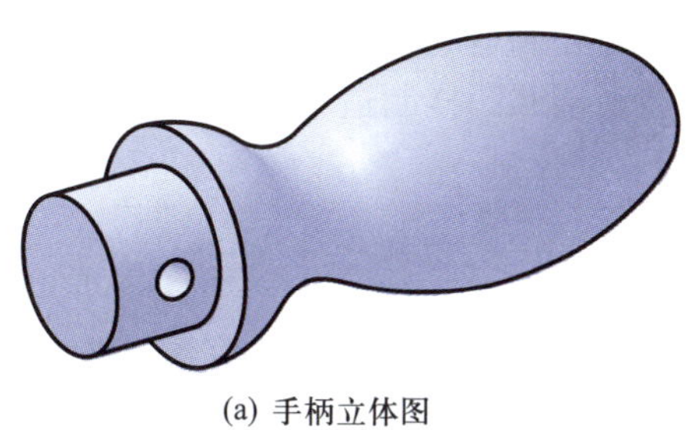

(a) 手柄立体图

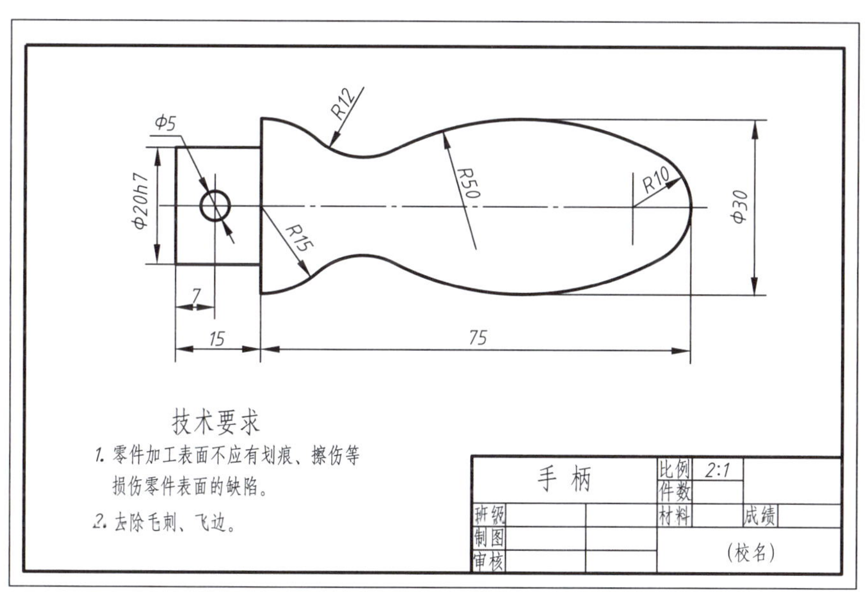

(b) 手柄零件图

图1-1-1　手柄

知识链接

1.1 认识机械图样

微课扫一扫
认识机械图样

1.1.1 机械图样的作用

按照投影原理和国家技术制图标准规定绘制的，表示工程对象的形状、大小、相对位置及技术要求的工程图称为图样。在机械工程领域广泛应用的图样称为机械图样，机械图样是机械设计、制造和使用时的重要信息载体。设计者通过图样表达对产品的设计意图，制造者依照图样制造产品，使用者通过图样了解产品的结构及性能等。

1.1.2 机械图样的种类

机器或部件是由许多零件按照一定的装配关系和技术要求组装而成的装配体，零件是构成机器或部件的最小单元。用于表达机器或部件装配关系的图样称为装配图。对于图1-1-2a所示的用于装卡被加工零件的机用虎钳，其装配图如图1-1-2b所示。用于表达零件形状、结构的图样称为零件图。对于图1-1-1a所示的手柄，其零件图如图1-1-1b所示。

在机械工程领域，无论是设计还是生产都离不开零件图和装配图。设计时一般先绘制出机器或部件的装配图，然后根据装配图拆画出零件图；在生产时，先根据零件图加工制造零件，然后依照装配图将零件按照一定的装配关系组装成部件或机器。零件图和装配图是机械工程领域应用最广泛的图样。

动画
机用虎钳

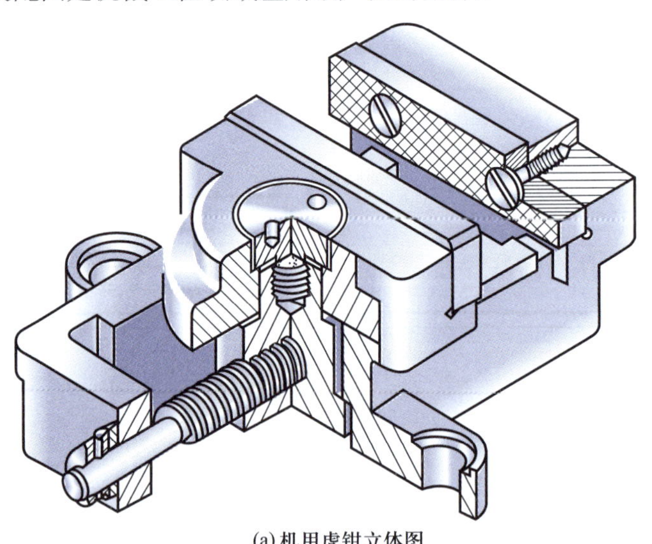

(a) 机用虎钳立体图

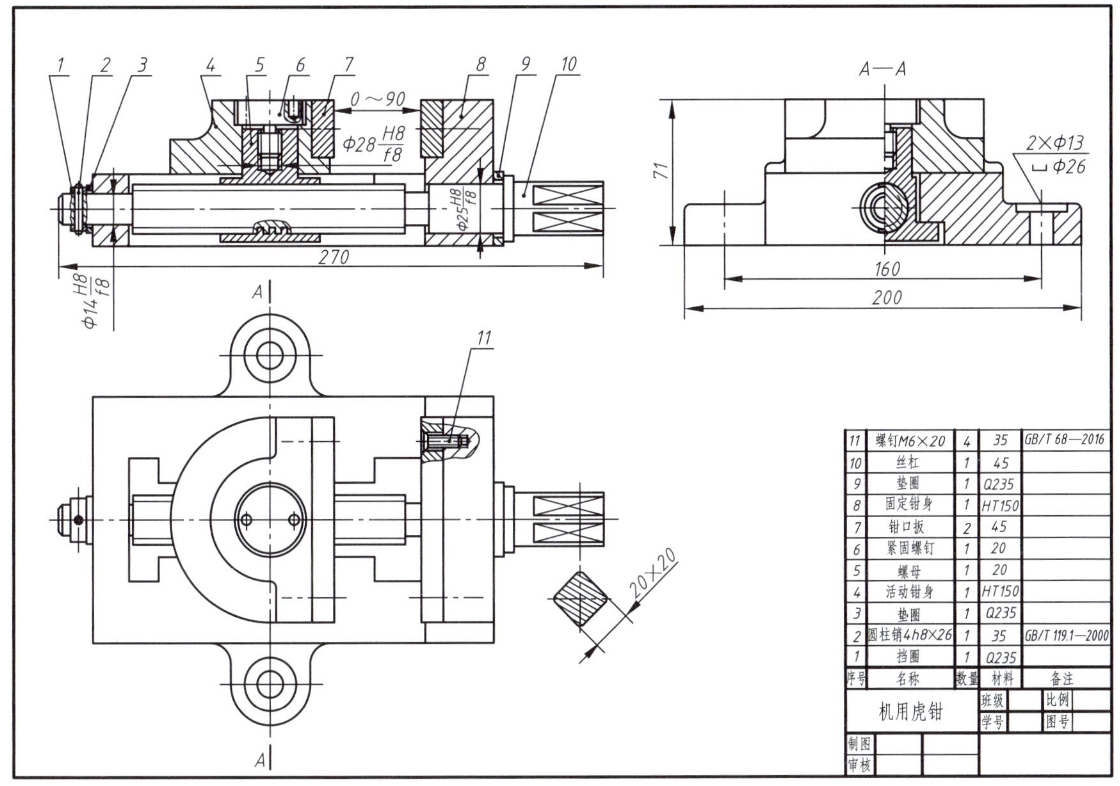

(b) 机用虎钳装配图

图1-1-2　机用虎钳

1.1.3　机械图样的内容

机械图样主要包含以下几个方面的信息：

（1）图线：构成图样的各种型式的线条。

（2）比例：图样中图形尺寸和其表示的物体尺寸之比。

（3）文字：包括汉字、数字和字母，常用于说明和标注。

（4）尺寸：表示物体的大小。

1.2　国家标准关于图样的基本规定

在工程领域，技术图样是表达设计意图、组织生产和技术交流的重要文件，因此，国家标准对图幅大小、尺寸注法、文字书写、图线格式等技术图样的内容都做出了统一的规定，这些规定就是制图标准。《技术制图》和《机械制图》国家标准是绘制和识读机械图样的规范和准则。因此，在学习中必须树立标准意识，严格遵循和贯彻国家标准的有关规定。

每项国家标准都有不同的代号，如“GB/T 14689—2008”就是国家标准《技术

制图　图纸幅面和格式》的代号，“GB/T”表示推荐性国家标准，如果“GB”后没有“/T”，则表示强制性国家标准，“14689”是该标准的编号，“2008”表示该标准发布的年份是2008年。

1.2.1　图纸幅面和标题栏

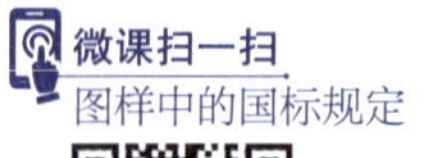

1. 图纸幅面和格式（GB/T 14689—2008）

（1）图纸幅面。

图纸的基本幅面分为A0、A1、A2、A3、A4五种，其幅面尺寸见表1-1-1。将图纸沿幅面的长边对裁即可得到小一号幅面的图纸，其尺寸关系如图1-1-3所示。

表 1-1-1　图纸基本幅面代号和尺寸　　mm

<table>
<tr><th>幅面代号</th><th>B × L</th><th>a</th><th>c</th><th>e</th></tr>
<tr><td>A0</td><td>841 × 1 189</td><td rowspan="5">25</td><td rowspan="3">10</td><td rowspan="2">20</td></tr>
<tr><td>A1</td><td>594 × 841</td></tr>
<tr><td>A2</td><td>420 × 594</td><td rowspan="3">10</td></tr>
<tr><td>A3</td><td>297 × 420</td><td rowspan="2">5</td></tr>
<tr><td>A4</td><td>210 × 297</td></tr>
</table>

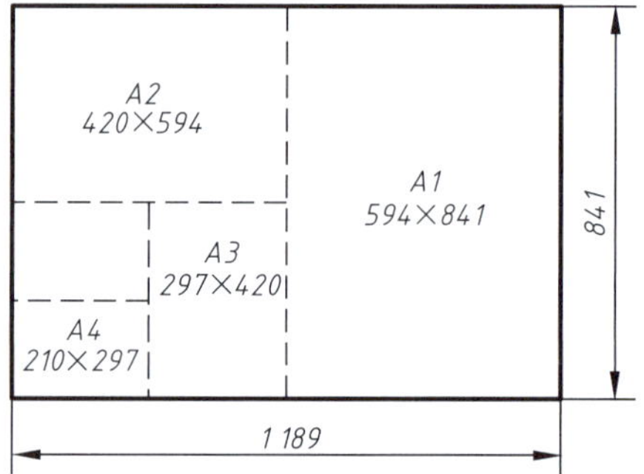

图1-1-3　图纸基本幅面的尺寸关系

绘制技术图样时，应优先选用基本幅面，必要时，也允许选用加长幅面，其尺寸是由基本幅面的短边成整数倍增加后得出的。

（2）图框格式。

图框是图样绘制的有效区域，每张图样都必须用粗实线画出图框。

图框的格式分为留有装订边和不留装订边两种。需要装订的图样应留装订边，其图框格式如图1-1-4 所示，尺寸a、c按表1-1-1规定选取。不留装订边图样的图框格式如图1-1-5所示，尺寸e按表1-1-1规定选取。同一产品的图样只能采用一种格式。

2. 标题栏（GB/T 10609.1—2008）

每张图样应绘制标题栏，标题栏一般位于图纸的右下角，如图1-1-4和图1-1-5所示。

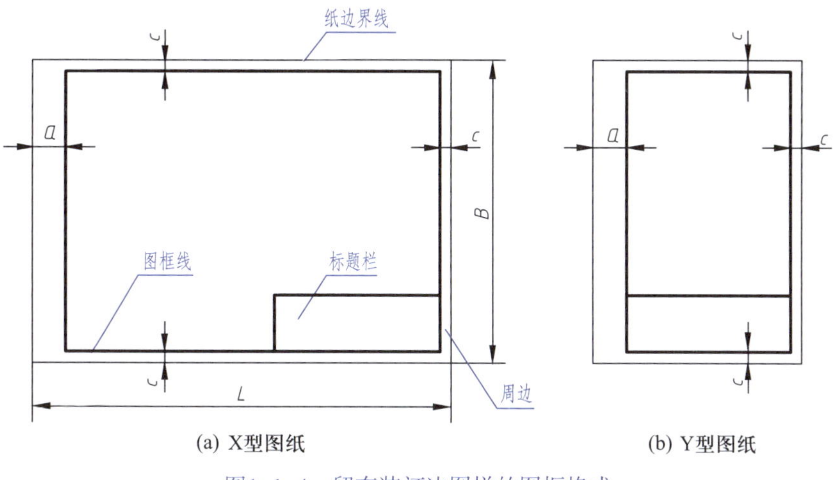

(a) X型图纸　　(b) Y型图纸

图1-1-4　留有装订边图样的图框格式

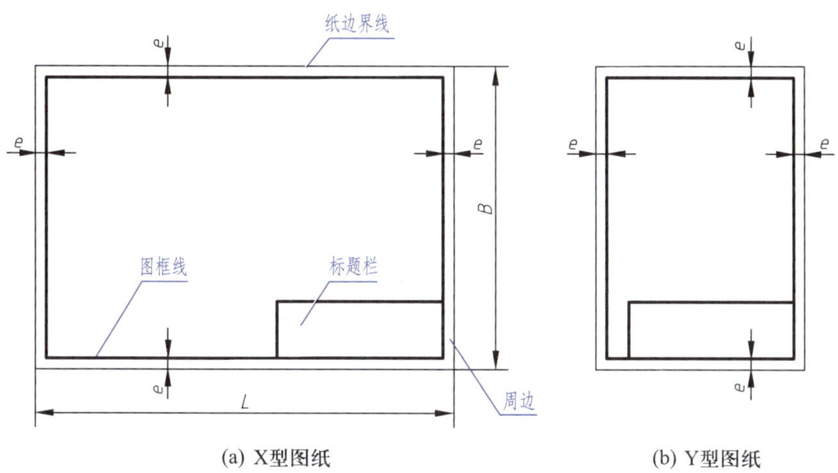

(a) X型图纸　　(b) Y型图纸

图1-1-5　不留装订边图样的图框格式

标题栏的格式、内容和尺寸在国家标准GB/T 10609.1—2008中做了规定，如图1-1-6a所示。作业中建议采用图1-1-6b所示的标题栏，标题栏的右边线和下边线与图框的右边线和下边线重合，左边线和上边线用粗实线绘制，内部各线用细实线绘制；填写内容时，图名、图号和校名用7号字，其他内容用5号字。

当标题栏的长边置于水平方向并与图纸的长边平行时，则构成X型图纸，如图1-1-4a和图1-1-5a所示。当标题栏的长边与图纸的长边垂直时，则构成Y型图纸，如图1-1-4b和图1-1-5b 所示。在此情况下，看图的方向与看标题栏的方向一致。

标题栏的线型、字体（签字除外）和年、月、日的填写格式均应符合相应国家标准的规定。

3. 附加符号（GB/T 14689—2008）

（1）对中符号。

为了使图样复制和缩微摄影时定位方便，需要在图纸各边长的中点处分别画出

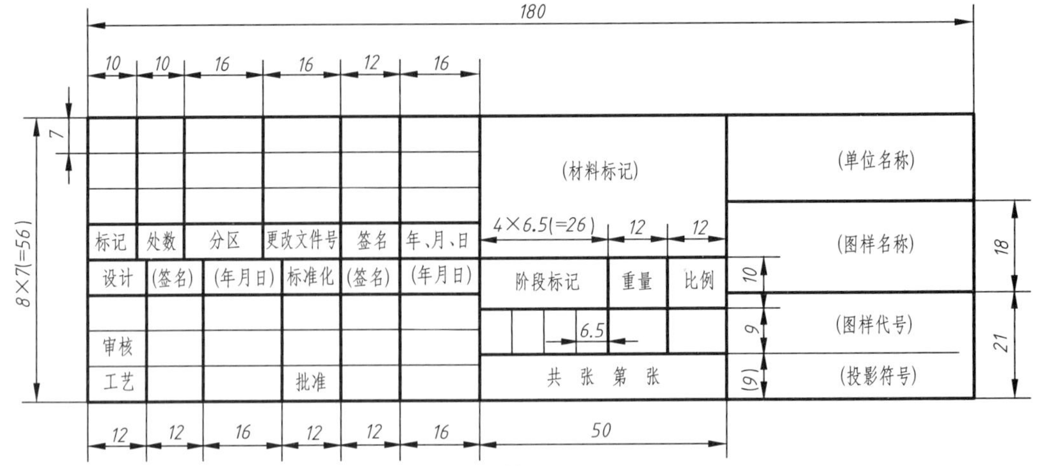

180
10
10
16
16
12
16
7
8×7(=56)
(材料标记)
(单位名称)
标记
处数
分区
更改文件号
签名
年、月、日
4×6.5(=26)
12
12
(图样名称)
18
设计
(签名)
(年月日)
标准化
(签名)
(年月日)
阶段标记
重量
比例
10
6.5
9
(图样代号)
21
审核
工艺
批准
共 张 第 张
(9)
(投影符号)
12
12
16
12
12
16
50

(a)

140
5×8(=40)
(图名)
比例
件数
(图号)
班级
(学号)
材料
成绩
制图
(日期)
(校名)
8
审核
(日期)
15
30
20
15
35

(b)

图1-1-6 标题栏的格式、内容和尺寸

对中符号。对中符号用粗实线绘制，长度从纸边界开始至伸入图框内约5 mm，当对中符号处在标题栏范围内时，则伸入标题栏部分省略不画，如图1-1-7 所示。

对中符号
方向符号

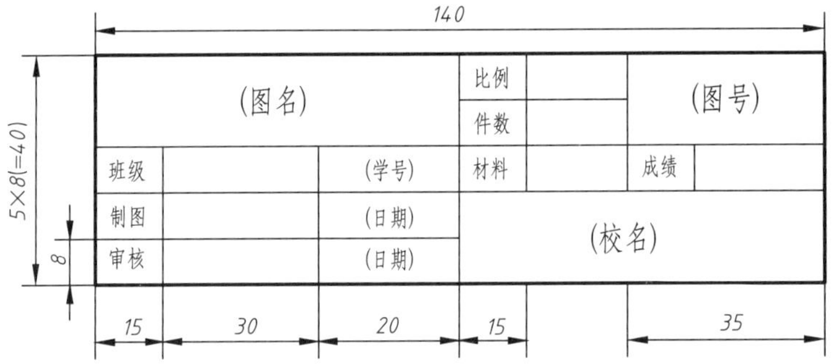

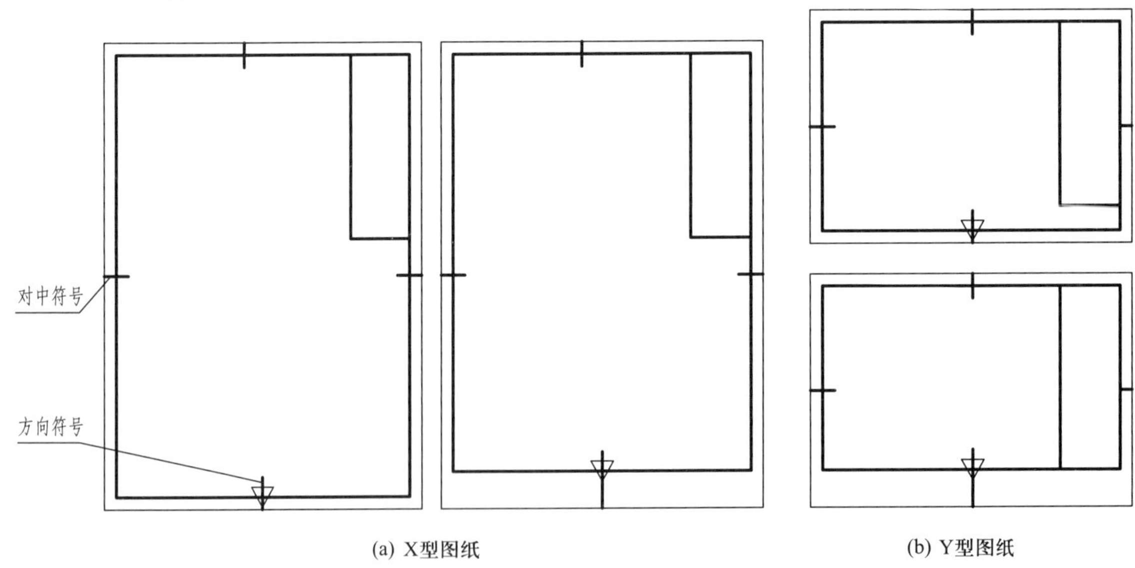

(a) X型图纸　　(b) Y型图纸

图1-1-7 对中符号和方向符号

（2）方向符号。

使用预先印制的图纸时，允许将X型图纸的短边置于水平位置，或将Y型图纸的长边置于水平位置。为了明确绘图与看图时图纸的方向，应在图纸的下边对中符号处画出一个方向符号。方向符号是用细实线绘制的等边三角形，如图1-1-7所示。

1.2.2　比例（GB/T 14690—1993）

比例是指图中图形与其实物相应要素的线性尺寸之比。

原值比例：比值为1的比例，即1:1。

放大比例：比值大于1的比例，如2:1等。

缩小比例：比值小于1的比例，如1:2等。

绘制图样时，应尽可能按机件的实际大小，采用原值比例画出，以方便读图。如果机件太大或太小，可从表1-1-2所规定的第一系列中选取适当的比例绘制，必要时也允许选取第二系列中的比例。

表1-1-2　比　例

种类	第一系列	第二系列
原值比例	1:1	
放大比例	5:1　2:1　5×10^n:1　2×10^n:1　1×10^n:1	2.5:1　4:1　2.5×10^n:1　4×10^n:1
缩小比例	1:2　1:5　1:10　1:2×10^n　1:5×10^n　1:1×10^n	1:1.5　1:2.5　1:3　1:4　1:6　1:1.5×10^n　1:2.5×10^n　1:3×10^n　1:4×10^n　1:6×10^n

注：n为正整数。

绘制同一物体的各个视图时应尽量采用相同的比例，当某个视图需要采用不同比例时，必须另行标注。比例一般应标注在标题栏中的比例栏内。必要时，可在视图名称的下方或右侧标注比例。

不论采用何种比例，图形中所标注的尺寸必须是物体的实际尺寸，与选用的比例无关，如图1-1-8 所示。

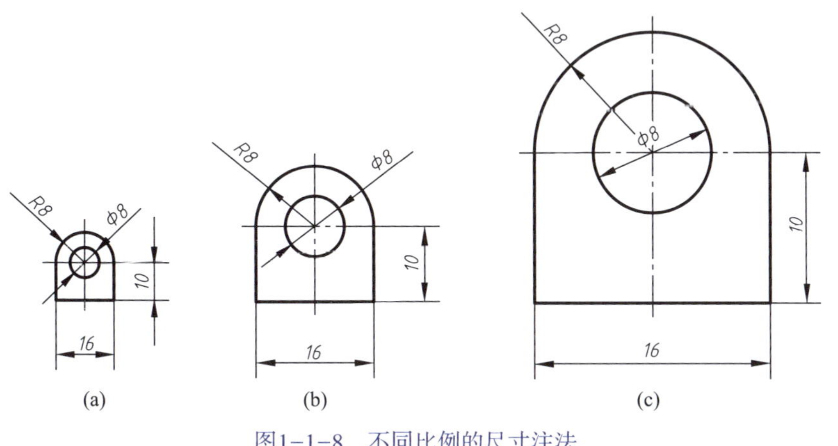

图1-1-8　不同比例的尺寸注法

1.2.3　字体（GB/T 14691—1993）

图样中除表达机件形状结构的图形外，还有用来说明机件大小、技术要求等有关内容的汉字、字母和数字。国家标准《技术制图　字体》（GB/T 14691—1993）规定了汉字、字母和数字的结构形式及书写要求。

图样中的汉字、字母和数字书写时必须做到字体工整、笔画清楚、间隔均匀、排列整齐。

字体的大小以号数表示，字体的号数就是字体高度（用h表示，单位为mm）。字体高度的公称尺寸系列为1.8，2.5，3.5，5，7，10，14，20 mm。如需书写更大的字，其字体高度应按$\sqrt{2}$的比率递增。用作指数、分数、注脚和尺寸偏差的数值一般采用小一号字体。

1. 汉字

汉字应写成长仿宋体字，并应采用中华人民共和国国务院正式公布推行的《汉字简化方案》中规定的简化字。汉字的高度h不应小于3.5 mm，其字宽一般为$h/\sqrt{2}$，约为字体高度的2/3。

书写长仿宋体汉字的要领是横平竖直、注意起落、结构均匀、填满方格，如图1-1-9所示。

10号字

字体工整　笔画清楚　间隔均匀　排列整齐

7号字

横平竖直注意起落结构均匀填满方格

5号字

技术制图机械电子汽车航空船舶土木建筑矿山井坑港口纺织服装

图1-1-9　长仿宋体汉字示例

2. 字母和数字

字母和数字分为A型和B型两种。A型字体的笔画宽度（d）为字体高度（h）的1/14，B型字体的笔画宽度（d）为字体高度（h）的1/10。绘图时一般用B型斜体字，在同一张图样上只允许选用一种型式的字体。

字母和数字可写成斜体或直体，如图1-1-10和图1-1-11所示。斜体字字头向右倾斜，与水平基准线成75°。

1.2.4　图线（GB/T 4457.4—2002）

图样中的图形是由不同型式的图线绘制的，绘制技术图样时，应遵循国家标准的规定，采用国家标准中规定的图线。

1. 图线的种类和用途

国家标准《机械制图　图样画法　图线》（GB/T 4457.4—2002）规定了九种线型和其主要用途，这些图线的名称、型式、线宽及其应用见表1-1-3，作图时最常用的是表1-1-3中的前六种线型，通常将细虚线、细点画线和细双点画线分别简称为虚线、点画线和双点画线。

图1-1-10 拉丁字母

图1-1-11 罗马数字和阿拉伯数字

表 1-1-3 图线名称、型式、线宽及其应用

图线名称	代码	图线型式	线宽	一般应用
粗实线	01.2		*d*	可见棱边线、可见轮廓线、剖切符号用线
细虚线	02.1	12d 3d	*d*/2	不可见棱边线、不可见轮廓线
细实线	01.1		*d*/2	尺寸线、尺寸界线、剖面线、指引线和基准线、螺纹牙底线、重合断面的轮廓线
细点画线	04.1	24d 6d	*d*/2	轴线、对称中心线

续表

图线名称	代码	图线型式	线宽	一般应用
波浪线	01.1		d/2	断裂处边界线、视图与剖视图的分界线
细双点画线	05.1	24d 9d	d/2	相邻辅助零件的轮廓线、可动零件的极限位置的轮廓线
双折线	01.1	14d 30°	d/2	断裂处边界线、视图与剖视图的分界线
粗点画线	04.2		d	限定范围表示线
粗虚线	02.2		d	允许表面处理的表示线

机械图样中的图线分为粗线和细线两种。粗线宽度*d*应根据图形的大小和复杂程度在 0.5~2 mm之间选择，细线的宽度约为粗线宽度的一半。图线宽度的推荐系列为 0.13，0.18，0.25，0.35，0.5，0.7，1，1.4，2 mm。实际画图中，粗线一般取0.5 mm或0.7 mm。图线应用如图1-1-12所示。

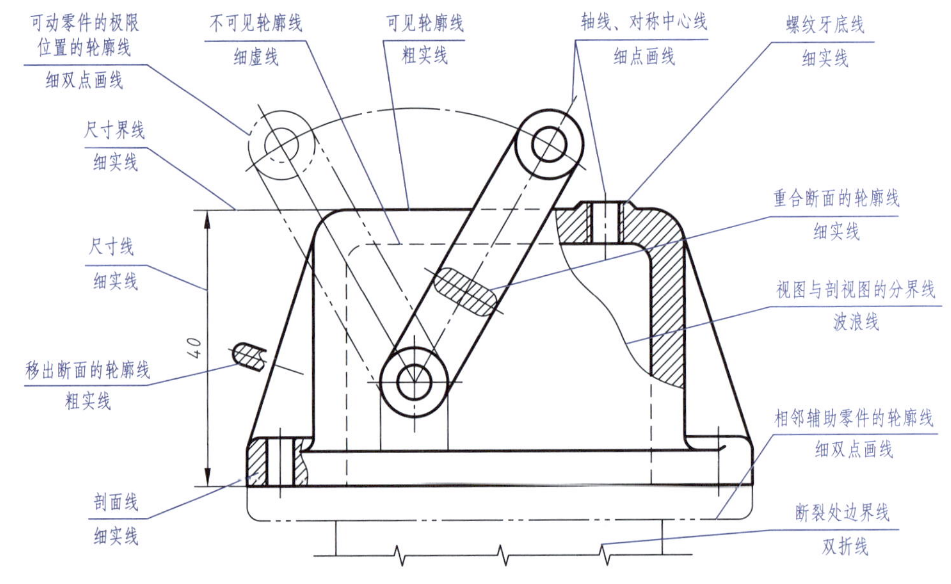

图1-1-12 图线应用

2. 图线画法

（1）同一图样中同类图线的宽度应基本一致。虚线、点画线及双点画线的画的长度和间隔应各自大小相等。

（2）虚线与虚线、虚线与粗实线相交应是画相交；若虚线处于粗实线的延长线上时，粗实线应画到位，而虚线相连处应留有空隙，如图1-1-13 所示。

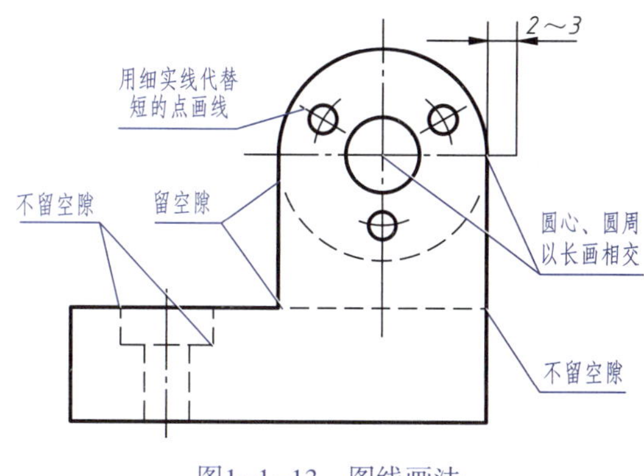

图1-1-13　图线画法

（3）点画线、双点画线的首尾应是画而不是点；点画线彼此相交时应该是画相交；中心线应超过图形轮廓线2~3 mm。较小图形上的点画线、双点画线可用细实线代替，如图1-1-13 所示。

（4）若各种图线重合，应按粗实线、虚线、点画线的顺序绘制。

（5）两条平行线（包括剖面线）之间的距离应不小于粗线宽度的两倍，其最小距离不得小于0.7 mm。

1.2.5　尺寸注法（GB/T 4458.4—2003）

图样中的图形只能表达机件的形状和结构，而机件的大小由标注的尺寸所确定。标注尺寸时，应严格遵循国家标准《机械制图　尺寸注法》（GB/T 4458.4—2003）的规定，做到正确、完整、清晰、合理。

1. 标注尺寸的基本规则

（1）机件的真实大小应以图样上所注的尺寸数值为依据，与图形的大小及绘图的准确程度无关。

（2）图样中的尺寸，以mm为单位时，不需标注单位符号（或名称），如采用其他单位，则应注明相应的单位符号。

（3）图样中所标注的尺寸，为该图样所示机件的最后完工尺寸，否则应另加说明。

（4）机件的每一尺寸，一般只标注一次，并应标注在反映该结构最清晰的图形上。

2. 标注尺寸的要素

一个完整的尺寸应由尺寸界线、尺寸线和尺寸数字组成，如图1-1-14所示。

（1）尺寸界线。尺寸界线表示尺寸的度量范围，用细实线绘制，由图形的轮廓线、轴线或对称中心线处引出；也可以利用轮廓线、轴线或对称线中心作为尺寸界线。尺寸界线一般应与尺寸线垂直，并超出尺寸线的终端2~3 mm。

（2）尺寸线。尺寸线表示尺寸的度量方向，用细实线单独画出。尺寸线不能用其他图线代替，一般也不得与其他图线重合或画在其他图线的延长线上。标注线性尺寸时，尺寸线应与所标注的线段平行。当有多个尺寸首尾相接时，应将尺寸线对齐在同一直线位置。有多条平行的尺寸线时，为避免尺寸线与其他尺寸界线相交，应按小尺寸在内、大尺寸在外进行标注。

尺寸线的终端有箭头和斜线两种形式，机械图样中一般采用箭头作为尺寸线的终端。箭头尖端与尺寸界线接触，不得超出也不得有空隙，箭头的画法如图1-1-15所示，d为粗线宽度。

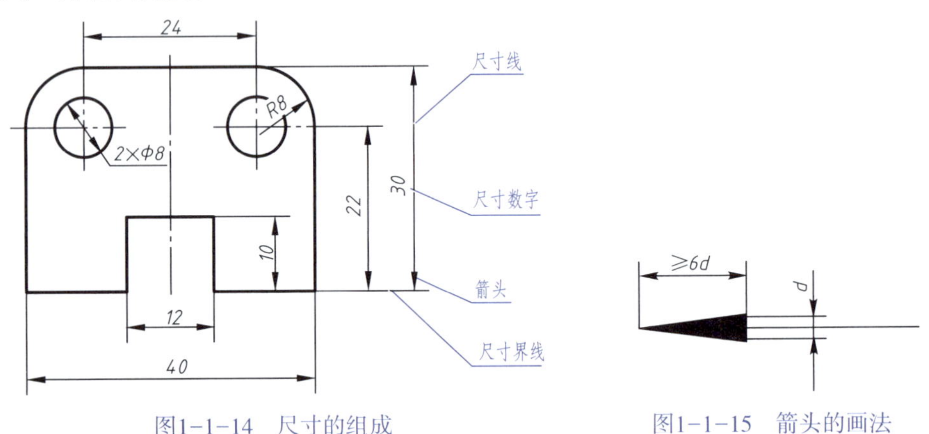

图1-1-14 尺寸的组成　　图1-1-15 箭头的画法

（3）尺寸数字。尺寸数字表示机件实际尺寸的大小。尺寸数字不可被任何图线所通过，否则应将该图线断开，如图1-1-14中的$R8$。

3. 尺寸注法

（1）线性尺寸的注法。

线性尺寸的数字一般应注写在尺寸线的上方，也允许注写在尺寸线的中断处。

线性尺寸数字一般应按图1-1-16a所示的方向标注，水平方向的尺寸数字应字头朝上，竖直方向的尺寸数字应字头朝左，倾斜方向的尺寸数字应有字头向上的趋势。应尽可能避免在图示30° 范围内标注尺寸，当无法避免时，可按图1-1-16b所示的形式标注。

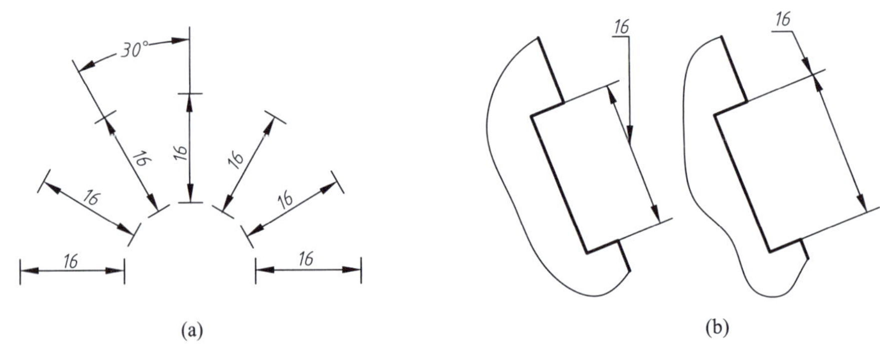

图1-1-16 尺寸数字的注写方向

（2）圆、圆弧及球面的尺寸注法。

① 圆或大于半圆的圆弧一般应标注直径尺寸，尺寸线经过圆心，尺寸界线为圆周，在尺寸数字前应加注符号“ϕ”；半圆或小于半圆的圆弧一般应标注半径尺

寸，尺寸线自圆心引向圆弧，用单边箭头的形式标注，在尺寸数字前应加注符号“*R*”，如图1-1-17a所示。

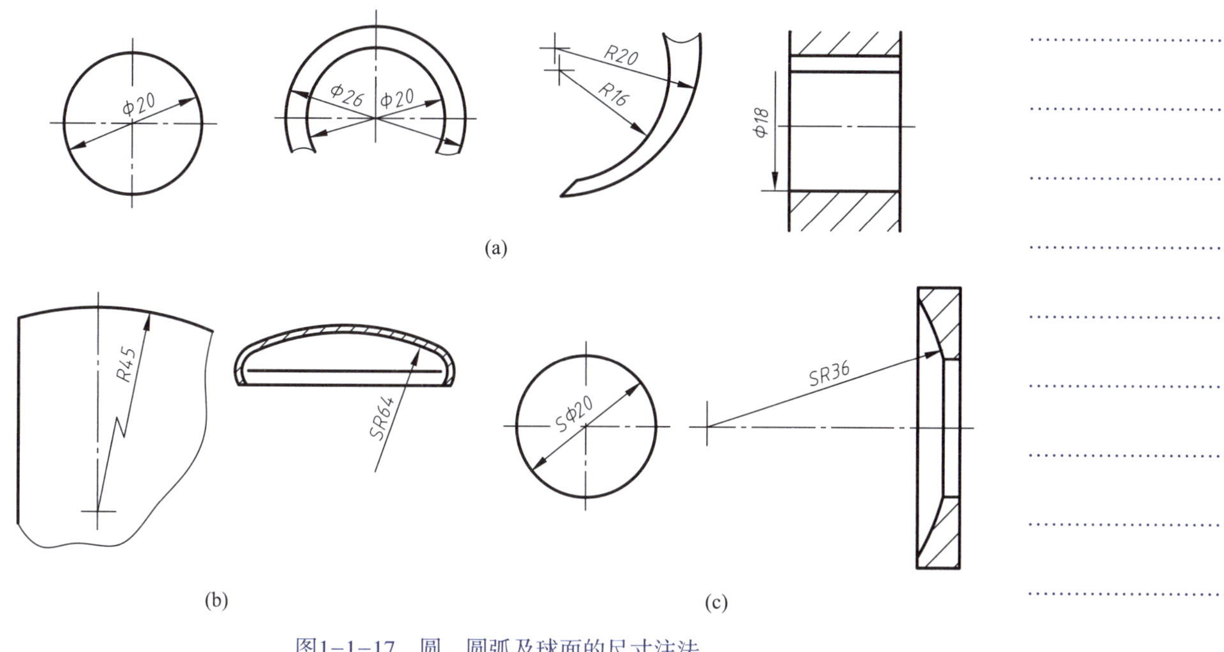

图1-1-17　圆、圆弧及球面的尺寸注法

② 当圆弧的半径过大或在图纸范围内无法标出其圆心位置时，可用折线形式标注；当不必标出其圆心位置时，尺寸线可只画靠近圆弧的部分，如图1-1-17b所示。

③ 标注球面直径或半径时，应在符号“ϕ”或“*R*”前加注表示球面的符号“*S*”，如图1-1-17c所示。对于螺钉、铆钉的头部，轴和手柄的端部等，在不致引起误解的情况下，可省略符号“*S*”。

（3）角度、弧长和弦长尺寸的注法。

尺寸界线应沿径向引出，尺寸线应画成圆弧，其圆心是角的顶点，尺寸数字一律写成水平方向，一般注写在尺寸线的中断处，必要时也可注写在外面，或引出标注，如图1-1-18a所示。

标注弧长和弦长尺寸时，尺寸界线应平行于弦的垂直平分线，如图1-1-18b、c所示。弧长的尺寸线为同心弧，并应在尺寸数字的左侧加注符号“⌒”，如图1-1-18b所示。

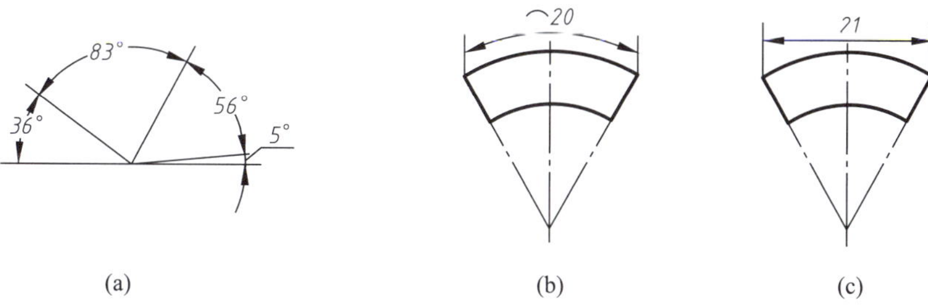

图1-1-18　角度、弧长和弦长尺寸的注法

（4）小尺寸的注法。

对于小尺寸，在没有足够位置画箭头或注写数字时，可按图1-1-19所示的形式标注，即尺寸箭头可从外向里指到尺寸界线，并可以用实心小圆点代替箭头，尺寸数字可采用旁注或引出标注。

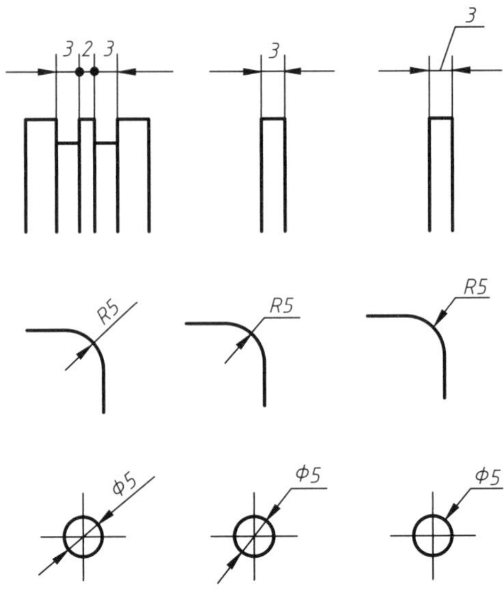

图1-1-19 小尺寸的注法

1.3 绘图工具和仪器的使用

1.3.1 绘图工具

1. 图板

图板一般用胶合板制成，常用的有0号、1号和2号等几种。绘图时，以左侧短边为导边，要求板面光滑平整，短边必须平直，如图1-1-20a 所示。

2. 丁字尺

丁字尺由尺头和尺身组成，尺身上有刻度的一边为工作边，主要用于画水平线。使用时，尺头内侧必须紧贴图板的导边，左手推动丁字尺上、下移动到所需位置，然后压住尺身进行画线，如图1-1-20a所示。画水平线时从左到右画，铅笔在画线前进方向倾斜约30°，如图1-1-20b 所示。

3. 三角板

三角板有45°和60°两种。三角板与丁字尺配合使用，自下而上画垂直线，如图1-1-20c所示；也可画与水平线成15°倍角（45°、30°、60°及15°、75°、105°等）的斜线，如图1-1-20d所示。还可用两块三角板配合作出已知直线的平行线或垂直线，如图1-1-20e～g所示。

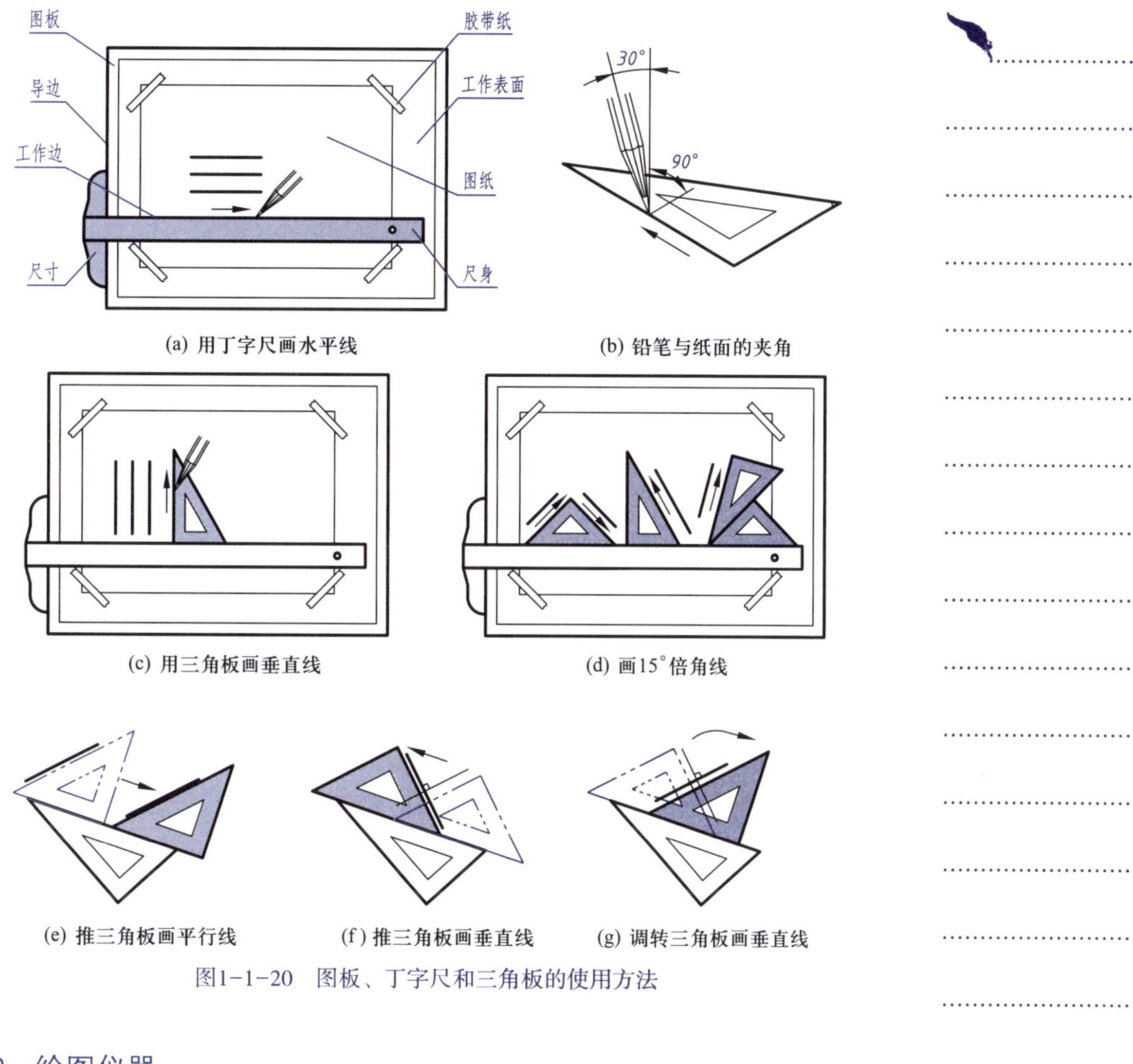

(a) 用丁字尺画水平线　(b) 铅笔与纸面的夹角

(c) 用三角板画垂直线　(d) 画15°倍角线

(e) 推三角板画平行线　(f) 推三角板画垂直线　(g) 调转三角板画垂直线

图1-1-20　图板、丁字尺和三角板的使用方法

1.3.2　绘图仪器

1. 圆规

圆规是用来画圆及圆弧的工具。固定插脚上装有两端形状不同的钢针，钢针带有台阶的一端是用来画圆时固定圆心的，圆锥形的一端可当作分规使用；活动插脚上有肘形关节，根据需要可换装钢针插脚、铅芯插脚和鸭嘴插脚。

使用铅芯插脚时，应调整好铅芯与针尖的高度，使针尖的台阶面与铅芯平齐，如图1-1-21a 所示。画圆时，圆规向前进方向稍倾斜，顺时针方向旋转画圆，如图1-1-21b所示。画直径较大的圆时，可加装加长杆。

2. 分规

分规主要用来量取线段长度或等分线段。使用分规前，将两脚的针尖调整平齐。从比例尺上量取长度时，针尖与尺面保持倾斜，不要正对尺面。用分规等分线段时，通常要用试分法。分规的用法如图1-1-22所示。

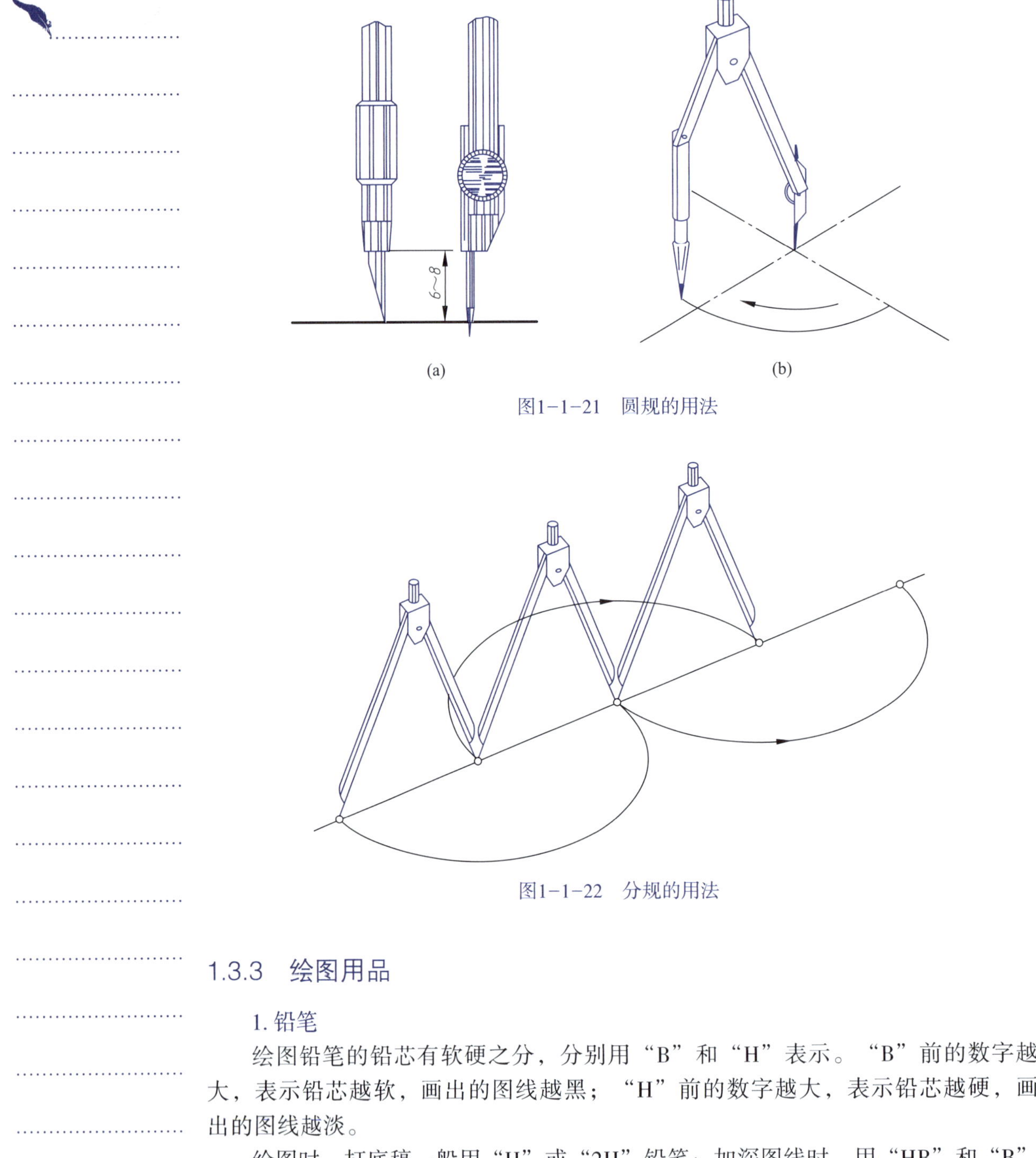

图1-1-21 圆规的用法

图1-1-22 分规的用法

1.3.3 绘图用品

1. 铅笔

绘图铅笔的铅芯有软硬之分，分别用“B”和“H”表示。“B”前的数字越大，表示铅芯越软，画出的图线越黑；“H”前的数字越大，表示铅芯越硬，画出的图线越淡。

绘图时，打底稿一般用“H”或“2H”铅笔；加深图线时，用“HB”和“B”铅笔，“HB”铅笔用于写字、加深细线和画箭头，“B”铅笔用于加深粗线。为了保证图线浓淡一致，圆规的铅芯应比画直线的铅芯软1~2号。

图线的质量与铅笔的削磨形状有很大的关系。铅笔应从没有标号的一端开始削磨。标号为“2H”“H”和“HB”的铅笔的头部常削成锥形，铅芯也削磨成锥形，如图1-1-23a所示；标号为“B”的铅笔一般削成楔形，铅芯宜削磨成四棱形，如图

1-1-23b所示。

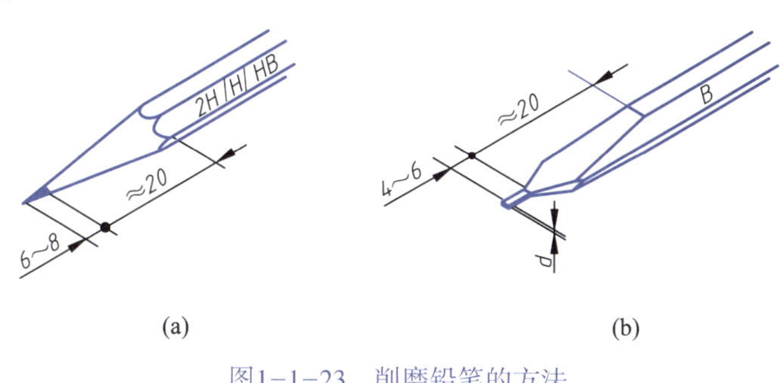

图1-1-23　削磨铅笔的方法

2. 图纸

图纸要求质地坚实，纸面洁白。绘图时要用图纸的正面画图，可用橡皮在图纸上擦拭，不易起毛的一面即为正面。

固定图纸时，应先用丁字尺找正图纸，然后用胶带纸将其固定在图板上，如图1-1-20a所示。图纸宜靠近图板左下侧位置固定，图纸下边至图板下边应至少有一个丁字尺尺身的宽度。

常用的绘图工具还有橡皮、小刀、砂纸、胶带纸、毛刷等。

1.4 几何作图

1.4.1 等分作图

1. 等分直线段

可以采用平行线法任意等分一条直线段。例如五等分已知线段*AB*，作图方法如图1-1-24所示，过点*A*作射线AB_0，以单位长度在AB_0依次等距截取*1*、*2*、*3*、*4*、*5*五个点，连接*B5*，分别过点*1*、*2*、*3*、*4*作*B5*的平行线，与线段*AB*相交，交点即为等分点。

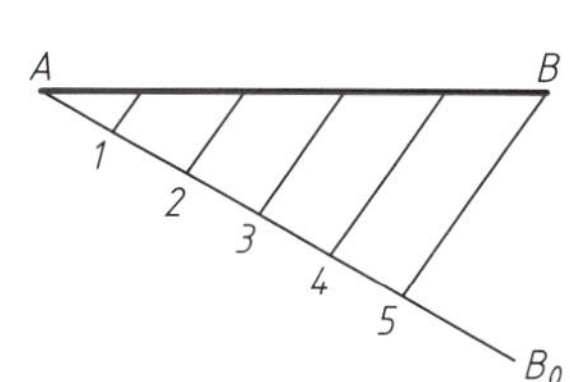

图1-1-24　等分直线段

2. 等分圆周作内接正多边形

（1）等分圆周作内接正六边形。

常用的正六边形作图方法有边长作图法和外角作图法。

方法一：边长作图法

可以利用正六边形的边长和外接圆的半径相等这一关系来作图，具体步骤如图1-1-25a、b所示，以点*A*、*D*为圆心，以外接圆的半径为半径画弧与圆周交于*B*、*C*、*E*、*F*四点，依次连接各点，即得正六边形。

正六边形作图方法

方法二：外角作图法

正六边形的外角为60°，可以利用三角板、丁字尺配合作出外接圆的六等分点。具体步骤如图1-1-25c所示，用三角板分别过*A*、*D*两点作与水平线成60°角的直线*AB*、*AF*、*DC*、*DE*，交圆周于*B*、*F*、*C*、*E*四点，连接*BC*、*FE*即得正六边形。

（2）等分圆周作内接正五边形。

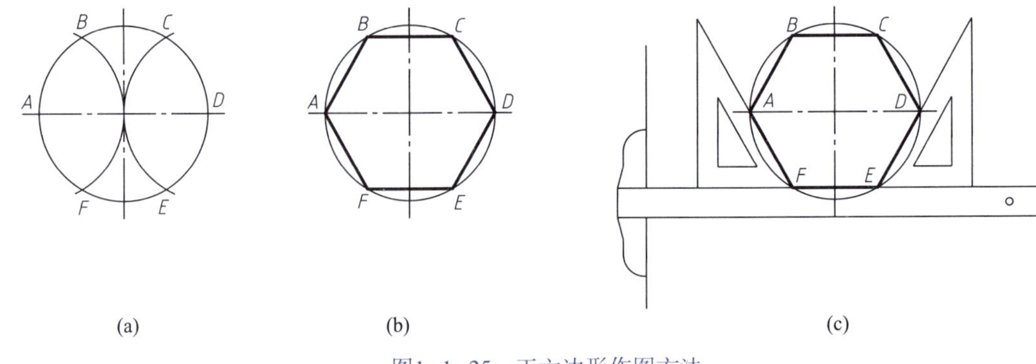

图1-1-25 正六边形作图方法

如图1-1-26所示，作OA的垂直平分线交OA于点D，以点D为圆心、BD为半径画圆弧交OC于点E，以BE为边长在圆周上依次截得五等分点，连接五点即得圆的内接正五边形。

1.4.2 椭圆

画图时常用“四心圆法”作近似椭圆。如图1-1-27所示，椭圆的长、短轴分别为AB、CD，其作图方法为：连接AC，以点O为圆心、OA为半径画圆弧交OC延长线于点E；以点C为圆心、CE为半径画圆弧交AC于点F，作线段AF的垂直平分线，分别交长、短轴于点O_1、O_4，同理作点O_1、O_4的对称点O_2、O_3；分别以点O_1、O_2、O_3、O_4为圆心，以O_1A、O_2B、O_3D、O_4C为半径作圆弧，四段圆弧相切于G、G_1、H、H_1，即得近似椭圆。

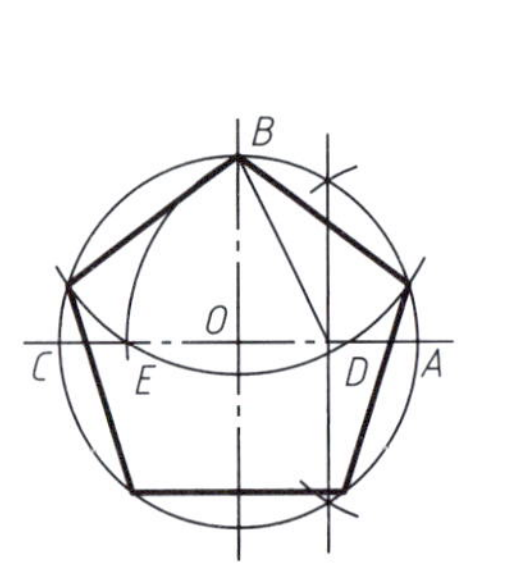

图1-1-26 正五边形作图方法

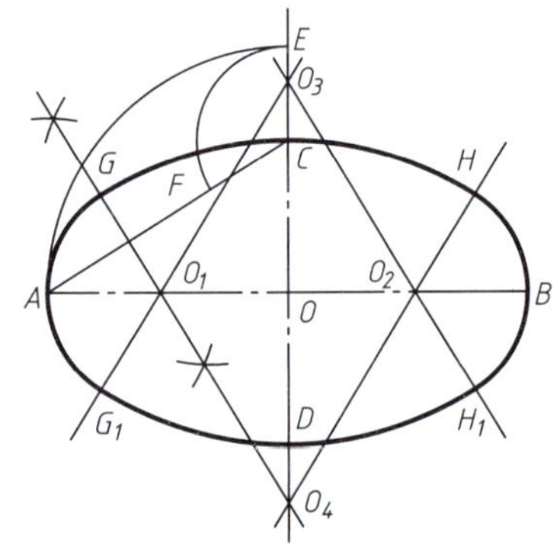

图1-1-27 椭圆的近似画法

1.4.3 斜度与锥度

1. 斜度

斜度是指一直线（平面）对另一直线（平面）的倾斜程度。斜度以直线（平面）间的夹角β的正切值来表示，通常将此值写成1∶n的形式，即$\tan\beta=\frac{H-h}{L}=1:n$，如图1-1-28a所示。

斜度符号的画法如图1-1-28b所示。标注斜度时，其符号方向应与斜度的方向一致，如图1-1-28a、c 所示。

已知斜台的长度为30 mm，高度为10 mm，上表面斜度为1∶6，如图1-1-28c所示，其作图方法如图1-1-28d、e所示。

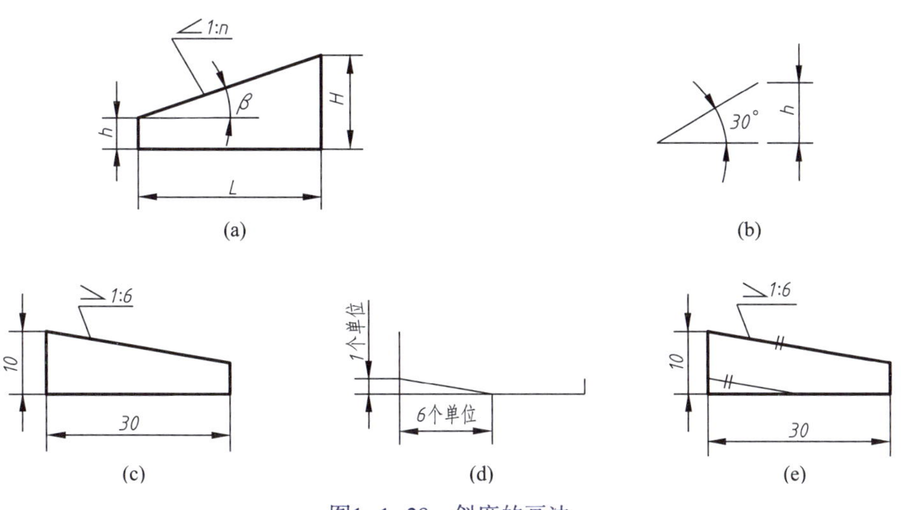

图1-1-28　斜度的画法

2. 锥度

锥度是指圆锥的底圆直径与锥体高度之比，如果是圆台，则为上、下两底圆的直径差与锥台高度之比。锥度以$\frac{1}{2}\alpha$（α为圆锥角）正切值的2倍来表示，通常将此值写成1∶n的形式，即$2\tan\frac{\alpha}{2}=\frac{D}{H}=\frac{D-d}{H_1}=1:n$，如图1-1-29a所示。

锥度符号的画法如图1-1-29b所示。标注锥度时，其符号方向应与锥度的方向一致，如图1-1-29a、c 所示。

已知圆锥台的底圆直径为20 mm，高度为25 mm，锥度为1∶4，如图1-1-29c所示，其作图方法如图1-1-29d、e 所示。

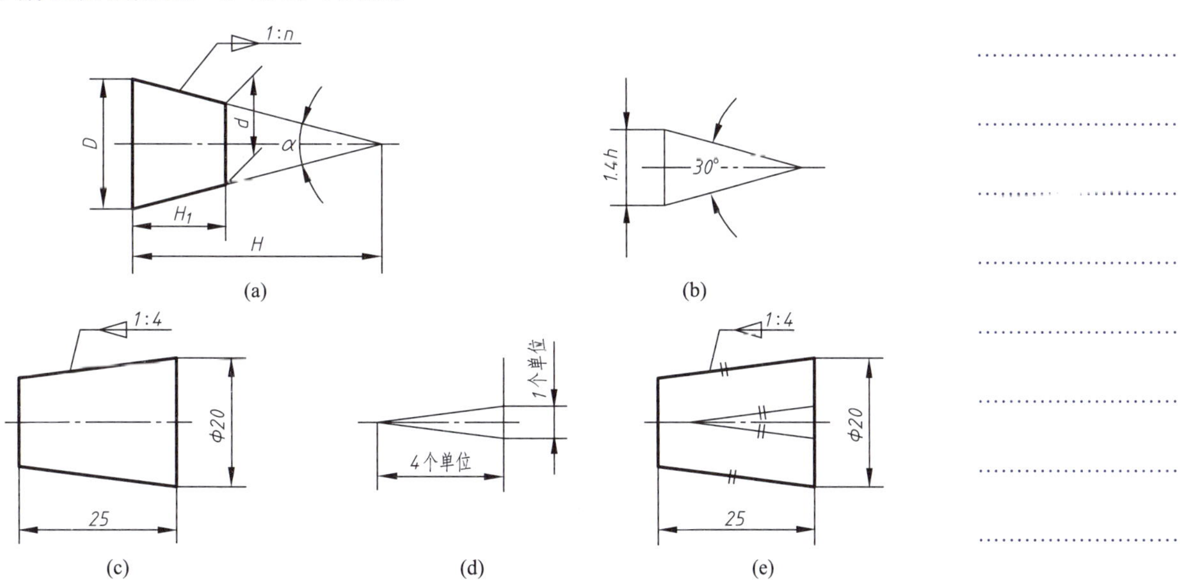

图1-1-29　锥度的画法

1.4.4 圆弧连接

用一段圆弧光滑地连接（即相切）两个已知线段（直线或圆弧）的方法称为圆弧连接。圆弧连接实际上就是圆弧与直线或圆弧相切，作图的关键在于准确地作出连接弧的圆心和切点。因此，作图的三个步骤是找圆心、定切点、画连接弧。

常见的圆弧连接有两直线间的圆弧连接、直线与圆弧间的圆弧连接和两圆弧间的圆弧连接三种形式。

1. 两直线间的圆弧连接

用半径为R的圆弧连接L_1、L_2两相交直线，如图1-1-30a所示。

具体作图步骤：

（1）找圆心：分别作与L_1、L_2两直线相距为R的平行线，其交点O即为连接弧的圆心。

（2）定切点：过点O分别作直线L_1、L_2的垂线，垂足K_1、K_2即为切点。

（3）画连接弧：以点O为圆心、R为半径画K_1、K_2之间的连接弧。

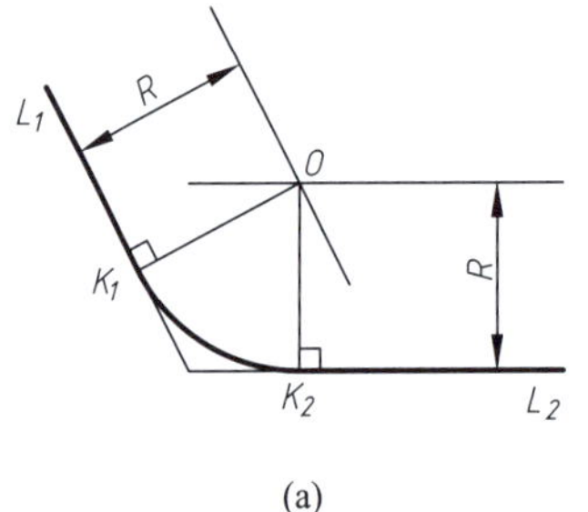

(a)

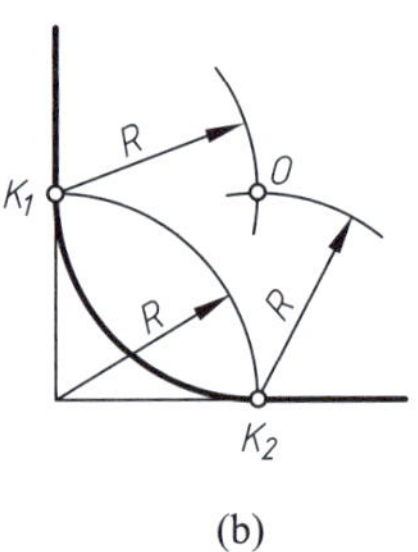

(b)

图1-1-30 两直线间的圆弧连接

两直线垂直时，其圆弧连接也可采用图1-1-30b所示的画法。

2. 直线与圆弧间的圆弧连接

用半径为R的圆弧连接直线与圆弧，如图1-1-31a、b所示。

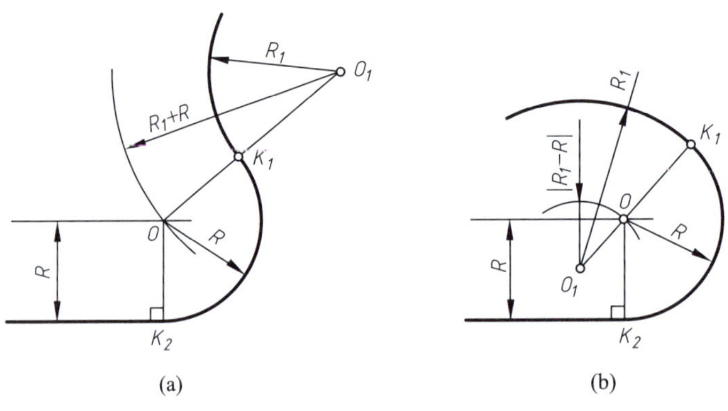

图1-1-31 直线与圆弧间的圆弧连接

具体作图步骤：

（1）找圆心：以已知圆弧的圆心O_1为圆心、R_1+R（外切）或$|R_1-R|$（内切）为半

径画弧，与和直线相距为R的平行线交于点O，点O即为连接弧的圆心。

（2）定切点：连接点O和点O_1，与已知圆弧相交于点K_1（外切）或其延长线与已知圆弧相交于点K_1（内切）；再过点O作已知直线的垂线，垂足为点K_2，即得K_1、K_2两个切点。

（3）画连接弧：以点O为圆心、R为半径画K_1、K_2之间的连接弧。

3. 两圆弧间的圆弧连接

用半径为R的圆弧连接两段已知圆弧，如图1-1-32a、b所示。

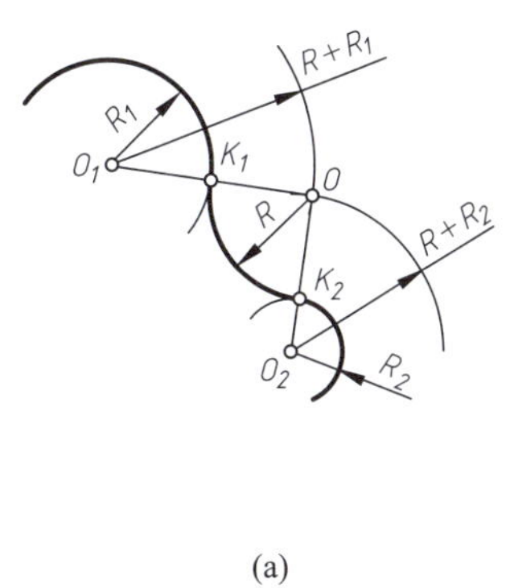

(a)

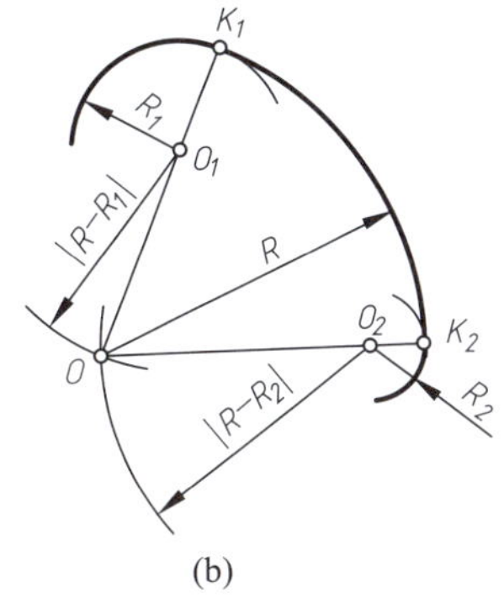

(b)

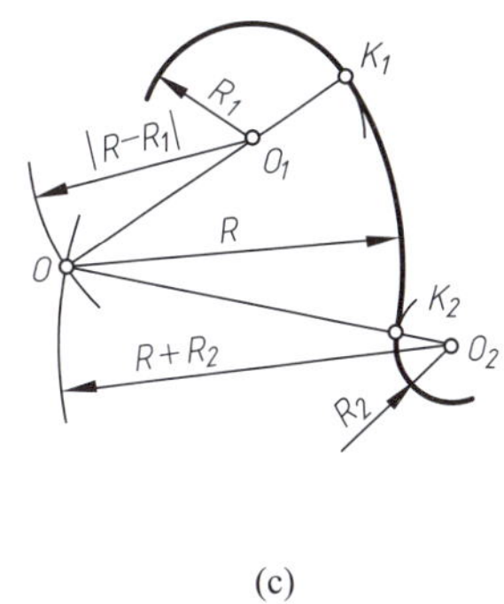

(c)

图1-1-32　两圆弧间的圆弧连接

具体作图步骤：

（1）找圆心：分别以已知圆的圆心O_1、O_2为圆心，$R+R_1$、$R+R_2$（外切）或$|R-R_1|$、$|R-R_2|$（内切）为半径画弧交于点O，点O即为连接弧的圆心。

（2）定切点：分别连接OO_1和OO_2，与已知圆弧相交于点K_1、K_2（外切）或其延长线与已知圆弧相交于点K_1、K_2（内切），即得K_1、K_2两个切点。

（3）画连接弧：以点O为圆心、R为半径画K_1、K_2之间的连接弧。

两圆弧间的混合连接如图1-1-32c所示，作图过程请自行分析。

1.5 绘制平面图形

1.5.1 平面图形的绘制方法

平面图形是由直线、圆弧和曲线等线段连接而成的，绘制平面图形时，应先进行分析，明确线段的大小和位置，确定线段间的关系，以便确定作图的先后次序。平面图形的分析包括尺寸分析和线段分析。

1. 尺寸分析

平面图形中的尺寸，按其作用可分为定形尺寸和定位尺寸两类。

（1）定形尺寸。确定平面图形各部分形状和大小的尺寸称为定形尺寸。直线的长度、圆和圆弧的直径和半径、角度等尺寸均是定形尺寸，如图1-1-33中的ϕ24、ϕ14、R43、R16、R22及10、44。

（2）定位尺寸。确定图形中各部分之间相对位置的尺寸称为定位尺寸。线段、圆心、对称中心的位置尺寸均是定位尺寸，如图1-1-33中的8、15和42。

注意：有的尺寸既是定形尺寸，也是定位尺寸，如图1-1-33中的44是矩形水平线段的定形尺寸，也是矩形竖直线段的定位尺寸。

（3）尺寸基准。标注尺寸的起始点称为尺寸基准，简称基准。标注尺寸时，应先选定基准。平面图形的长度方向和高度方向各有一个主要基准。图形的对称中心线或主要轮廓线通常可作为基准，如图1-1-33所示。

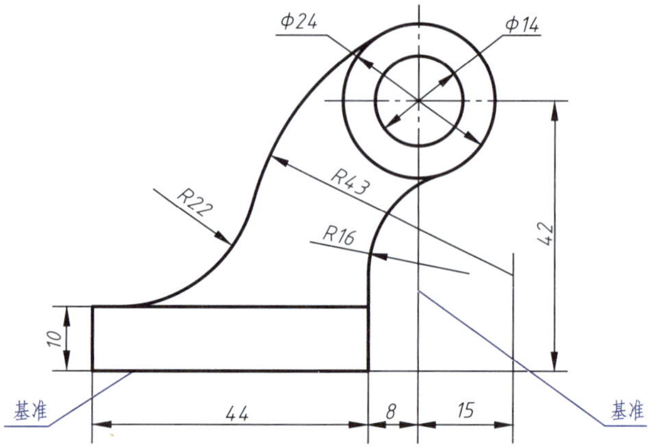

图1-1-33 支架

2. 线段分析

平面图形中，每个线段都具有一个定形尺寸和两个方向定位尺寸，但在图中有些线段的定位尺寸并未完全标注，要依据与其他线段的连接关系才能画出，因此线段按其定位尺寸是否完整标注分为三类：

（1）已知线段。两个方向定位尺寸均已标注的线段称为已知线段，如图1-1-33中的ϕ24圆、ϕ14圆和底部的长为44、宽为10的矩形。

（2）中间线段。只标注了一个方向定位尺寸的线段称为中间线段，如图1-1-33中的R43圆弧。

（3）连接线段。两个方向定位尺寸均未标注的线段称为连接线段，如图1-1-33中的R22和R16圆弧。

3. 平面图形的画图步骤

在绘制平面图形时，应先画已知线段，其次画中间线段，最后画连接线段。平面图形支架的画图步骤如图1-1-34所示。

（1）画基准线。画出ϕ24圆的中心线和矩形的下边线和右边线，如图1-1-34a所示。作图基准线通常为图形对称中心线或主要轮廓线。

（2）画已知线段。已知线段的定形尺寸和两个方向定位尺寸均已标注，可以直接画出。画ϕ24圆、ϕ14圆和长为44、宽为10的矩形，如图1-1-34b所示。

（3）画中间线段。由于中间线段只有一个方向定位尺寸，因此不能直接画出，需根据相邻已知线段的连接关系确定其位置后才能画出。画R43圆弧，已知其圆心水平方向的定位尺寸为15，而竖直方向的定位尺寸没有给出，要根据其与ϕ24圆的相内切关系来确定，如图1-1-34c 所示。

（4）画连接线段。由于连接线段的两个方向定位尺寸均没有标注，因而必须根据相邻两个线段的连接关系确定其位置。画R22圆弧时，可根据其与矩形的上边线、R43圆弧相切的关系来确定圆心；画R16圆弧时，可根据其与矩形的右边线、ϕ24圆相切的关系来确定圆心，如图1-1-34d所示。

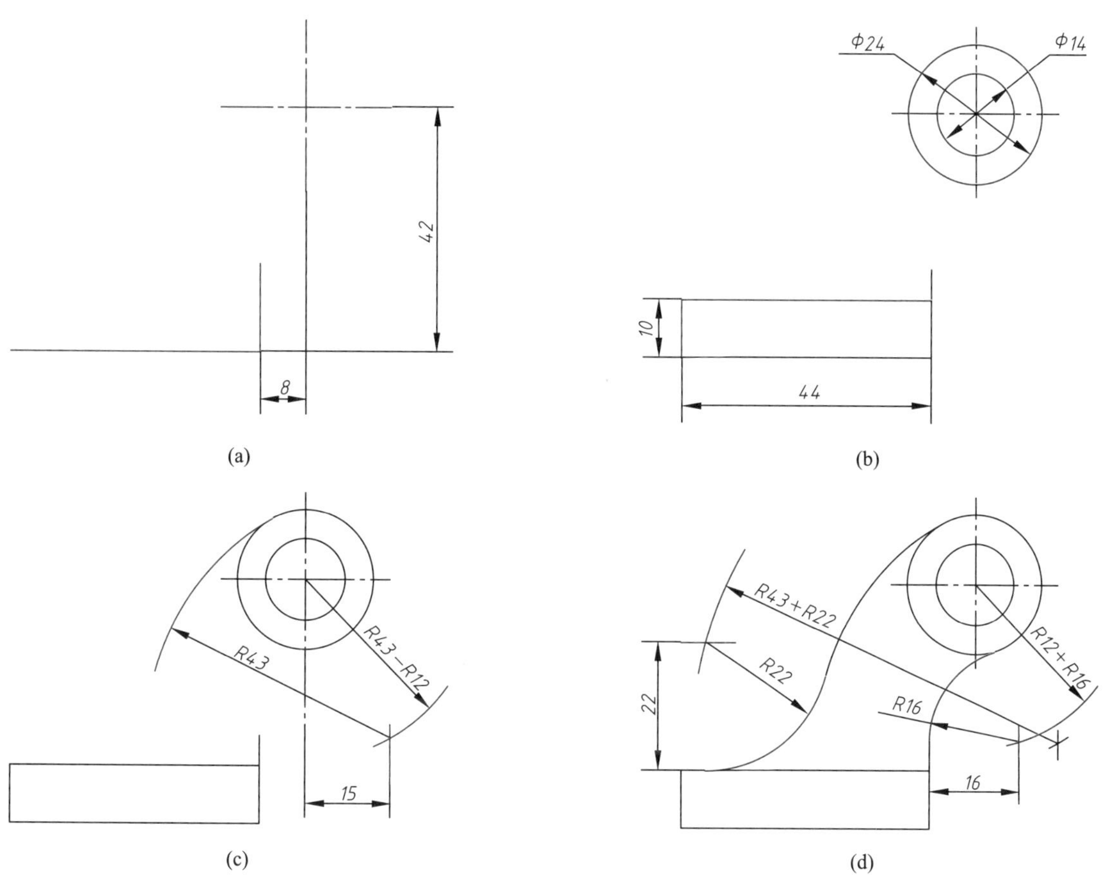

图1-1-34　平面图形支架的画图步骤

（5）描深。检查并加深图线，如图1-1-33所示。

1.5.2　草图的画法

草图是不使用绘图工具，目测物体比例，徒手绘制的图样。由于草图绘制迅速、简便，所以在机器测绘、技术交流、设计方案讨论等方面有广泛的应用。

草图虽然是徒手绘制，但并不是潦草的图。徒手绘草图时要求目测尺寸尽量符合实际，物体各部分比例要匀称，线条基本平直、粗细分明，尺寸标注无误，字体书写工整。下面介绍徒手画线的基本方法。

1. 握笔的方法

握笔时手不要太靠近笔尖，应握在笔尖往上2 cm的位置，以利于运笔和观察目标。绘图时手要放松，握笔不宜太紧，笔杆与纸面呈45° ~ 60° 角，执笔稳而有力。

2. 直线的画法

画直线时，手腕靠着纸面，沿着画线方向移动，保持图线稳直，眼要注意终点方向，便于控制图线。常以手腕运笔画短线，以手臂移动画长线。

画水平线时自左而右运笔；画垂直线时自上而下运笔；画斜线时可以转动图纸，使斜线处于水平位置，按水平线的画法画出。为了便于控制图的大小、比例和各图形间的关系，可利用方格纸画草图，如图1-1-35所示。

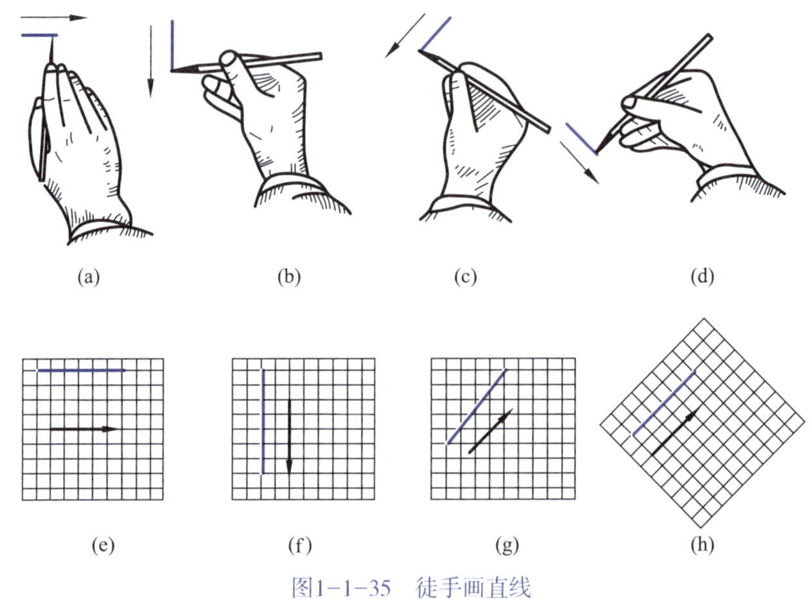

图1-1-35 徒手画直线

3. 常用角度的画法

30° 、45° 、60° 等常见角度可借助直角三角形两直角边的比例关系画出，如图1-1-36所示。

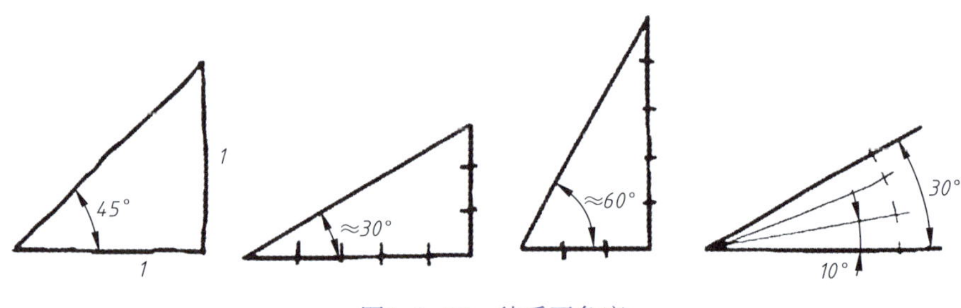

图1-1-36 徒手画角度

4. 圆的画法

画圆时，先确定圆心位置，过圆心画出两条中心线。画直径较小的圆时，目测半径长度在中心线上截出四个点，依次徒手光滑连接各点；画直径较大的圆时，可过圆心加画两条45° 方向的辅助线，目测半径长度在中心线和辅助线上截得八个点，然后依次徒手光滑连接各点，如图1-1-37所示。

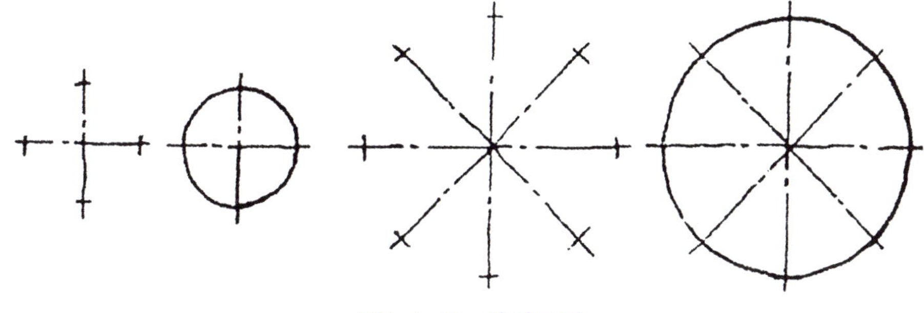

图1-1-37　徒手画圆

任务实施

用绘图工具和仪器在图纸上绘制图1-1-1b所示的手柄零件图。

1. 绘图准备

（1）根据图形大小和绘图比例，选择合适的图幅。由图1-1-1b可知，手柄长度为90 mm，最大直径为30 mm，绘图比例为2∶1，选用A4图纸横放。

（2）削磨铅笔，清洁绘图工具和仪器，固定图纸。

（3）绘制图框和标题栏。A4图纸横放，留有装订边一侧的图框线应画在长边上，距图纸边缘为25 mm，其余三边距图纸边缘为5 mm，用粗实线绘制。标题栏选用X型图纸的格式，用粗实线画出长为140 mm、宽为40 mm的标题栏的边线（建议采用图1-1-6b所示的作业标题栏），其右边线和下边线与图框线重合，如图1-1-38a所示。

案例
利用CAD
绘制手柄

(a) 画基准线

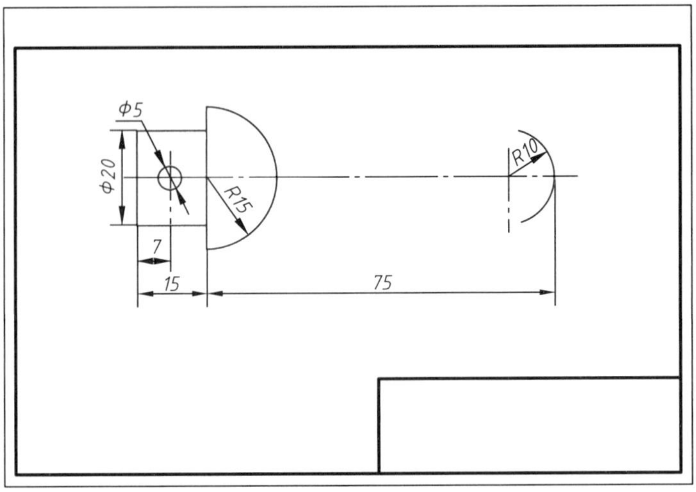

(b) 画已知线段

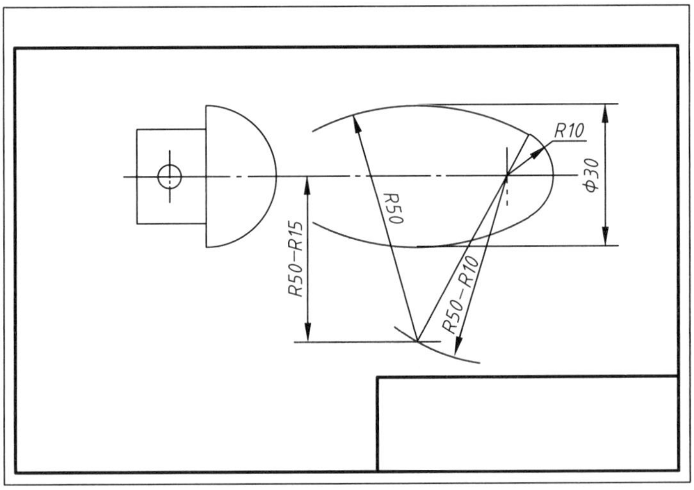

(c) 画中间线段

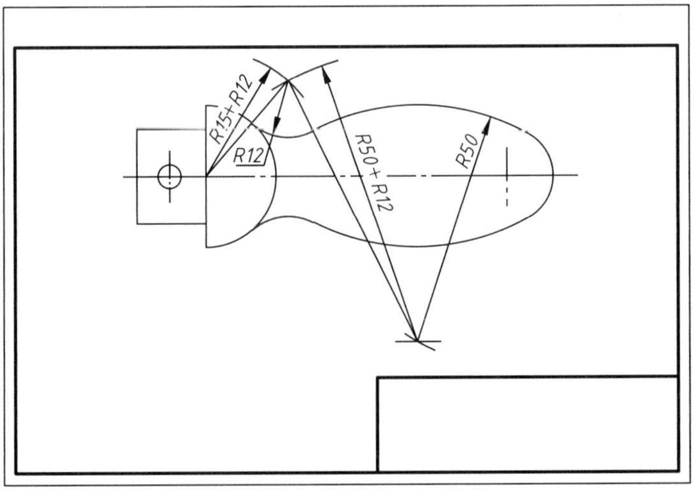

(d) 画连接线段

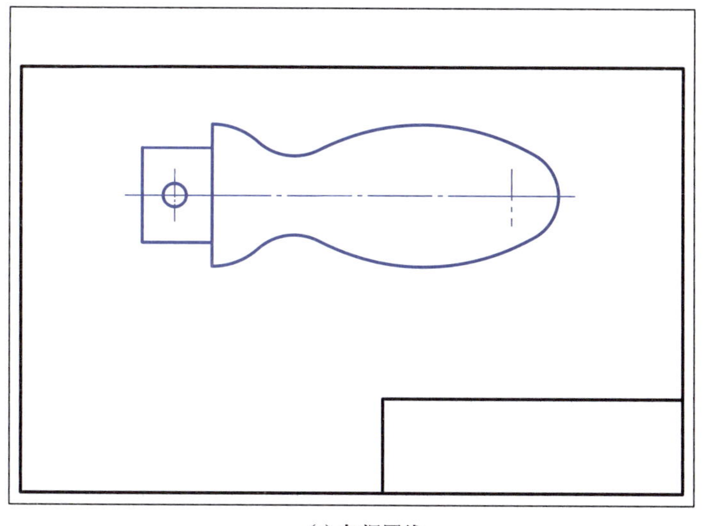

(e) 加深图线

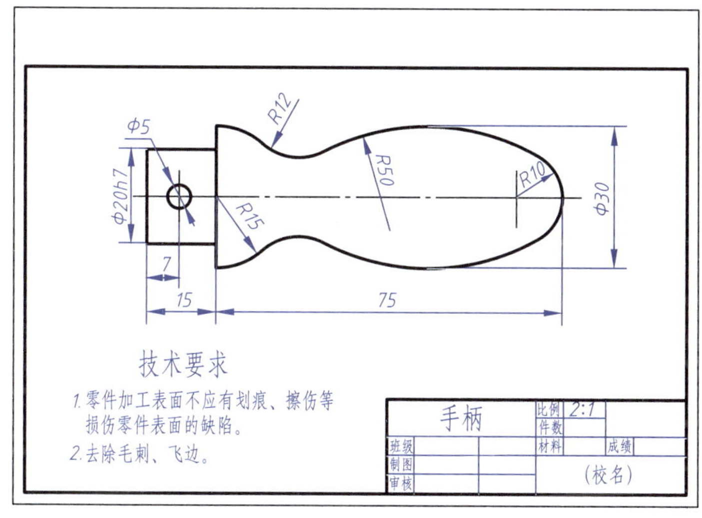

(f) 标注尺寸、注写技术要求、填写标题栏

图1-1-38 手柄零件图的绘制

2. 绘制底稿

(1)布图，画基准线。

布图时应考虑留出标注尺寸的空间和注写技术要求的区域，定出图形在图纸上的位置。根据手柄的尺寸和图幅尺寸，画出水平和竖直方向的基准线，如图1-1-38a所示。

(2)画手柄的零件图底稿。

先画已知线段。根据所给的两个定形尺寸和定位尺寸，画出直径为20、长为15的圆柱轮廓线，ϕ5圆孔和R15、R10圆弧，如图1-1-38b所示。

再画中间线段。根据所给的一个定形尺寸（ϕ30）和定位尺寸（R50）及与已知线段（R10圆弧）的连接关系，画出两段R50圆弧，如图1-1-38c所示。

最后画连接线段。根据所给的定位尺寸（R12）及与相邻线段（R15、R50圆弧）的连接关系，画出两段R12圆弧，如图1-1-38d所示。

在上述作图过程中，所注尺寸为真实尺寸，绘图比例为2:1，实际作图时要按比例放大绘制。底稿完成后，检查校核，擦去多余图线。

注意：画底稿时应选用“H”铅笔，尽量画得轻、细，各种线型可不考虑线宽，作图力求准确。

3. 加深图线

加深图线时，宜按照先粗线后细线，先曲线后直线，先水平线后垂直线、斜线的顺序加深，如图1-1-38e所示。

注意：加深图线时，粗线宜选用“B”铅笔，细线宜选用“HB”铅笔，圆规的铅芯应比画相应直线的铅芯软1号。加深时用力要均匀一致，保证线条深浅一致。图线加深后很难擦净，因此要尽量避免画错。

4. 标注尺寸、注写技术要求、填写标题栏

注写文字一般采用“HB”铅笔。标注尺寸时，可先画出所有尺寸界线、尺寸线和箭头，然后注写尺寸数字。注写技术要求时，“技术要求”四个字采用7号字，技术要求的内容用5号字。填写标题栏内容，标题栏内部各线为细实线，图名用7号字，校名用7号字，其他内容均用5号字，如图1-1-38f所示。

学习小结

图样在工程领域有着广泛的应用，绘制图样是工程技术人员必须掌握的基本技能。通过本项目的学习，完成了手柄零件图的绘制，初步了解了机械图样的内容、绘制要求、绘制方法和步骤。

通过本项目学习了国家标准《技术制图》和《机械制图》有关图纸幅面格式、比例、字体、图线、尺寸标注等方面的规定。作图时，必须按照国家标准的规定绘制图线、标注尺寸、注写文字，牢固树立执行国家标准的意识，并理解工程技术人员应具备的道德素养及责任、使命和担当。

尺规作图是工程技术人员必须掌握的一项基本技能。应能正确、熟练地使用丁字尺、三角板、圆规、分规等绘图工具和仪器，保证图面质量，提高绘图速度。在作图时，还应养成严谨认真和一丝不苟的作图习惯。

复习自查

1. 机械图样有哪几种？包含哪些内容？
2. 国家标准中规定的图纸的基本幅面有哪几种？
3. 图框格式有哪几种？什么是X型、Y型图纸？
4. 什么是比例？比例分为哪几种？
5. 图样中的汉字、字母、数字书写时有什么要求？字号有哪几种？

6. 图样中常用的图线有哪几种？简述其用途和画法。

7. 图样中尺寸标注的要求和规则是什么？一个完整的尺寸包含哪几个要素？如何做到正确标注尺寸？

8. 什么是斜度和锥度？斜度和锥度应如何标注？

9. 圆弧连接的作图步骤是什么？

10. 什么是尺寸基准？尺寸按作用可分为哪几种？

11. 平面图形中的线段分为哪几种类型？简述平面图形的作图步骤。

模块二

简单形体视图的绘制与识读

项目一　投影基础

知识目标

1. 掌握正投影的基本概念和投影的基本性质。
2. 掌握点、直线、平面的投影特征和绘图方法。
3. 了解直线与直线、直线与平面、平面与平面间的相对位置关系。

能力目标

1. 能够根据投影规律和作图方法，正确绘制简单形体的三视图。
2. 能根据形体的三视图判断其上直线、平面的形状和位置特征。

素养目标

1. 建立一定的空间分析和想象能力。
2. 养成分析问题和解决问题的能力，培养科学世界观。

任务引入

图2-1-1所示为燕尾楔块立体图，左侧面与水平面成一楔角，其作用是在其他零件装配后，通过斜面移动使其楔紧；燕尾则用于保证零件左右移动时不会歪斜，起导向作用。该燕尾楔块的三视图如何表达？请判断平面*P*、*Q*是什么面，线段*AB*、*BC*、*CD*、*DE*分别是什么线。

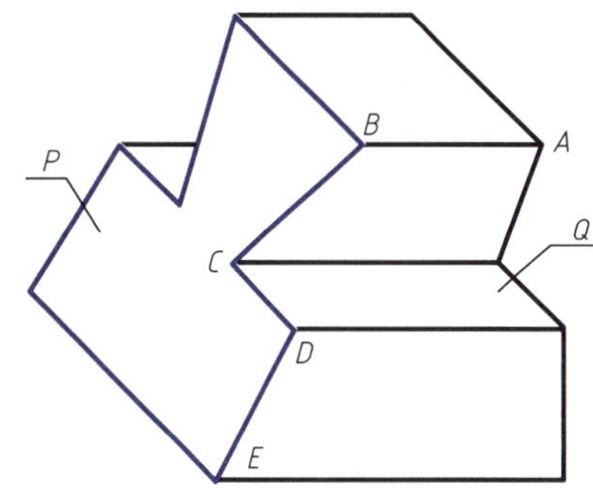

图2-1-1　燕尾楔块立体图

知识链接

形体的表面形状都是由点、线、面等几何元素构成的。要绘制燕尾楔块的三视图，就必须学习正投影的基本知识，弄清三视图的形成过程，掌握三视图的投影特性，针对模型上不同的几何要素，能分别应用投影规律正确绘制或者补画模型的三视图，并可以对形体的几何要素做简单的分析。

1.1　正投影基础

形体在灯光或阳光的照射下会在地面和墙壁上产生影子，如在阳光照射下一段栏杆在地面上形成影子，这是常见的自然现象，这种现象称为投影现象。从这一现象中可看出影子与形体之间存在着对应关系。影子是呈现在平面上的形状，而栏杆是三维的空间形体，说明用二维图形可以表达三维的空间形体。

微课扫一扫
正投影基础

光线、形体和影子三者之间，存在着紧密的联系。光线从一点射出，照射在形体上，产生了影子，随着光源、形体和投影面之间距离的变化，影子的大小、形状也会发生相应的变化。如果假想把光源移到无穷远处，即假设光源变为互相平行并垂直于地面的多束光线时，影子的大小就和形体一样了。把阳光、灯泡等光源抽象为投射中心*S*，把地面、墙壁抽象为投影面*P*，把看不见的光线称为投射线，这三者就构成了投影面体系。如图2-1-2所示，平面*P*为指定投影面，不在投影面上的定点*S*为投射中心，投射线均由投射中心*S*发出，通过空间点*A*的投射线与投影面相交于一点*a*，点*a*是空间点*A*在投影面*P*上的投影；同样，点*b*、*c*是空间点*B*、*C*在投影面*P*上的投影。

图2-1-2　投影的概念

1. 投影法的分类

投影法可分为中心投影法和平行投影法两大类。

（1）中心投影法。

投射线汇交于一点的投影法称为中心投影法，如图2-1-2所示，从图中可以看出，投影△*abc*的大小和形状是随着△*ABC*、投射中心*S*、投影面*P*三者之一的位置变化而变化的。因此，用中心投影法得到的形体投影不能反映该形体的真实大小。

（2）平行投影法。

假设将图2-1-2中的投射中心S移至无穷远处，这时的投射线可以近似地看成是相互平行的，这种投射线相互平行的投影法称为平行投影法。

平行投影法又分为斜投影法和正投影法。

斜投影法：投射线与投影面相倾斜的平行投影法称为斜投影法，如图2-1-3a所示。

正投影法：投射线与投影面相垂直的平行投影法称为正投影法，如图2-1-3b所示。

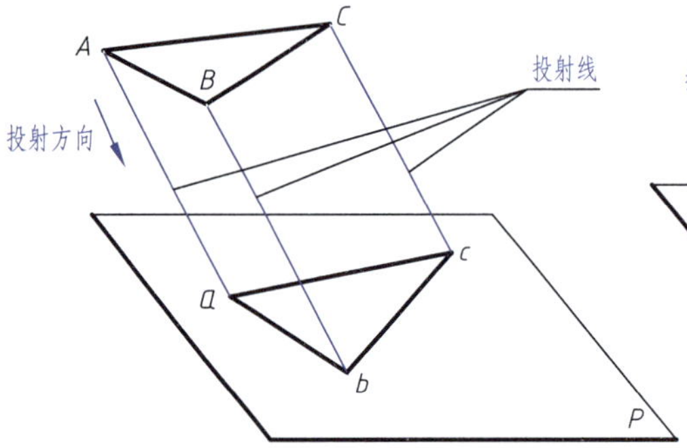

(a) 斜投影法 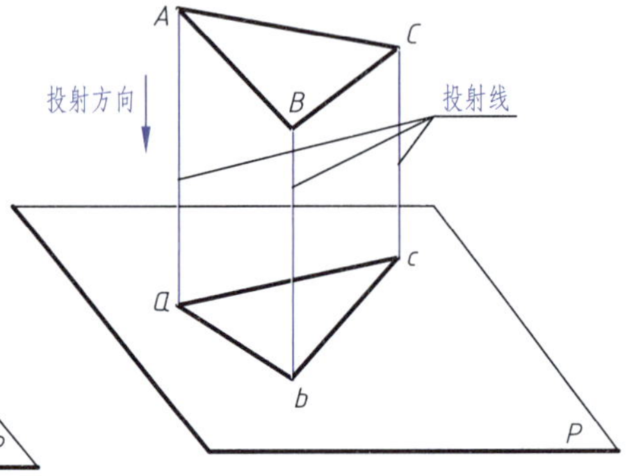　　(b) 正投影法

图2-1-3　平行投影法

机械图样一般采用正投影法绘制，根据正投影法所得到的空间形体的图形称为空间形体的正投影图，简称正投影。正投影法是本课程学习的主要内容，在本书中若没有特别说明，所指的投影均为正投影。

2. 正投影的基本特性

（1）真实性。

当平面图形（或空间直线）平行于投影面时，其投影反映实形（或实长）。这种投影性质称为真实性，如图2-1-4中$AB /\!/ P$，则$ab=AB$。

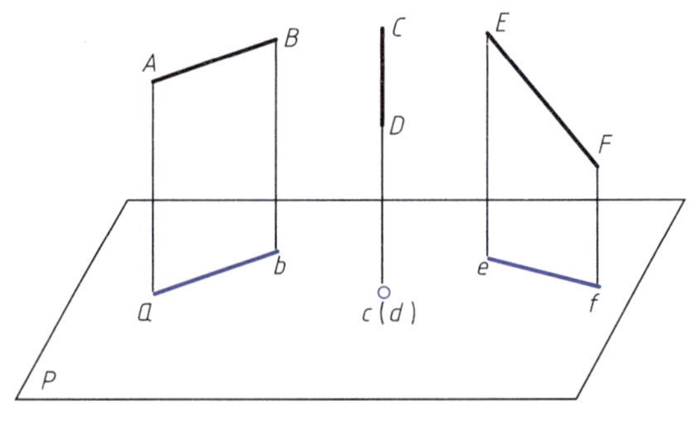

图2-1-4　正投影的基本特性

（2）积聚性。

当平面图形（或空间直线）垂直于投影面时，其投影积聚为一直线（或一个点）。这种投影性质称为积聚性，如图2-1-4中$CD \perp P$，cd积聚为一点。

（3）类似性。

当平面图形（或空间直线）倾斜于投影面时，其投影为类似形。这种投影性质称为类似性，如图2-1-4中$EF \angle P$，ef仍为直线，但比原长短。注意：类似形并不是相似形，它和原图形只是边数相同、形状类似，如圆的类似形为椭圆。

1.2　三视图

1.2.1　三视图的形成（GB/T 14692—2008）

将形体向单一投影面投射得到的图形称为视图，如图2-1-5所示。

在正投影中，一般一个视图不能完整地表达形体的形状和大小，如图2-1-5中，两个不同的形体在同一投影面上的视图完全相同。因此，为了完整、准确地表达形体的形状，应增加由不同投射方向、在不同投影面上得到的几个视图，相互补充，才能把形体表达清楚。通常采用三视图来表达形体的形状和大小。

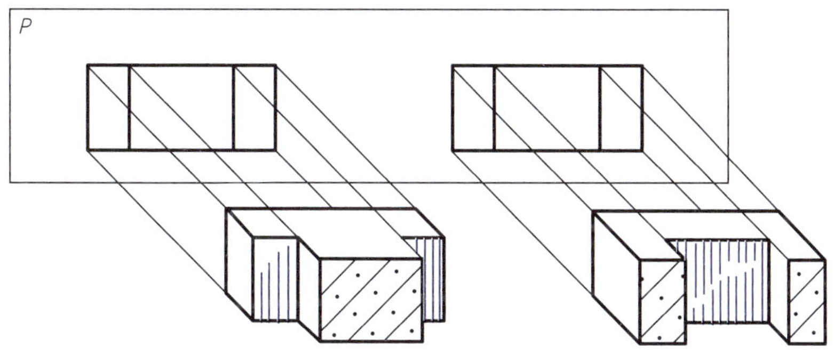

图2-1-5　形体的一面视图

1. 三投影面体系的建立

空间三个互相垂直相交的投影面组成三投影面体系。这三个投影面将空间分为八个部分，每一部分为一个分角，分别称为Ⅰ分角、Ⅱ分角、…、Ⅷ分角，如图2-1-6a所示。我国选取Ⅰ分角作为投影体系，如图2-1-6b所示。在Ⅰ分角内，正立投影面简称正立面，用V表示；水平投影面简称水平面，用H表示；侧立投影面简称侧立面，用W表示。三个投影面两两相交的交线OX、OY、OZ称为投影轴，分别代表长、宽、高三个方向。三个投影轴相互垂直且交于一点O，称为原点。

2. 三视图

将形体放置在三投影面体系中，按正投影法分别向三个投影面投射得到三面投影，如图2-1-7a 所示。为了作图和表示方便，将空间三个投影面展开摊平在一个平面上，展开时V面保持不动，将H面绕OX轴向下旋转90°，W面绕OZ轴向右旋转90°，如图2-1-7b所示，展开后得到的视图即为三视图，如图2-1-7c所示。

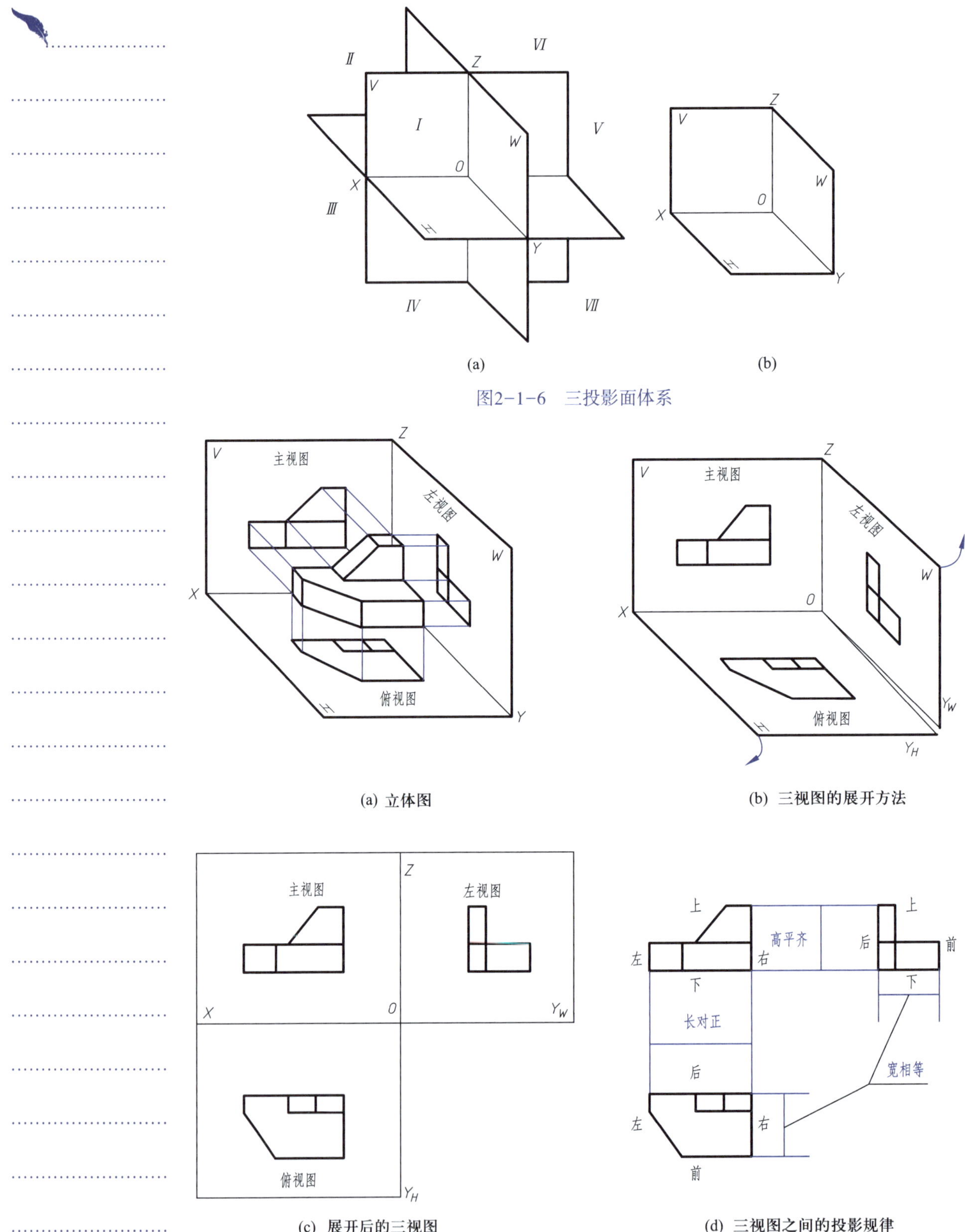

图2-1-7 三视图的形成过程

1.2.2　三视图之间的关系

1. 三视图之间的位置关系

国家标准规定，V面投影称为主视图，H面投影称为俯视图，W面投影称为左视图。从图2-1-7c中可以看出三视图之间的位置关系是：以主视图为准，俯视图在主视图正下方，左视图在主视图的正右方。

2. 三视图之间的投影关系

形体有长、宽、高三个方向的尺寸，三视图中每个视图都反映形体两个方向的尺寸。定义X轴方向为长度方向，Y轴方向为宽度方向，Z轴方向为高度方向。如图2-1-7d所示，主视图和俯视图都反映了形体的长度，主视图和左视图都反映了形体的高度，俯视图和左视图都反映了形体的宽度。由此可以归纳出，主视图、俯视图、左视图之间的投影关系为：

（1）主视图、俯视图长对正。

（2）主视图、左视图高平齐。

（3）俯视图、左视图宽相等。

三视图之间的这种投影关系也称为视图之间的三等关系。注意：三等关系无论对整个形体还是对形体的局部均适用。

3. 三视图反映形体的方位关系

（1）主视图：反映了形体的上、下和左、右位置关系。

（2）俯视图：反映了形体的前、后和左、右位置关系。

（3）左视图：反映了形体的上、下和前、后位置关系。

看图和画图时应注意，以主视图为准，俯视图、左视图远离主视图的一侧表示形体的前面，靠近主视图的一侧表示形体的后面。

1.3　点的投影

微课扫一扫
点的投影

点、直线和平面是构成形体的基本几何元素，其中点是最基本的几何元素，因此首先学习点的投影。若仅有点的一面投影是不能确定点的空间位置的，因此表达空间点的位置，需建立三投影面体系来确定。

1.3.1　点的三面投影

1. 点的三面投影的形成

空间一点在投影面上的投影仍为一点，将点A置于三投影面体系之中，过点A分别向三个投影面作垂线（即投射线），相交得到三个垂足，点A的H面投影为a、V面投影为a'、W面投影为a''，如图2-1-8a所示。

在机械制图中规定：空间点用大写字母表示（如A、B、C），空间点在H面上的投影用其相应的小写字母表示（如a、b、c），在V面上的投影用其相应的小写字母加一撇表示（如a'、b'、c'），在W面上的投影用其相应的小写字母加两撇表示（如a''、b''、c''）。

移除空间点A，将投影面展开，如图2-1-8b所示，便得到如图2-1-8c所示的点的三面投影。

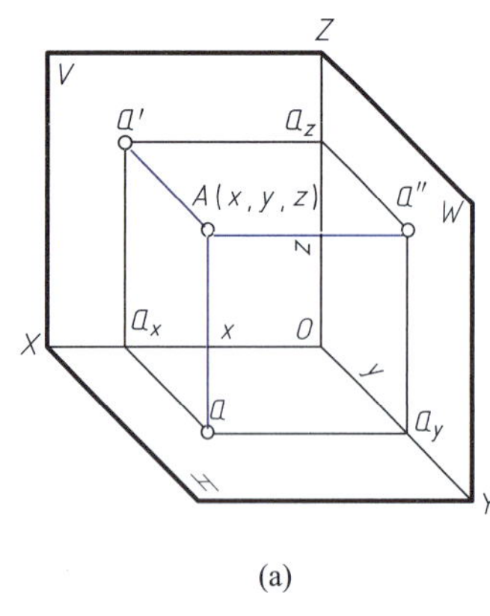

(a)

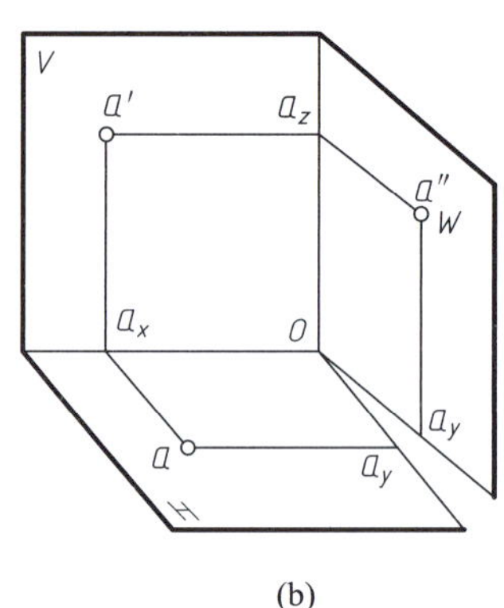

(b)

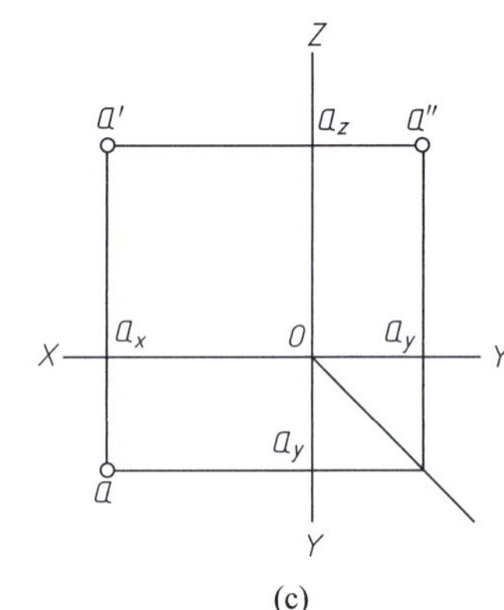

(c)

图2-1-8 点的三面投影

2. 点的投影规律

由于投影面相互垂直，所以点的三条投射线也相互垂直，8个顶点构成正六面体，根据正六面体的性质，可以得出点在三投影面体系中的投影规律：

（1）点的水平投影与正面投影的连线垂直于OX轴，即$aa' \perp OX$。

（2）点的正面投影与侧面投影的连线垂直于OZ轴，即$a'a'' \perp OZ$。

（3）点的水平投影到OX轴的距离等于其侧面投影到OZ轴的距离，即$aa_x=a''a_z$。

1.3.2 点的投影与空间直角坐标的关系

点的空间位置可由直角坐标来确定。把三投影面体系看成空间直角坐标系，把投影面当作坐标面，投影轴当作坐标轴，点O即为坐标原点。

如图2-1-8所示，空间点A（x，y，z）到三个投影面的距离可以用直角坐标来表示，即：

点A到W面的距离$=Oa_x=x$；

点A到V面的距离$=Oa_y=y$；

点A到H面的距离$=Oa_z=z$。

由此可见，若已知点的直角坐标，即可作出点的三面投影。而点的任何一面投影都反映了点的两个坐标，点的两面投影即可反映点的三个坐标，也就确定了点的空间位置。因此，若已知点的任意两面投影，就可作出点的第三面投影。

【例题2-1-1】 已知点A（30，10，10），求作点A的三面投影。

作图步骤：

（1）自原点O沿OX轴向左量取x=30，得点a_x，过点a_x作OX轴的垂线，在垂线上自点a_x向上量取z=10，得点A的正面投影点a'，自点a_x向下量取y=10，得点A的水平投影点a。

（2）过点a'作OZ轴的垂线，得交点a_z。过点a_z在垂线上沿OY_W方向量取a_za''=10，定出点a''；也可以过原点O向右下方作45°辅助线，并过点a作OY_H轴的垂线与45°线相交，然后再由此交点作OY_W轴的垂线，与过点a'且垂直于OZ轴的投影连线相交，交点即为a''，如图2-1-9所示。

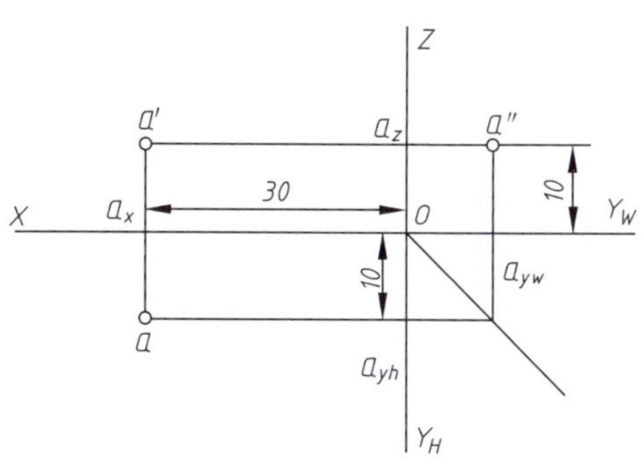

图2-1-9 根据坐标求点的三面投影

1.3.3 两点的相对位置

在投影图上判断空间两点的相对位置，就是分析两点之间的上、下，左、右和前、后关系，可由两点的坐标差值来确定。

比较两点的x坐标，可以确定两点的左、右位置关系，x值大的在左；比较两点的y坐标，可以确定两点的前、后位置关系，y值大的在前；比较两点的z坐标，可以确定两点的上、下位置关系，z值大的在上。

如图2-1-10所示，由于$x_A>x_B$，因此点A在左，点B在右；由于$y_A<y_B$，因此点A在后，点B在前；由于$z_A>z_B$，因此点A在上，点B在下。也就是说，点A在点B的左、后、上方。

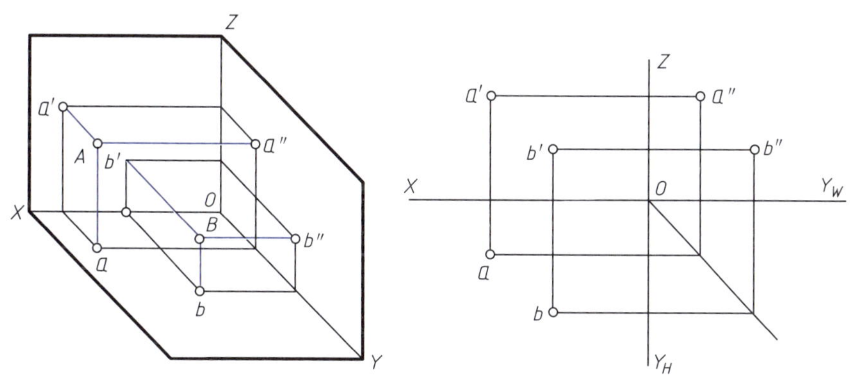

图2-1-10 两点的相对位置

1.3.4 重影点的投影

当空间两点处于某一投影面的同一条投射线上时，两点在该投影面上的投影重合，这两点称为该投影面的一对重影点，如图2-1-11所示。

关于重影点的表达，规定如下：两点在V面的重影，在前的点（y值大）可见，在后的点（y值小）不可见；两点在H面的重影，在上的点（z值大）可见，在下的点（z值小）不可见；两点在W面的重影，在左的点（x值大）可见，在右的点（x值小）不可见。

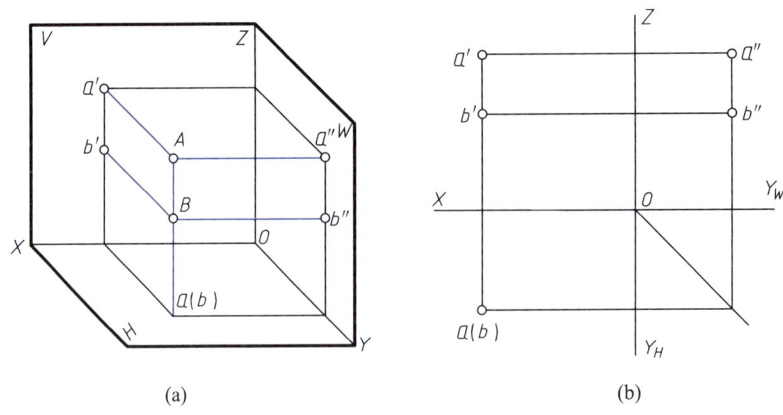

图2-1-11 重影点的投影

注意：标记时，应将不可见的点的投影用圆括号括起来。

1.4 直线的投影

直线的投影一般仍为直线，特殊情况下积聚为点。求直线的投影，实际上就是求作直线上两个点的投影，然后连接点的同面投影即可。图2-1-12所示即为图2-1-10连接同面投影所得。

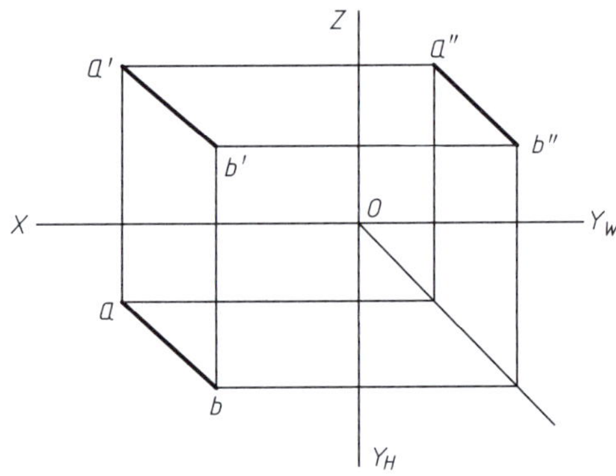

图2-1-12 直线的投影

按照空间直线对投影面的相对位置，可将直线分为一般位置直线和特殊位置直线。特殊位置直线又可分为投影面平行线和投影面垂直线。

一般位置直线：直线不平行于任何一个投影面。

投影面平行线：直线仅与一个投影面平行，与另外两个投影面倾斜。

投影面垂直线：直线与一个投影面垂直，与另外两个投影面平行。

这里将直线与投影面的夹角称为直线的倾角，分别用α、β、γ表示直线与H、V、W面的夹角，如图2-1-13所示。下面讨论这几类直线的投影特性。

1. 一般位置直线

由正投影的基本特性中的类似性可知，一般位置直线的三面投影均不反映实

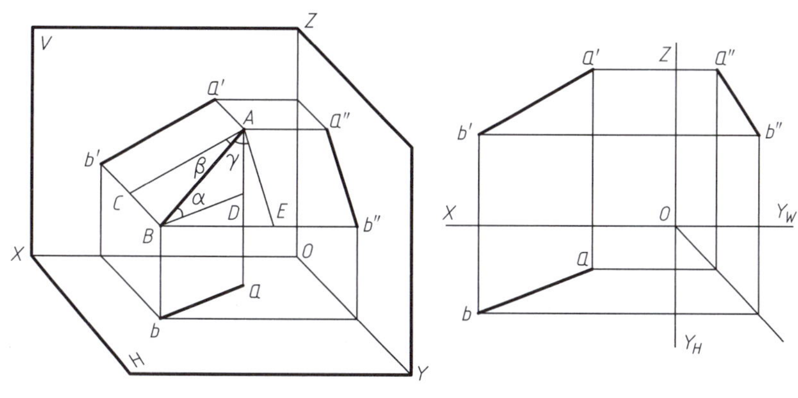

图2-1-13　一般位置直线投影图

长，而且小于实长。其投影与投影轴的夹角也不反映空间直线与投影面的倾角。如图2-1-13所示的直线*AB*即为一般位置直线。

2. 投影面平行线

投影面平行线分为三种：平行于*H*面的水平线、平行于*V*面的正平线、平行于*W*面的侧平线，见表2-1-1。

表 2-1-1　投影面平行线

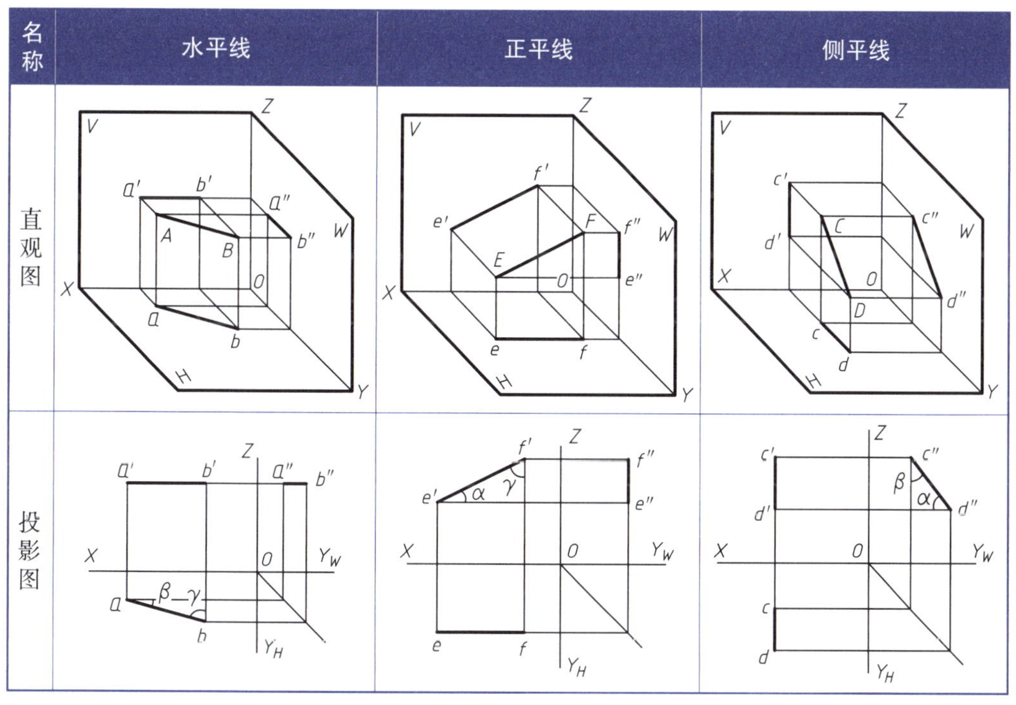

名称	水平线	正平线	侧平线
直观图			
投影图			

投影面平行线投影特性：

（1）投影面平行线的三面投影都是直线，在所平行的投影面上的投影反映实长，且投影与投影轴的夹角反映直线对另外两个投影面的实际倾角。

（2）另两面投影比实长短，分别平行于相应的投影轴，其与所平行的投影轴的距离是空间直线与所平行的投影面之间的实际距离。

3. 投影面垂直线

投影面垂直线分为三种：垂直于H面（必然平行于V面、W面）的铅垂线、垂直于V面（必然平行于H面、W面）的正垂线、垂直于W面（必然平行于H面、V面）的侧垂线，见表2-1-2。

表 2-1-2 投影面垂直线

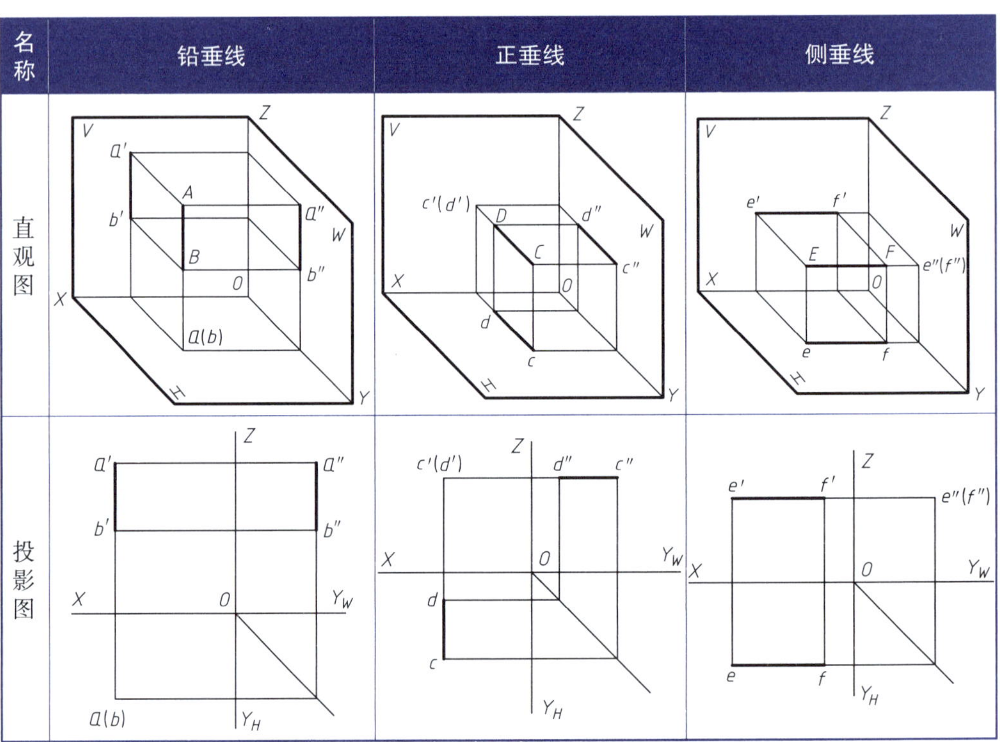

动画 铅垂线

投影面垂直线投影特性：

（1）投影面垂直线在所垂直的投影面上的投影积聚为一点。

（2）其他两面投影都反映线段实长，且都垂直于相应的投影轴。

（3）反映实长的投影到投影轴的距离是空间直线与所平行的投影面之间的实际距离。

1.5 平面的投影

1.5.1 平面的表示方法

在投影图上，可以用下列任何一组几何元素的投影表示平面：不在同一直线上的三个点；一直线和直线外一点；相交两直线，如图2-1-14a所示；平行两直线，如图2-1-14b所示；任意平面图形，如图2-1-14c所示。其中几种情况是可以相互转换的。

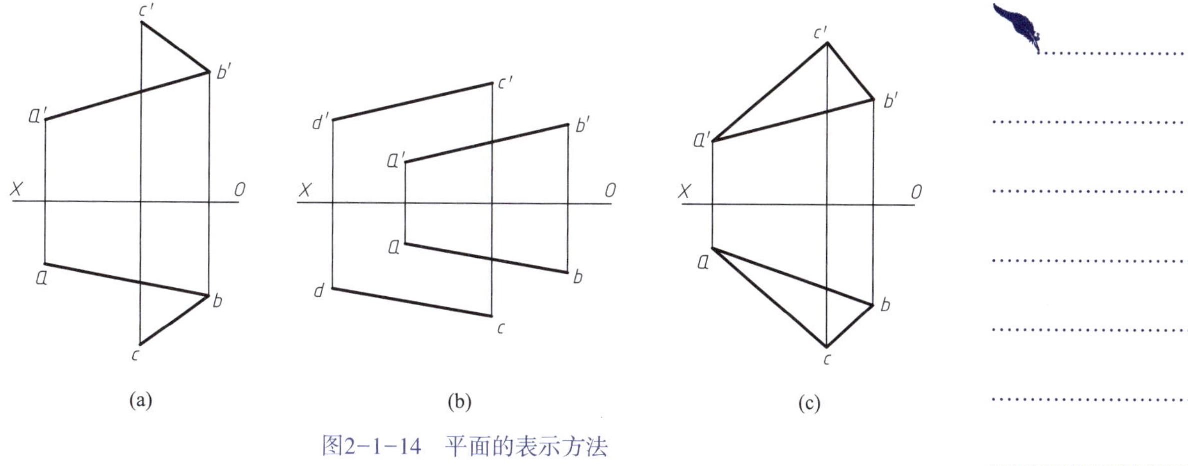

图2-1-14　平面的表示方法

1.5.2　平面的投影特性

1. 平面的正投影特性

平面对单一投影面的投影特性取决于平面与投影面的相对位置。

（1）平面垂直于投影面。平面垂直于投影面时，其投影积聚为一直线，表现出积聚性，如图2-1-15a 所示。

（2）平面平行于投影面。平面平行于投影面时，其投影仍为平面，且平面的投影反映实形，表现出真实性，如图2-1-15b所示。

（3）平面倾斜于投影面。平面倾斜（既不平行，也不垂直）于投影面时，其投影仍为平面，且平面的投影是原图形的类似形（与原图形边数相同，平行线段其投影仍然平行），表现出类似性，如图2-1-15c所示。

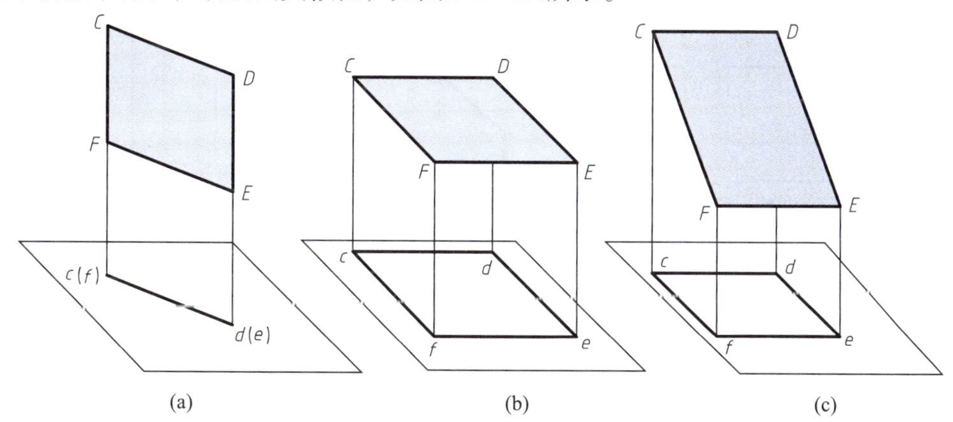

图2-1-15　平面的正投影特性

2. 各种位置平面的投影特性

根据空间平面相对于投影面的位置，可将平面分为一般位置平面、特殊位置平面两大类。特殊位置平面又分为投影面平行面和投影面垂直面。平面与投影面的夹角称为平面的倾角，分别为α、β、γ，表示平面与H、V、W投影面的倾角。

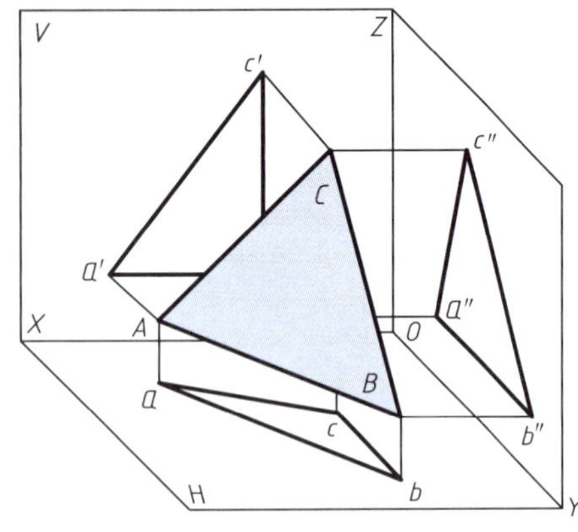

图2-1-16 一般位置平面

(1)一般位置平面。

在三投影面体系中，与三个投影面均倾斜的平面称为一般位置平面。如图2-1-16所示，平面*ABC*即为一般位置平面。

一般位置平面的投影特性为三面投影均为小于实形的类似形，且投影均不反映倾角的真实大小。

(2)投影面平行面。

在三投影面体系中，平行于一个投影面(则必然垂直于另外两个投影面)的平面称为投影面平行面。平行于*H*面(必然垂直于*V*面、*W*面)的平面称为水平面，平行于*V*面(必然垂直于*H*面、*W*面)的平面称为正平面，平行于*W*面(必然垂直于*H*面、*V*面)的平面称为侧平面。

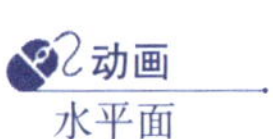

由表2-1-3可知，投影面平行面的投影特性为：在所平行的投影面上的投影反映实形，其余两面投影积聚为平行于相应投影轴的直线。平面与投影面的夹角可以由判断而得，其中一个夹角为0°，另外两个夹角为90°。例如水平面$\alpha=0°$，$\beta=\gamma=90°$。

表 2-1-3 投影面平行面

名称	水平面	正平面	侧平面
立体图上的空间平面			
三视图上的平面			
投影图	Z, X, O, Y_W, Y_H	Z, X, O, Y_W, Y_H	Z, X, O, Y_W, Y_H

（3）投影面垂直面。

在三投影面体系中，垂直于一个投影面并且倾斜于另外两个投影面的平面称为投影面垂直面。垂直于H面并且倾斜于V面、W面的平面称为铅垂面，垂直于V面并且倾斜于H面、W面的平面称为正垂面，垂直于W面并且倾斜于H面、V面的平面称为侧垂面。

由表2-1-4可知，投影面垂直面的投影特性为：在所垂直的投影面上的投影积聚为一倾斜于投影轴的直线，该直线与投影轴的夹角分别反映了平面与另外两个投影面的倾角的真实大小，平面与所垂直投影面的夹角为90°，其余两面投影均为小于实形的类似形。

表 2-1-4　投影面垂直面

名称	铅垂面	正垂面	侧垂面
立体图上的空间平面			
三视图上的平面			
投影图	X　Z　O　Y_W　Y_H	X　Z　O　Y_W　Y_H	X　Z　O　Y_W　Y_H

动画

正垂面

任务实施

画图2-1-1所示燕尾楔块的三视图，分析其平面和棱线的投影。

首先分析形体，燕尾楔块是长方体经过平面截切而成的。

其次画三视图，先画主视图，以M方向作为正面投影的投射方向，如图2-1-17所示。三个视图要兼顾着画，视图应符合“长对正、高平齐、宽相等”。

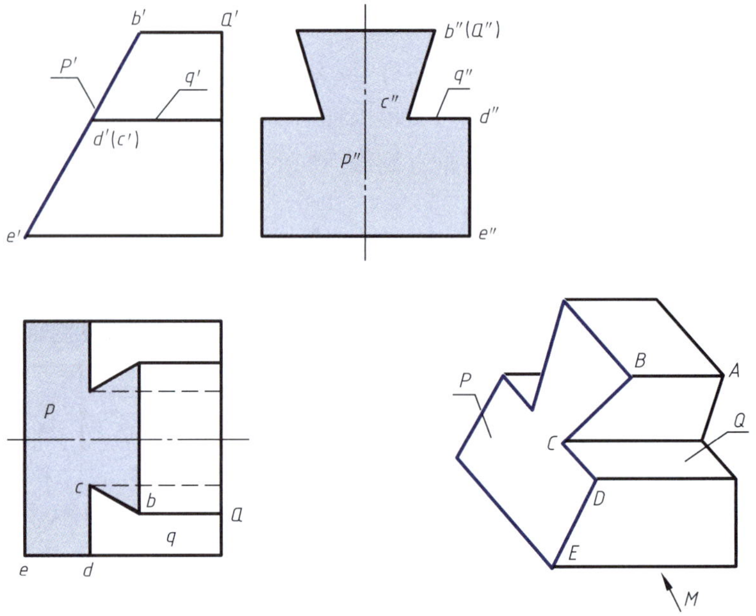

图2-1-17　燕尾楔块三视图

结合三视图可知：平面P的正面投影积聚为一斜直线，水平投影和侧面投影为类似形，根据平面的投影特性可判断P为正垂面；平面Q的正面投影和侧面投影为直线，水平投影反映实形，可判断Q为水平面。其他表面请读者自行分析。

线段AB在主视图与俯视图中的投影均为反映实长的线段，而在左视图中的投影积聚为一点，根据线段的投影规律可判断线段AB为侧垂线；同理可判断线段CD为正垂线；线段BC的三面投影均为缩短的线段，可判断线段BC为一般位置线段；线段DE在主视图中的投影反映实长，在俯视图、左视图中均为缩短的线段，可判断线段DE为正平线。其他棱线请读者自行分析。

学习小结

本项目介绍了正投影基本知识，在深入理解并掌握点、线、面的投影规律的同时，应注意利用直线、平面投影特性绘制三视图。通过对投影理论的综合运用，增强空间想象能力和分析能力，激发善于发现、探索未知的科学精神。

形体的三视图必须遵守“长对正、高平齐、宽相等”的投影规律，这一规律反映了正投影法的基本原理，是绘图和识图的基本依据。空间形体通过三视图表达其形状和结构是比较合理和全面的。对待事物，也应该从联系、变化、发展的角度分析问题，而不是孤立、静止、片面地看问题，要培养辩证思维能力。

复习自查

1. 正投影的基本特征是什么？
2. 点的投影规律是什么？什么是重影点？
3. 直线按照与相对投影面的位置不同可分为哪几类？其投影特性是什么？
4. 平面按照与相对投影面的位置不同可分为哪几类？其投影特性是什么？
5. 直线求实长有几种方法？分别是什么？

项目二　基本体的投影及表面交线

知识目标

1. 认知基本体的概念、分类及应用。
2. 认知基本体三面投影的形成及三视图画法。
3. 认知工程上常见的基本体的投影。
4. 掌握立体表面交线的类型、性质和作图方法。
5. 掌握截断体和相贯体的尺寸注法。

能力目标

1. 能找出简单形体与其投影的对应关系。
2. 能根据简单形体的立体图画出相应的投影图。
3. 能够正确判断基本体截切和相贯的交线形状并掌握其投影的求法。

素养目标

1. 通过求解立体表面交线，提升抽象思维的能力。
2. 通过学习作图方法，培养分析问题和解决问题的能力。

任务引入

大多数机械零件都是由基本体经过叠加或切割而形成的，因此在立体表面上会产生一系列交线。如图2-2-1所示，如何完成这些立体表面交线的投影呢？

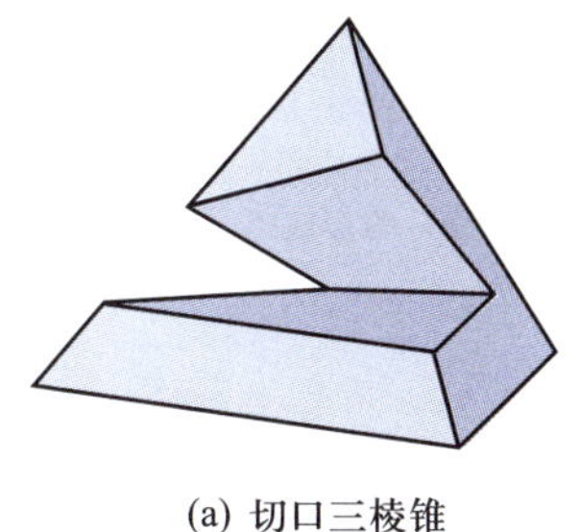

(a) 切口三棱锥

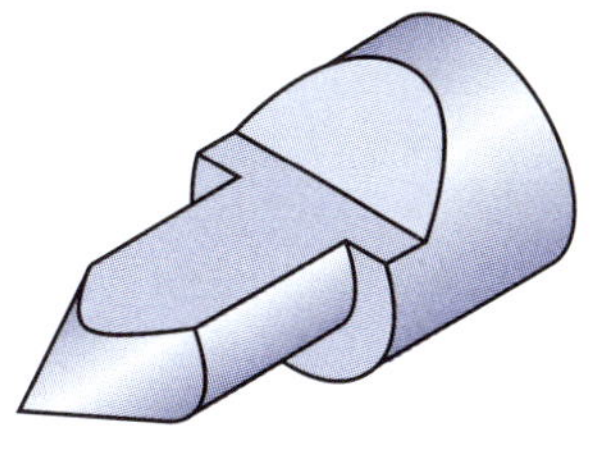

(b) 顶尖

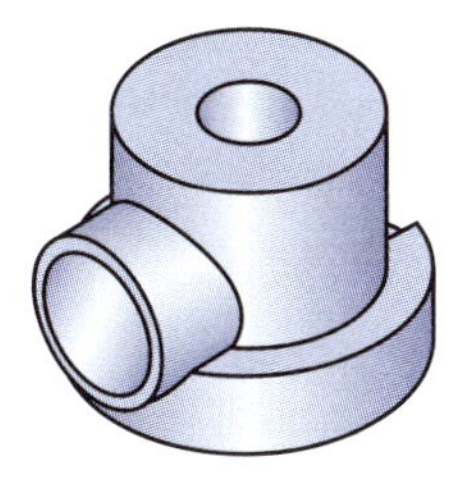

(c) 管接头

图2-2-1　几种简单的零件

对于切割类组合体，切割平面截切基本体时，必然会与基本体产生交线；对于叠加类组合体，基本体与基本体相交，亦会产生交线。掌握立体表面交线的画法是正确、完整、清楚地表达机件结构形状的重点和难点。要解决绘制立体表面交线的问题，就必须以基本体投影知识作为出发点，进而掌握基本体表面取点、取线的方法，同时立体表面交线的类型、性质、作图方法及尺寸标注等也是非常重要的知识。

知识链接 1

2.1　平面立体的投影

平面立体的表面是由若干个平面多边形围成的，主要分为棱柱和棱锥两类。绘制平面立体的投影可以归结为绘制立体的各表面投影，首先确定各表面、棱线和顶点的相对位置，然后根据投影规律作图，将可见棱线的投影用粗实线表达，不可见棱线的投影用虚线表达。

2.1.1　棱柱

1. 棱柱的形成

如图2-2-2所示，棱柱可以看作是由一个平面多边形沿某一不与其平行的直线移动一段距离L而形成的。由原平面多边形形成的两个相互平行的面称为底面，其余各面称为侧面。相邻两侧面的交线称为侧棱，各侧棱相互平行且相等。侧棱垂直于底面的称为直棱柱，侧棱与底面倾斜的称为斜棱柱。

2. 投影分析

如图2-2-3所示，竖直放置的正六棱柱，其上、下底面为水平面，六个侧面中正前、正后的两个侧面为正平面，其余四个侧面为铅垂面，六根棱线为铅垂线。

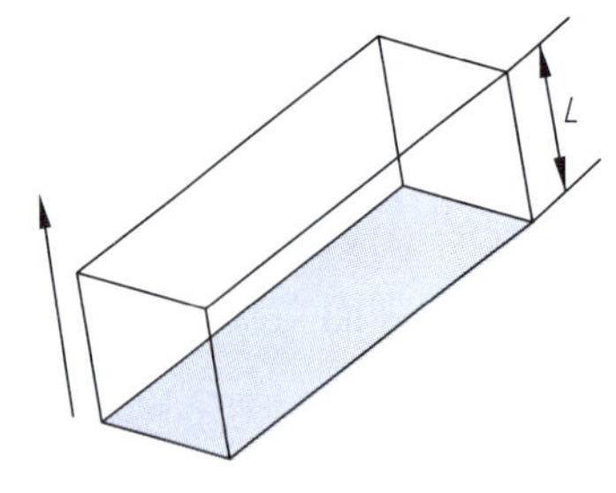

(a) 四棱柱的形成

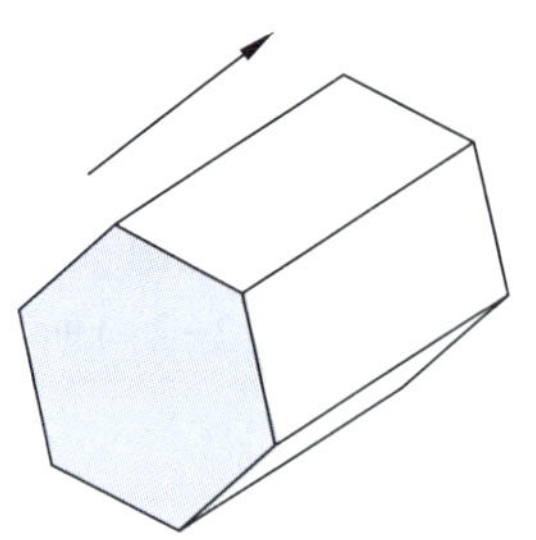

(b) 六棱柱的形成

图2-2-2　棱柱的形成

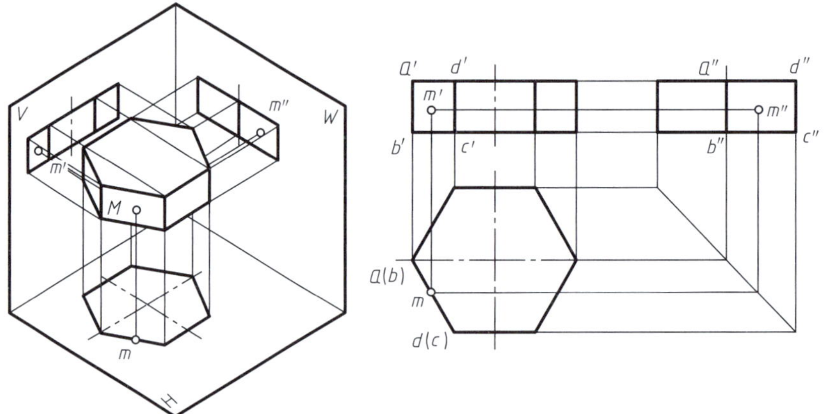

图2-2-3　正六棱柱的投影

根据不同位置表面的投影关系，分析如下：

（1）*H*面投影。*H*面的投影为正六边形，是正六棱柱的形状特征图，该投影为上、下底面的实形，但下底面的投影不可见；六条边为六个侧面的积聚性投影，六个顶点是六根棱线的积聚点。

（2）*V*面投影。*V*面投影为三个并行放置的矩形，矩形的上、下两条水平边为上、下底面的积聚性投影，同理，上、下底面的*W*面投影亦为积聚直线；四条铅垂线为正六棱柱侧棱的投影。中间的矩形为前、后正平面的实形，但后面的投影不可见，左、右两个矩形分别为左边两个铅垂面、右边两个铅垂面的投影（类似形）。

（3）*W*面投影。*W*面投影为两个并行放置的矩形，前、后两条铅垂线为前、后正平面的积聚性投影，中间的铅垂线为左、右边界棱线的投影，前、后两个矩形是四个铅垂面的投影（类似形），其中右边的两个铅垂面不可见。

综上分析，棱柱的投影特点：一个反映柱体的形状特征图，两个反映柱体侧面的矩形。绘制棱柱的三视图时，首先绘制棱柱的形状特征图，然后根据高度并利用投影规律绘制其余两视图，并判别可见性。

3. 表面取点

在立体表面取点时，首先分析点所在面的可见性和积聚性。可见平面上的点的投影亦可见，反之不可见；积聚性投影面上的点的投影不判断其可见性，均认为其可见。

【例题2-2-1】 如图2-2-3所示，正六棱柱表面上有一点M，其主视图投影位置m'已知，求m和m''。

分析：由于m'可见，且在左边的矩形区域内，所以，点M必定位于正六棱柱前半部的铅垂面$ABCD$上，则点M的其余两面投影就在铅垂面$ABCD$相对应的投影上。

作图步骤：正六棱柱前半部的铅垂面$ABCD$的水平投影为积聚直线$a（b）d（c）$，即点m必然在其上，且可见，然后根据点m、m'的投影特性可求出m''。

常见的棱柱体是基本棱柱被截切后形成的，其三视图如图2-2-4所示。

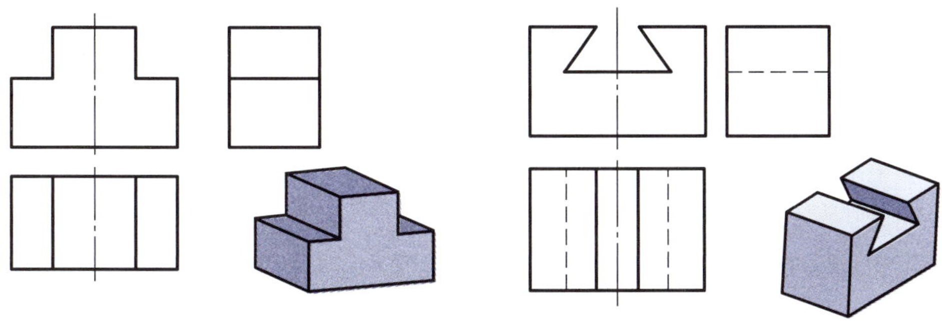

图2-2-4　常见的棱柱体的三视图

2.1.2　棱锥

1. 棱锥的形成

棱锥可以看作是由一个平面多边形沿某一不与其平行的轴线移动，同时多边形的面积逐渐缩小为零而形成的。产生棱锥的平面多边形称为底面，其余各平面称为侧面，侧面交线称为侧棱。棱锥的特点是所有侧面均为三角形，侧棱交于顶点。

2. 投影分析

如图2-2-5所示，正三棱锥顶点为S，其底面$\triangle ABC$为水平面，侧面$\triangle SAC$和$\triangle SBC$为一般位置平面，侧面$\triangle SAB$为侧垂面。

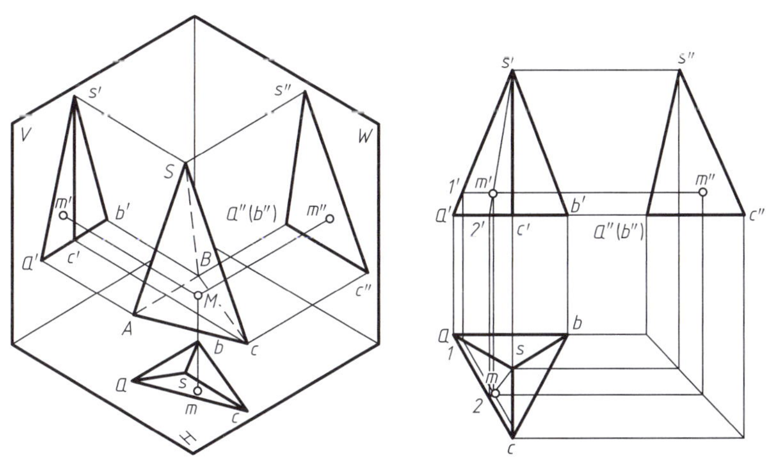

图2-2-5　正三棱锥的投影

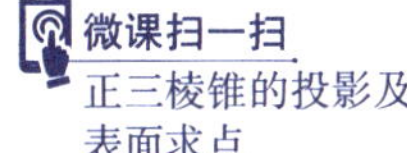

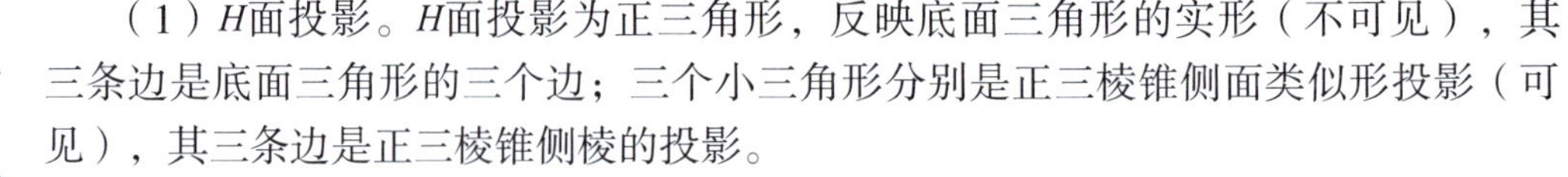

（1）H面投影。H面投影为正三角形，反映底面三角形的实形（不可见），其三条边是底面三角形的三个边；三个小三角形分别是正三棱锥侧面类似形投影（可见），其三条边是正三棱锥侧棱的投影。

（2）V面投影。V面投影中的大三角形线框是侧面$\triangle SAB$的投影，其投影不可见，左、右两个小三角形是前面的两个侧面的投影，均为类似形，底面$\triangle ABC$的投影为积聚直线$a'c'b'$，两个小三角形的腰是三个侧棱的投影。

（3）W面投影。W面投影中底面$\triangle ABC$为积聚投影a''（b''）c''，侧面$\triangle SAB$为积聚投影 $s''a''$（b''），其余两侧面投影为类似形，其中侧面$\triangle SBC$的投影不可见，$s''c''$是侧棱SC的投影。

综上分析，棱锥的投影特点：一个由多边形组成的形状特征图反映棱锥底面形状，其余两面投影是由粗实线、细虚线构成的三角形，反映其侧面投影。绘制棱锥的三视图时，先绘制其底面多边形的投影，再根据锥顶的高度和投影规律作出其余两视图，并判别可见性。

3. 表面取点

如果某点在棱线上，则其投影必在该棱线对应的投影上；如果点所在的平面具有积聚性，则点的投影必然在该平面的积聚直线上；如果点所在的平面为一般位置平面，则可以通过在该平面上作辅助线的方法求得。

【例题2-2-2】 如图2-2-5所示，正三棱锥表面上有一点M，已知其主视图投影m'，求m和m''。

分析：由于m'所在的侧面SAC为一般位置平面，没有积聚性投影，该平面上的点可以借助辅助线求得。

作图步骤：首先过s'、m'作辅助线交$a'c'b'$于点$2'$，求得点$2'$在俯视图上的投影点2，根据点m必然在直线$s2$上可求出点m，由于M在左侧面上，所以其水平投影可见，然后根据三视图的投影规律可求出m''。利用平行线求m的方法请自行分析。

三棱台是三棱锥截切上方后形成的，其三视图如图2-2-6所示。

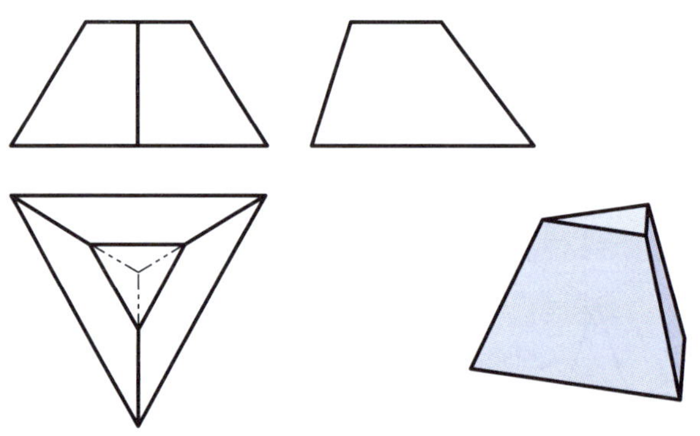

图2-2-6 三棱台的三视图

2.2 曲面立体的投影

由曲面或者曲面与平面围成的立体称为曲面立体。曲面立体涵盖内容较多，本部分主要学习曲面立体中的回转体。

由一母线绕轴线回转而成的曲面称为回转面，由回转面或回转面与平面所围成的立体称为回转体。母线在回转面上的任意位置称为素线。常见的回转体有圆柱、圆锥、圆球等。

2.2.1　圆柱

1. 圆柱的形成

如图2-2-7所示，圆柱由圆柱面和上、下底面（平面）组成。圆柱面可以看作是由线AA_1绕与它平行的轴线旋转而成的。直线AA_1为母线，圆柱面上任意一条平行于AA_1的直线均为圆柱面的素线。圆柱面也可以看作圆沿AA_1运动所形成的曲面。

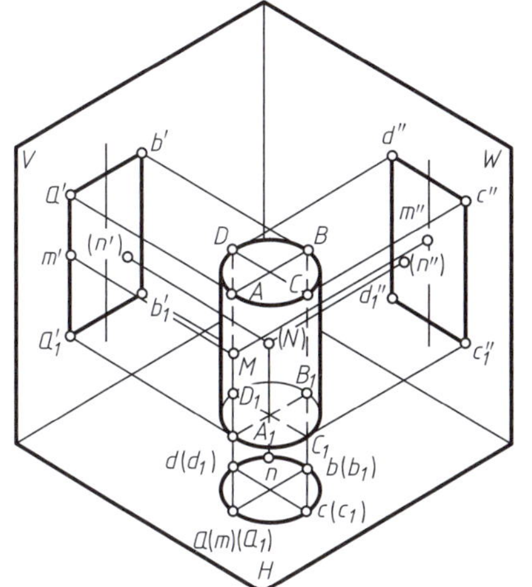

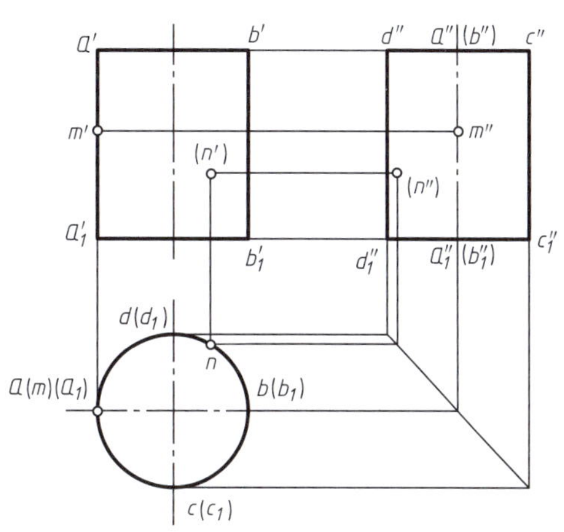

图2-2-7　圆柱的三视图

2. 圆柱的投影分析

当圆柱的轴线垂直于水平面时，其上、下底面为水平面，而圆柱面上所有的素线均为铅垂线。

（1）H面投影。H面的投影为圆，反映上、下底面的实形，其中下底面的投影不可见；圆柱面所有素线的水平投影都是积聚点，所以H面的投影圆也是圆柱面的积聚投影。

（2）V面投影。V面投影为圆柱面正面轮廓的投影，为矩形。矩形的上、下边分别是上、下底面的积聚投影，即圆柱体直径。矩形的左、右边为圆柱面上最左、最右转向轮廓线AA_1和BB_1的投影，AA_1和BB_1是主视方向可见部分（前半个圆柱面）和不可见部分（后半个圆柱面）的分界线。AA_1和BB_1的水平投影积聚在圆周的最左点a（a_1）和最右点b（b_1）；其侧面投影$a''a_1''$和$b''b_1''$与圆柱轴线的侧面投影重合，不画出。

（3）W面投影。W面投影为圆柱面侧面轮廓的投影，为矩形。矩形的上、下边亦分别是上、下底面的积聚投影。圆柱面上最前、最后转向轮廓线CC_1和DD_1是左视方向可见部分（左半个圆柱面）和不可见部分（右半个圆柱面）的分界线。CC_1和DD_1

的水平投影积聚在圆周的最前点c（c_1）和最后点d（d_1）；其正面投影$c'c_1'$和$d'd_1'$与圆柱轴线的正面投影重合，亦不画出。

圆柱钻孔后形成空心圆柱，其三视图如图2-2-8所示。

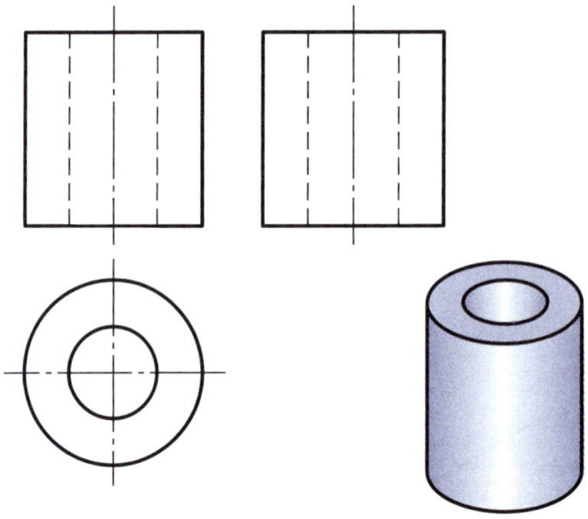

图2-2-8 空心圆柱的三视图

综上分析，圆柱的投影特点：一个形状特征图，两个相等的矩形。绘制圆柱的三视图时，首先以两相交的点画线定圆心，绘制圆柱的形状特征图；然后根据高度及投影规律分别绘制其余两视图。

3. 圆柱表面的点

【例题2-2-3】 如图2-2-7所示，圆柱面上有两点M和N，已知其正面投影m'和n'，求水平投影和侧面投影。

分析：图中点M在最左转向轮廓线AA_1上，是特殊点。由于n'不可见，所以N必定位于后半个圆柱面上。

作图步骤：利用圆柱面水平投影的积聚性，可由m'直接求出m，由于点M在最左转向轮廓线AA_1上，该转向轮廓线的侧面投影与轴线重合，再根据投影规律可求出m''，且m''可见。同理，由n'直接得出n，然后根据投影规律可求得n''，并判断其可见性。

2.2.2 圆锥

1. 圆锥的形成

如图2-2-9所示，圆锥由圆锥面和底面组成。圆锥面可以看作是由直线SA绕与其倾斜相交的轴线旋转而成的。直线SA称为母线，圆锥面上通过锥顶S的任一直线称为圆锥面的素线。

2. 投影分析

如图2-2-9所示，水平放置的圆锥，其底面为水平面，圆锥面为一般曲面。

（1）H面投影。H面的投影为圆，是圆锥的形状特征投影，该投影反映底面的实形，但不可见；圆锥面投影为圆内区域且可见，圆心是锥顶的投影，圆锥面上的转向轮廓线投影与圆的对称中心线重合，不画出。

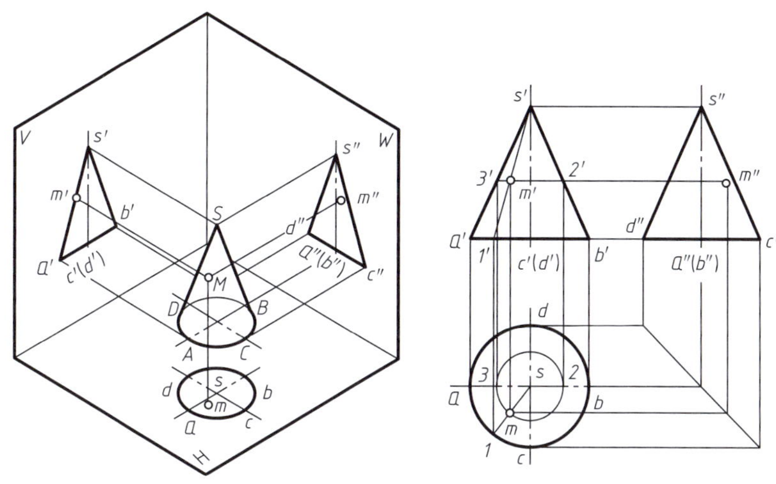

图2-2-9　圆锥的三视图

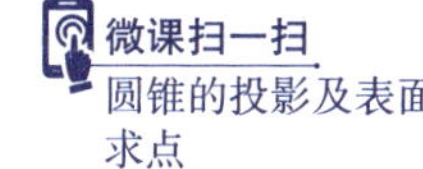

圆锥的投影及表面求点

（2）*V*面投影。*V*面投影为等腰三角形，反映圆锥面的正面投影，三角形的底边反映圆锥底面的积聚投影。最左、最右转向轮廓线*SA*、*SB*的正面投影为*s′a′*、*s′b′*，是圆锥面在正面投影中可见部分（前半个圆锥面）和不可见部分（后半个圆锥面）的分界线；其侧面投影*s″a″*、*s″b″*与圆锥轴线的侧面投影重合，不画出。

（3）*W*面投影。*W*面投影为等腰三角形，反映圆锥面的侧面投影，三角形的底边反映圆锥底面的积聚投影。最前、最后转向轮廓线*SC*、*SD*的侧面投影为*s″c″*、*s″d″*，是圆锥面在侧面投影中可见部分（左半个圆锥面）和不可见部分（右半个圆锥面）的分界线；其正面投影*s′c′*、*s′d′*与圆锥轴线的正面投影重合，不画出。

综上分析，圆锥的投影特点：一个反映圆锥底面的形状特征图，两个反映圆锥面的等腰三角形。绘制圆锥的三视图时，首先绘制圆锥的形状特征图，然后根据高度及投影规律分别绘制其余两视图。

3. 圆锥面上取点

【例题2-2-4】　如图2-2-9所示，圆锥面上有一点*M*，已知其正面投影*m′*，求侧面投影*m″*和水平投影*m*的位置。

分析：根据正面投影求水平投影，可以采用两种方法：① 素线法。由于圆锥面上所有的素线投影均对应圆上一半径，此时过点*m′*作一素线交底面积聚投影*a′b′*于点*1′*，根据投影规律找出素线*s′1′*对应的水平投影*s1*，在该线上根据主视图、俯视图长对正求出点*m*。② 纬圆法。在圆锥上过点*M*作垂直于轴线的圆，其正面投影积聚为*2′3′*，水平投影为一个以*s*为圆心、*s2*为半径的圆，在该圆上根据主视图、俯视图长对正求出点*m*，然后根据投影规律可求出第三点*m″*。

2.2.3 圆球

1. 圆球的形成

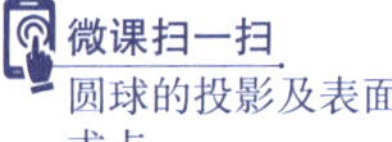

微课扫一扫

圆球的投影及表面求点

圆球由圆球面围成，圆球面可以看作是由一圆为母线，绕其通过圆心且在同一平面的轴线（直径）回转而形成的光滑曲面，如图2-2-10所示。

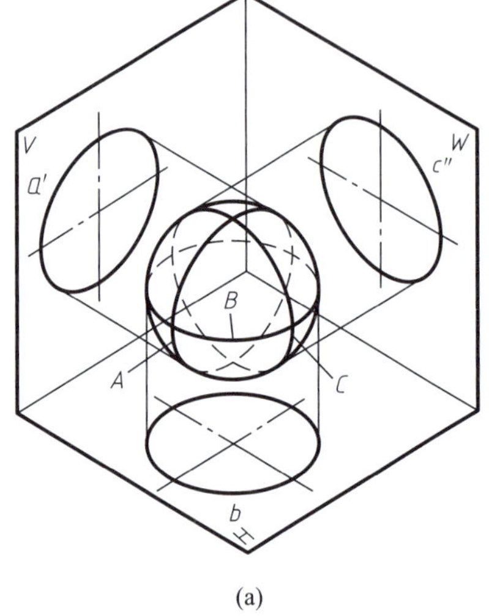

(a)

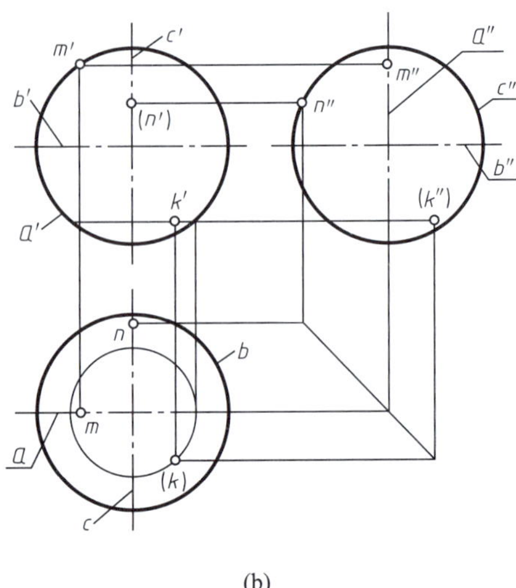

(b)

图2-2-10 圆球的三视图

2. 投影分析

由于过球心可作无数条轴线（直径），故任一垂直于轴线的平面与圆球的交线均为一圆周。如图2-2-10所示，圆球的轴线为正垂线、铅垂线、侧垂线。

（1）*H*面投影。*H*面投影的圆b是圆球转向轮廓线*B*的水平投影，转向轮廓线*B*是过球心平行于*H*面的转向轮廓线，即最大圆，是上、下半球面可见部分与不可见部分的分界圆，圆内区域是上、下半球面的类似形，其中下半球面不可见。转向轮廓线*B*的正面投影和侧面投影分别在其水平对称中心线上，都不画出。

（2）*V*面投影。*V*面投影的圆a'是圆球转向轮廓线*A*的正面投影，转向轮廓线*A*是过球心平行于*V*面的转向轮廓线，即最大圆，是前、后半球面可见部分与不可见部分的分界圆，圆内区域是前、后半球面的类似形，其中后半球面不可见。转向轮廓线*A*的水平投影与圆球水平投影的水平对称中心线重合，其侧面投影与圆球侧面投影的垂直对称中心线重合，都不画出。

（3）*W*面投影。*W*面投影的圆c''是圆球转向轮廓线*C*的侧面投影，转向轮廓线*C*是过球心平行于*W*面的转向轮廓线，即最大圆，是左、右半球面可见部分与不可见部分的分界圆，圆内区域是左、右半球面的类似形，其中右半球面不可见。转向轮廓线*C*的水平投影与圆球水平投影的垂直对称中心线重合，其正面投影与圆球正面投影的垂直对称中心线重合，都不画出。

综上分析，圆球的投影特点：圆球的三个视图是三个直径相等的圆。绘制时，首先用两相交的点画线定出圆心，然后根据直径绘制圆。

3. 球面上取点

【例题2-2-5】　如图2-2-10所示，已知圆球面上的三点M、N、K的正面投影m'、（n'）、k'，求三点的水平投影和侧面投影。

分析：图中点M的正面投影m'位于前、后转向轮廓线a'上，是特殊点；n'不可见，且在左、右转向轮廓线c'上，且位于后半球面是特殊点；k'可见，且在下半球面，说明点K在球体的右前下方。

作图步骤：

（1）由于点M在特殊的轮廓线上，所以其另外两面投影m、m''可直接利用投影规律求得，图中点N、M位置相似，可以采用相同的求法。

（2）K为视图上的一般位置点，求投影时可以采用纬圆法，即过点K作平行于H面的圆，k'在辅助圆上，其另外两面投影一定也在这个圆上。

2.3　截交线

被平面截断后的立体称为截断体，该平面称为截平面，截平面与立体表面的交线称为截交线，截交线围成的平面图形称为截断面，如图2-2-11所示。

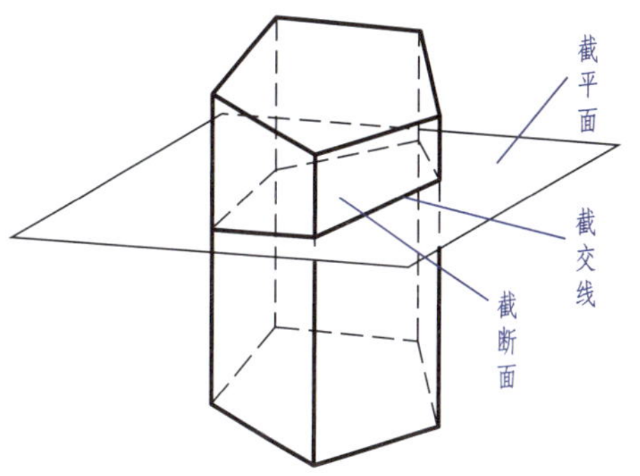

图2-2-11　立体截交线

2.3.1　截交线的性质

由于立体的形状、截平面的数量及截切的相对位置不同，截交线的形状也各不相同，但截交线都具有以下性质。

（1）共有性。截交线是截平面和立体表面上的共有线，既在立体表面上又在截平面上。因此，截交线上的点是截平面和立体表面的共有点，只需求出截平面与立体表面的共有点，光滑连接各点，得到的共有线即为截交线。

（2）封闭性。由于立体占据有限的空间范围，所以截交线一般是封闭的线框。利用此性质可以避免漏画截交线，保证所有截交线全部作出。

2.3.2　平面立体的截交线

截平面截切平面立体所得的截交线必定是由线段围成的封闭平面多边形。多边形的顶点为截平面与平面立体棱线的交点，多边形的边为截平面与平面立体侧面的交线。因此，求截交线的实质就是求截平面与立体表面共有点的问题，首先求得截平面与平面立体各棱线的交点，然后依次连接各点。

【例题2-2-6】　图2-2-12所示为六棱柱被平面P截切，试画出六棱柱被截切后的侧面投影。

分析：根据六棱柱被正垂面P截切的相对位置可知截交线为六边形，其六个顶点是截平面P与棱线的交点，六条边是截平面P与侧面的交线。截平面的正面投影具有积聚性，棱线的水平投影具有积聚性，可直接求出各交点的正面投影和水平投影，再根据投影规律求出侧面投影，依次连接6个交点的同面投影，即为所求截交线投影，如图2-2-12c所示。

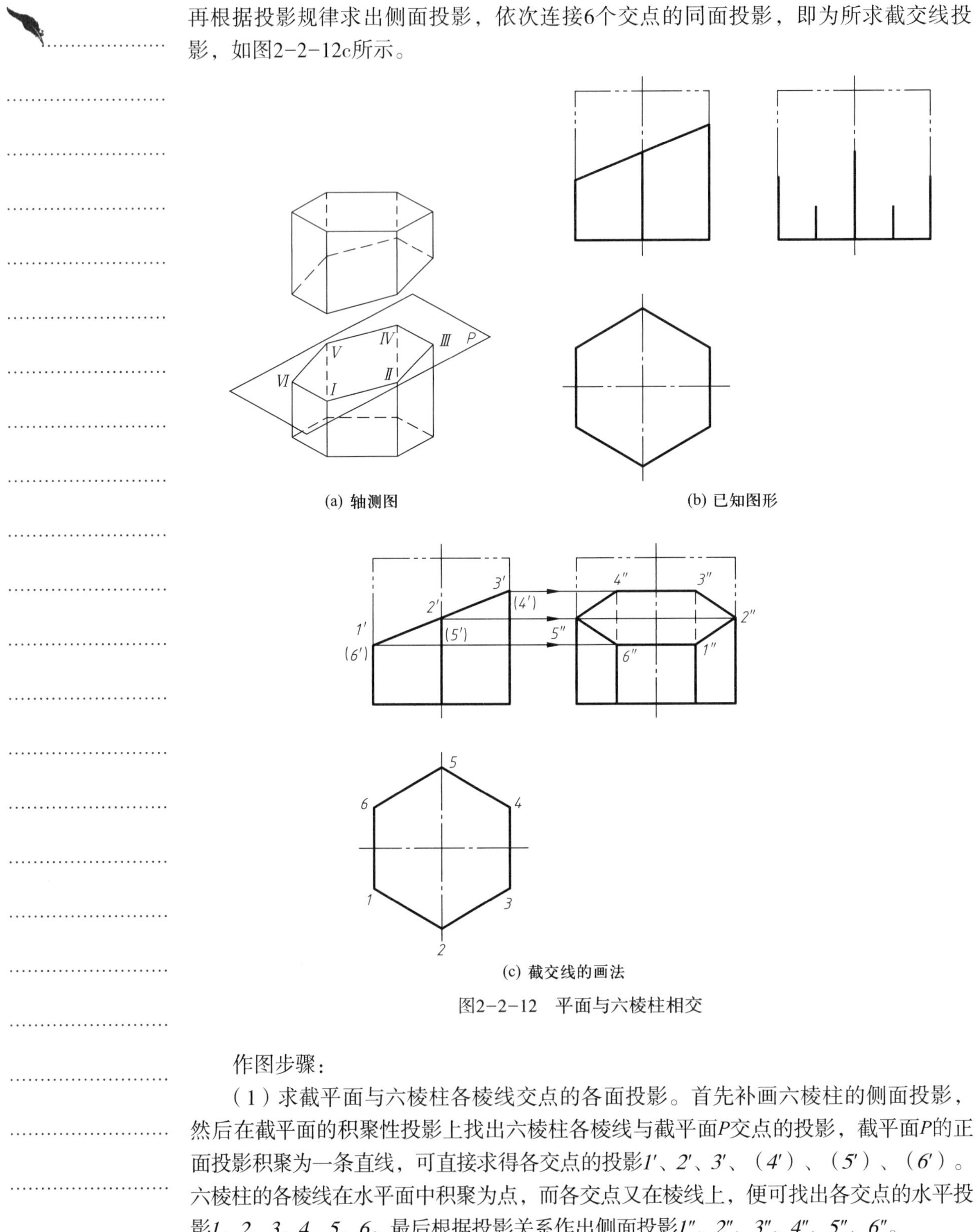

(a) 轴测图

(b) 已知图形

(c) 截交线的画法

图2-2-12 平面与六棱柱相交

作图步骤：

（1）求截平面与六棱柱各棱线交点的各面投影。首先补画六棱柱的侧面投影，然后在截平面的积聚性投影上找出六棱柱各棱线与截平面P交点的投影，截平面P的正面投影积聚为一条直线，可直接求得各交点的投影$1'$、$2'$、$3'$、（$4'$）、（$5'$）、（$6'$）。六棱柱的各棱线在水平面中积聚为点，而各交点又在棱线上，便可找出各交点的水平投影1、2、3、4、5、6。最后根据投影关系作出侧面投影$1''$、$2''$、$3''$、$4''$、$5''$、$6''$。

（2）判别可见性并连线。截交线上的投影$1''$、$2''$、$3''$、$4''$、$5''$、$6''$均可见，故用实线连接各点的同面投影，可得截平面*P*与六棱柱的截交线的侧面投影为一六边形。

（3）整理图形。擦去不要的棱线，被遮挡的棱线用虚线画出。

【例题2-2-7】　图2-2-13所示四棱锥被截平面*P*截切，求作其三视图。

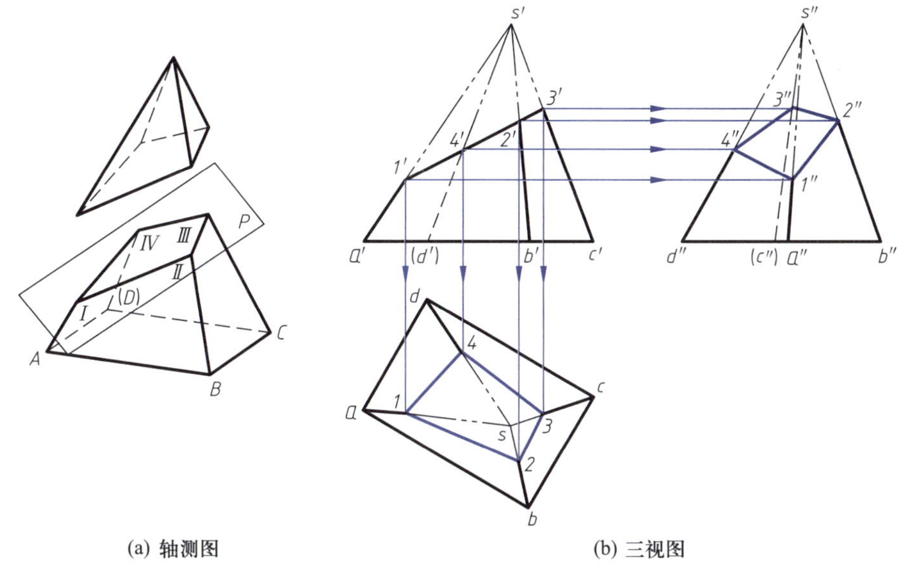

(a) 轴测图　　(b) 三视图

图2-2-13　平面与四棱锥相交

微课扫一扫

棱锥的截交线

分析：截平面*P*与四棱锥的四条棱线都相交，所得截交线为四边形。其四个顶点是截平面*P*与棱线的交点，其四条边是截平面*P*与侧面的交线。截平面为正垂面，其正面投影具有积聚性，可直接求出各交点的正面投影，进而求得各交点的水平投影和侧面投影，依次连接四个交点的同面投影，即为所求截交线投影，如图2-2-13b所示。

作图步骤：

（1）画四棱锥的三视图。

（2）求截平面与四棱锥各棱线交点的各面投影。首先在截平面具有积聚性的投影面上找出四棱锥各棱线与截平面*P*交点的投影，截平面*P*的正面投影积聚为一条直线，可直接求得各交点的投影*1′*、*2′*、*3′*、*4′*。然后运用棱锥表面取点的方法找出各交点的水平投影*1*、*2*、*3*、*4*。最后根据投影关系作出侧面投影*1″*、*2″*、*3″*、*4″*。

（3）判别可见性并连线。截交线的各面投影均可见，故用实线连接各点的同面投影，可得截平面*P*与四棱锥的截交线——四边形ⅠⅡⅢⅣ（*1234*，*1′2′3′4′*，*1″2″3″4″*）。

（4）整理图形。各交点以上的棱线被截掉了，因此只加深交点以下的棱线。正面投影中的*SD*和侧面投影中的*SC*两条棱线被挡住了，因此*4′d′*和*3″c″*之间应画虚线。

2.3.3　曲面立体的截交线

截平面与曲面立体相交，截交线形状一般情况下是封闭的平面曲线或直线与平面曲线的组合，特殊情况下是完全由线段组成的平面多边形。求曲面立体的截交线，即是求截平面与曲面立体表面的共有点，可利用素线法或纬圆法求出各交点的投影，然后光滑连接各点。

求曲面立体截交线的步骤：

（1）分析。分析截平面与曲面立体的相对位置，了解截交线的形状。

（2）求特殊位置点。特殊位置点包括截平面与曲面立体转向轮廓线的交点，以及截交线上最前、最后、最左、最右等极限位置点。作图时必须首先求出这些点，以便确定截交线的范围及可见性。

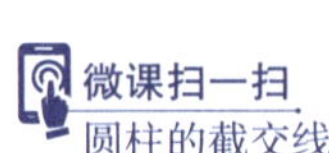

（3）求一般位置点。求出一定数量的一般位置点可增加作图的准确性。求这类点的投影时应先分析点所在的面是否有积聚性，若有积聚性，可利用积聚投影直接求得，若没有积聚性，可利用纬圆法求点的解。

（4）判断可见性。截交线中可见部分用粗实线绘制，不可见部分用虚线绘制。

（5）整理图形。光滑连接各点（特殊位置点和一般位置点），检查图形，截掉部分不画，余下部分按规定线型绘制。

1. 圆柱的截交线

根据截平面与圆柱的相对位置不同，其截交线有三种不同的形状，见表2-2-1。

表 2-2-1 圆柱的截交线

截平面位置	与轴线平行	与轴线垂直	与轴线倾斜
截交线形状	矩形	圆	椭圆
立体图			
投影图			

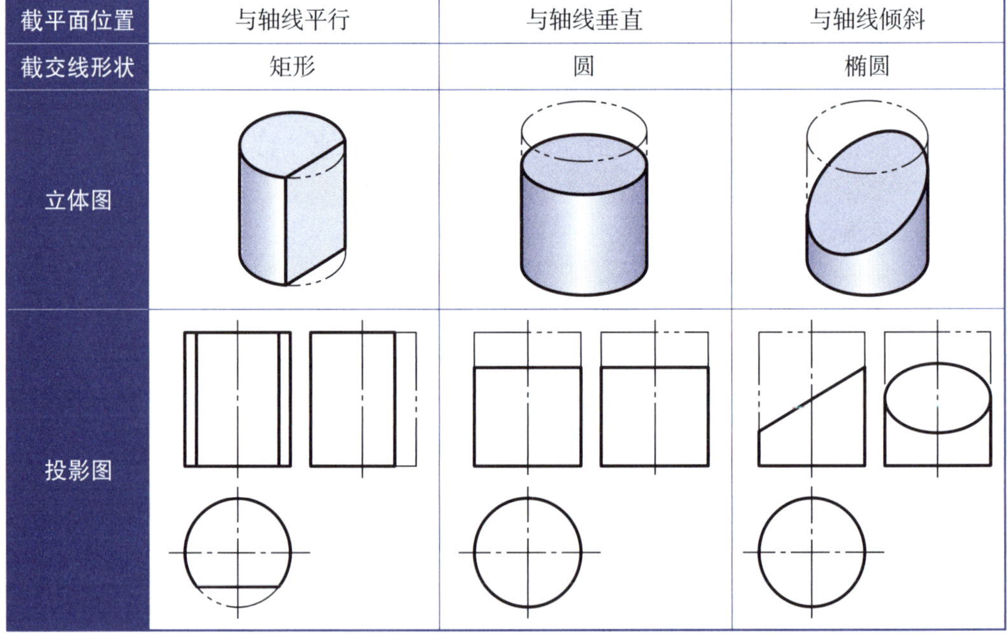

【例题2-2-8】 图2-2-14所示圆柱被一正垂面所截，求作其截交线的侧面投影。

（1）分析。截平面与圆柱轴线倾斜，截交线形状为椭圆。截平面为正垂面，截交线的正面投影积聚为直线，水平投影与圆柱面的积聚性投影圆重合，侧面投影需借助圆柱表面取点的方法作出。

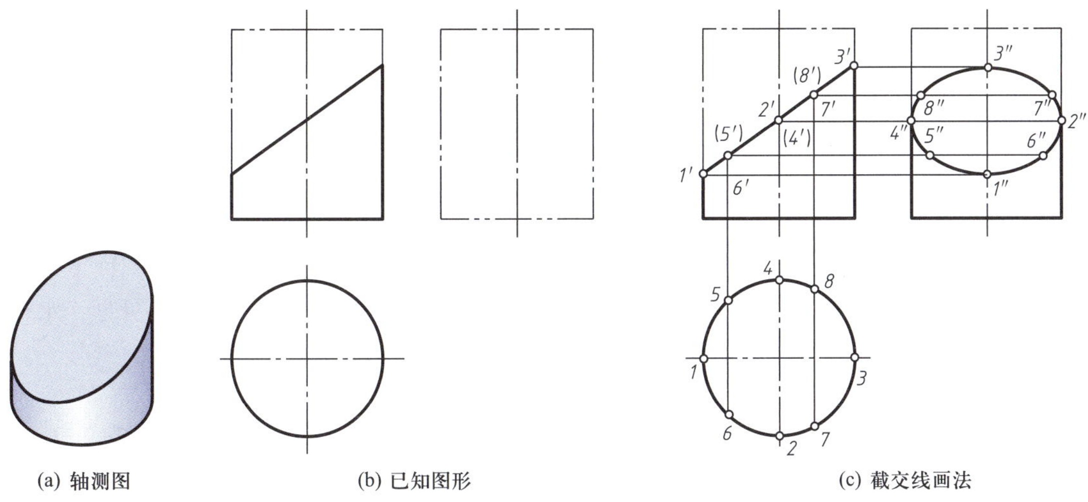

(a) 轴测图 (b) 已知图形 (c) 截交线画法

图2-2-14 平面与圆柱相交

（2）求特殊位置点。在正面投影中找出特殊位置点的投影1′、2′、3′、（4′），这四个点是截交线的最左、最前、最右、最后极限位置点，也是椭圆长、短轴的端点。圆柱在水平面上积聚成圆，根据长对正原理，找出点的水平投影1、2、3、4。根据两面投影求出侧面投影1″、2″、3″、4″。

（3）求一般位置点。在正面投影上选取四个一般位置点（5′）、6′、7′、（8′），根据圆柱面的积聚性找出其水平投影5、6、7、8，再根据两面投影求出侧面投影5″、6″、7″、8″。

（4）判断可见性。截交线的侧面投影可见。

（5）整理图形。光滑连接各点（特殊位置点和一般位置点），检查图形，截掉部分不画，余下部分用粗实线绘制，如图2-2-14c所示。

【例题2-2-9】 求作如图2-2-15所示联轴器接头圆柱被截切后的截交线。

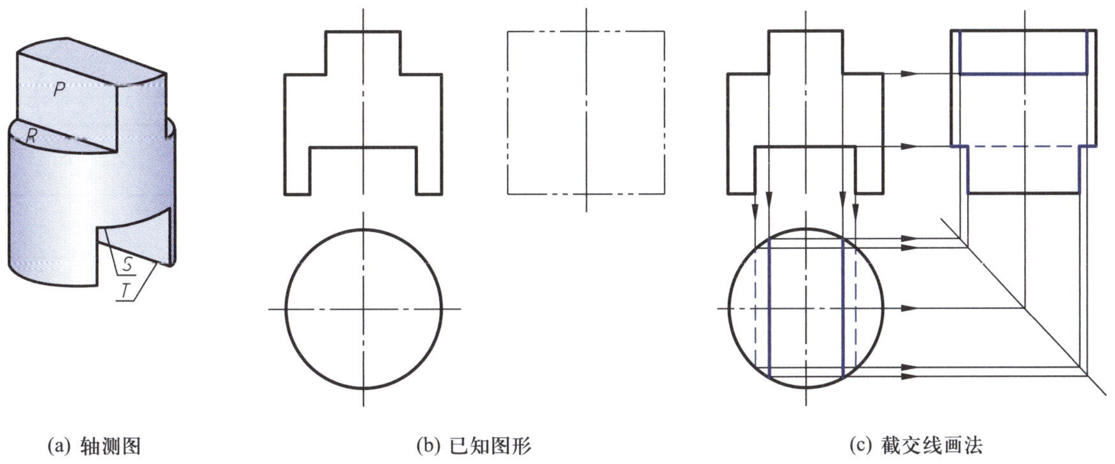

(a) 轴测图 (b) 已知图形 (c) 截交线画法

图2-2-15 联轴器接头的投影

（1）圆柱上端被左右两个平行于轴线的对称侧平面P和一个垂直于轴线的水平面R截切，下端被两个平行于轴线的对称侧平面T和一个垂直于轴线的水平面S截切。联轴器接头表面的截交线均可利用积聚性作出。

（2）截平面P、T和圆柱的交线是矩形，侧面投影反映实形，水平投影积聚成直线，根据正面投影求出水平投影，进而可得到侧面投影；截平面R、S和圆柱的交线是部分圆弧，水平投影反映实形并在圆周上，正面投影积聚成直线，根据两面投影得出侧面投影。

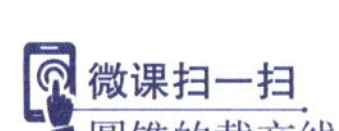

（3）判断可见性、整理图形。圆柱上端的最左、最右转向轮廓线和圆柱下端的最前、最后转向轮廓线都被截断，保留其余部分。截平面S的侧面投影不可见，水平投影也不可见，故画成虚线，结果如图2-2-15c所示。

2. 圆锥的截交线

根据截平面与圆锥的相对位置不同，其截交线有五种不同的形状，见表2-2-2。

表 2-2-2 圆锥的截交线

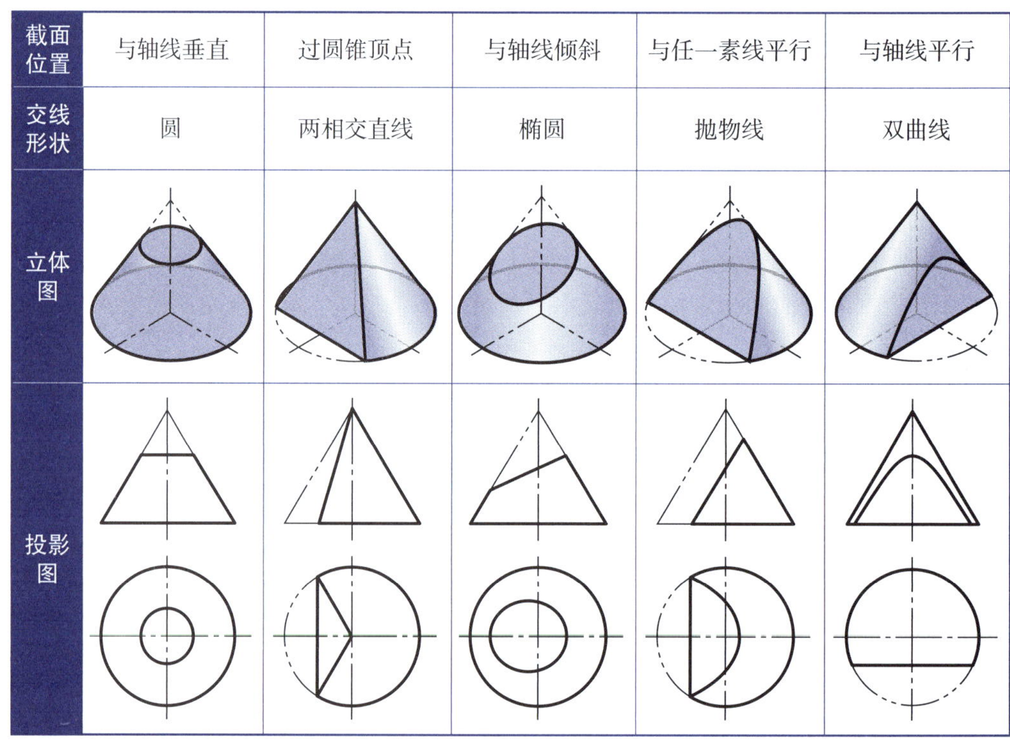

截面位置	与轴线垂直	过圆锥顶点	与轴线倾斜	与任一素线平行	与轴线平行
交线形状	圆	两相交直线	椭圆	抛物线	双曲线
立体图					
投影图					

【例题2-2-10】 如图2-2-16a所示，圆锥被一平面P截切，试画出该截交线的各面投影。

（1）分析。此截平面与圆锥轴线平行，截交线形状为双曲线，其水平投影和正面投影均积聚成一条直线，侧面投影反映实形。

（2）求特殊位置点。在正面投影中找出特殊位置点的投影（$1'$）、$2'$、$3'$，其中点*Ⅰ*和点*Ⅲ*在圆锥的底圆圆周上，点*Ⅱ*在圆锥的最左转向轮廓线上，找出点的水平投影1、2、3。根据两面投影可求出侧面投影$1''$、$2''$、$3''$。

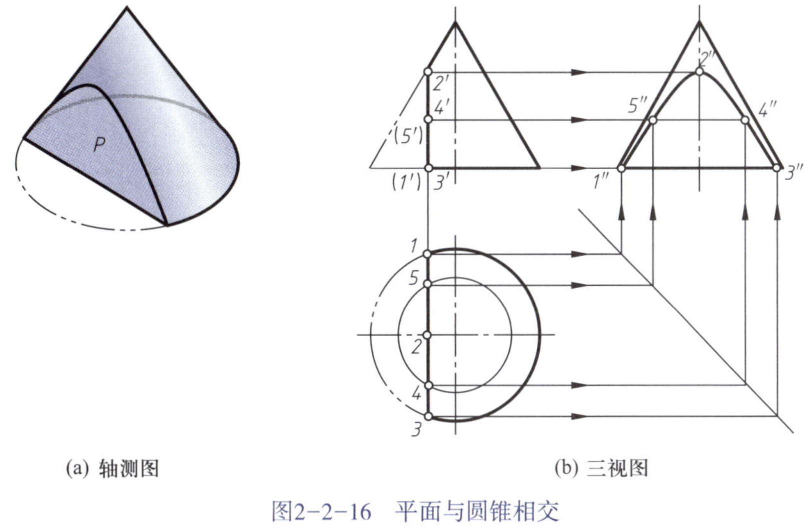

(a) 轴测图　　(b) 三视图

图2-2-16　平面与圆锥相交

（3）求一般位置点。在正面投影上选取两个一般位置点*4′*、（*5′*），利用纬圆法作出水平投影*4*、*5*，再根据两面投影求出侧面投影*4″*、*5″*。

（4）判断可见性。截交线的侧面投影可见。

（5）整理图形。光滑连接各点（特殊位置点和一般位置点），检查图形，截掉部分不画，余下部分用粗实线绘制，如图2-2-16b所示。

3. 圆球的截交线

圆球被任意位置平面截切，截交线都是圆，圆的直径取决于截平面与球心的距离，距离球心越近，圆的直径越大，当截平面通过球心时，直径最大，等于球的直径。当截平面平行于投影面时，截交线在该投影面上的投影反映实形，在其余两个投影面上积聚成直线，如图2-2-17a所示；当截平面垂直于投影面时，截交线在该投影面上的投影积聚为直线，在其余两个投影面上为椭圆，如图2-2-17b所示。

微课扫一扫
圆球的投影及截切

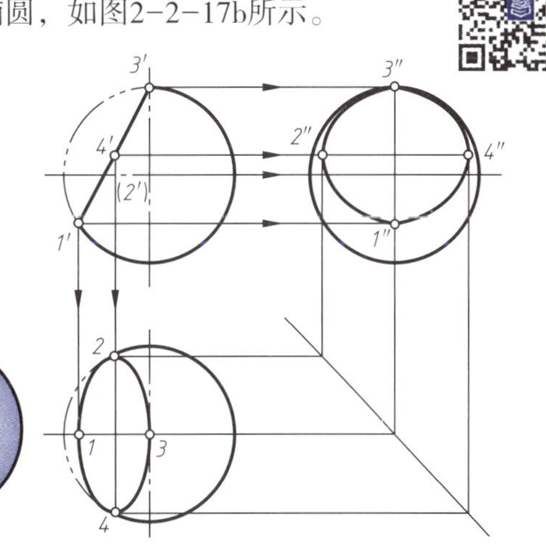

(a) 截平面平行于投影面　　(b) 截平面垂直于投影面

图2-2-17　平面与圆球相交

任务实施 1

1. 已知图 2-2-1a 所示切口三棱锥的正面投影，完成其水平投影和侧面投影

（1）分析：如图2-2-18a所示，三棱锥的切口是由正垂面和水平面截切而成的，其截断面为相连的两个四边形，截交线的正面投影积聚成两条直线；水平投影一个反映实形，另一个为类似形；水平面的侧面投影积聚成一条直线，正垂面的侧面投影为类似形。

（2）作图步骤：

① 先补画三棱锥的水平投影和侧面投影。

② 求截平面与三棱锥各交点的各面投影。首先在截平面具有积聚性的投影面上找出各交点的投影*1′*、*2′*、*3′*、（*4′*）、*5′*、*6′*。其中点Ⅰ、Ⅱ、Ⅴ、Ⅵ是棱线上的点，点Ⅲ、Ⅳ是侧面上的点，运用棱锥表面取点的做法找出各点的水平投影*1*、*2*、*3*、*4*、*5*、*6*。根据两面投影作出侧面投影*1″*、*2″*、*3″*、（*4″*）、*5″*、*6″*。

③ 判别可见性并连线。水平投影中两截平面交线*34*不可见，故*3*、*4*之间用虚线连接；侧面投影中*3″*（*4″*）与*1″2″*重叠。其余均可见。

④ 整理图形。交点Ⅰ、Ⅵ和Ⅱ、Ⅴ间的部分被截掉了，故其水平投影、侧面投影中没有与其他轮廓线重合的投影不画，结果如图2-2-18b所示。

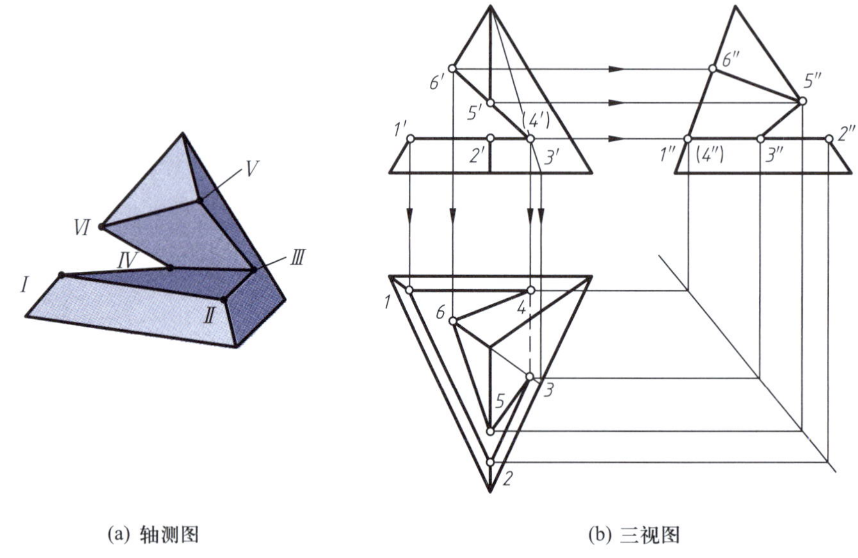

(a) 轴测图 (b) 三视图

图2-2-18 切口棱锥的投影

2. 求作图 2-2-1b 所示顶尖的三视图

（1）分析：顶尖由同轴的一个圆锥和两个圆柱组合而成。被水平面和正垂面截切，其中水平面截切圆锥和圆柱所得截交线分别为双曲线和矩形，水平投影反映实形，正面投影积聚成直线，侧面投影积聚成直线。正垂面斜截切大圆柱所得截交线为部分椭圆，水平投影为类似形，正面投影积聚成直线，侧面投影积聚成部分圆周。

（2）作图步骤：

① 画基本形体的三视图。

② 求圆锥上的截交线。在正面投影中找出特殊位置点的投影$1'$、$2'$、（$3'$），找出点的侧面投影$1''$、$2''$、$3''$，根据两面投影求出水平投影1、2、3。在$1'$、$2'$之间取一般位置点a'、b'，利用纬圆法求出a''、b''，然后求出a、b。

③ 求两个圆柱被水平面截切的交线。两个圆柱被水平面截切，其水平投影为两个矩形，求出$4'$、（$5'$）、$6'$、（$7'$），这几个点是水平面与圆柱的交点。圆柱的侧面投影积聚成圆，根据高平齐，可求出（$4''$）、（$5''$）、$6''$、$7''$，进而可求出4、5、6、7，如图2-2-19b所示。

④ 求大圆柱被正垂面截切的交线。由于截平面倾斜于圆柱轴线，所以其交线的正面投影积聚为斜直线，侧面投影为上部分圆弧，水平投影形状为部分椭圆。求点6、7、8和c、d即可。

⑤ 判断可见性。由于截平面位于上部，所以截交线的水平投影可见。

⑥ 整理图形。光滑连接截交线上各点（特殊位置点和一般位置点），检查图形，完善图线，如图2-2-19b所示。

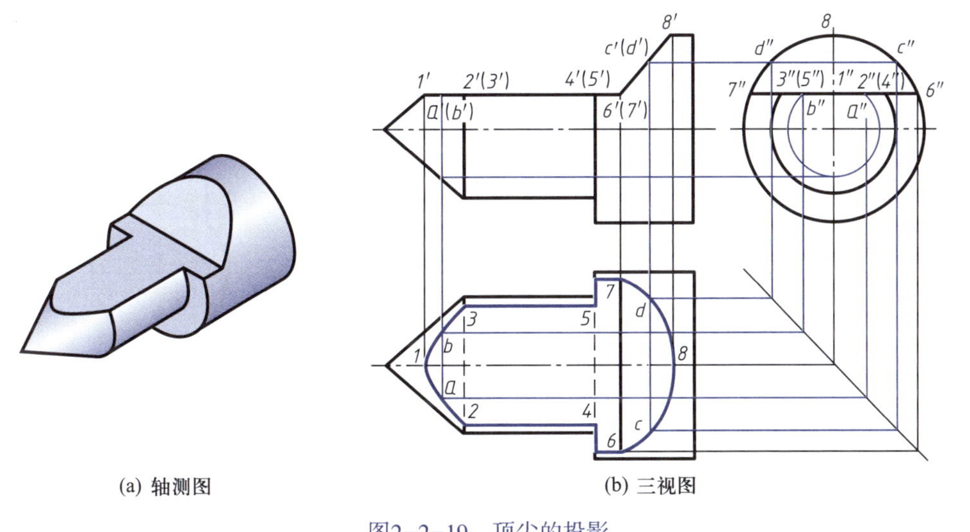

(a) 轴测图　　(b) 三视图

图2-2-19　顶尖的投影

案例
顶尖的投影

知识链接 2

2.4 相贯线

工程中常见立体相交的情况，为正确表达它们，需正确画出其交线。两立体相交称为相贯，相贯的立体称为相贯体，相贯体表面的交线称为相贯线。

相贯的两立体可以是一个平面立体和一个曲面立体，也可以是两个平面立体或两个曲面立体。前两种情况都是立体被平面截切的截交线问题，前面已经学习。这里主要研究两曲面立体相交时截交线的性质和作图方法。

2.4.1 相贯线的性质

相交曲面立体的形状、大小及相对位置不同，相贯线的形状也不相同，但都具有以下性质。

（1）共有性。相贯线是两相交立体表面上的共有线，是一系列共有点的集合。

（2）封闭性。由于立体占据有限的空间范围，所以相贯线一般是封闭的空间曲线，特殊情况下是平面曲线或直线。

2.4.2 求相贯线的方法

根据上述相贯线的性质，可知求相贯线的实质就是求两相贯体表面共有点的问题。常用的作图方法有利用积聚性和辅助平面法。

作图时，首先结合立体相对位置及其与投影面的位置关系，分析相贯线的性质，选择合适的作图方法；然后求出特殊位置点的投影，再作出一定数量一般位置点的投影；最后判别可见性，光滑连接各点，检查、整理、加深图线，完成作图。

1. 利用积聚性求相贯线

当圆柱的轴线与投影面垂直时，圆柱在该投影面上的投影积聚成圆，即相贯线在该投影面上的投影在圆周上。利用曲面立体表面取点的方法，作出相贯线的其他投影。

【例题2-2-11】 图2-2-20a所示两圆柱正交，求作它们的相贯线。

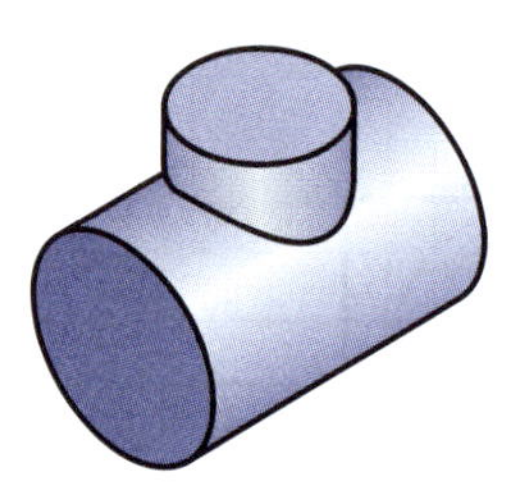

(a) 轴测图

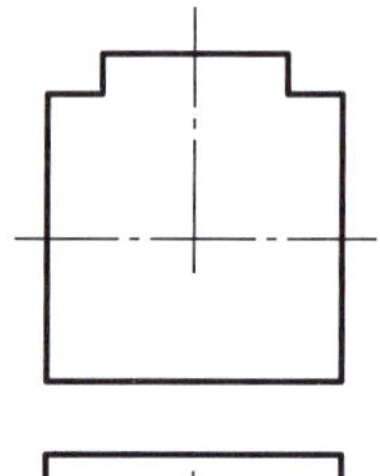

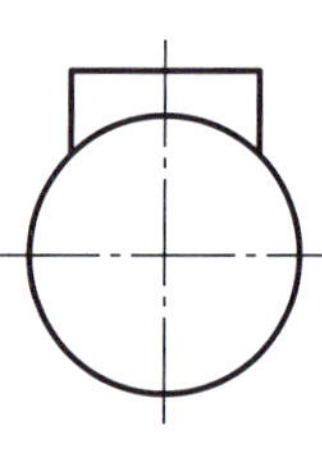

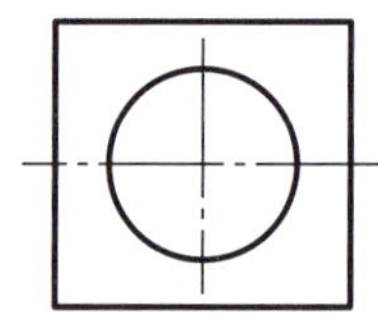

(b) 已知图形

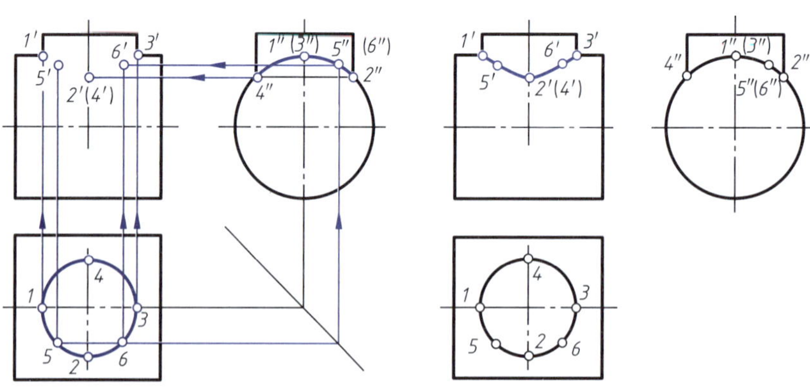

(c) 求特殊位置点和一般位置点

(d) 光滑连线

图2-2-20 求圆柱与圆柱正交的相贯线

（1）分析。两正交圆柱的轴线分别与水平面和侧立面垂直，故相贯线的水平投影和侧面投影均积聚在圆周上，如图2-2-20b所示，根据相贯线的两面投影即可求出其第三面投影。

（2）求特殊位置点。在水平投影中找出相贯线的最左、最右、最前、最后极限位置点*1*、*3*、*2*、*4*，再作出其侧面投影*1″*、（*3″*）、*2″*、*4″*，最后根据长对正、高平齐作出正面投影*1′*、*2′*、*3′*、（*4′*），如图2-2-20c 所示。

（3）求一般位置点。在水平投影圆周上找出左右对称的两个点*5*、*6*，在侧面投影圆周上找出点的对应投影*5″*、（*6″*），最后根据两面投影作出正面投影*5′*、*6′*，如图2-2-20c所示。

（4）在正面投影中*1′*、*2′*、*3′*、*5′*、*6′*可见，因为前后对称，所以相贯线的后面和前面重合，不必再求，光滑连接各点，检查、整理、加深图线，完成作图，如图2-2-20d所示。

在零件上常见两轴线垂直相交的圆柱，为了作图方便，当两正交圆柱直径相差较大时常采用近似画法，即用圆弧代替相贯线。圆弧的圆心在小圆柱的轴线上，半径为大圆柱的半径，如图2-2-21所示。

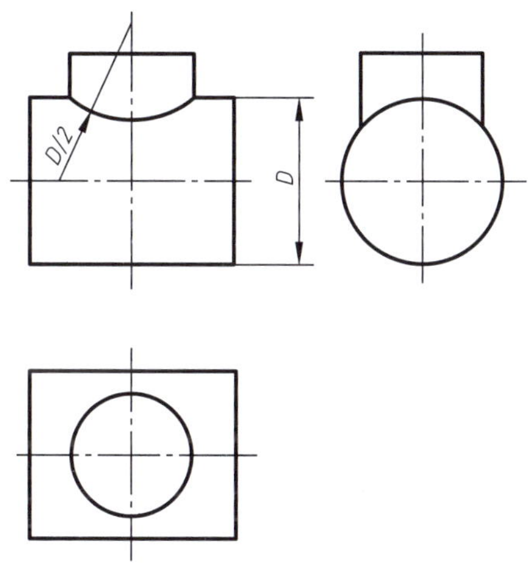

图2-2-21　相贯线近似画法

以上是两正交圆柱外表面相贯的情况，在实际零件中也会出现内表面相贯或是内外表面相贯的情况，见表2-2-3。

表 2-2-3　两正交圆柱内、外表面相贯的情况

相贯情况	两圆柱外表面相贯	两圆柱内外表面相贯	两圆柱内表面相贯
轴测图			

续表

相贯情况	两圆柱外表面相贯	两圆柱内外表面相贯	两圆柱内表面相贯
三视图			

两正交圆柱的相贯线与相交圆柱的直径变化有关，见表2-2-4。

表 2-2-4 相交圆柱直径变化的三种情况

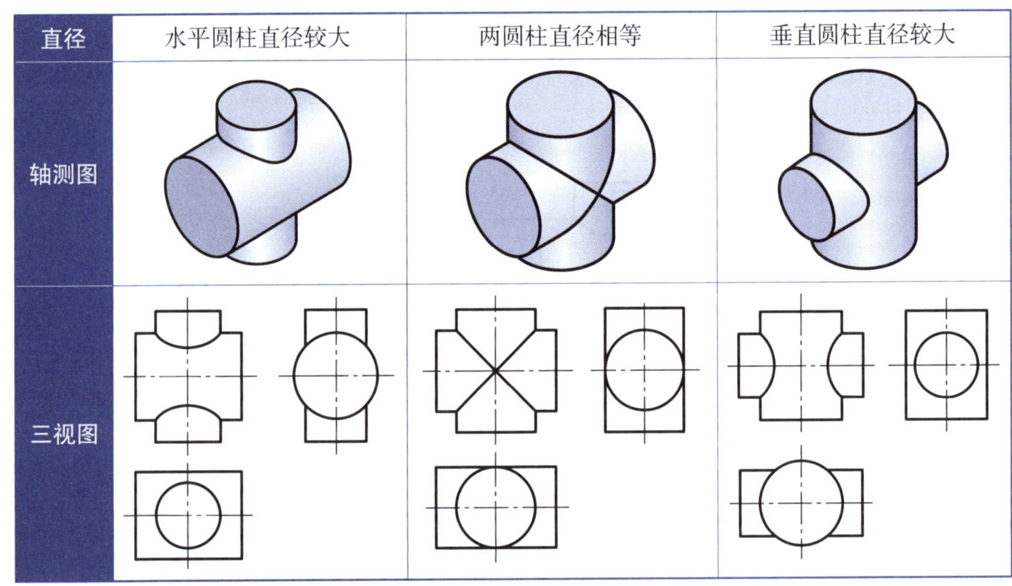

直径	水平圆柱直径较大	两圆柱直径相等	垂直圆柱直径较大
轴测图			
三视图			

动画
圆柱直径变化时相贯线的情况

综上所示，当水平圆柱直径较大时，相贯线是上、下两条封闭的空间曲线；当两圆柱直径相等时，相贯线是空间两个相交的椭圆；当垂直圆柱直径较大时，相贯线是左、右两条封闭的空间曲线。

2. 辅助平面法求相贯线

当相贯两立体的投影没有积聚性时，通常采用辅助平面法求相贯线，运用三面共点的原理求出辅助平面和两立体的截交线，两条截交线的交点即为两立体表面的共有点，依次光滑连接各交点即为相贯线。辅助平面的选择应注意：辅助平面与两立体都相交且交线是简单的线段或圆；所选的辅助平面应尽量与投影面平行，使截交线的投影能够反映实形，以便于作图。

微课扫一扫
辅助平面法求相贯线

【例题2-2-12】 求作图2-2-22a所示圆锥与圆柱的相贯线。

（1）分析。图2-2-22a所示圆柱与圆锥正交相贯，相贯线为一封闭的空间曲线，圆柱垂直于W面，其在侧面投影中积聚成圆，因此相贯线的侧面投影在圆周上；相贯线的正面投影和水平投影没有积聚性，应分别求出。

（2）求特殊位置点。在侧面投影上取相贯线的最高、最低、最前、最后点*1″*、*3″*、*2″*、*4″*。可根据点的投影规律直接求出*1′*、*3′*、*1*、（*3*）。过*2″*、*4″*作一辅助平面*P*，如图2-2-22b所示，*P*与圆柱面的最前、最后两条素线相交，与圆锥面交于一纬圆，纬圆与素线的交点*Ⅱ*、*Ⅳ*的水平投影为*2*、*4*，然后求出其正面投影*2′*、（*4′*）。

（3）求一般位置点。在相贯线的侧面投影上取一般点*5″*、*6″*、*7″*、*8″*，过*5″*、*6″*点作一辅助平面*Q*，利用纬圆法求出*Q*与圆锥、圆柱交线的水平投影，其交点即为*5*、*6*，然后利用投影规律求出*5′*、（*6′*），过*7″*、*8″*作一辅助平面*R*，先求出（*7*）、（*8*），然后求出（*7′*）、*8′*，具体作图方法如图2-2-22c所示。

（4）判断可见性。正面投影中以*Ⅰ*、*Ⅲ*为分界，位于前半圆锥面上的点均可见，故应连成实线，后半部分与前半部分重合；水平投影中以*Ⅱ*、*Ⅳ*为分界，以上的点可见，连成实线，下半部分不可见，连成虚线，如图2-2-22c所示。

（5）检查、整理、加深图线，完成作图，如图2-2-22c所示。

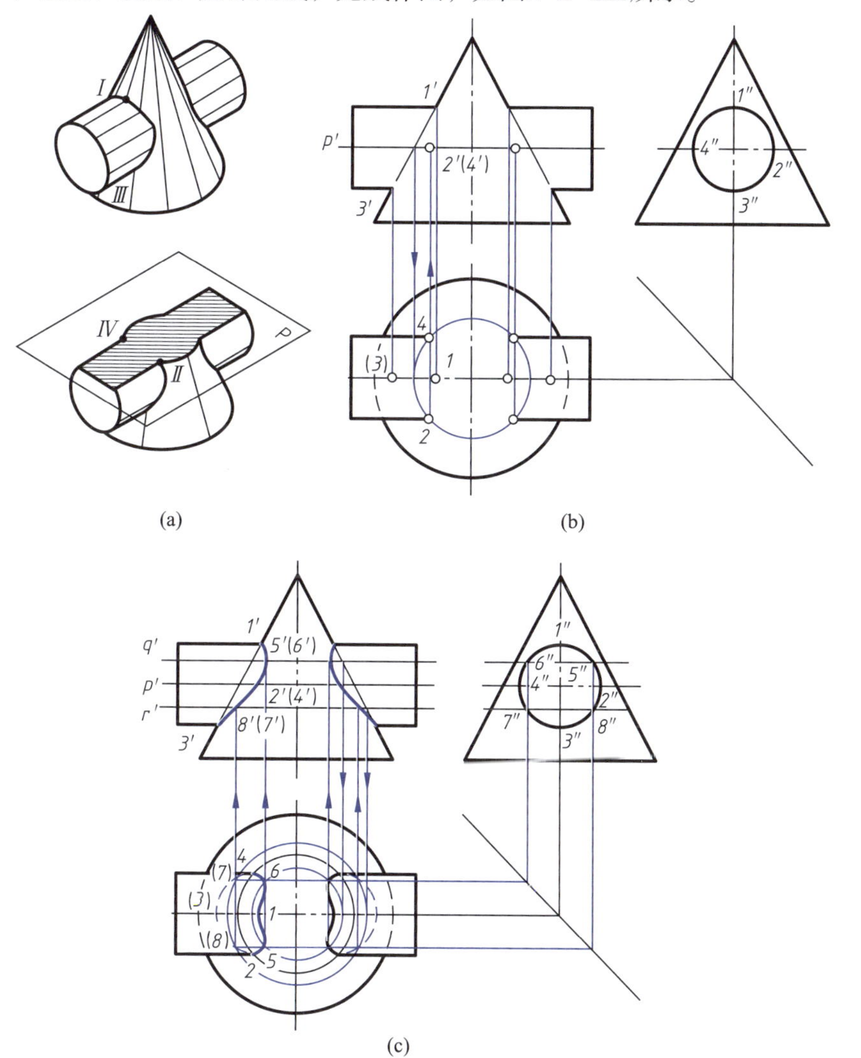

图2-2-22　求圆柱与圆锥正交的相贯线

圆柱和圆锥直径变化会引起相贯线的形状变化，可归纳为表2-2-5。

表 2-2-5 圆柱和圆锥直径变化的三种情况

直径	水平圆柱直径较大	公切一圆球	水平圆柱直径较小
轴测图	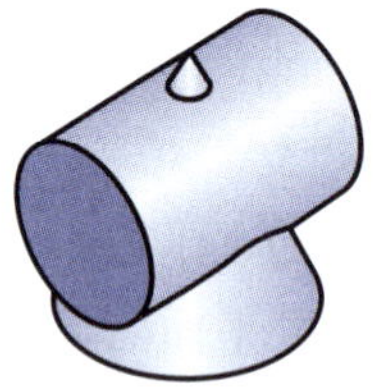	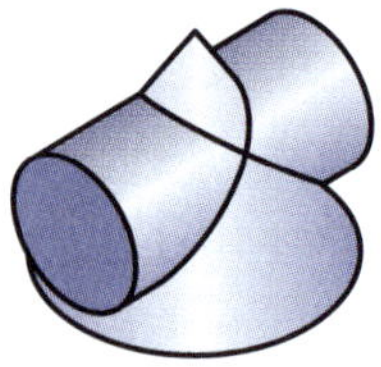	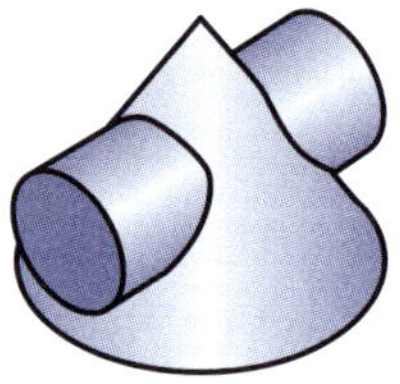
三视图	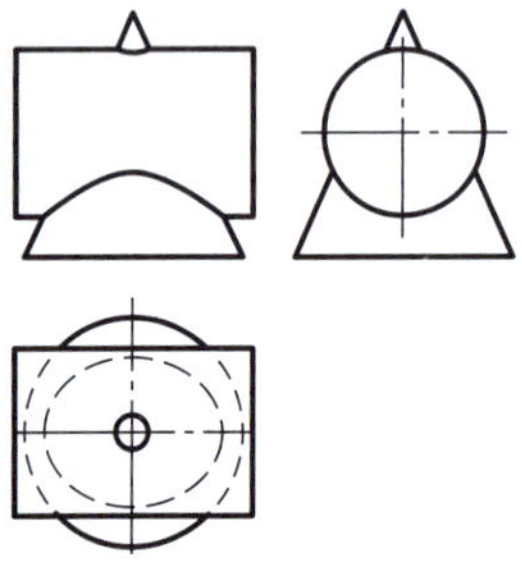	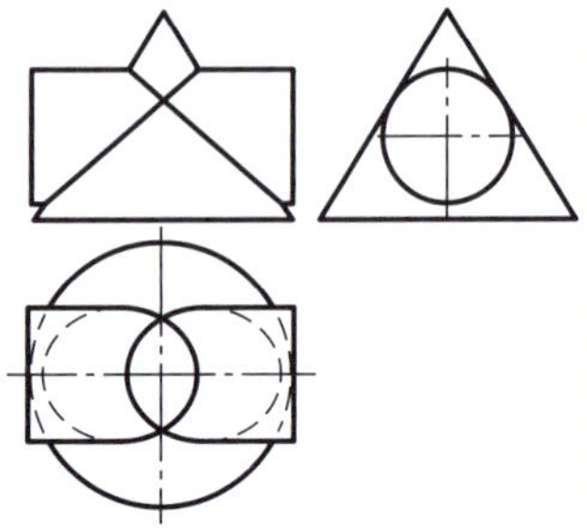	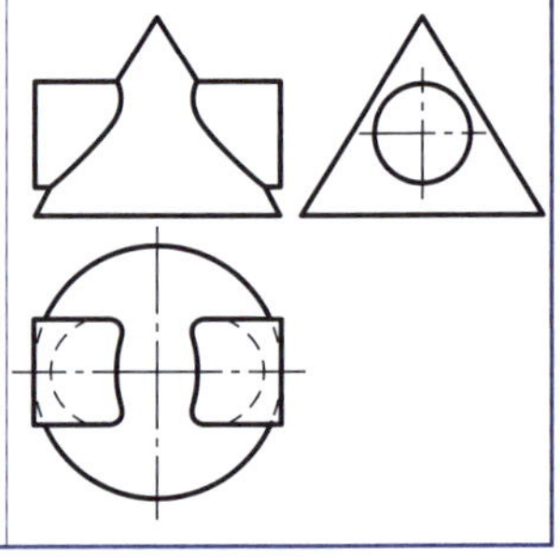

3. 特殊情况下的相贯线

在一般情况下相贯线是封闭的空间曲线，特殊情况下是平面曲线或直线，见表 2-2-6。

表 2-2-6 特殊情况下的相贯线

轴线	图形			特点
平行	两圆柱 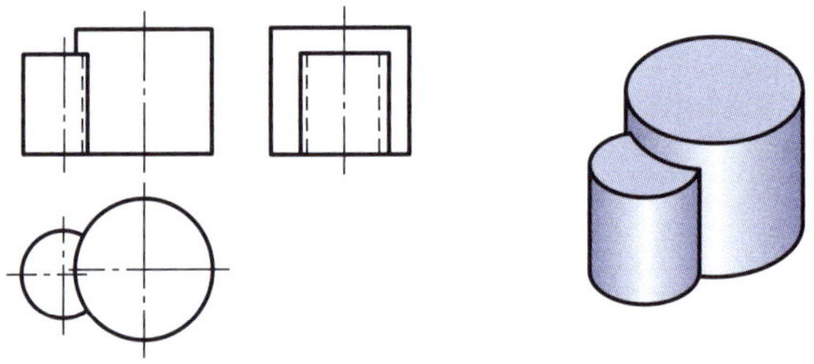			直线
同轴	圆柱与圆锥 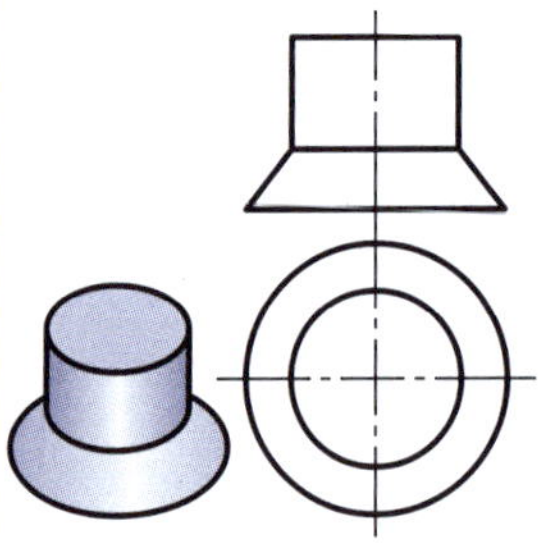	圆锥与圆球 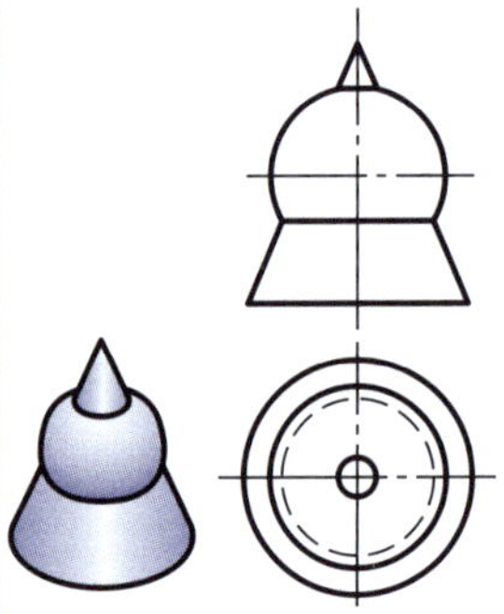	圆柱与圆球 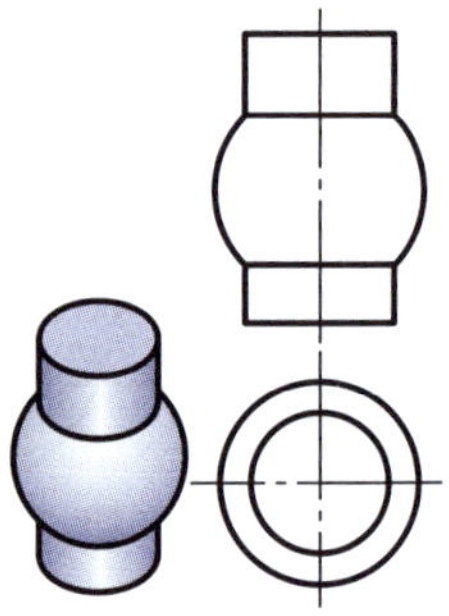	圆

续表

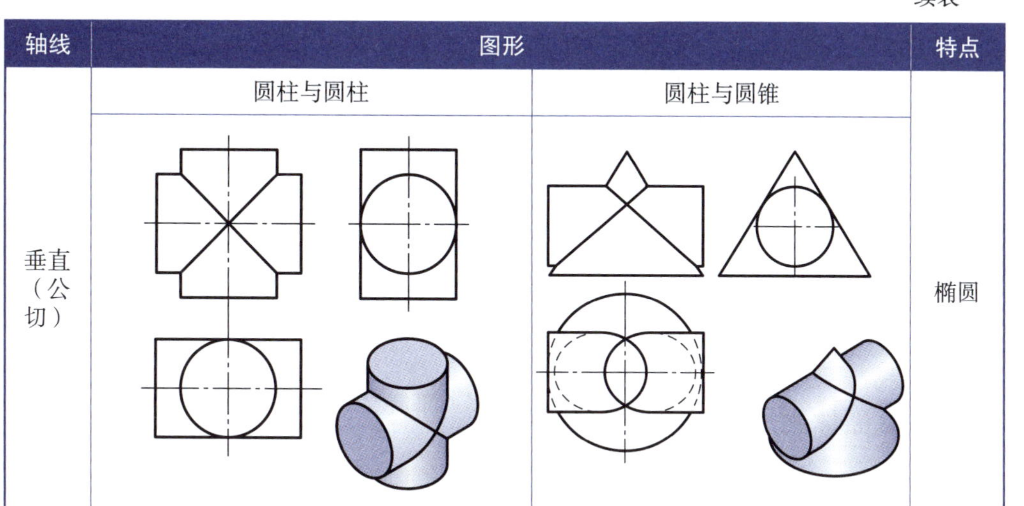

轴线	图形		特点
	圆柱与圆柱	圆柱与圆锥	
垂直（公切）			椭圆

综上所述，当两轴线平行的圆柱相交时，相贯线为直线；当两相交回转体同轴时，相贯线是垂直于轴线的圆；当圆柱与圆柱或圆柱与圆锥相交且公切于圆球时，相贯线为椭圆。画相贯线时，如果遇到上述这些情况可直接画出。

2.5 截断体与相贯体的尺寸标注

熟练掌握基本体的尺寸标注方法，是学习截断体和相贯体尺寸注法的基础。在工程中，从画图、读图及加工等方面考虑，基本体的尺寸注法已定型，不要随意改变注法。所注尺寸以能够正确、完整、清晰表达基本体的形状和大小为原则，常见基本体尺寸注法如图2-2-23所示。平面立体一般要标注长、宽、高三个方向的尺寸（直角三角形一般不注斜边长，正六边形不注各边长）；曲面立体一般只标注径向和轴向两个方向的尺寸，有时加注尺寸符号（直径注ϕ，球体注$S\phi$），尽量减少视图个数。

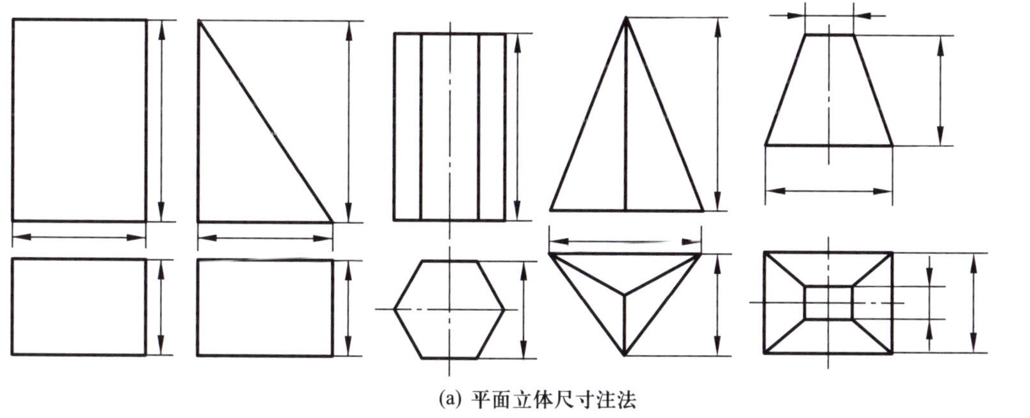

(a) 平面立体尺寸注法

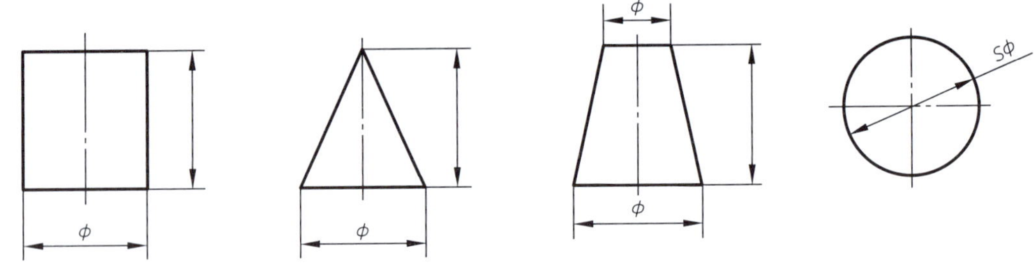

(b) 曲面立体尺寸注法

图2-2-23 常见基本体尺寸注法

2.5.1 截断体的尺寸标注

基本体被截切后只标注参与截交基本体的定形尺寸和截平面的定位尺寸，不标注截交线的尺寸，如图2-2-24所示。

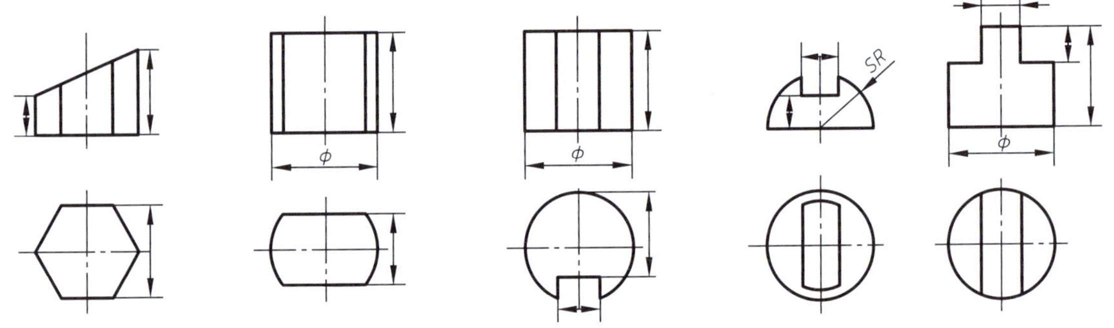

图2-2-24 截断体的尺寸注法

2.5.2 相贯体的尺寸标注

两立体相贯时，只标注两相贯体的定形尺寸和相关位置的定位尺寸，不标注相贯线的尺寸，如图2-2-25所示。

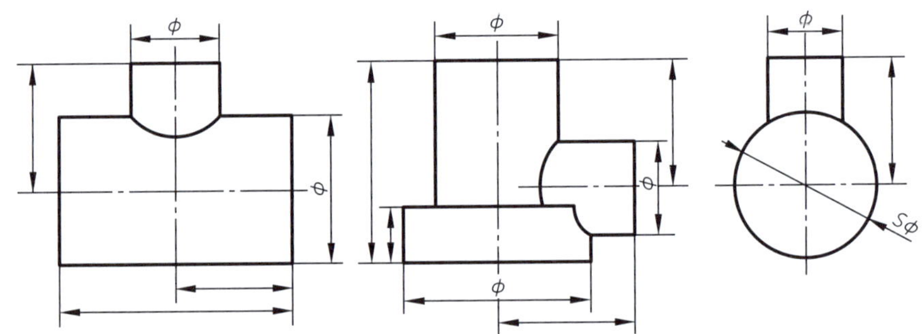

图2-2-25 相贯体的尺寸注法

任务实施 2

完成图2-2-1c所示管接头的三视图。

观察可知，该形体由三个圆柱和两个通孔组成。其中，相贯线*A*是铅垂圆柱Ⅱ和Ⅲ的交线，为同轴相贯，相贯线为圆，可直接画出。

相贯线*B*是侧垂圆柱Ⅰ和铅垂圆柱Ⅲ的交线，由两部分组成，一部分是圆柱Ⅰ和圆柱Ⅲ上表面的交线，为两条直线；另一部分是圆柱Ⅰ圆柱面和圆柱Ⅲ圆柱面的交线，是空间曲线，可利用积聚性找出三个特殊位置点和两个一般位置点，光滑连接得到，如图2-2-26所示。

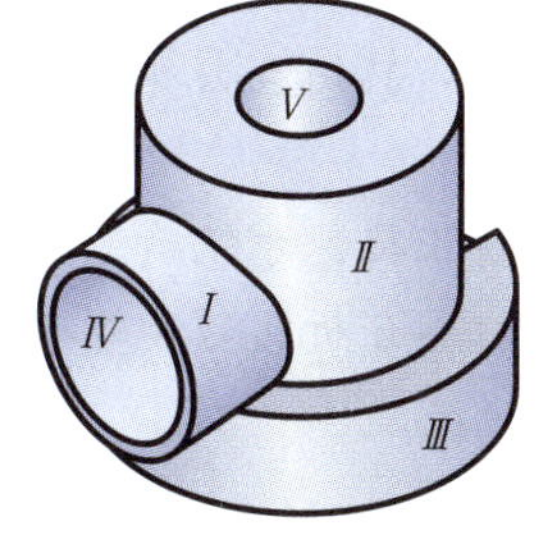

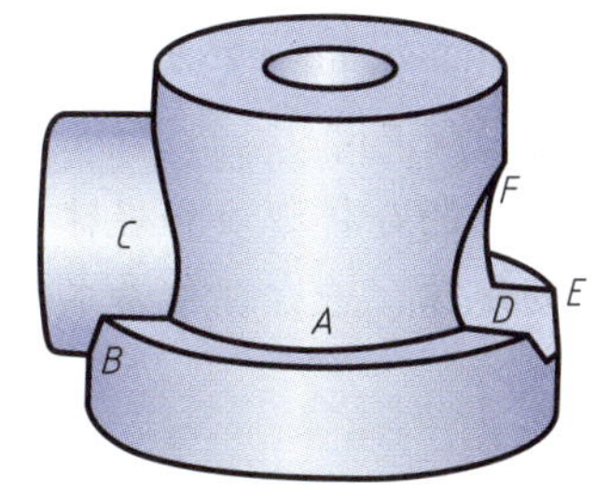

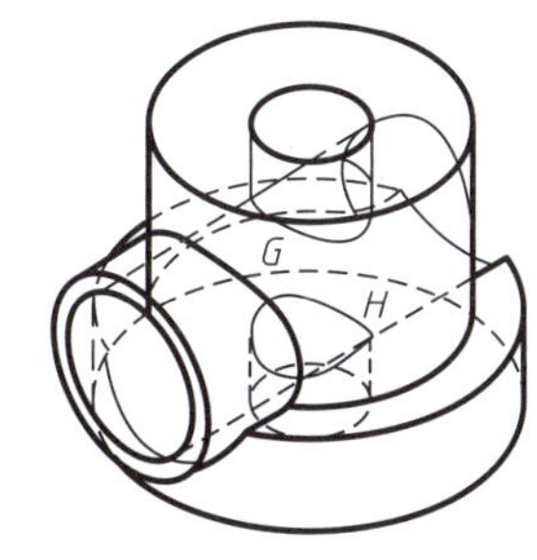

(a) 管接头立体图

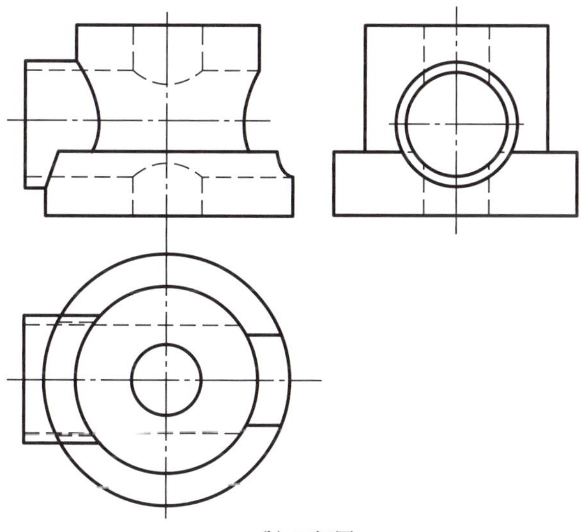

(b) 三视图

图2-2-26　管接头的三视图

相贯线*C*是侧垂圆柱Ⅰ和铅垂圆柱Ⅱ的交线，为空间曲线，可利用积聚性求得。

相贯线*D*和*E*是通孔Ⅳ与铅垂圆柱Ⅲ的交线，*D*为两条直线，*E*为空间曲线，可利用积聚性求得。

相贯线*F*是通孔Ⅳ和铅垂圆柱Ⅱ的交线，为一条空间曲线，可利用积聚性求得。

相贯线*G*和*H*是通孔Ⅳ和通孔Ⅴ的交线，为上、下两条封闭的空间曲线，可利用积聚性求得。

管接头的三视图如图2-2-26b所示。

学习小结

本项目的学习重点是立体的投影及表面取点、立体表面交线及其尺寸注法。其中立体的投影及表面取点是掌握立体表面交线（截交线和相贯线）的基础。不同的基本体其表面取点方法也各不相同，棱柱、棱锥、圆柱是通过判断点与线、面的从属关系从而求出点的各面投影；圆锥是运用素线法或纬圆法求出点的各面投影；而圆球只能运用纬圆法求出点的各面投影。通过对立体表面交线类型的判断、性质的分析，运用正确的表面取点方法可完成立体表面交线的作图。

在掌握基本体尺寸注法的基础上，牢记截断体和相贯体尺寸标注的原则：只标注必要的定形尺寸和定位尺寸，截交线和相贯线上不必标注尺寸。

通过理论学习，掌握截交线和相贯线投影的分析方法和规律，只有方法正确，才能确定其形状，掌握其画法。要学会利用事物发展的规律，透过现象看本质，从而培养分析问题和解决问题的能力。

复习自查

1. 什么是基本体？如何区分平面立体和曲面立体？
2. 简述纬圆法和素线法及其适用于哪种基本体的表面取点。
3. 圆锥的截交线有哪几种情况？
4. 两曲面立体正交，相贯体直径变化对相贯线的形状有什么影响？
5. 截断体和相贯体尺寸标注需注意哪些问题？

项目三　简单零件轴测图的绘制

知识目标

1. 了解轴测图的基本概念和性质。
2. 了解正等测的特点和绘制方法。
3. 了解斜二测的特点和绘制方法。

能力目标

1. 能将抽象的视图用直观的方法表达。
2. 能根据视图绘制形体的正等测或斜二测。

素养目标

1. 通过我国古代工程图样中用正等测和斜二测表达器皿图样的实例，认识到我国古代图样发展的文明历史，增强民族自豪感。
2. 树立爱国主义情怀和科技强国信念。

任务引入

在表达形体形状时，视图的立体感较差，而直观图的效果更好，便于想象形体的空间形状和结构，如图2-3-1所示。那么图2-3-1b所示的直观图是如何绘制的呢？

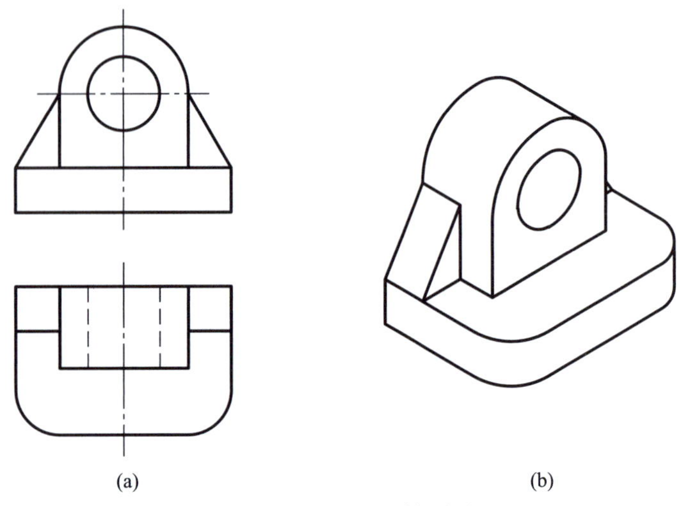

图2-3-1 视图和轴测图

在图2-3-1b所示的直观图中，形体三个方向的坐标可以同时在一个图形中反映出来，富有立体感，易于看懂，这种图叫轴测投影，简称轴测图。轴测图由于作图较复杂，因此工程上仅将其作为辅助图样。常用的轴测图有正等轴测图和斜二等轴测图两种，本项目主要学习正等轴测图（简称为正等测）和斜二等轴测图（简称为斜二测）的特点和绘制方法。

知识链接

3.1 轴测图的基本知识

3.1.1 轴测图的形成

轴测图是将形体连同其参考直角坐标系，沿不平行于任一坐标面的方向，用平行投影法将其投射在单一投影面上所得到的图形。

轴测图有两种形式，一种是将形体斜放（三个坐标轴倾斜于投影面），采用正投影法绘制的轴测图，称为正轴测图，如图2-3-2a所示；另一种是将形体正放，采用斜投影法绘制的轴测图，称为斜轴测图，如图2-3-2b所示。

3.1.2 轴测投影的有关名词

轴测投影面：轴测投影的投影面，如图2-3-2中的*P*面。

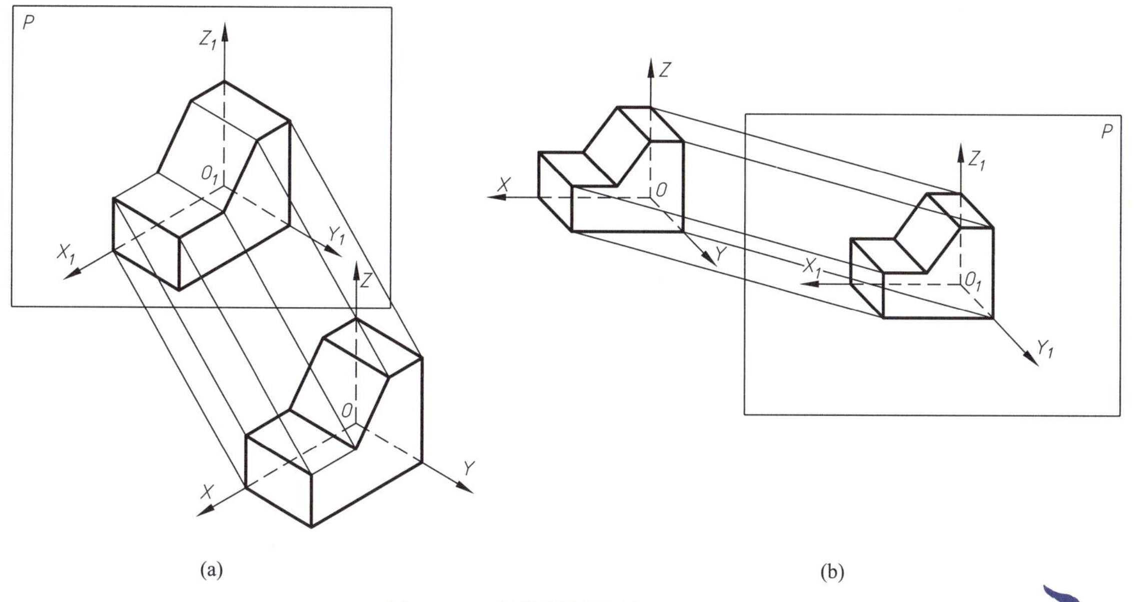

图2-3-2　轴测图的形成

轴测轴：直角坐标轴OX、OY、OZ在轴测投影面上的投影O_1X_1、O_1Y_1、O_1Z_1。

轴间角：轴测轴之间的夹角，如图2-3-2中的$\angle X_1O_1Y_1$、$\angle X_1O_1Z_1$、$\angle Y_1O_1Z_1$。

轴向伸缩系数：直角坐标轴的轴测投影的单位长度与相应直角坐标轴上的单位长度的比值。X、Y、Z轴的轴向伸缩系数分别为p、q、r。

3.1.3　轴测投影的特性

（1）平行性。形体上与坐标轴平行的直线，其轴测投影仍平行于轴测轴；形体上的平行线，其轴测投影仍平行。

（2）可测性。作图时，形体上与坐标轴平行的直线，可用其空间长度乘以轴向伸缩系数得其轴测投影长度；不与坐标轴平行的直线，则不可直接测量。所谓“轴测”，是指“沿轴向测量”。

3.1.4　轴测图的分类

根据投射方向不同，轴测图可分为两类：正轴测图和斜轴测图。根据轴向伸缩系数不同，每类轴测图又可分为三类：三个轴向伸缩系数均相等的，称为等测轴测图；只有两个轴向伸缩系数相等的，称为二测轴测图；三个轴向伸缩系数均不相等的，称为三测轴测图。这两种分类方法相结合，得到六种轴测图，分别简称为正等测、正二测、正三测和斜等测、斜二测、斜三测。在机械制图中，常采用正等测和斜二测。

注意：为使图形清晰，在轴测图中，通常只画形体表面的可见轮廓线（粗实线），而不画不可见轮廓线（虚线）。

3.2 正等测

3.2.1 正等测的形成及其轴间角和轴向伸缩系数

正等测是将形体斜放（三个坐标轴与轴测投影面的夹角相等，约为35° 16′），采用正投影法绘制的图形。

正等测的三个轴间角$\angle X_1O_1Y_1=\angle X_1O_1Z_1=\angle Y_1O_1Z_1=120°$，三个轴向伸缩系数也相等，$p=q=r=0.82$。为了方便作图，实际中常采用简化轴向伸缩系数$p=q=r=1$来绘制正等测（图2-3-3a），虽然其比实际投影的尺寸约大22%（图2-3-3b、c），但并未改变形体的形状。

作轴测轴时，一般将O_1Z_1轴画成铅垂方向（图2-3-3a），但OZ轴在空间并非铅垂线，而是上端朝前倾斜的。

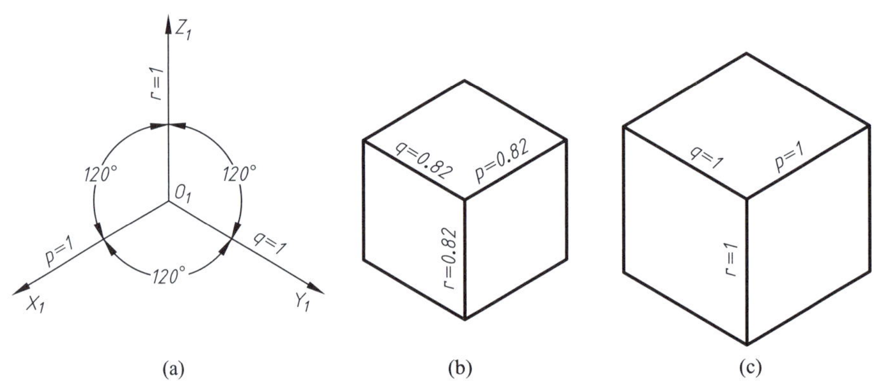

图2-3-3 正等测的轴间角和轴向伸缩系数

3.2.2 正等测的画法

形体可以分解成平面立体和回转体，因此，画平面立体和回转体的轴测图是画形体轴测图的基础。

画正等测的一般步骤：

（1）分析形体的形状，在视图上选定合适的坐标原点并设定坐标轴。

（2）画三个轴测轴。

（3）画形体的各部分结构。

（4）检查、整理并描深形体的可见轮廓线。

1. 平面立体的正等测画法

画轴测图的方法有坐标法、切割法和叠加法。

（1）坐标法。

坐标法适用于画基本平面立体的轴测图。其画图步骤：先在形体上设定坐标轴，分析形体表面各顶点及对称中心的坐标，画出轴测轴及各点的轴测投影，再依次连接立体表面各可见轮廓线。

以正六棱柱为例说明用坐标法画正等测的方法。

正六棱柱的前后、左右对称，上、下底面为水平面，将直角坐标系原点O放在顶面中心位置，以主视图的对称中心线为OZ轴，俯视图的水平、竖直对称中心线分别为OX、OY轴，如图2-3-4a所示。

采用坐标法的作图步骤：

① 设定原点O_1，画轴测轴O_1X_1、O_1Y_1、O_1Z_1，如图2-3-4b所示。

② 画上底面各顶点的轴测投影。根据正六棱柱上底面各点坐标，在$X_1O_1Y_1$坐标面上定出上底面各点的位置。在O_1X_1轴上确定点Ⅰ、Ⅳ，在O_1Y_1轴上确定点A、B，过点A、B作平行于O_1X_1轴的直线，并在所作两直线上作出Ⅱ、Ⅲ、Ⅴ、Ⅵ各点，如图2-3-4c所示。

③ 画各可见侧棱线的投影。由上底面各顶点向下作O_1Z_1轴的平行线，量取正六棱柱的高度，在平行线上截得侧棱线长度，即得下底面各可见点的位置，如图2-3-4d所示。

④ 连接下底面各可见点，即得下底面投影，如图2-3-4e所示。

⑤ 整理、描深图线，完成作图，如图2-3-4f所示。

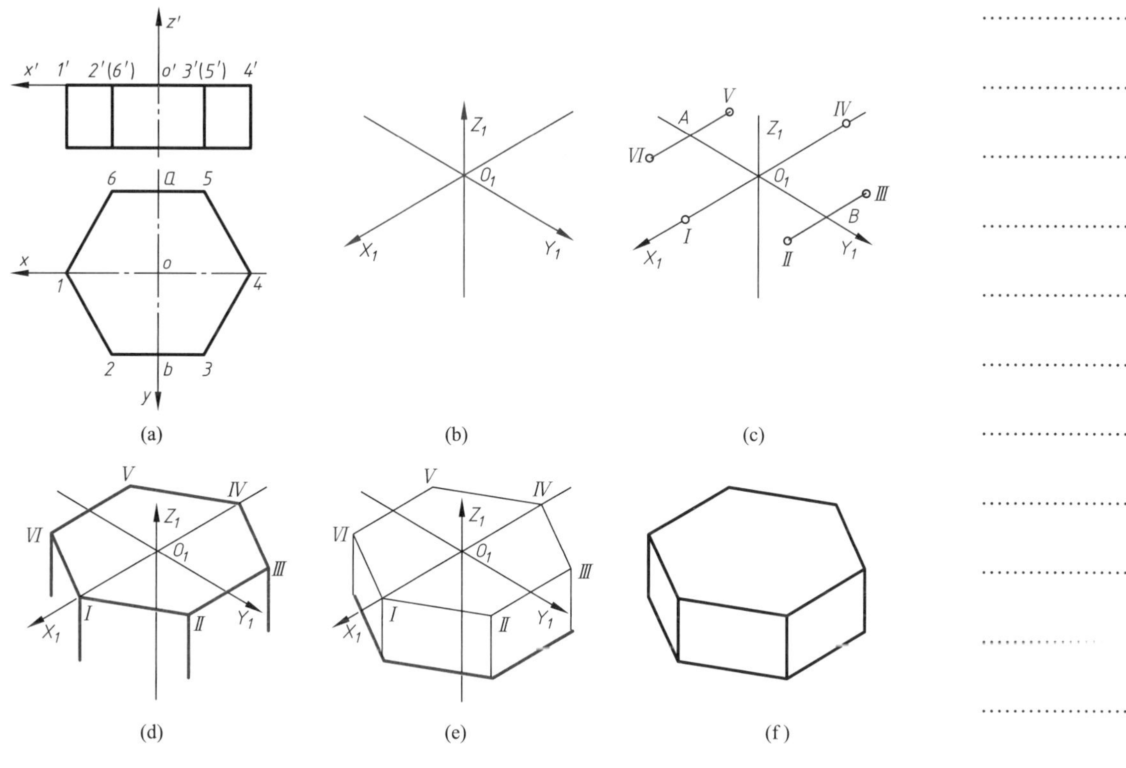

图2-3-4　用坐标法画正等测

注意：在轴测图中，通常只画形体上的可见轮廓线，因此在形体上确定坐标系时，一般将原点设定在有利于作图的位置，避免多画线，简化作图。

（2）切割法。

切割法又称方箱法，适用于画由基本体切割而成的形体的轴测图。其画图步骤：先画出完整的基本体，然后按形体分析的方法逐块切去多余的部分。

以截切棱柱为例说明用切割法画正等测的方法。

从图2-3-5a所示三视图可知，该形体是由一L形六棱柱被正垂面截切而成的。绘图时先画出完整的L形六棱柱，然后切去形体左上部分。

采用切割法的作图步骤：

① 画坐标原点和轴测轴，在$Y_1O_1Z_1$坐标面内画出完整L形六棱柱的左侧面，如图2-3-5b所示。

② 分别沿L形六棱柱左侧面各顶点画O_1X_1轴的平行线，长度为60，得各侧棱线，如图2-3-5c所示。

③ 依次连接右侧各可见顶点，得完整L形六棱柱的轴测图，如图2-3-5d所示。

④ 在上底面后侧棱线上从右向左量取长度30得截切点，作出正垂面的投影，如图2-3-5e所示。

⑤ 整理、描深图线，完成全图，如图2-3-5f所示。

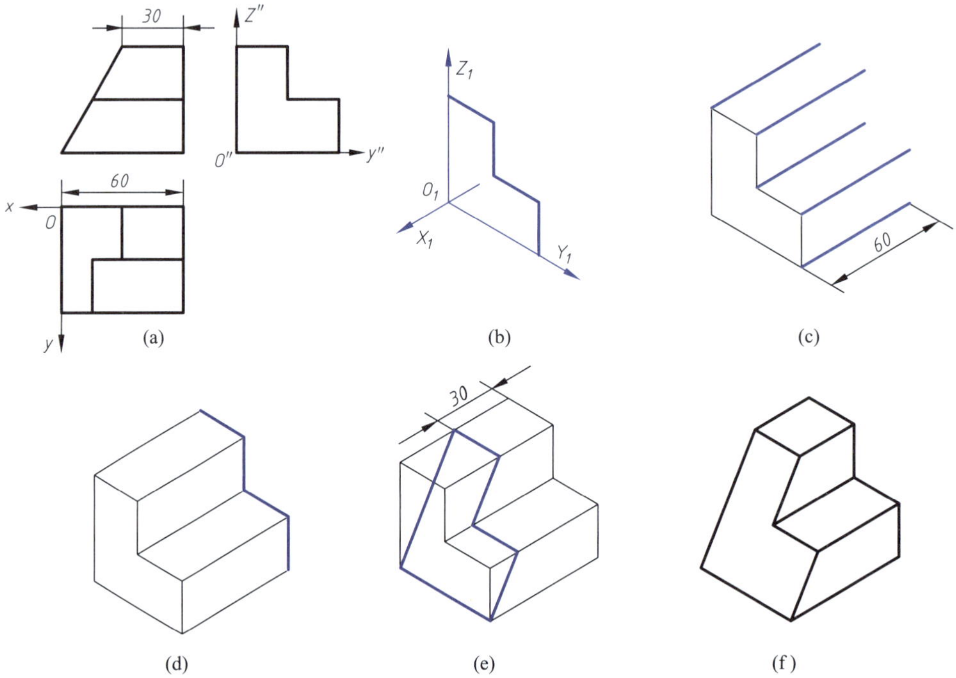

图2-3-5 用切割法画正等测

（3）叠加法。

叠加法适用于画组合形体的轴测图。其画图步骤：先分析形体，将其分成几个简单的组成部分，按相对位置分别画各部分的轴测图，依次叠加，形成完整形体的轴测图。

以图2-3-6a所示的形体为例说明用叠加法画正等测的方法。

形体可分解为底板*Ⅰ*、竖板*Ⅱ*和侧板*Ⅲ*三个部分，其中底板为长方体，竖板为五棱柱，侧板为三棱柱。逐一画出各部分的轴测图，擦去作图线，描深后即得形体的正等测。

采用叠加法的作图步骤：

① 画出长方形底板 *I* 的轴测图，如图2-3-6b所示。

② 画出五棱柱竖板 *II* 的轴测图，其右侧、后侧表面与底板的右侧、后侧表面分别平齐，如图2-3-6c 所示。

③ 画出三棱柱侧板 *III* 的轴测图，其右侧表面与底板的右侧表面平齐，如图2-3-6d所示。

④ 整理、描深图线，完成全图，如图2-3-6e所示。

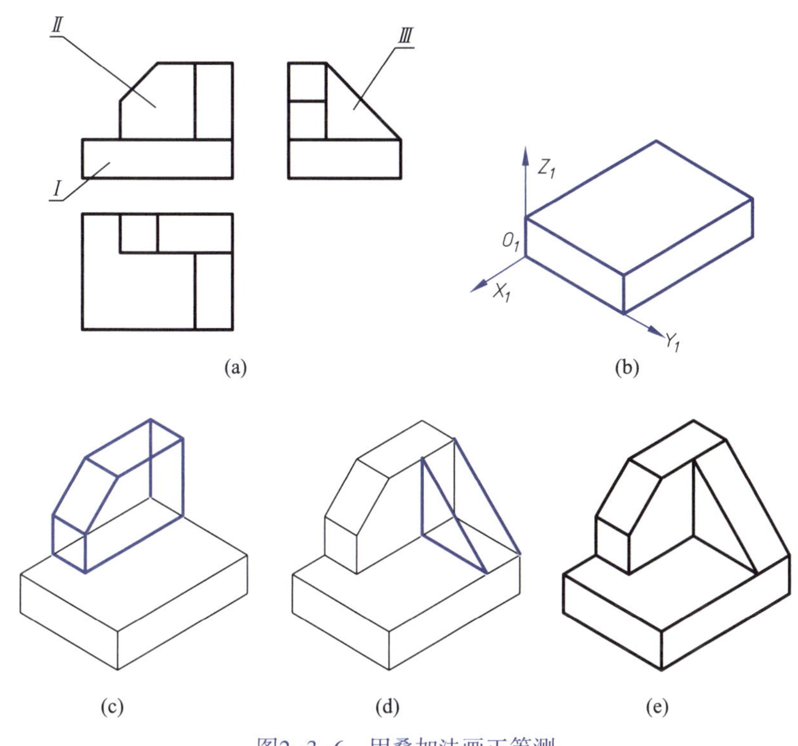

图2-3-6　用叠加法画正等测

2. 回转体的正等测画法

画回转体的正等测，必须掌握平行于坐标面的圆的正等测——椭圆的画法。图2-3-7是按简化轴向伸缩系数绘制的平行于*XOY*、*XOZ*和*YOZ*三个坐标面的圆的正等测。椭圆的方位因坐标面而异，其长轴垂直于与圆平面相垂直的轴测轴，短轴则平行于这条轴测轴。

（1）四心圆弧法画圆的正等测。

坐标面内的圆的正等测为椭圆，为简化作图，通常采用四段圆弧连接成近似椭圆的方法来表示圆的正等测。

作图步骤：

① 确定坐标轴并在俯视图中作圆的外切正方形*abcd*，如图2-3-8a所示。

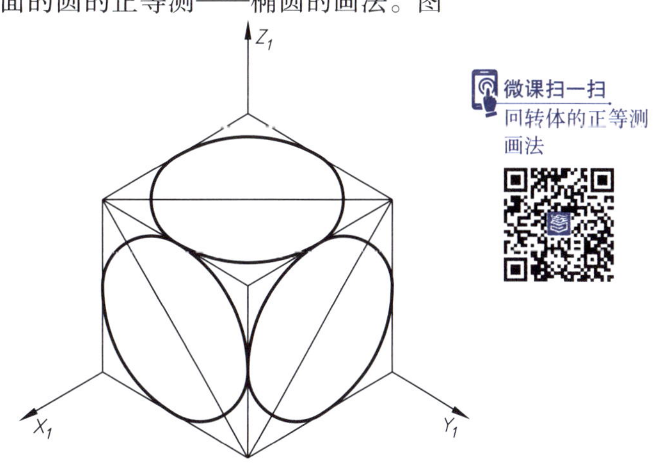

图2-3-7　平行于坐标面的圆的正等测

微课扫一扫
回转体的正等测画法

② 画轴测轴，以圆的半径为长度、轴测原点O_1为圆心在O_1X_1、O_1Y_1上截取点Ⅰ、Ⅱ、Ⅲ、Ⅳ，过这些点分别作O_1X_1、O_1Y_1轴的平行线，得到外切正方形的轴测投影——菱形$ABCD$，如图2-3-8b所示。

③ 连接DⅠ和BⅣ交于点O_2，连接DⅡ和BⅢ交于点O_3，如图2-3-8c所示。

④ 分别以点B、D为圆心，DⅠ、BⅣ为半径画大圆弧，以点O_2、O_3为圆心，O_2Ⅰ、O_3Ⅱ为半径画小圆弧，即得由四段圆弧组成的近似椭圆，如图2-3-8d所示。

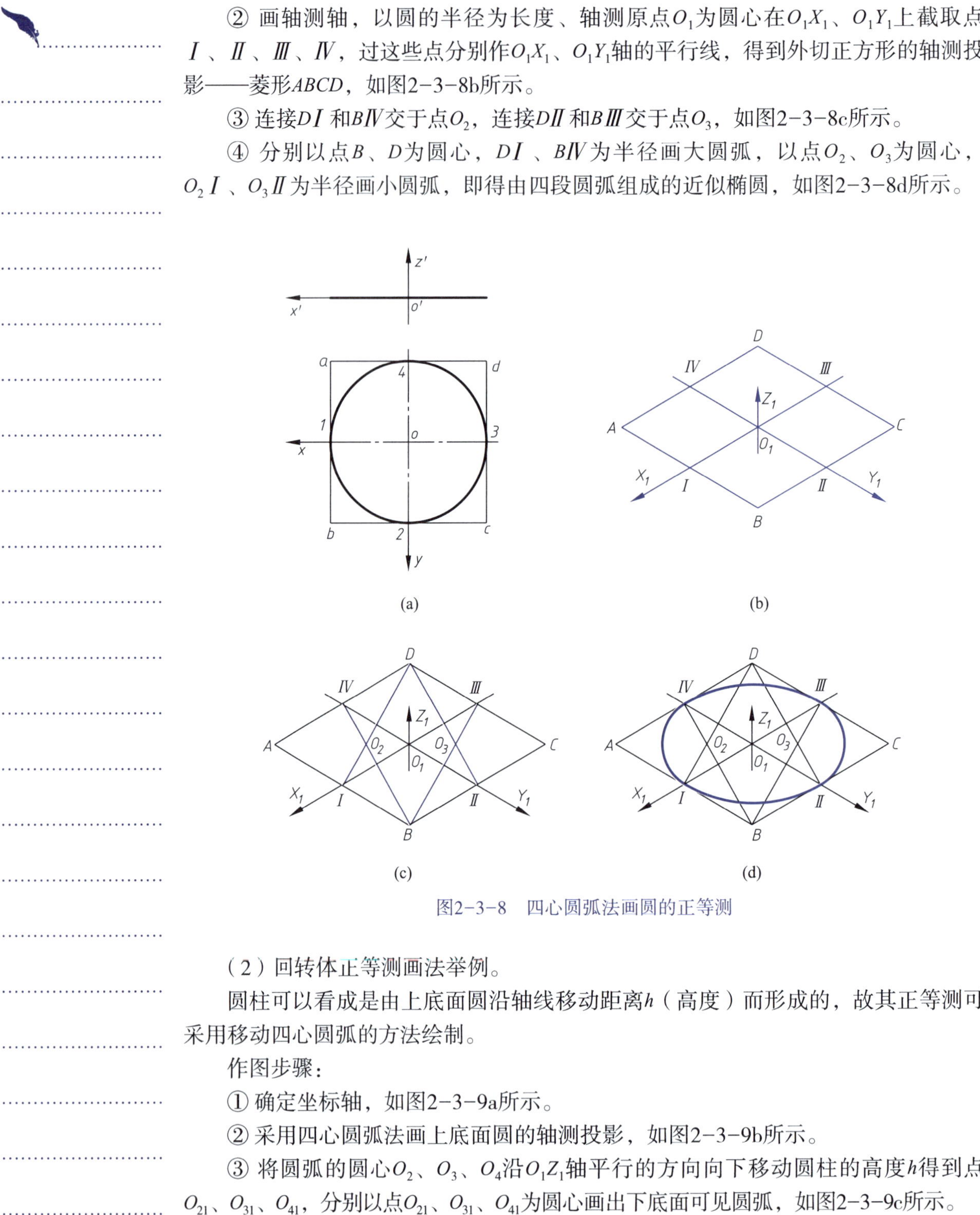

图2-3-8 四心圆弧法画圆的正等测

（2）回转体正等测画法举例。

圆柱可以看成是由上底面圆沿轴线移动距离h（高度）而形成的，故其正等测可采用移动四心圆弧的方法绘制。

作图步骤：

① 确定坐标轴，如图2-3-9a所示。

② 采用四心圆弧法画上底面圆的轴测投影，如图2-3-9b所示。

③ 将圆弧的圆心O_2、O_3、O_4沿O_1Z_1轴平行的方向向下移动圆柱的高度h得到点O_{21}、O_{31}、O_{41}，分别以点O_{21}、O_{31}、O_{41}为圆心画出下底面可见圆弧，如图2-3-9c所示。

④ 画出两个椭圆的公切线，即得圆柱的正等测，如图2-3-9d所示。

⑤ 整理、描深图线，完成全图，如图2-3-9e所示。

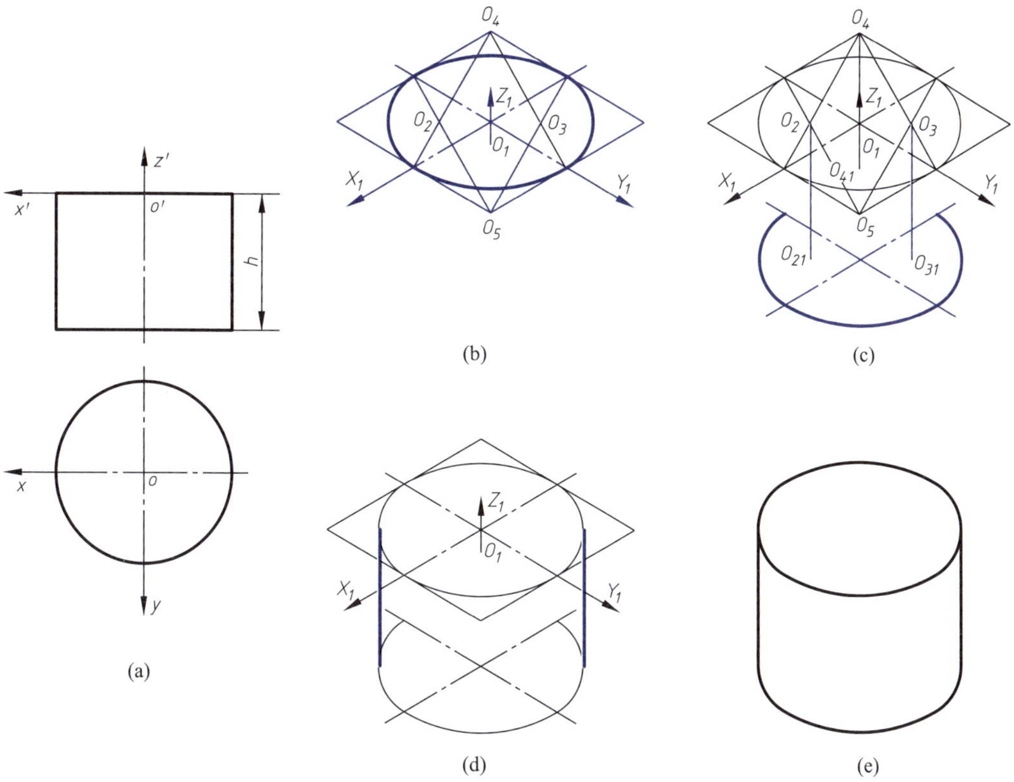

(a)　(b)　(c)　(d)　(e)

图2-3-9　圆柱体的正等测

（3）圆角正等测的画法。

圆角其实就是四分之一圆柱面，在轴测图上恰好是近似椭圆的四段圆弧中的一段。

作图步骤：

① 画长方体平板的正等测，在上底面上沿角顶两边分别以半径R截得点Ⅰ、Ⅱ，如图2-3-10b所示。

② 过点Ⅰ、Ⅱ作边线的垂线交于点O_1，如图2-3-10c所示。

③ 以点O_1为圆心、O_1Ⅰ为半径画Ⅰ、Ⅱ两点间的圆弧，如图2-3-10d所示。

④ 将O_1沿O_1Z_1轴向下移动板的厚度h，得下底面圆弧的圆心O_2，分别以相应的半径画出下底面的圆弧，并作出右侧两圆弧的公切线，如图2-3-10e所示。

⑤ 擦去多余的作图线，描深可见轮廓线，即完成带圆角平板的正等测，如图2-3-10f所示。

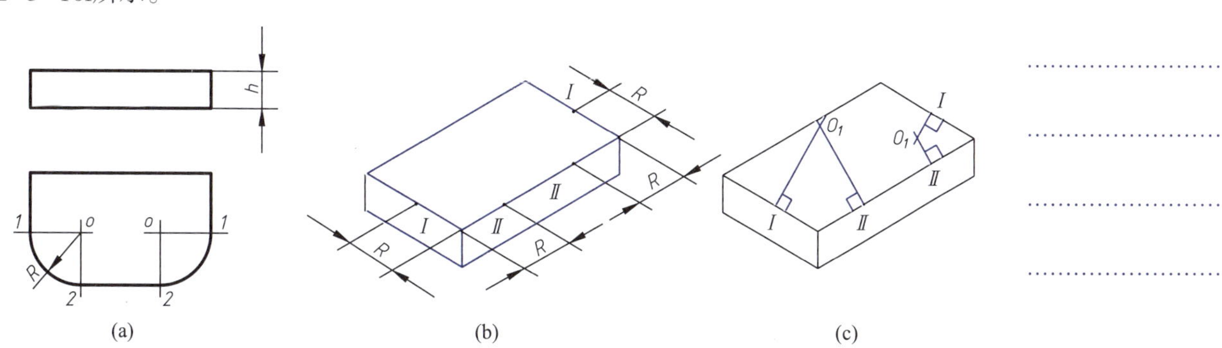

(a)　(b)　(c)

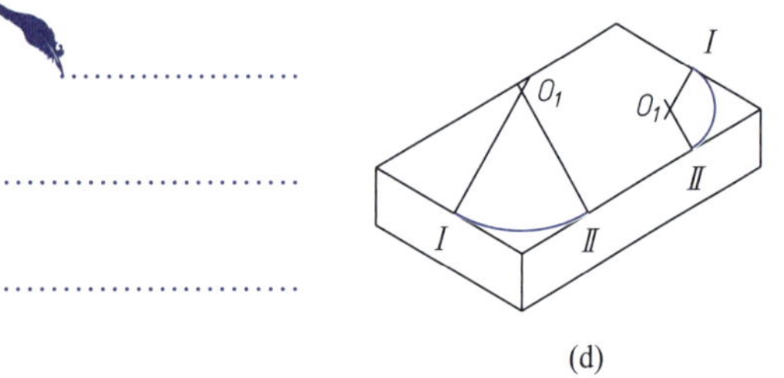

(d)

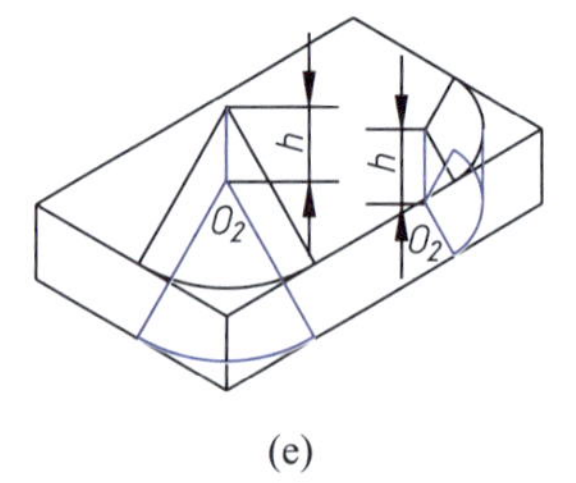

(e)

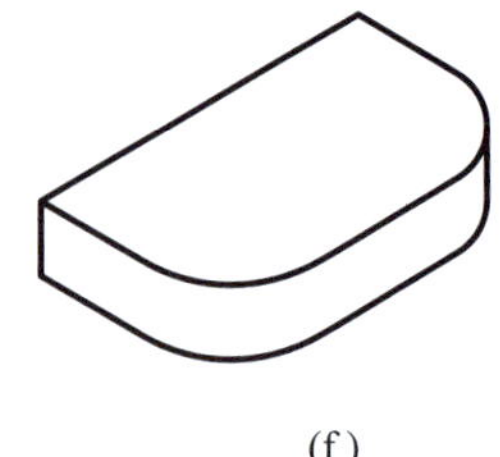
(f)

图2-3-10 圆角正等测的画法

3.3 斜二测

3.3.1 斜二测的形成及其轴间角和轴向伸缩系数

斜二测是将形体的一个坐标面平行于轴测投影面放置，采用斜投影法（投射方向与轴测投影面倾斜）绘制的轴测投影图。

斜二测的O_1X_1轴为水平方向，O_1Z_1轴为铅垂方向，轴间角$\angle X_1O_1Z_1=90°$，轴向伸缩系数$p_1=r_1=1$；O_1Y_1轴与水平线呈45°，轴间角$\angle X_1O_1Y_1=\angle Y_1O_1Z_1=135°$，轴向伸缩系数$q_1=\frac{1}{2}$，如图2-3-11所示。

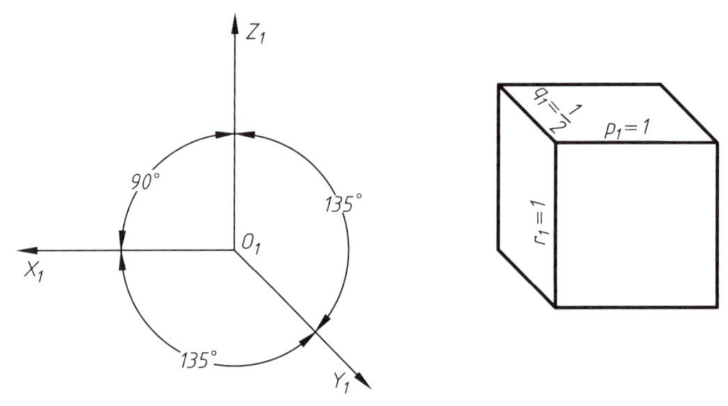

图2-3-11 斜二测轴间角和轴向伸缩系数

3.3.2 斜二测的画法

以平行于坐标面的圆的斜二等轴测图为例，由平行投影的真实性可知，平行于XOZ平面的任何图形，在斜二测上均反映实形，因此平行于XOZ坐标面的圆和圆弧，其斜二测仍是圆和圆弧。平行于XOY、YOZ坐标面的圆，其斜二测均是椭圆，这些椭圆作图较复杂。

因此，斜二测主要用于表示仅在一个方向上有圆或圆弧的形体，当形体在两个或两个以上方向有圆或圆弧时，通常采用正等测的方法绘制轴测图。

绘制形体斜二测的方法和步骤与绘制形体正等测基本相同，画图时通常从最前面或中间开始，沿O_1Y_1轴方向分层定位作图。

下面以座体为例说明斜二测的画法。

座体为柱状形体，是回转体和平面立体的组合。画图时先作出$X_1O_1Z_1$坐标面内形体的轴测投影，然后将该面沿O_1Y_1轴方向移动。

作图步骤：

（1）把坐标原点设定在形体前表面下方槽的中心处，如图2-3-12a所示。

（2）画轴测轴O_1X_1、O_1Y_1、O_1Z_1和形体前表面的轴测投影，如图2-3-12b所示。

（3）在O_1Y_1轴上向后量取形体厚度的一半，定出后表面的作图基点，画出后表面的轴测投影，如图2-3-12c所示。

（4）画出各可见侧棱线，如图2-3-12d所示。

（5）擦去多余的作图线，描深可见轮廓线，完成座体的斜二测，如图2-3-12e所示。

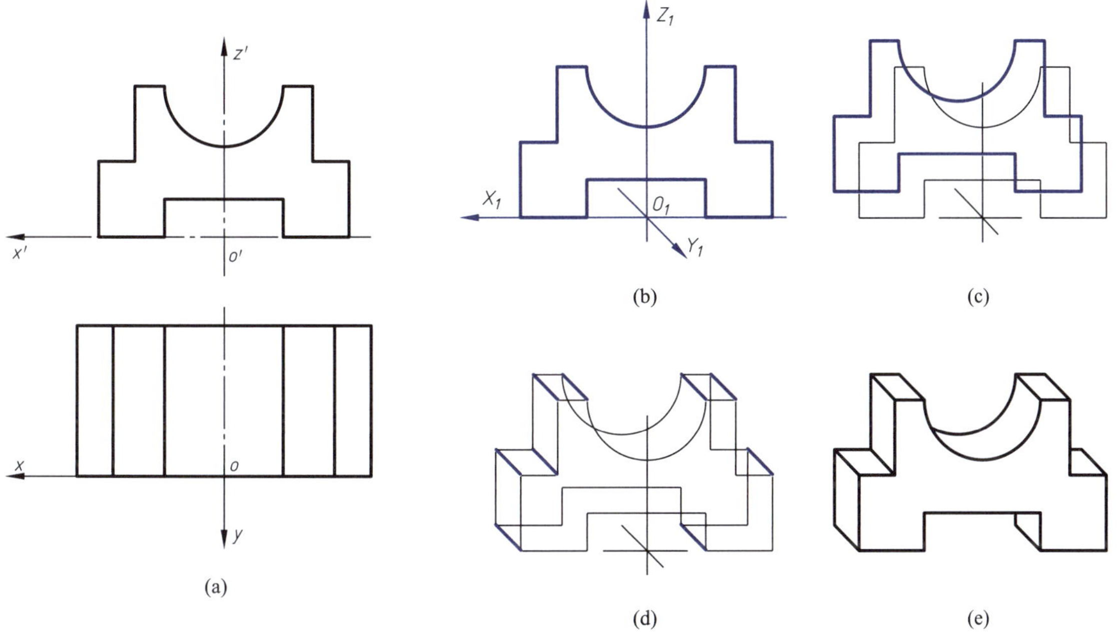

图2-3-12　座体斜二测的画法

任务实施

看懂轴承座的主、俯视图（图2-3-13a），画出其正等测。

分析：由主视图、俯视图可知，轴承座可分为底板Ⅰ、竖板Ⅱ、肋板Ⅲ三个部分，底板Ⅰ为四棱柱，前侧有两圆角；竖板Ⅱ为半圆柱和四棱柱组合体，其上有通孔；肋板Ⅲ为三棱柱。轴承座的底板和竖板上有圆柱面，分别在两个坐标面内，故宜选用正等测，采用叠加法作图。

作图步骤：

（1）将坐标原点设在底板上底面后边线的中心，如图2-3-13a所示。

（2）画三个轴测轴，完成底板四棱柱的正等测，如图2-3-13b所示。

（3）画底板上圆角的正等测，如图2-3-13c所示。

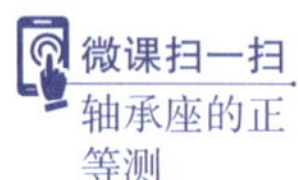
微课扫一扫
轴承座的正等测

拓展阅读
《续考古图》中的轴测图

（4）画竖板的轴测图，竖板在底板之上，其后侧表面与底板的后侧表面平齐，如图2-3-13d所示。

（5）画两侧肋板的轴测图，两侧肋板在底板之上，其后侧表面与底板的后侧表面平齐，如图2-3-13e 所示。

（6）整理、描深图线，完成全图，如图2-3-13f所示。

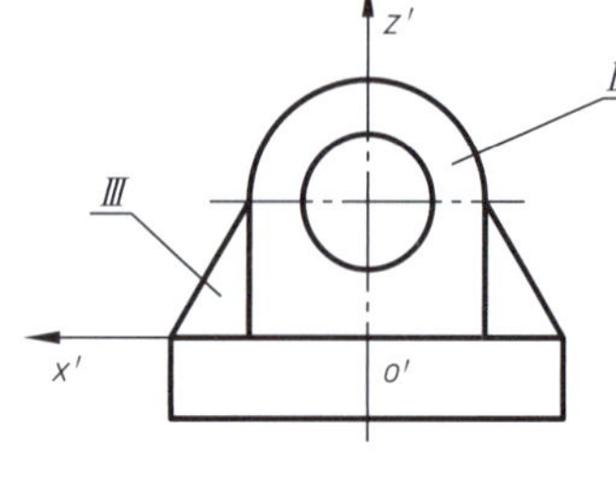

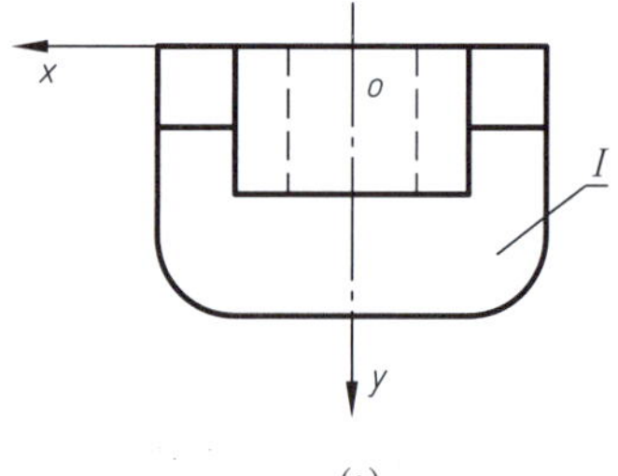

(a)

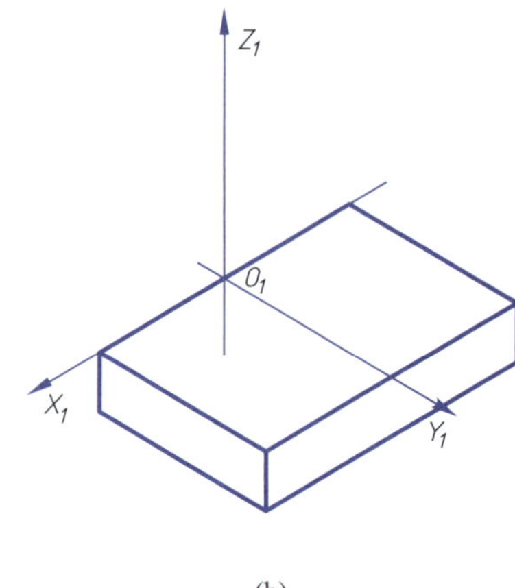

(b)

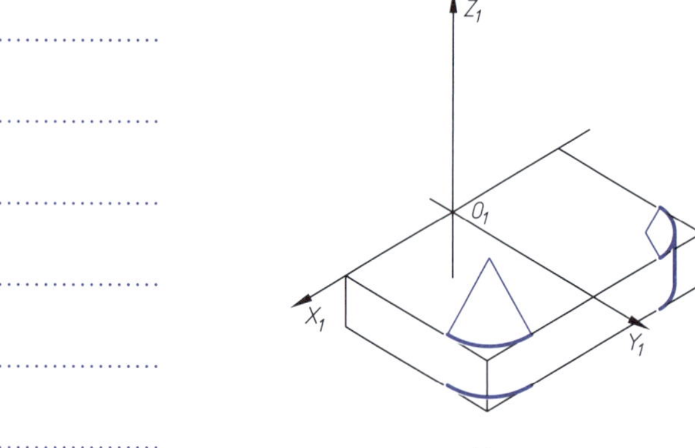

(c)

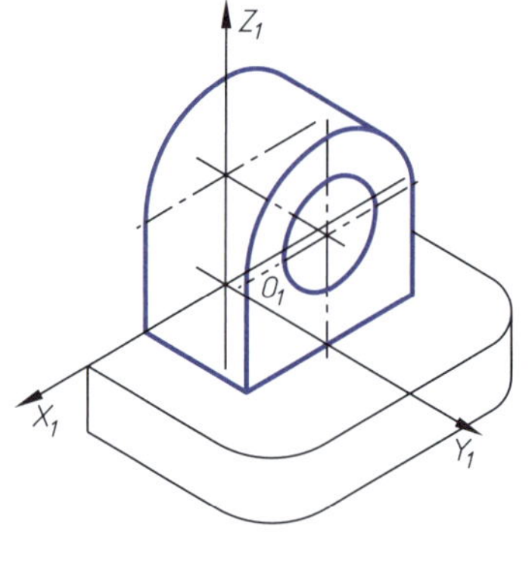

(d)

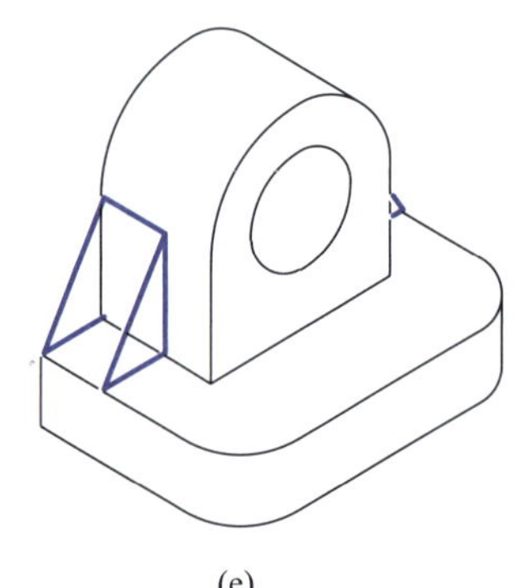

(e)

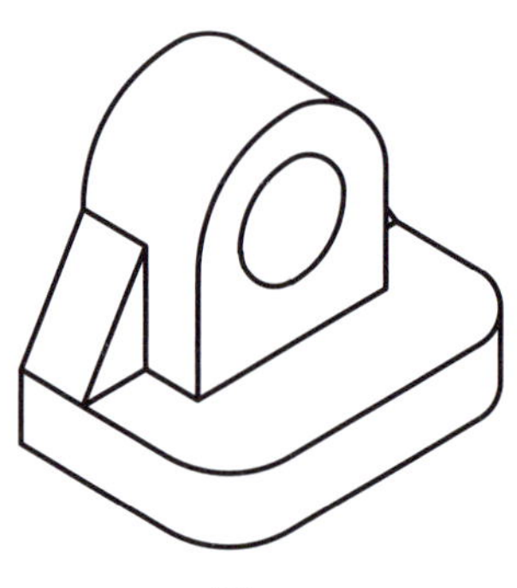

(f)

图2-3-13 轴承座的正等测

学习小结

正等测和斜二测是工程上常用的两种轴测图，在学习中要注意两者的区别：

（1）形体的放置位置和投射方向不同。正等测是形体斜放，采用正投影法绘制；斜二测是形体正放，采用斜投影法绘制。

（2）轴间角和轴向伸缩系数不同。正等测的轴间角$\angle X_1O_1Y_1=\angle X_1O_1Z_1=\angle Y_1O_1Z_1=120°$，轴向伸缩系数$p=q=r=1$；斜二测的轴间角$\angle X_1O_1Z_1=90°$、$\angle X_1O_1Y_1=\angle Y_1O_1Z_1=135°$，轴向伸缩系数$p_1=r_1=1$，$q_1=\frac{1}{2}$，$Y$方向要缩短一半。

（3）适用的形体不同。正等测适合绘制所有形体的轴测图，而斜二测尤其适合绘制XOZ坐标面内有圆的形体或形状特征在XOZ坐标面内的柱状形体。

学习轴测图的同时可了解我国古代工程图样中的轴测图案例。早在我国古代就已经出现用正等测和斜二测表达器皿图样的实例，如《续考古图》中的“父辛鼎”“王伯鼎”图就是分别采用近似正等测和斜二测方法绘制的。从中可以认识到我国古代璀璨的文化和文明，树立爱国主义情怀和科技强国信念。

复习自查

1. 什么是轴测图？和三视图相比它有哪些优缺点？
2. 工程上常用的轴测图有哪几种？分别说明它们的轴间角和轴向伸缩系数。
3. 在什么情况下用正等测绘图较方便？在什么情况下用斜二测绘图较方便？
4. 正等测和斜二测常用的作图方法有哪些？

项目四　组合体视图的绘制与识读

知识目标

1. 掌握组合体三视图的画法及尺寸注法。
2. 掌握组合体的读图方法。
3. 掌握组合体的形体分析法和线面分析法。

能力目标

1. 具有表达组合体的二维绘图能力和三维构形能力。
2. 初步具有空间思维和空间想象能力。

素养目标

1. 学会化繁为简，更有效率地处理问题。
2. 养成勇于探索、攻坚克难的精神。

任务引入

在机械制造中，工程技术人员通过绘制零件的二维视图表示其形状和大小，以便于生产和制造。图2-4-1a所示为支座零件，如何表达该零件的形状、结构和大小呢？另外，在生产和制造过程中技术人员需要根据零件的视图分析其形状，确定加工工艺和加工方法。那么如何能读懂组合体的视图，想象其形状呢？例如，根据图2-4-1b所示架体的主视图和俯视图，如何构建其形体，并补画架体的左视图呢？由图2-4-1c所示夹铁的三视图，又怎样分析视图、想象形体，补全视图中所缺的图线呢？

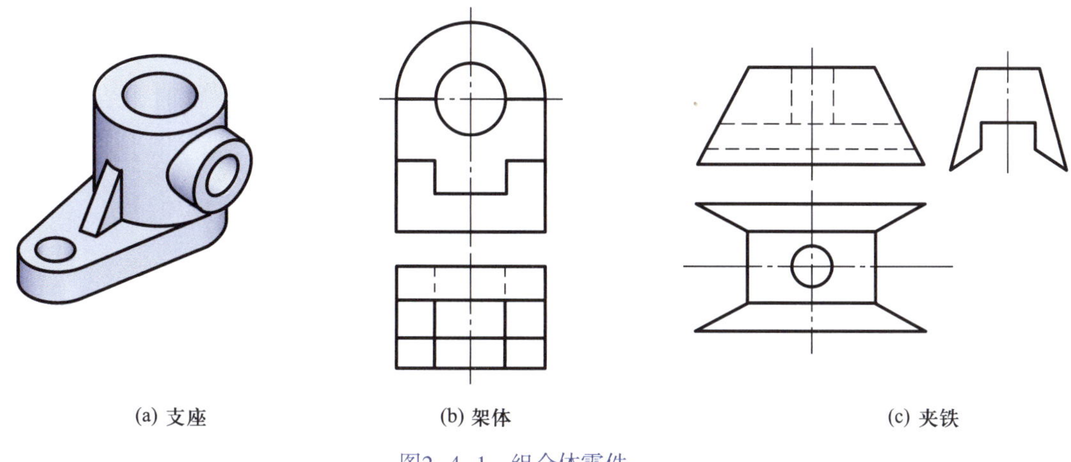

(a) 支座　(b) 架体　(c) 夹铁

图2-4-1　组合体零件

以上零件都是由简单的基本体叠加或切割组合而成的，称为组合体，表达其结构、形状和大小是学习机械制图的基本能力目标。掌握组合体视图的画法和识读是本项目的知识目标和能力目标，也是学习机械制图的核心能力目标，本项目将主要研究组合体视图的画图和读图方法、尺寸注法及空间建模等问题。

知识链接 1

4.1　组合体的形体分析

4.1.1　组合体的组合形式及其表面连接关系

组合体的基本组合形式有叠加和切割两种，一般较复杂的机械零件往往由叠加和切割综合而成，如图2-4-2所示。

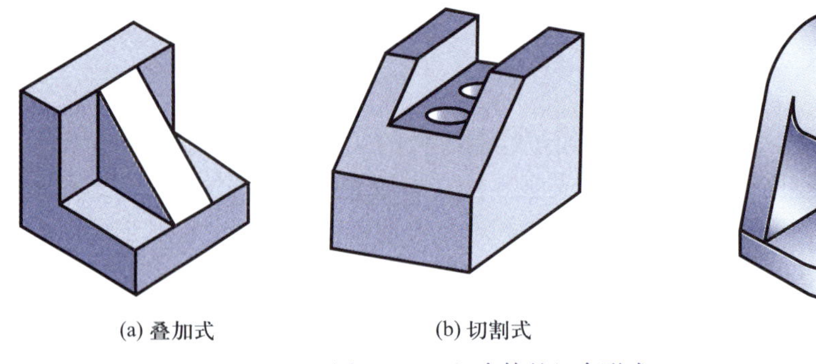

图2-4-2　组合体的组合形式

在分析组合体时，各形体相邻表面之间按其表面形状和相对位置不同，连接关系可分为平齐、不平齐、相交和相切四种情况。连接关系不同，连接处投影的画法也不同。

（1）平齐。当两基本体相邻表面平齐（即共面），连成一个平面时，结合处没有界线，相应视图中应不画分界线，如图2-4-3所示。

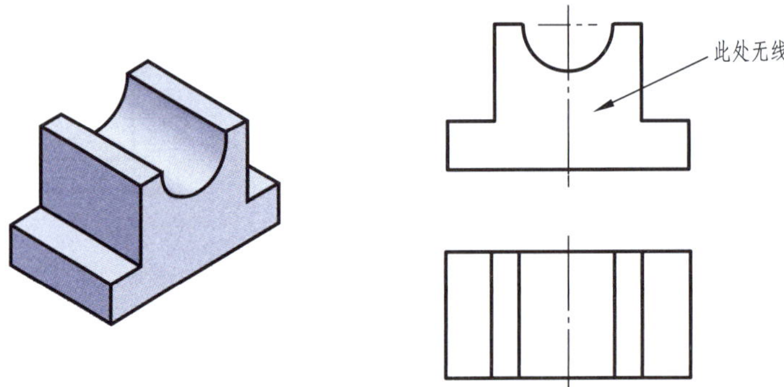

图2-4-3　表面平齐

（2）不平齐。当两基本体相邻表面不平齐（即不共面），而是相互错开时，结合处应有分界线，相应视图中应画线隔开，如图2-4-4所示。

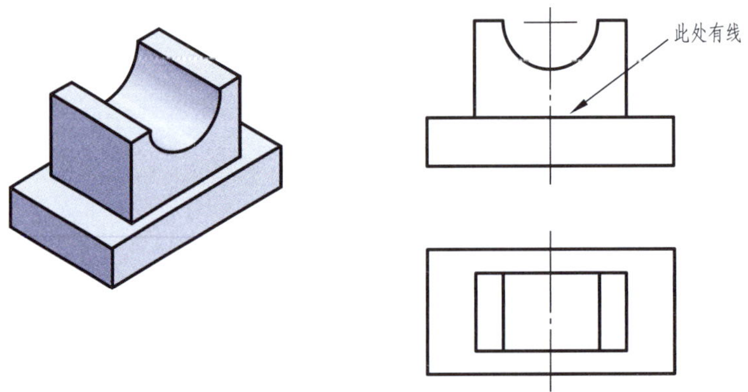

图2-4-4　表面不平齐

（3）相交。当相邻两基本体的表面相交时，在相交处会产生各种形状的交线，应在视图相应位置处画出交线的投影。

平面与立体相交处应画截交线，如图2-4-5所示。

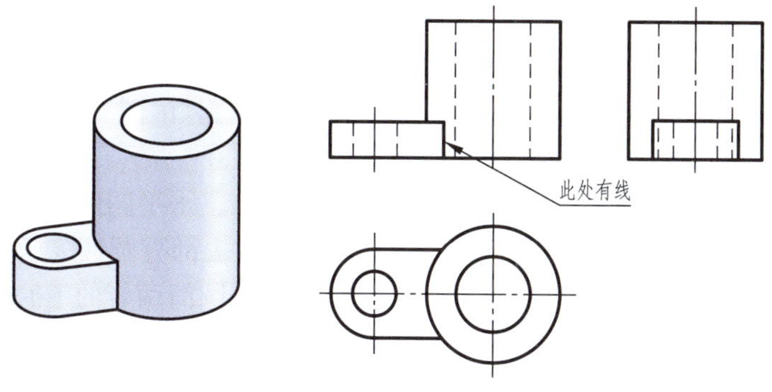

图2-4-5　表面相交

相贯处应画相贯线，如图2-4-6所示。

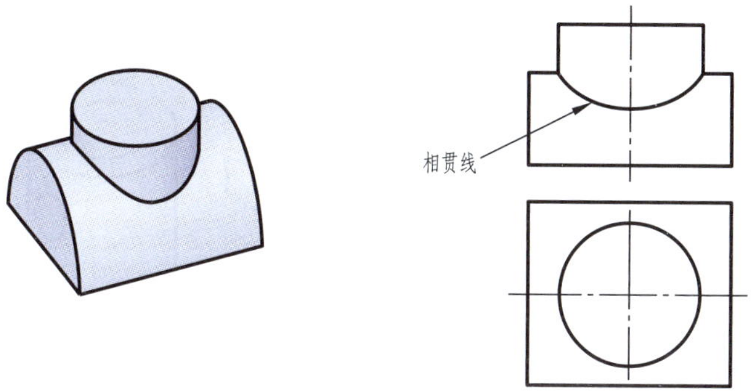

图2-4-6　表面相贯

（4）相切。当相邻两基本体的表面相切时，由于在相切处两表面是光滑过渡的，不存在明显的分界线，故在相切处规定不画分界线的投影，如图2-4-7所示。但应注意，底板上底面的正面投影和侧面投影积聚成一直线，应按投影关系画到切点处。

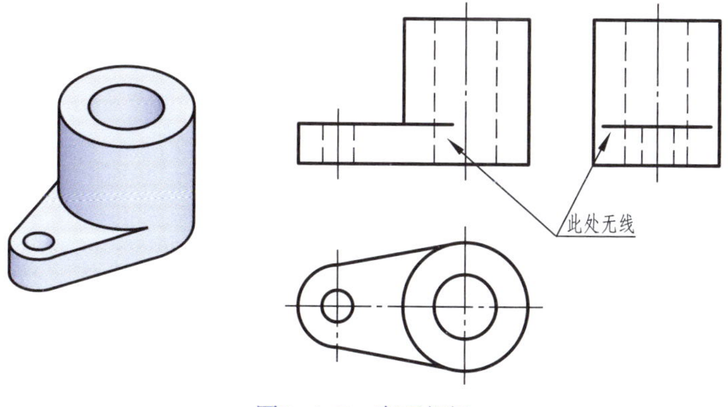

图2-4-7　表面相切

4.1.2 形体分析法

在组合体的画图、读图和尺寸标注过程中，通常假想将其分解成若干个基本体，弄清楚各基本体的形状、各部分的相对位置、组合形式及表面连接关系，从而形成整个组合体的完整概念，这种“化繁为简”，使复杂问题简单化的分析方法称为形体分析法。形体分析法是组合体的画图、读图及尺寸标注的最基本方法。

如图2-4-8a所示支座，可分解为底板、直立圆筒、水平圆筒和肋板四部分，底板为长方体挖去部分圆柱和长方体，肋板为三棱柱挖去部分圆柱，两个圆筒均是圆柱钻去小圆柱后所得，如图2-4-8b所示。底板与直立圆筒两者的下底面平齐，底板的前、后面与直立圆筒相切且前后对称，水平圆筒与直立圆筒垂直相贯，肋板置于底板之上，与直立圆筒表面相交。

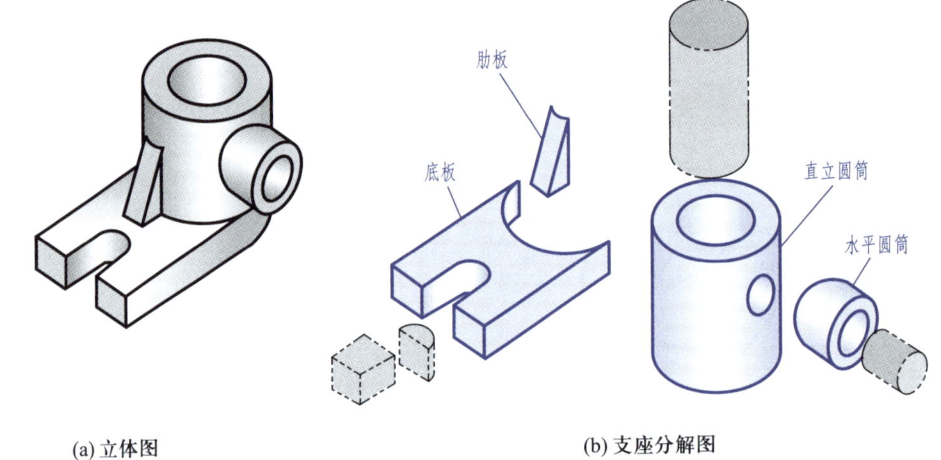

(a) 立体图　　(b) 支座分解图

图2-4-8　支座的形体分析

4.2 组合体三视图的画法

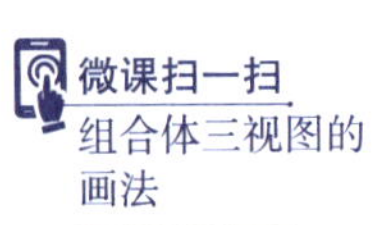

画组合体视图时应先分析形体特点，以叠加为主的形体一般采用形体分析法；以切割为主的形体则采用形体分析与线面分析结合的方法；对一般较复杂的既有叠加又有切割的综合形体，画视图时先分析叠加，再考虑切割，即先分析形体，再分析线面。

4.2.1 叠加式组合体三视图的画法

1. 分析形体

如图2-4-9所示，轴承座是以上、中、下叠加为主的组合体。按形体分析法可假想将其分解为底板、圆筒、支承板、肋板四个基本体。

分析轴承座各基本体的相对位置和表面连接关系：轴承座左右对称，支承板和肋板对称置于底板上底面，圆筒被支承板和肋板支承并加强。支承板的左、右两侧面与圆筒的外表面相切，后面与底板后面平齐、与圆筒后面不平齐。肋板的左、右表面及前面与圆筒相交。

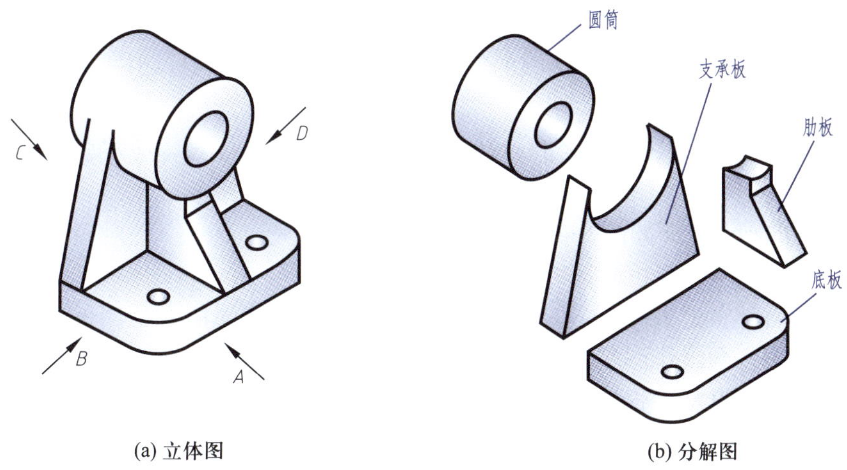

图2-4-9　轴承座的形体分析

2. 选择主视图

主视图是三视图中最重要的视图，画图或者读图大都从主视图开始考虑，而且主视图是反映形体主要形状特征的视图。选择主视图就要确定主视图的投射方向和其相对于投影面的位置关系。一般选择能明显地反映该组合体结构特征和形状特征的方向作为主视图的投射方向，安放位置应反映位置特征，也可按自然位置安放，使其各表面能较多地处于特殊位置，同时还要兼顾其他两个视图的表达。

如图2-4-9a所示，对*A*、*B*、*C*、*D*四个投射方向进行比较，如图2-4-10所示，若以*A*向作为主视图，轴承座的形状特征比较明显；若以*B*向作为主视图，不仅主视图有虚线，而且左视图虚线亦较多，显然不合适；若以*C*向作为主视图，虚线太多，也不可取；*D*向与*B*向比较，左视图表达得较清楚，但是和*A*向比较，轴承座的各部分轮廓特征不直观。因此该组合体以投射方向*A*所画的视图作为主视图，并按自然位置安放较好。同时也要考虑其他视图中的虚线应尽量少，最后确定三视图表达方案。

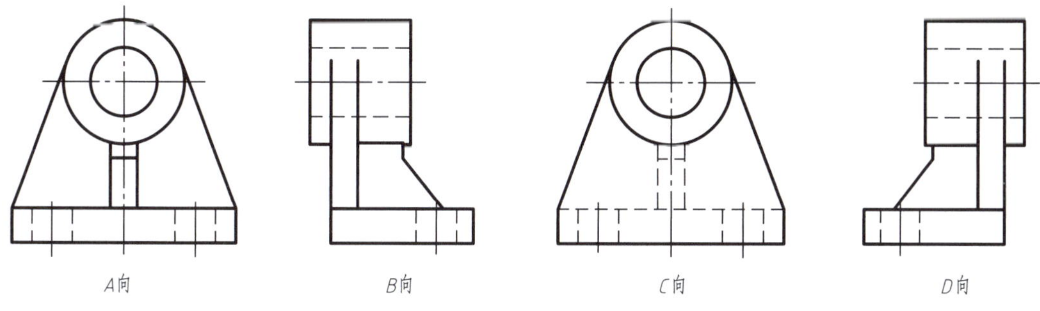

图2-4-10　分析主视图的投射方向

3. 选比例，定图幅

视图确定以后，要根据组合体的复杂程度和尺寸大小，选择绘图比例并定图幅。一般情况下尽量选用原值比例1∶1绘制，这样图形既可直观地反映实物大小，又便于作图。图幅大小应考虑有足够的空间画图、标注尺寸和画标题栏。

4. 作图

首先根据选定的图幅和比例，初步考虑三个视图的位置，应尽量做到布局合理、美观。

轴承座的画图步骤如图2-4-11所示。

（1）画作图基准线（图2-4-11a）。

根据组合体的总长、总宽、总高，并注意各视图之间留有适当的空间标注尺寸，匀称布图，画出作图基准线，从而确定各视图的位置。作图基准线一般为对称中心线、轴线和较大的平面等。

（2）画底稿（图2-4-11b~e）。

按形体分析法逐个画出各基本体。首先从反映形状特征明显的视图画起，后画其他两个视图，三个视图联系起来一起画，这样既能保证各部分的投影关系正确，又能提高绘图速度。一般顺序是：先画整体，后画细节；先画主要部分，后画次要部分；先画大形体，后画小形体。轴承座是以上、中、下叠加为主的组合体。按形体分析，以先下、后上、再中间的顺序逐一画出每个基本体的三视图，完成底稿。

（3）检查、描深（图2-4-11f）。

底稿画完以后，逐个仔细检查各基本体表面的连接、相交、相切等关系的处理是否符合投影原理，纠正错误和补充遗漏，经认真修改并确定无误后，擦去多余的图线，并按平面图形的绘制要求描深图线。

画图时应特别注意：

① 运用形体分析法，逐个画出各组成部分。

② 一般先画较大的、主要的组成部分，再画其他部分；先画主要轮廓，再画细节。

③ 画每一基本体时，先从反映实形或有特征的视图开始作图，再按投影关系画出其他视图。对于回转体，先画出轴线、圆的中心线，再画轮廓线。

④ 画图过程中，应按“长对正、高平齐、宽相等”的投影规律，几个视图对应着画，以保持正确的投影关系。

4.2.2 切割式组合体三视图的画法

对于复杂的切割式组合体，除用形体分析法分析外，还应结合截平面的位置特点，利用“线面分析法”分析。线面分析法是通过分析组合体形状，确定截平面的投影，利用平面的投影规律确定各截断面的形状和位置特点，然后逐一画出截断面投影的方法。

图2-4-12所示组合体可以看作是由基本体长方体被切割去 *Ⅰ*、*Ⅱ*、*Ⅲ* 三部分形成的，画其三视图时应注意以下几点：

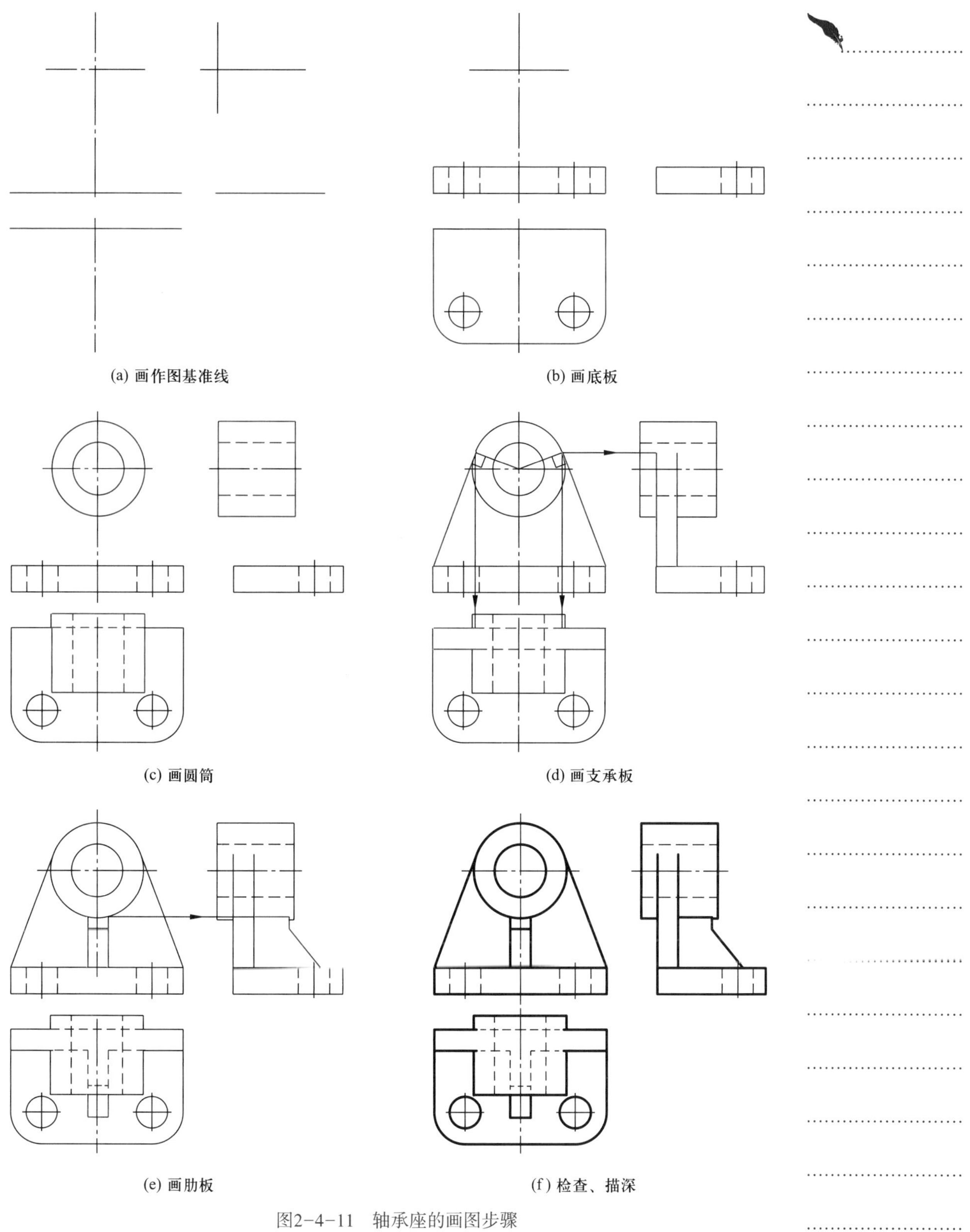

图2-4-11　轴承座的画图步骤

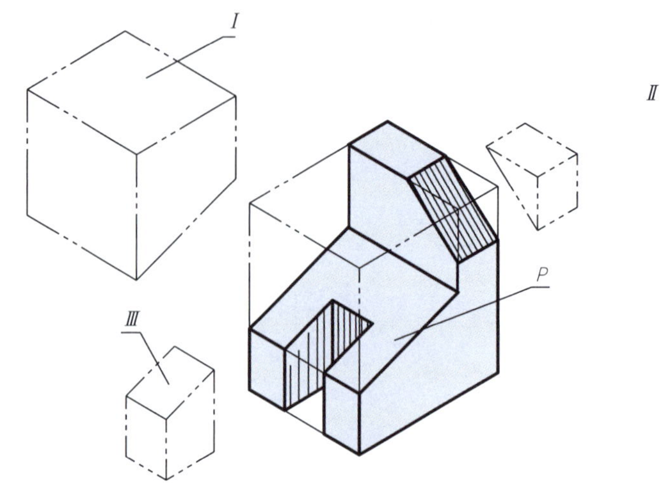

图2-4-12 切割式组合体

微课扫一扫
切割式组合体三视图的画法

（1）作每个切口的投影时，应先从反映形体特征明显，且具有积聚性投影的视图开始，再按投影关系画出其他视图。如截切Ⅰ时，先画切口的主视图，再画俯视图和左视图中的图线，如图2-4-13a所示；截切Ⅱ时，先画切角的左视图，再补画另外两面投影，如图2-4-13b所示；截切Ⅲ时，先画方槽的俯视图，然后画主视图、左视图中的图线，如图2-4-13c所示。

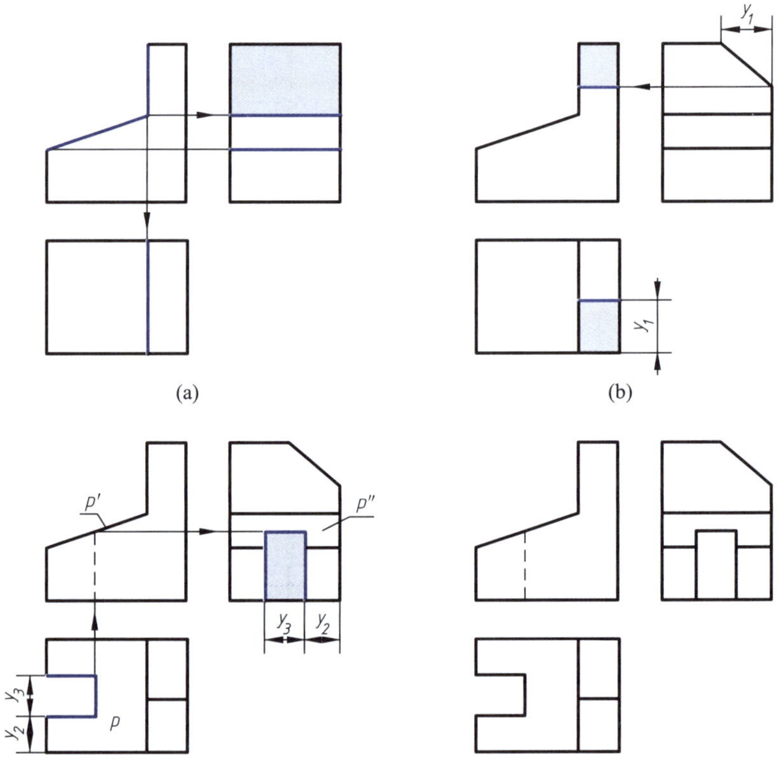

(a) (b) (c) (d)

图2-4-13 画切割式组合体视图的作图过程

（2）注意切口截断面投影的类似性。当截断面为投影面的垂直面时，其一面投影具有积聚性，而另外两面投影应该反映类似性。如图2-4-13c中斜面P的形状，其水平投影p与侧面投影p''应为类似形。

4.3 组合体三视图的尺寸标注

视图只表达组合体的结构形状，组合体的大小必须由视图上所标注的尺寸来确定。视图上的尺寸是制造、加工和检验的依据，因此，尺寸是表达机械零件的必要内容，尺寸标注必须做到正确、完整和清晰。

4.3.1 组合体的尺寸种类

1. 定形尺寸

确定组合体中各基本体大小的尺寸称为定形尺寸。如图2-4-14中轴承座的圆筒直径ϕ54、ϕ30和圆筒长度45即为圆筒的定形尺寸。

2. 定位尺寸

确定组合体中各基本体之间相对位置的尺寸称为定位尺寸。如图2-4-14中确定轴承座的圆筒高低、前后位置的尺寸70和9即为圆筒的定位尺寸。

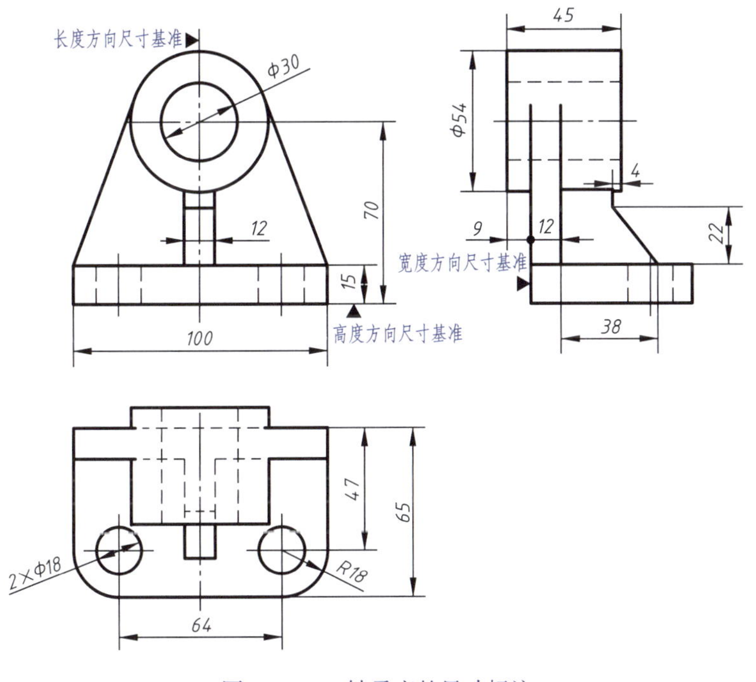

图2-4-14 轴承座的尺寸标注

标注组合体定位尺寸时，应确定尺寸基准，即确定标注尺寸的起点。在三维空间中，应有长、宽、高三个方向的尺寸基准。通常以组合体的对称平面、重要的底面或端面及回转体的轴线作为尺寸基准。如图2-4-14所示的轴承座，以安装面——底板的下底面作为高度方向尺寸基准，以左右对称平面作为长度方向尺寸基准，以底板和支承板的后面作为宽度方向尺寸基准。

组合体中的每个基本体，在长、宽、高三个方向所选定的尺寸基准中，每个方向可以从基准标注一个定位尺寸。但当形体之间的定位尺寸有下列情况之一时，一般不必单独标注。

（1）两基本体沿某一方向叠加，如图2-4-14中支承板和肋板高度方向。

（2）两基本体沿某一方向平齐，如图2-4-14中支承板的前后方向。

（3）两基本体具有公共对称平面，如图2-4-14中圆筒、支承板和肋板的左右方向。

3. 总体尺寸

确定组合体外形和所占空间大小的总长、总宽、总高的尺寸称为总体尺寸。如图2-4-14中轴承座的总长为100。

总体尺寸不一定都直接注出。如图2-4-14中轴承座的底板宽度65、圆筒前后位置的定位尺寸9必须直接标注，则轴承座总宽（65+9）就不必再标注。

若组合体的端部为回转体，则该处总体尺寸一般不直接注出，通常只标注回转体中心线的定位尺寸。如图2-4-14中轴承座不标注总高尺寸，而只标注圆筒中心线的定位尺寸70，轴承座的总高（70+R27）可通过计算得到。

4.3.2 组合体尺寸标注应注意的问题

组合体尺寸标注必须做到正确、完整和清晰。正确是指尺寸标注应严格遵守国家标准规定；完整是指标注尺寸不遗漏、不重复；清晰是指尺寸注写布局整齐、清楚，便于看图。本任务着重讨论标注完整和清晰。为此，标注尺寸要注意下列几点：

（1）同一基本体的定形尺寸和定位尺寸最好不要分开标注，应尽量标注在表达该形体特征明显的视图上，以便读图，如图2-4-15所示，试分析一下为何图2-4-15a清晰、图2-4-15b不清晰。

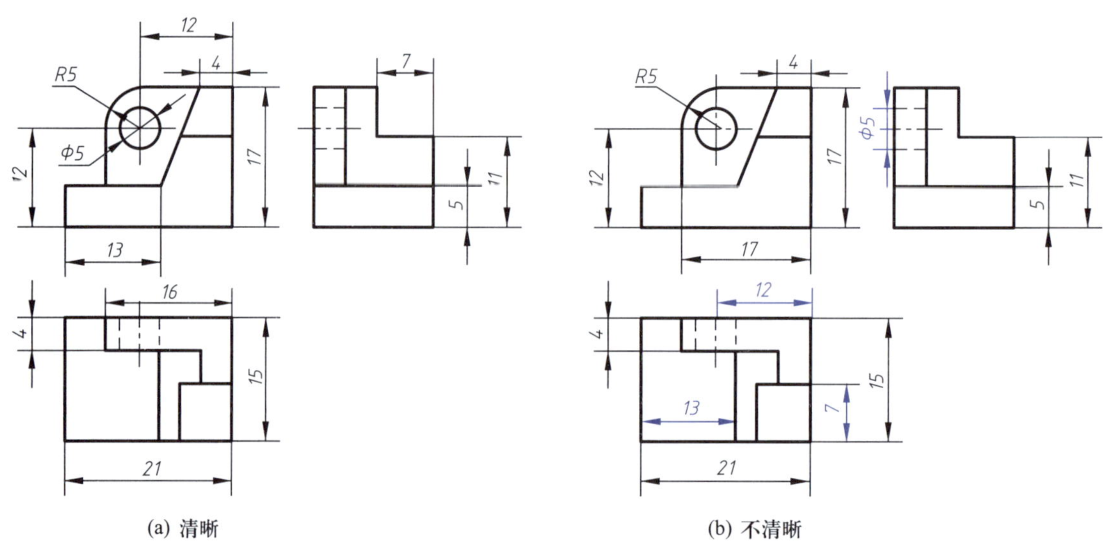

图2-4-15 尺寸标注在形体特征明显的视图上

（2）尺寸应尽量标注在视图的外部，与两个视图有关的尺寸应标注在相关视图之间。同一方向的几个连续尺寸应尽量放在同一条线上，平行尺寸则应“小尺寸在内，大尺寸在外”。

（3）虚线上尽量不标注尺寸。

（4）同轴回转体的各径向尺寸一般标注在投影为矩形的视图上。圆弧半径应标注在投影为圆弧的视图上，如图2-4-16所示。

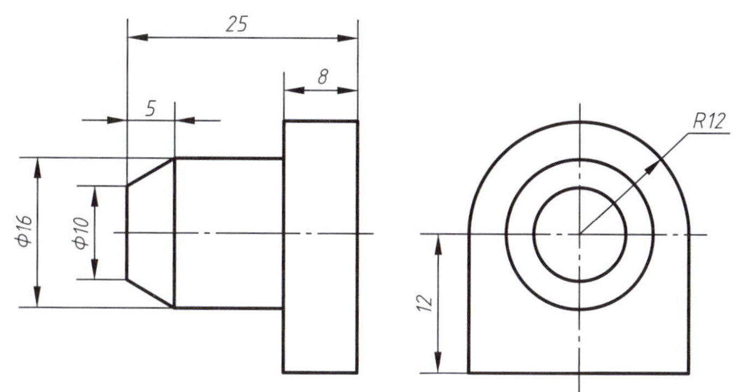

图2-4-16　圆柱径向尺寸和圆弧半径尺寸的标注

（5）图示尺寸和自明尺寸不需要标注。

图示尺寸：由图形所表明的一些理想状态绘制的几何关系，如表面的相互垂直和平行、轮廓的相切、几个圆柱的共轴及形状和位置的对称、相同要素的均匀分布等，若无特殊要求，均按图示几何关系处理，不必标注。如图2-4-17所示，半圆头板中两个ϕ9小孔关于中轴线对称，不必标注或说明；板下部平面立体与上部半圆柱面相切，下部尺寸自然为36，不必标注。

自明尺寸：图中机件用t2表明薄板的厚度，不必画第二个视图。图中的三个圆均理解为通孔，如果不通或为凸台，必定有一图形表示其深浅或高低，并应标注尺寸。

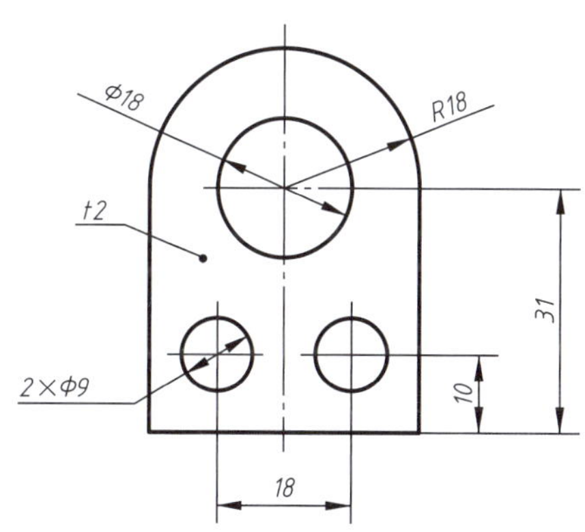

图2-4-17　图示尺寸和自明尺寸

4.3.3　尺寸标注的方法和步骤

标注组合体尺寸的基本方法是形体分析法。即先将组合体分解为若干个基本体，选择尺寸基准，逐一注出各基本体的定形尺寸和定位尺寸，最后考虑总体尺寸，并对已标注的尺寸作必要的调整。

现以图2-4-18所示的组合体为例说明组合体尺寸标注的方法和步骤。

1. 分析形体

该组合体由底板I和立板II组成，立板叠加在底板上，左右对称，后面平齐。底板I上有两个对称分布的通孔。立板II上有一通孔位于对称平面。

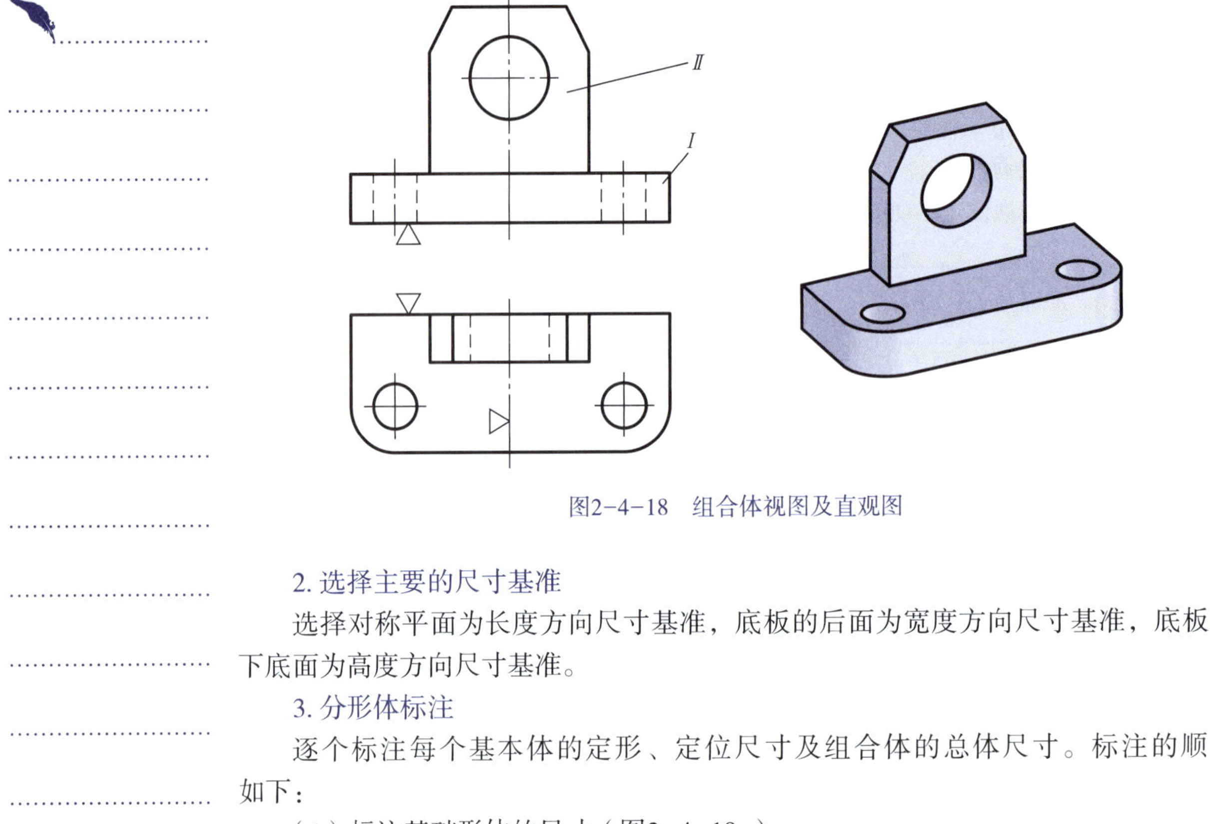

图2-4-18 组合体视图及直观图

2. 选择主要的尺寸基准

选择对称平面为长度方向尺寸基准，底板的后面为宽度方向尺寸基准，底板的下底面为高度方向尺寸基准。

3. 分形体标注

逐个标注每个基本体的定形、定位尺寸及组合体的总体尺寸。标注的顺序如下：

（1）标注基础形体的尺寸（图2-4-19a）。

底板是基础形体，其长、宽、高及圆角尺寸分别为64、27、10和$R9$。

（2）标注底板上两个孔的尺寸（图2-4-19b）。

两个通孔的定形尺寸为$\phi 9$。长度方向定位尺寸为46，相对于尺寸基准对称分布（一般标注46，而不标注两个23）；宽度方向定位尺寸为18；高度不标注。

（3）标注立板的尺寸（图2-4-19c）。

立板的定形尺寸分别为32、10和33，上方左、右切角的定位尺寸为23和9。立板相对于底板左右对称，后面平齐。立板上孔的定形尺寸为$\phi 16$，高度方向定位尺寸为28，孔的其他定位尺寸省略。

（4）标注总体尺寸（图2-4-19d）。

底板的64和27即总长和总宽，不必重复标注；总高为43。

4. 检查、调整

按形体逐一检查其定形、定位尺寸及总体尺寸，补上遗漏，去掉重复，并对标注和布局不恰当的尺寸进行修改和调整。如俯视图中立板的宽度10（图2-4-19c）应调整到27的内侧（图2-4-19d）。

由于组合体的定形尺寸和定位尺寸已标注完整，如再加注总体尺寸会出现多余尺寸。在加注一个总体尺寸的同时，就应减少一个同方向的定形尺寸，以免尺寸注成封闭式的。两个形体的高10和33与43构成封闭尺寸链，应去掉33（底板为基础形体，底板的尺寸和总体尺寸较重要）。调整后如图2-4-19d所示。

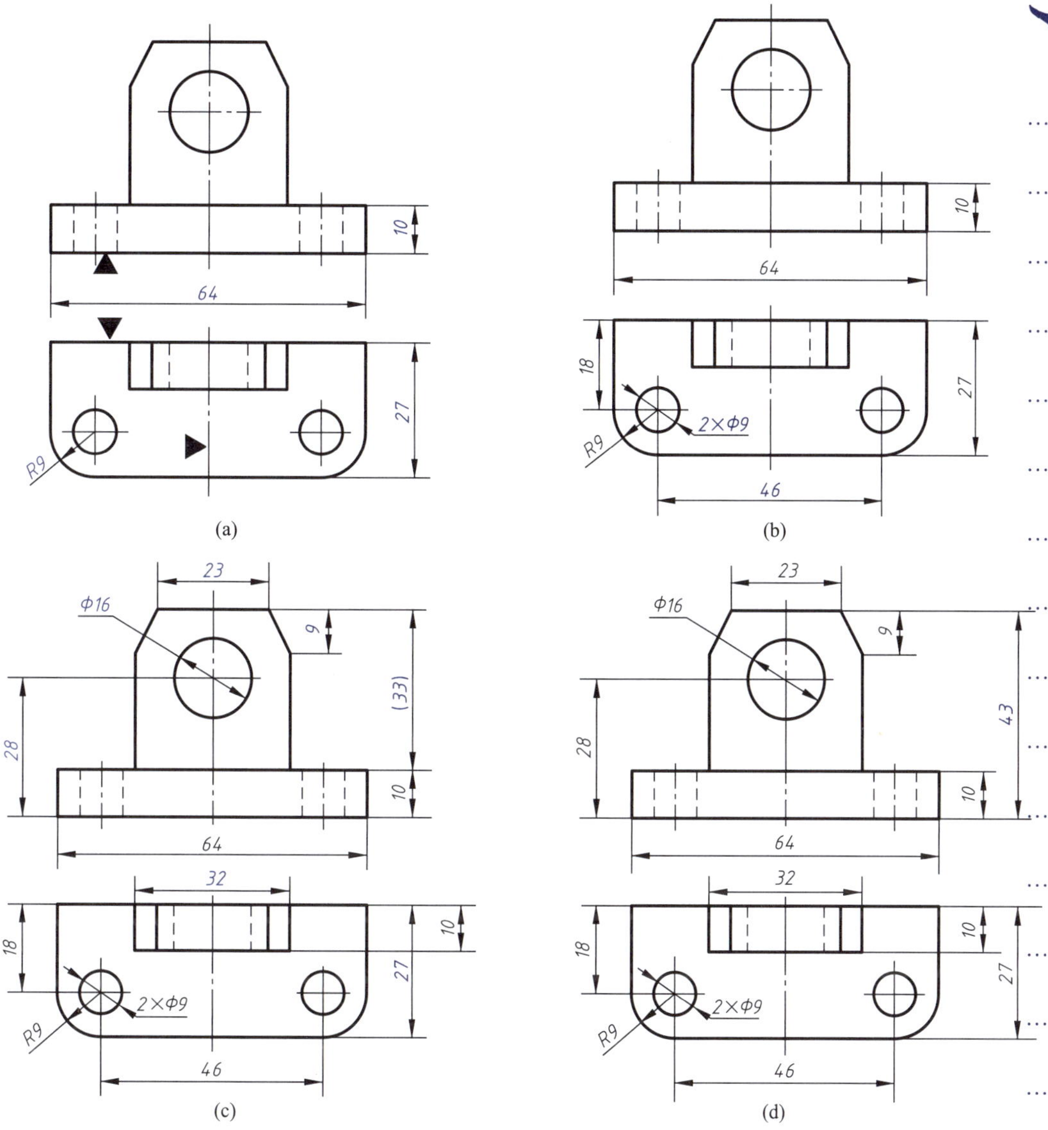

(a)

(b)

(c)

(d)

图2-4-19　组合体尺寸标注

任务实施 1

完成图2-4-20a所示支座的三视图，并标注尺寸。

1. 形体分析

根据图2-4-20b 看出，支座由直立圆筒、底板、水平圆筒和肋板四个基本体组成，底板前、后面与直立圆筒外表面相切，下底面平齐；水平圆筒与直立圆筒内、外表面相贯；肋板置于底板之上，与直立圆筒相交。

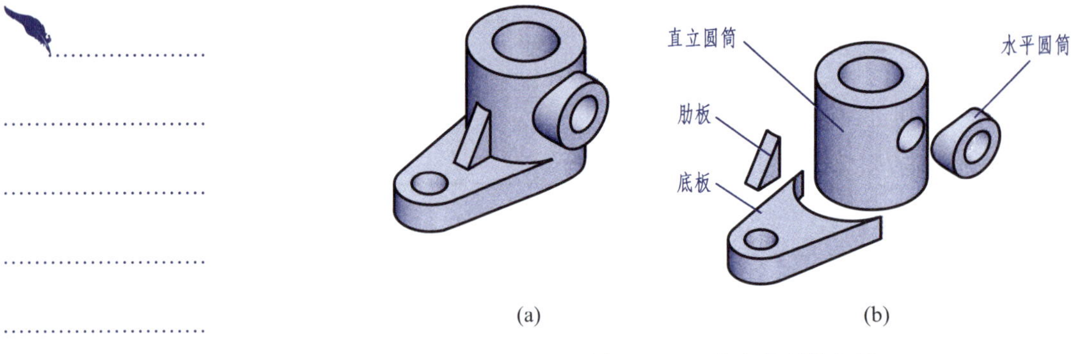

(a) (b)

图2-4-20 支座的形体分析

2. 选择主要的尺寸基准

选定组合体在长、宽、高三个方向的尺寸基准。长度方向尺寸基准为直立圆筒轴线，宽度方向尺寸基准为前后对称面，高度方向尺寸基准为底板的下底面，如图2-4-21a所示。

3. 画各基本体的三视图，并标注其定位尺寸和定形尺寸

（1）基础形体——直立圆筒：从形状特征俯视图出发，画三视图，圆筒的定形尺寸有ϕ40、ϕ24和40，如图2-4-21b所示。

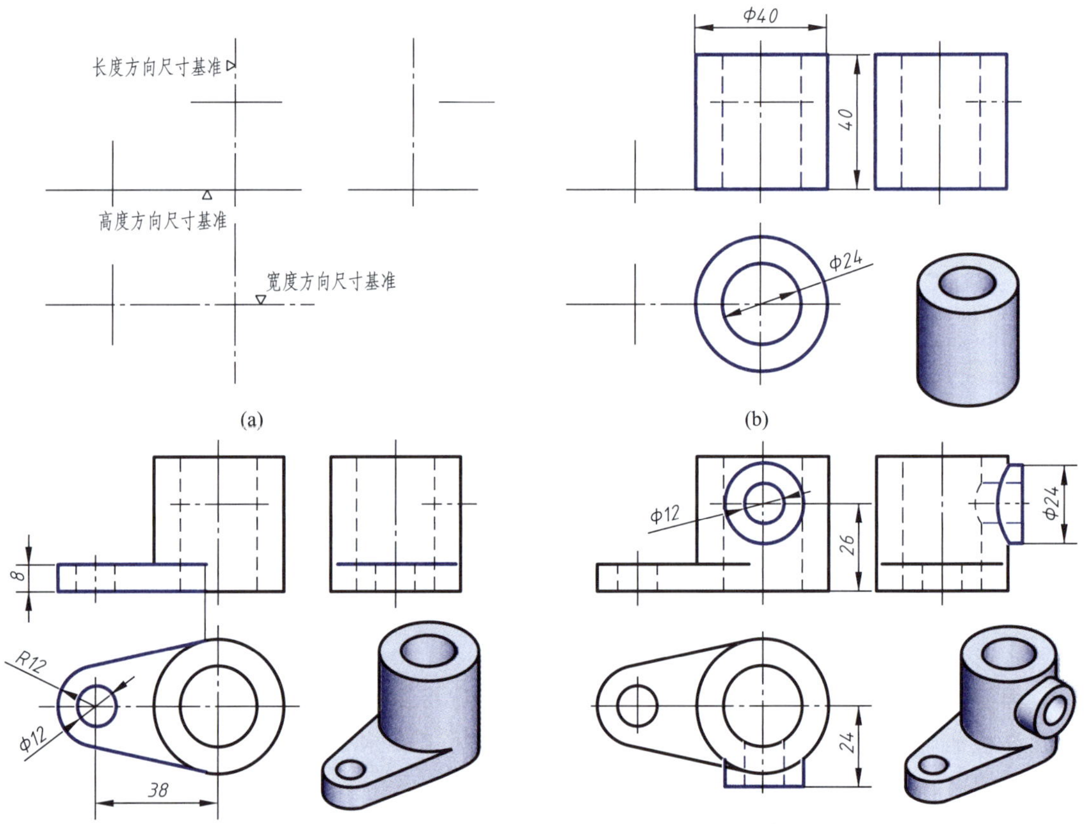

(a) (b)

(c) (d)

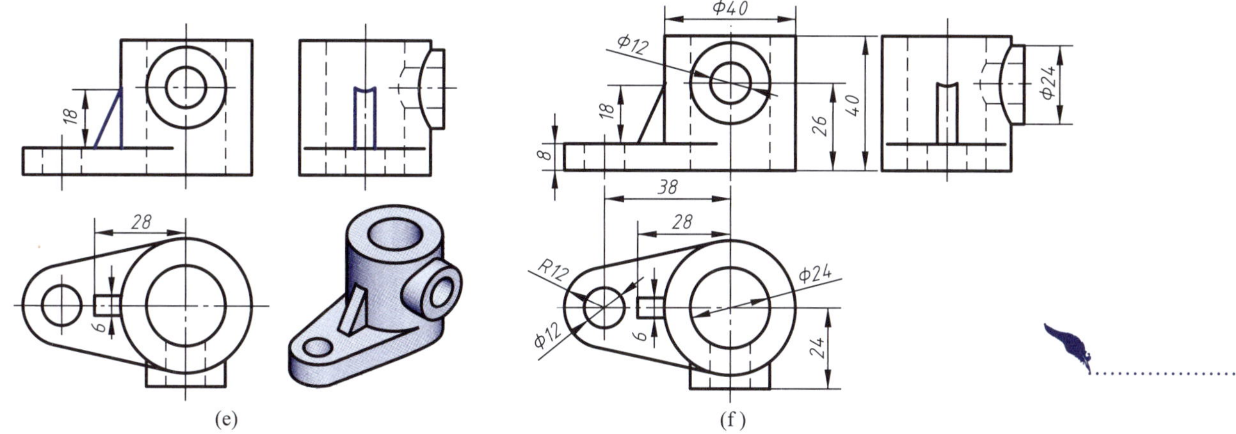

图2-4-21　画支座的三视图和标注尺寸过程

（2）底板：从最反映形状特征的俯视图出发，画三视图，底板与直立圆筒外表面相切，在另外两视图中相切处无线。底板的定形尺寸有圆角的半径*R*12、底板高度8、圆孔直径ϕ12，底板的定位尺寸为38，如图2-4-21c所示。

（3）水平圆筒：从最反映形状特征的主视图出发，画左视图时注意其与直立圆筒的相贯线。水平圆筒的定形尺寸有ϕ24、ϕ12，高度方向的定位尺寸为26，宽度方向的定位尺寸为24，如图2-4-21d所示。

（4）肋板：画肋板三视图时应注意其表面与圆筒的截交线由作图确定。肋板的定形尺寸有高度18和厚度6，肋板长度方向的定位尺寸为28，如图2-4-21e所示。

4. 整理、描深图线，调整、完善尺寸

支座的总高即直立圆筒的高度40，不必标注总长尺寸和总宽尺寸，总宽尺寸应为（*R*20+24），总长尺寸也可由（*R*12+38+*R*20）确定。

对已标注的尺寸，按正确、完整、清晰的要求进行检查和整理，完成尺寸标注，如图2-4-21f所示。

知识链接 2

4.4 读组合体视图

读图是画图的逆过程。画图是用正投影法将空间形体以平面图形的形式反映出来，这一过程可以认为是由直观到抽象的思维过程；而读图则是根据投影规律由视图想象出形体的空间形状和结构，这一过程则可以认为是由抽象到直观的思维过程。读图过程应是根据形体的三视图（或两个视图），用形体分析法逐个分析投影的特点，并确定每部分的形状和相互位置，然后综合想象出形体的结构、形状。要想能正确、迅速地读懂视图，必须掌握读图的基本方法和步骤，培养空间想象能力，通过不断实践，逐步提高读图能力。

4.4.1 读组合体视图的基本要领

1. 熟练掌握基本体的投影规律

若基本体的两个视图为矩形线框，则基本体为柱体；若一个视图为圆，则基本体为圆柱、圆球或圆锥；若视图为梯形，则基本体为棱台或圆锥台；若视图为三角形，则基本体为锥体，若要确定基本体的形状，还应再分析其他视图，如图2-4-22所示。

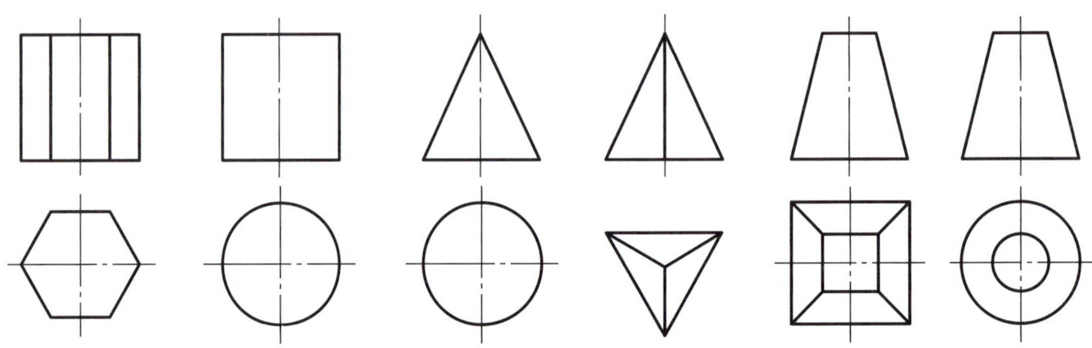

图2-4-22 比较基本体的形状特征及投影规律

2. 明确视图中的线框和图线的含义

组合体视图中的图线主要有粗实线、虚线和点画线，读图时应根据投影规律和投影关系，正确分析视图中的每条线、每个线框所表示的含义。

（1）视图中的粗实线或虚线可以表示：表面与表面交线的投影，如图2-4-23中的*a′b′*；回转体转向轮廓线的投影，如图2-4-23中的*c′d′*；具有积聚性的面（平面或曲面）的投影，如图2-4-23 中的*1*就是平面 *I* 的积聚性投影。

（2）视图中的封闭线框可以表示：单一面（平面或曲面）的投影，如图2-4-23中的*1′*、*2″*；曲面与平面相切面的投影，如图2-4-23中的*3′*；通孔的投影，如图2-4-23中的*4*。

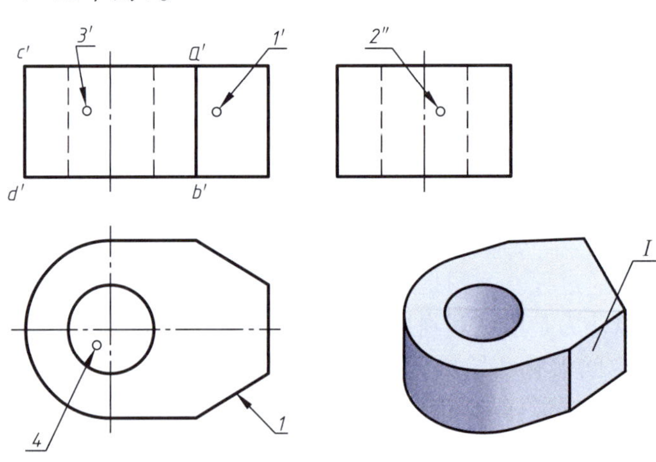

图2-4-23 视图中线框和图线的含义

（3）相邻线框在空间的位置关系：平行或相交，如图2-4-24所示，平面*A*与平面*B*平行，平面*B*与平面*C*相交。

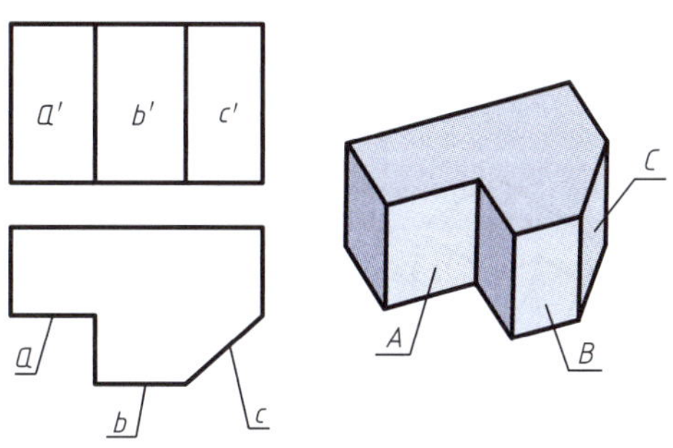

图2-4-24　相邻线框在空间的位置关系

（4）大线框中包含的小线框：表示在大平面立体（或曲面立体）上凸出或凹下的各小平面立体（或曲面立体）的投影，如图2-4-25a中俯视图的大线框中包含3个小线框，*1*表示圆柱凸台，*2*表示通孔，*3*则表示凹槽。图2-4-25b中大线框中*1*、*2*、*3*、*4*表示的含义请读者自行分析。

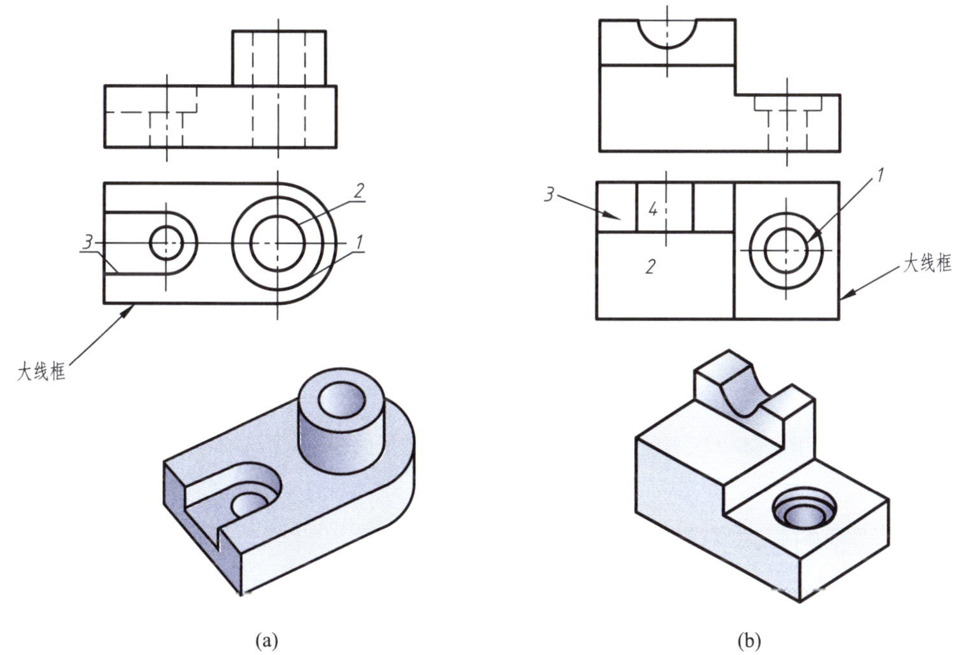

图2-4-25　视图上大线框中包含的小线框表示的含义

3. 将几个视图联系起来阅读

以形状特征视图为切入点，将几个视图联系起来阅读，确定形体形状。读组合体视图时仅凭一个或两个视图往往不能唯一确定形体的形状。如图2-4-26中相同的主视图，结合基本体的投影规律，可以想象出几种不同的形状，所以读图时应将几个视图联系起来分析，尤其是要抓住反映形状特征或位置特征的视图，分析投影，确定形体形状。

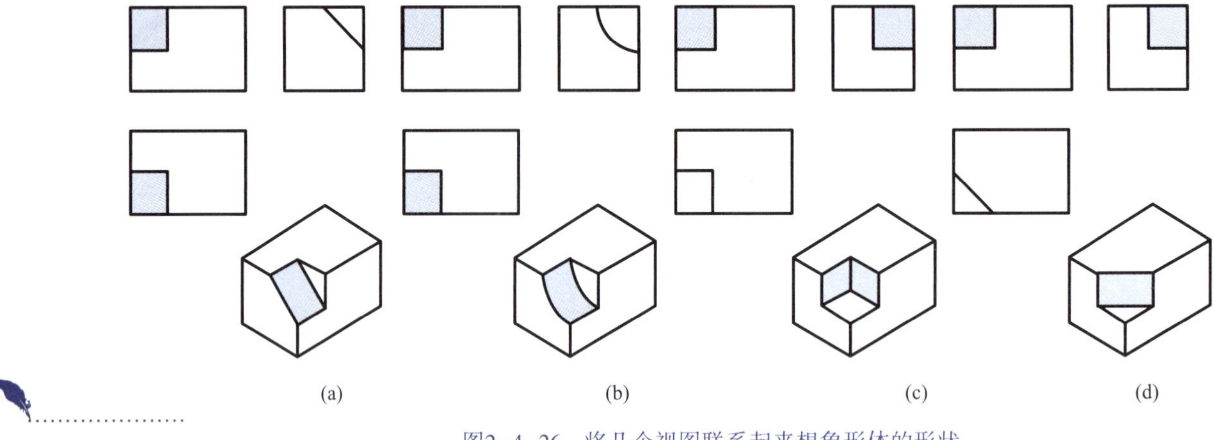

图2-4-26 将几个视图联系起来想象形体的形状

如图2-4-27a所示，主视图为形状特征视图，仅根据主视图和俯视图不能确定主视图中长方形线框*Ⅱ*和圆*Ⅰ*哪个是凸台、哪个是通孔，左视图为位置特征视图，只有将主视图、左视图联系起来阅读，才能判定图2-4-27a所示形体的形状，如图2-4-27b所示。

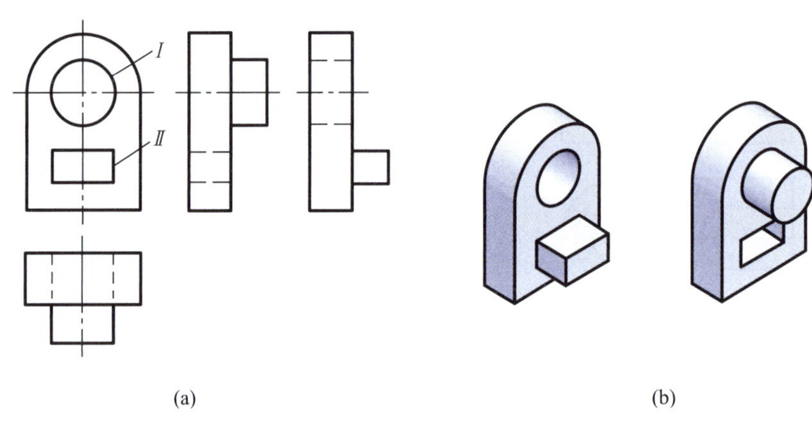

图2-4-27 抓住反映形状特征和位置特征的视图分析形体形状

4.4.2 读图的基本方法

1. 形体分析法

读图的基本方法与画图一样，也是主要运用形体分析法。一般从反映组合体形状特征明显的视图着手，把视图划分为若干部分，找出各部分在其他视图中的投影，然后逐一想象出各部分的形状及各部分之间的相对位置，最后综合起来想象出组合体的整体形状。下面以图2-4-28a所示的轴承座三视图为例，说明用形体分析法读图的要点。

微课扫一扫
形体分析法读组合体视图

（1）分线框，找投影。

把一个视图分成几个部分加以考虑，一般把主视图中的封闭线框作为独立部分。每一部分可根据“长对正、高平齐、宽相等”的投影关系，用三角板、分规等工具找出它们在其他视图中的投影。图2-4-28a将主视图分为三个线框*1′*、*2′*、*3′*，其中线框2′有左、右相同的两个。每个线框各代表一个基本体。再根据视图间的投影关系，分别找出各线框对应的其他视图中的投影。

（2）识形体，定位置。

根据基本体的投影规律分析每一部分的三面投影，想象出各部分的形状，并确定它们之间的相对位置。图2-4-28b～d为逐个分析各部分的投影后确定出的每个部分的基本形状。*Ⅰ*是长方体，上部中间对称位置从前向后挖了一个半圆柱通槽；*Ⅱ*是两个相同的三棱柱板；*Ⅲ*是一个大的长方体板，在下后方又切掉一个小的长方体，并在上面对称地钻了两个圆孔。根据视图分析，可以确定*Ⅰ*和*Ⅱ*在形体*Ⅲ*上，并且后面平齐，形体*Ⅰ*居中，*Ⅱ*对称分布在两侧。

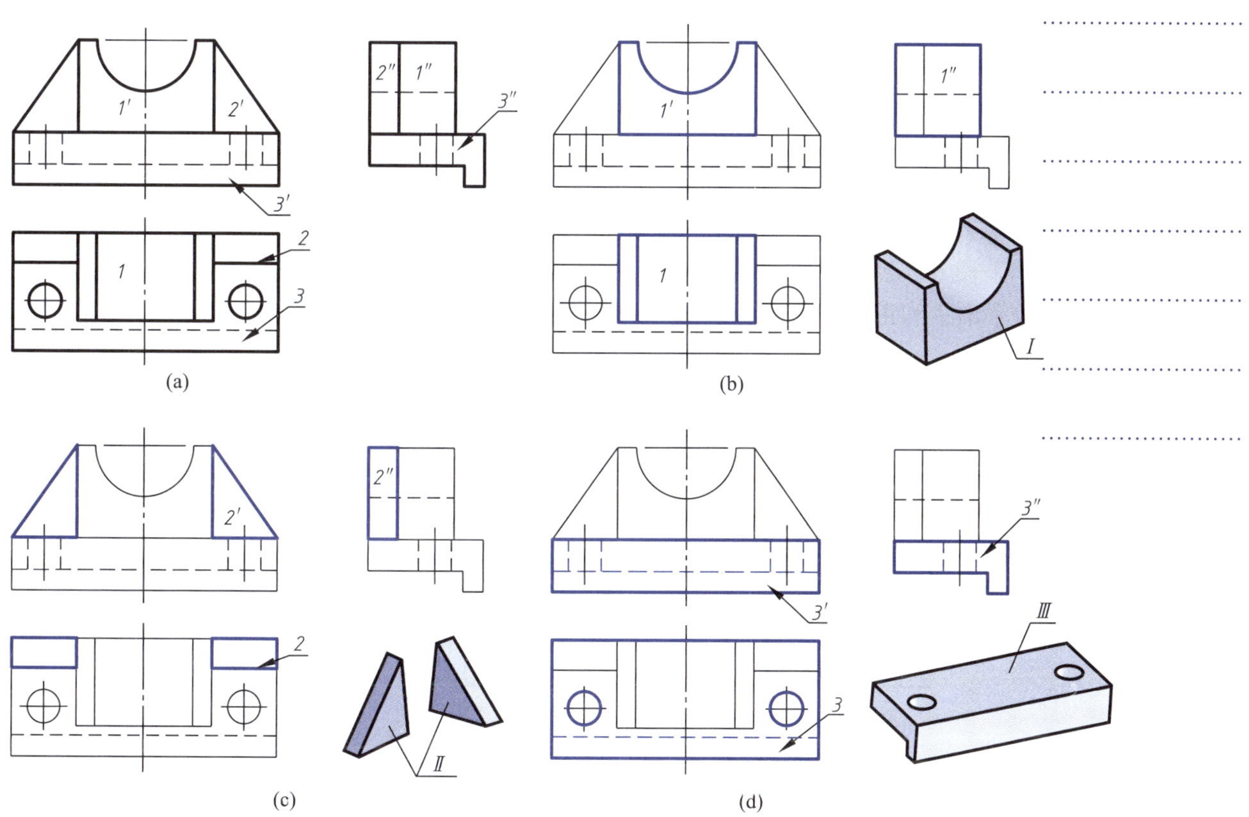

图2-4-28　轴承座三视图的读图过程

（3）综合归纳想整体。

综合考虑各个基本体及其相对位置关系，弄清楚整个组合体的形状。该轴承座各部分按相对位置组合后如图2-4-29所示。

2. 线面分析法

读图时，对组合体视图中不易读懂的部分，有时候需要应用另一种方法——线面分析法。

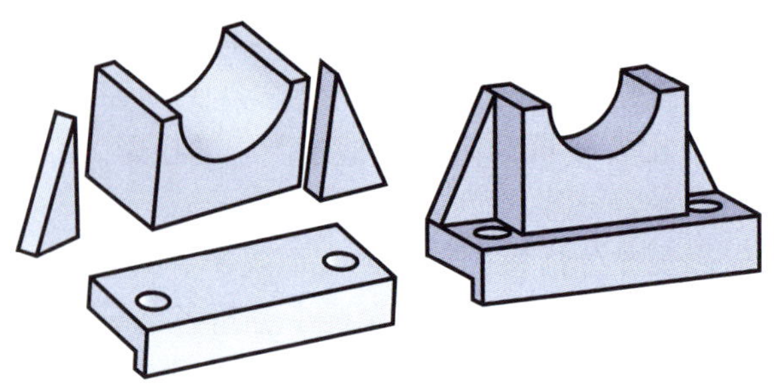

图2-4-29 轴承座轴测图

组合体也可看成是由若干个面围成的，面与面之间常存在着交线，线面分析法就是运用投影规律分析组合体表面及线的形状和相对位置，然后将这些表面和线综合起来想象出它们的形状和相对位置，从而得出组合体的整体形状的方法。

用线面分析法读图的要点：

（1）分线框，识面形。

根据投影先确定其基本形状，然后利用面及线的投影规律分析视图，确定面的形状特征和位置关系。形体上平面多边形的投影，要么是一个边数相同的多边形，要么积聚为一段直线，即“若无类似形，必积聚成线”。如图2-4-30所示，基本体是长方体。主视图中线框*1′*表示三角形面，其水平投影和侧面投影均为直线，说明平面*Ⅰ*为正平面；*4′*表示四边形面，对投影*4*和*4″*分析后确定*Ⅳ*为侧垂面；俯视图中线框*2*为六边形，其正面投影*2′*为斜直线，而*2″*则与*2*为类似形，说明平面*Ⅱ*为正垂面，且为不规则六边形；平面*Ⅲ*的投影为“两线一框”，侧面投影为框，则其是侧平面。

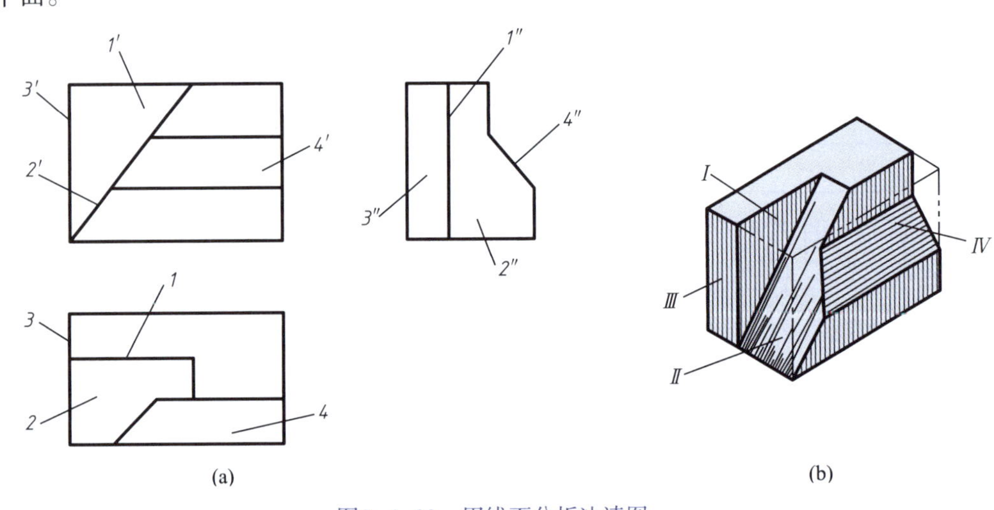

图2-4-30 用线面分析法读图

（2）识交线，想形状。

面与面相交时，结合分析各面的形状和相对位置，还应分析各交线的形状和相对位置，并弄清它们在视图中的表示方法。面与面的交线也是构成面的重要部分，分析交线的投影对于确定面的形状有辅助作用。如图2-4-30中*2*与*4*的交线就对构建该形体有一定的作用，不能忽视。

（3）综合各面想整体。

在分析了各表面的形状、位置及表面交线后，就可以构建整体形状了。在构形时可按照分析表面的顺序截切构建模型，如图2-4-30b所示。

以图2-4-31所示压块为例，说明用线面分析法读图的一般方法和步骤。

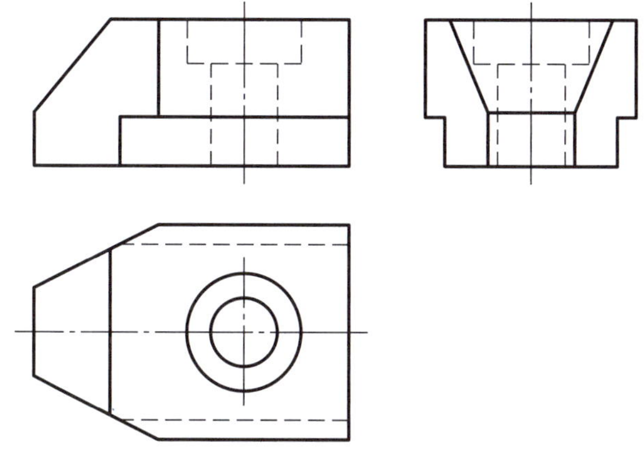

图2-4-31　压块三视图

先分析整体形状。由于压块的三个视图（图2-4-31）的轮廓基本上都是长方形，所以它的基本体是一个长方块。

其次分析细节形状。从主视图、俯视图可以看出，压块上有一阶梯孔。主视图的长方形缺一个角，说明在长方块的左上方切掉一角。俯视图的长方形缺两个角，说明长方块左端切掉前、后两角。左视图下方也缺两个角，说明前、后两边各切去一块。通过这样的形体分析，压块的基本形状就可以大致确定。但是，截平面的位置和截切后截断面的形状还需要通过“线面分析法”进一步分析。

下面应用三视图的投影规律，找出每个表面的三面投影，然后确定其位置和形状。

① 先从俯视图中的梯形线框p出发，在主视图中找出与它对应的斜线p'，可知P面是梯形正垂面，长方块的左上角就是由这个平面截切而成的。平面P对侧立面和水平面都处于倾斜位置，所以它的侧面投影p''和水平投影p是类似图形，不反映P面的实形，如图2-4-32a所示。

② 再由主视图的七边形q'出发，在俯视图上找出与它对应的斜线q，可知Q面是两个前后对称的铅垂面。长方块的左端就是由这样的两个平面截切而成的。平面Q对正立面和侧立面都处于倾斜位置，因而侧面投影q''也是一个类似七边形，如图2-4-32b所示。

③ 然后从主视图上的长方形r'入手，找出其另外两面投影，如图2-4-32c所示；从俯视图的四边形s出发，找出其另外两面投影，如图2-4-32d所示。不难看出，R面为正平面，S面为水平面。长方块的前、后两边就是这两个平面截切而成的。在图2-4-32c中，$a'b'$不是平面的投影，而是R面与Q面的交线。这样既从形体上，又从线、面的投影上，彻底弄清了整个压块的三视图，就可以想象出如图2-4-33所示的

空间形状了。

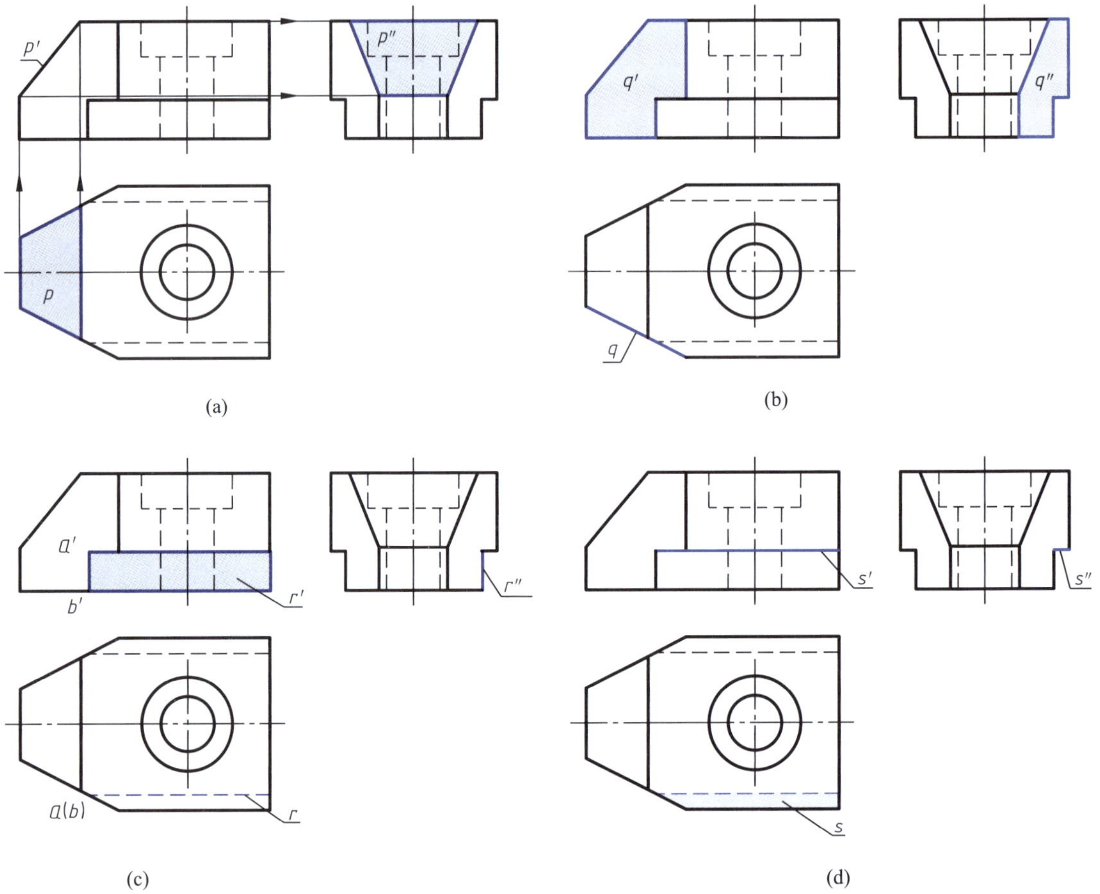

(a) (b)

(c) (d)

图2-4-32 压块的读图方法

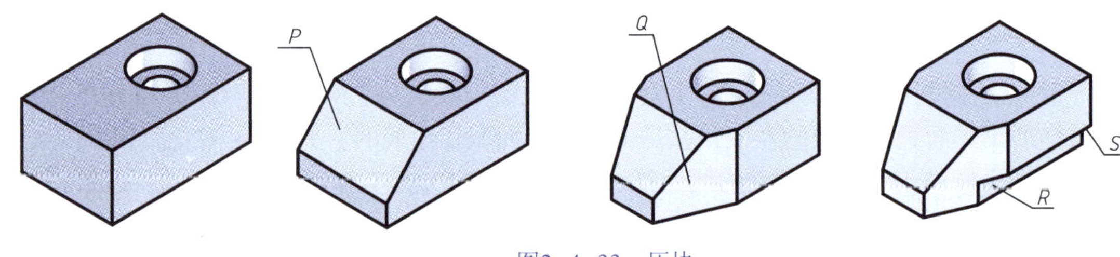

图2-4-33 压块

综上所述，形体分析法多用于叠加式或综合式组合体，而线面分析法多用于切割式组合体。

读图时一般是以形体分析法为主，线面分析法为辅。当组合体形状较复杂时，可用形体分析法分部分识别组成的各形体，而对各部分的具体形状和表面特征应用线面分析法来分析。即“形体分析看大体，线面分析看细节”，二者紧密配合可使读图更加容易。

4.4.3　读图的训练方法

读图是为了对组合体视图进行分析后，确定其空间形状特征和位置特征。在训练时通过补画视图或补画漏线的手段完成对视图的识读要求，能将读图和画图相互结合起来，以达到对形体的认知和构建。在读图时也可以根据特征视图采用"拉伸构形"或"切挖构形"等辅助方法进行形体分析，想象并构建组合体的空间形状。

【例题2-4-1】　根据图2-4-34a所示的两个视图构建形体，并补画其主视图。

分析：

（1）分析已知俯视图和左视图，可以确定该形体由 *I* 和 *II* 两部分组成，*I* 为底板，*II* 为立板。

（2）根据俯视图可以确定底板 *I* 的原始形状为长方形，结合左视图可以确定立板 *II* 的形状为拱形，底板 *I* 和立板 *II* 的右侧面和前、后面均平齐，如图2-4-34b、c所示。

（3）分析俯视图，截切底板 *I* 的两个角和中间的矩形通槽，形成底板形状，加工立板 *II* 上的通孔，从而形成整体形状，如图2-4-34d所示。

（4）结合形体，根据投影规律补画主视图，如图2-4-34e所示。

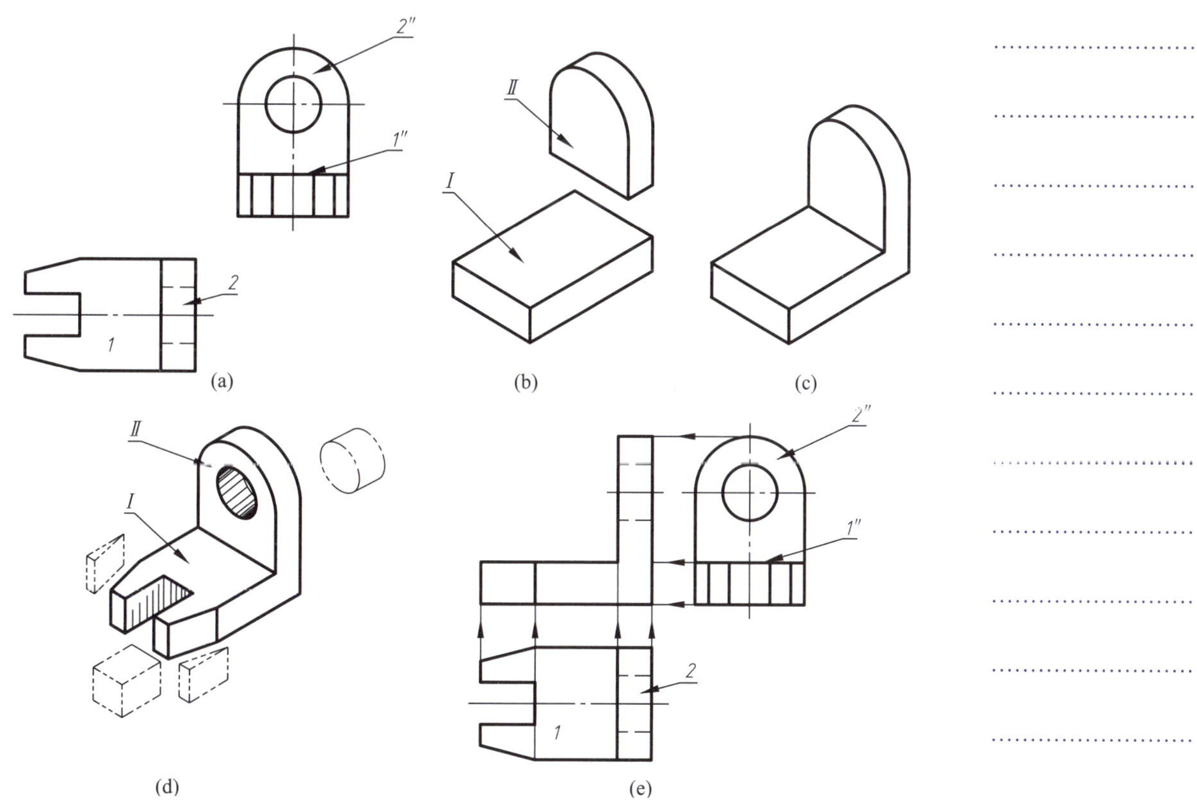

图2-4-34　读组合体视图的过程

【例题2-4-2】 根据图2-4-35a所示已知视图补画视图中所缺的图线。

分析：

由于左视图反映形体的形状特征，为工字形。可用“拉伸”左视图的方法，拉伸形成工字钢架，如图2-4-35b所示。根据主视图上斜线p'及对应的p''线框（工字形）可以确定形体被一正垂面P截切，从而构建形体的空间形状，如图2-4-35c所示。

补画视图漏线时应先分析哪些视图有漏线，从基础形体出发，对每个小部分或每个截断面都要进行分析。主视图和左视图不缺图线，俯视图中缺平面P的水平投影p；由于p应与侧面投影p''为类似形，所以可利用“长对正、宽相等”补画其水平投影，如图2-4-35d所示。平面Ⅰ、Ⅱ、Ⅲ为正平面，Ⅰ、Ⅲ的水平投影重合，而平面Ⅱ的水平投影应该补画，Ⅱ既有可见部分，又有不可见部分，如图2-4-35e所示。

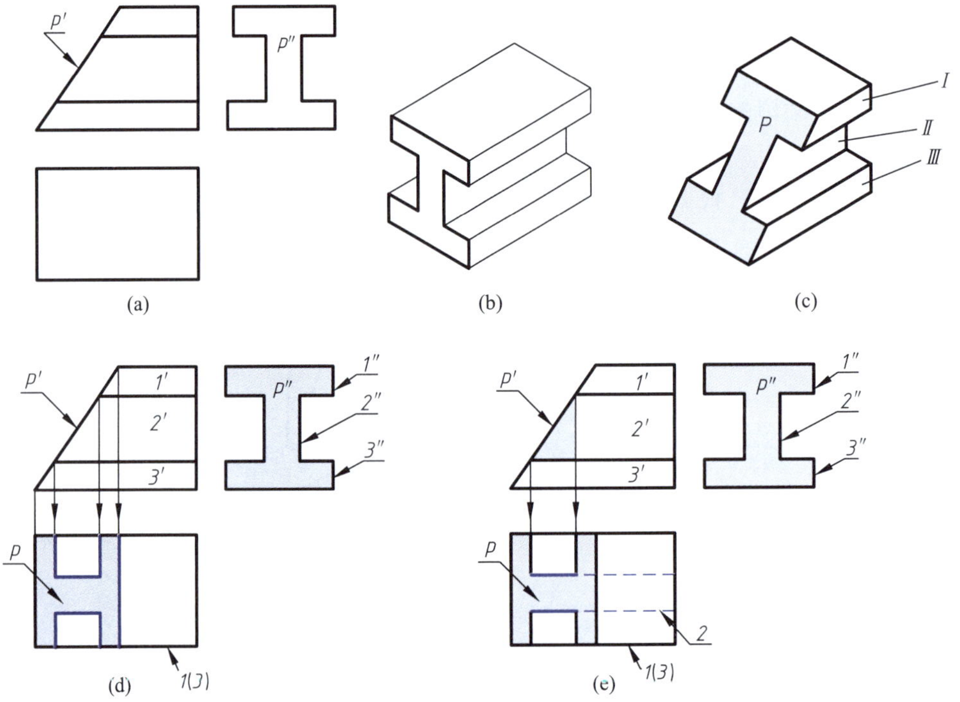

(a) (b) (c)

(d) (e)

图2-4-35 补画俯视图

任务实施 2

根据已知视图构建形体，并补画视图或补全视图漏线。

1. 根据图 2-4-36a 所示架体视图构建形体，并补画其左视图

分析：

根据主视图可以确定架体的基本体为拱形柱体，主视图中有3个线框，由主视

图、俯视图的投影关系可知，3个线框分别表示架体上3个不同位置的表面，均为正平面。线框a'表示一个凹形块，处在架体的前面。线框c'中有圆孔，与俯视图中两条虚线对应，可以想象c'为有一通孔的拱形竖板，位于架体后面。线框b'上有半圆槽，在俯视图中有两条可见的线，根据俯视图的可见性，可知三个面的位置关系应该是A在最前、B在中间、C在后面。由主视图、俯视图可以看出，凹形槽长度和半圆槽、通孔的直径相同。

在补画左视图的过程中，可同时逐步构建架体的轴测图。

作图步骤：

（1）画出架体的基本体左视图，如图2-4-36b所示。

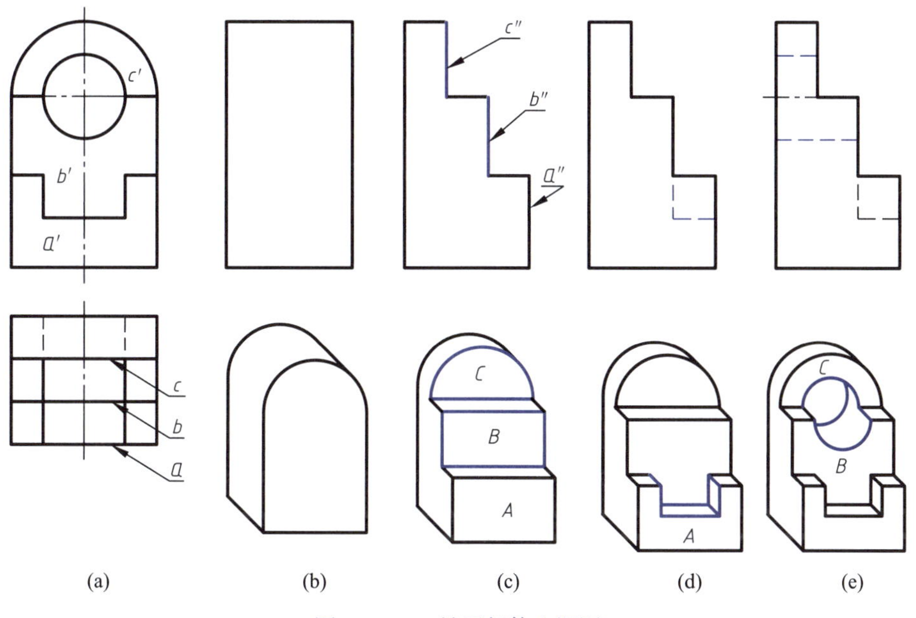

图2-4-36　补画架体左视图

（2）根据主视图、俯视图中A、B、C三个面的位置和投影关系，画出三个面的左视图投影，构成架体的左视图轮廓，同时截切架体外形，如图2-4-36c所示。

（3）在A面上挖凹形槽到达B面为止，补画其投影，为虚线框，如图2-4-36d所示。

（4）在B面中间从前向后切半圆槽到C面后钻取通孔，补画半圆槽和通孔的左视图，如图2-4-36e所示。

2. 补画如图 2-4-37a 所示夹铁俯视图、左视图中所缺图线，并确定其形体

作图步骤：

（1）对已知的三视图投影进行分析，可知夹铁是切割式组合体，其基本体为四棱锥台（图2-4-37b），可用线面分析法进行读图，从而找出所缺的图线。分析如下：

① 由主视图与左视图可知夹铁左、右侧面为正垂面，且左视图反映其类似性。

② 由主视图与左视图的投影对应关系可知，夹铁底部有一左右切通的燕尾槽，

俯视图中应补画该槽的投影。且该槽与夹铁左、右侧面相交，左、右侧面的俯视图投影应与左视图投影具有类似性，俯视图中应补画左、右侧面的投影。

③ 从俯视图上的小圆与主视图对应的虚线可知，夹铁中部是一个圆孔，左视图中应补画投影线。

（2）在分析夹铁整体形状的基础上，依次补画视图中所缺的图线，如图2-4-37c~e所示。

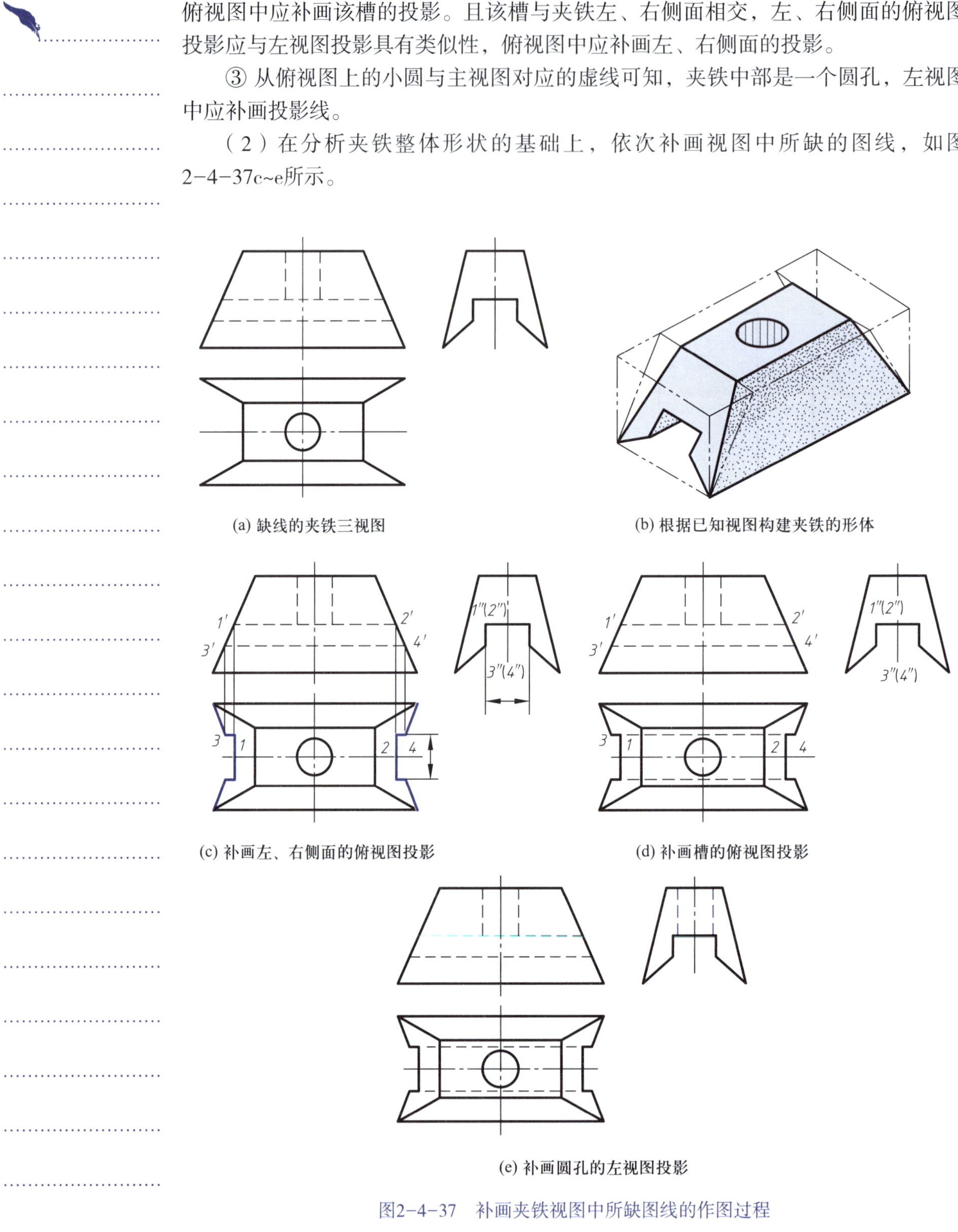

(a) 缺线的夹铁三视图

(b) 根据已知视图构建夹铁的形体

(c) 补画左、右侧面的俯视图投影

(d) 补画槽的俯视图投影

(e) 补画圆孔的左视图投影

图2-4-37 补画夹铁视图中所缺图线的作图过程

学习小结

本项目的学习重点是组合体的画图、读图和尺寸标注，这三点是机械制图的三大“经脉”，疏通“经脉”的两种方法是形体分析法和线面分析法。只要掌握了这两种分析方法，组合体画图、读图和尺寸标注就会好学、易学，学习制图就变得轻松而有趣。

1. 画组合体视图的要点

（1）以叠加为主的组合体，主要运用形体分析法逐一画出其三视图，先要主要形体，后要次要形体；先定位置，后画形状；先画形状，后画交线；先画形状特征视图，再联系起来画其他视图。

（2）以切割为主的组合体，主要运用线面分析法先画基本体视图，然后再画其上切口或斜切面的积聚性投影，通过线面分析确定截断面的形状，联系起来补全视图。

2. 尺寸标注应该注意的问题

组合体尺寸标注要做到齐全，必须应用形体分析法。先分解，再逐一标注各基本体的定形尺寸和定位尺寸，最后考虑总体尺寸的标注和调整。应标注空间形体的尺寸而不是平面图形的尺寸。

3. 读组合体视图的方法

（1）对叠加式组合体以形体分析法为主，通过“分线框，找投影；识形体，定位置；综合归纳想整体”的思路读图。

（2）对切割式组合体以线面分析法为主，通过“分线框，识面形；识交线，想形状；综合各面想整体”的思路读图。

（3）理顺“空间”到“平面”的相互转化关系。

通过学习组合体视图的画法和识读方法，可以看出任何复杂的事物都是由简单的事物组合而成的，我们应学会化繁为简，更有效率地处理问题，另外还应勤于思考，反复实践，勇于攻坚克难，不断探索，努力攀登科学的高峰。

复习自查

1. 组合体的组合形式有几种？表面连接关系有哪些？

2. 什么是形体分析法、线面分析法？

3. 组合体视图的分析方法主要有哪些？叠加式组合体主要用哪种方法分析？切割式组合体主要用哪种方法分析？

4. 标注尺寸时如何做到正确、完整和清晰？

项目五　机件的常用表达方法

知识目标

1. 掌握各种视图的表达与标注方法。
2. 掌握剖视图的画法与标注方法。
3. 掌握断面图的画法与标注方法。
4. 掌握局部放大图和各种规定的简化画法。

能力目标

1. 能够正确运用视图熟练表达机件的外形结构。
2. 能够正确、熟练运用剖视图表达机件内外部结构。
3. 能够正确运用断面图表达机件截断形状。
4. 能够综合运用各种表达方法合理表达复杂的机械零件。

素养目标

1. 通过学习剖视图，学会透过现象认识事物的本质和全貌。
2. 培养逻辑思维能力和合理解决问题的能力。

任务引入

工程技术人员在绘制零件的二维视图时，对于具有某些特殊结构的零件（如图2-5-1所示的支座），使用三视图来表达难度较大，甚至无法清晰表达零件的真实形状。

图2-5-1所示支座由圆柱形底板、U 形左凸台、弯曲状圆柱及相对于基本投影面倾斜的顶板构成，使用三视图表达方案明显不能清晰表达零件顶板的真实形状，那么如何灵活应用视图表达方法，为图2-5-1所示支座选择合理的表达方案呢？为此必须全面了解各种视图表达方法。

用视图表达零件形状时，零件上不可见的结构需要用虚线表达，不可见的结构形状越复杂，虚线就越多，既影响图形表达的清晰性，又不利于标注尺寸。

图2-5-2所示阀体形状较为复杂，分别由矩形底板、圆柱状顶板、带法兰的水平圆筒、同轴竖放台阶圆柱共同构成，内部空腔结构较多是该零件最为典型的特点。此类零件采用视图表达必然会大量地使用虚线，非常不利于读图及尺寸标注。要解决此类问题，就必须全面了解剖视图等多种机件表达方法，这样才能为该类零件选择出完整、清晰、简单明了的表达方案。

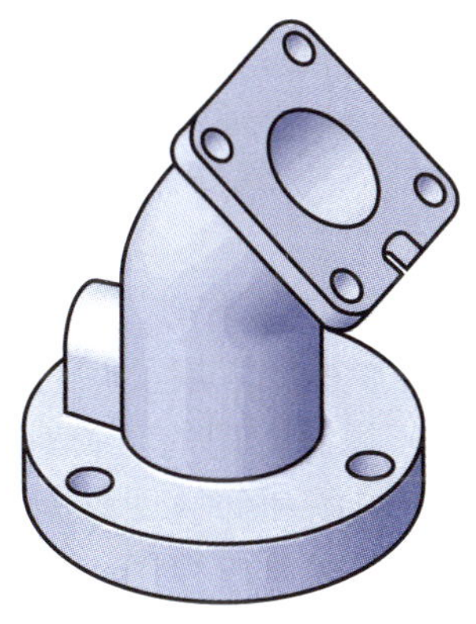

图2-5-1　支座

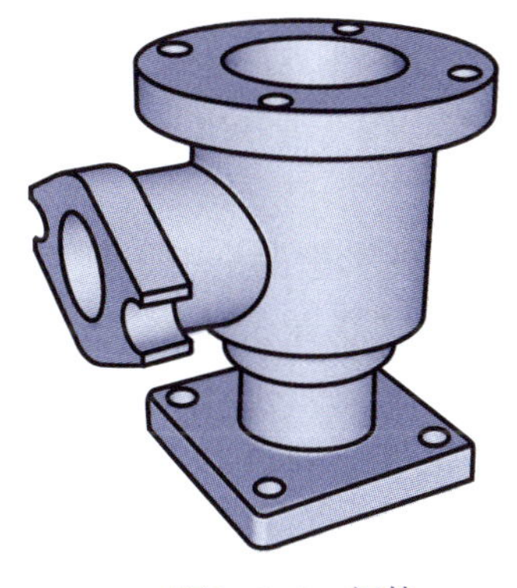

图2-5-2　阀体

知识链接 1

5.1　视图

用正投影法绘制的机件图形称为视图。视图主要用于表达机件的可见部分，必要时才用虚线画出其不可见部分。视图分为基本视图、向视图、局部视图和斜视图。

5.1.1 基本视图

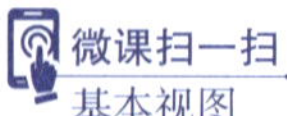

机件向基本投影面投射所得的视图称为基本视图。

在原有水平面、正立面和侧立面三个投影面的基础上，再增设三个投影面构成一个正六面体，正六面体的六个侧面称为基本投影面，如图2-5-3所示。将机件放在正六面体中间，分别向六个基本投影面投射，即得到六个基本视图，投射方向如图2-5-4所示。六个视图除了前面介绍的三个基本视图——主视图、俯视图和左视图外，新增加的基本视图是：

右视图——由右向左投射所得的视图。

仰视图——由下向上投射所得的视图。

后视图——由后向前投射所得的视图。

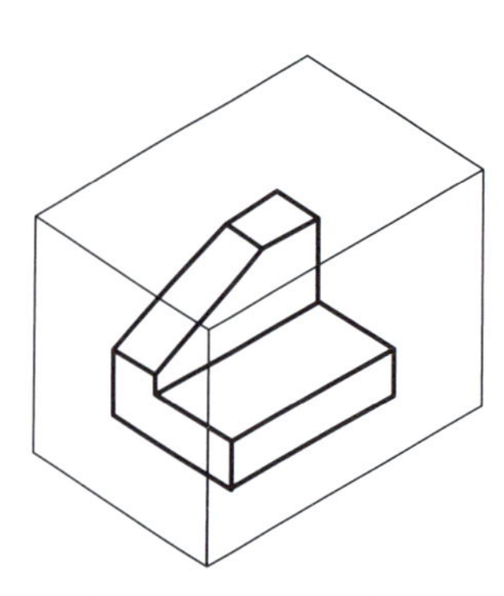

图2-5-3 六个基本投影面

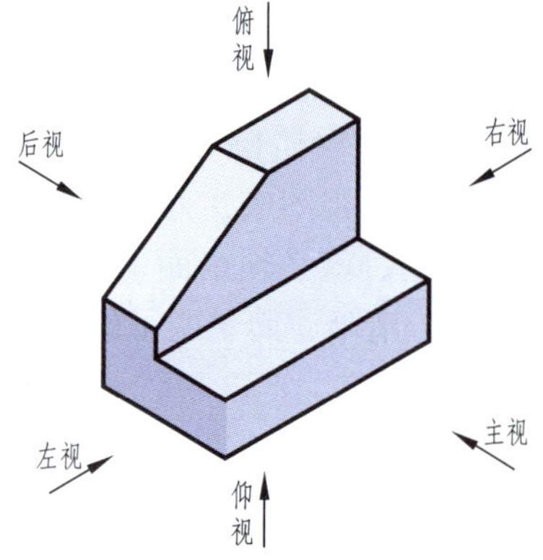

图2-5-4 基本视图的投射方向

各基本投影面的展开方式如图2-5-5所示，即保持正立面不动，其余各面按箭头所指方向展开，使之与正立面共面，即得六个基本视图。展开后各视图的配置如图2-5-6所示。六个基本视图之间仍保持着与三视图相同的“长对正、高平齐、宽相等”的投影规律，即主视图、后视图、俯视图和仰视图长对正，主视图、左视图、右视图和后视图高平齐，左视图、右视图与俯视图、仰视图宽相等。

在实际绘图时，应根据机件的结构特点，按实际需要选择基本视图的数量。总的要求是表达完整、清晰，又不重复，使视图的数量最少。

5.1.2 向视图

向视图是可以自由配置的视图。

基本视图按图2-5-6所示的位置配置时，可不标注视图的名称。但在实际绘图过程中，为了合理利用图纸，可以自由配置视图，这种可以自由配置的视图称为向视图。

画向视图时，一般应在向视图上方用大写拉丁字母标出视图的名称“×”，并在相应视图附近用箭头标明投射方向，注上同样的字母，如图2-5-7所示。

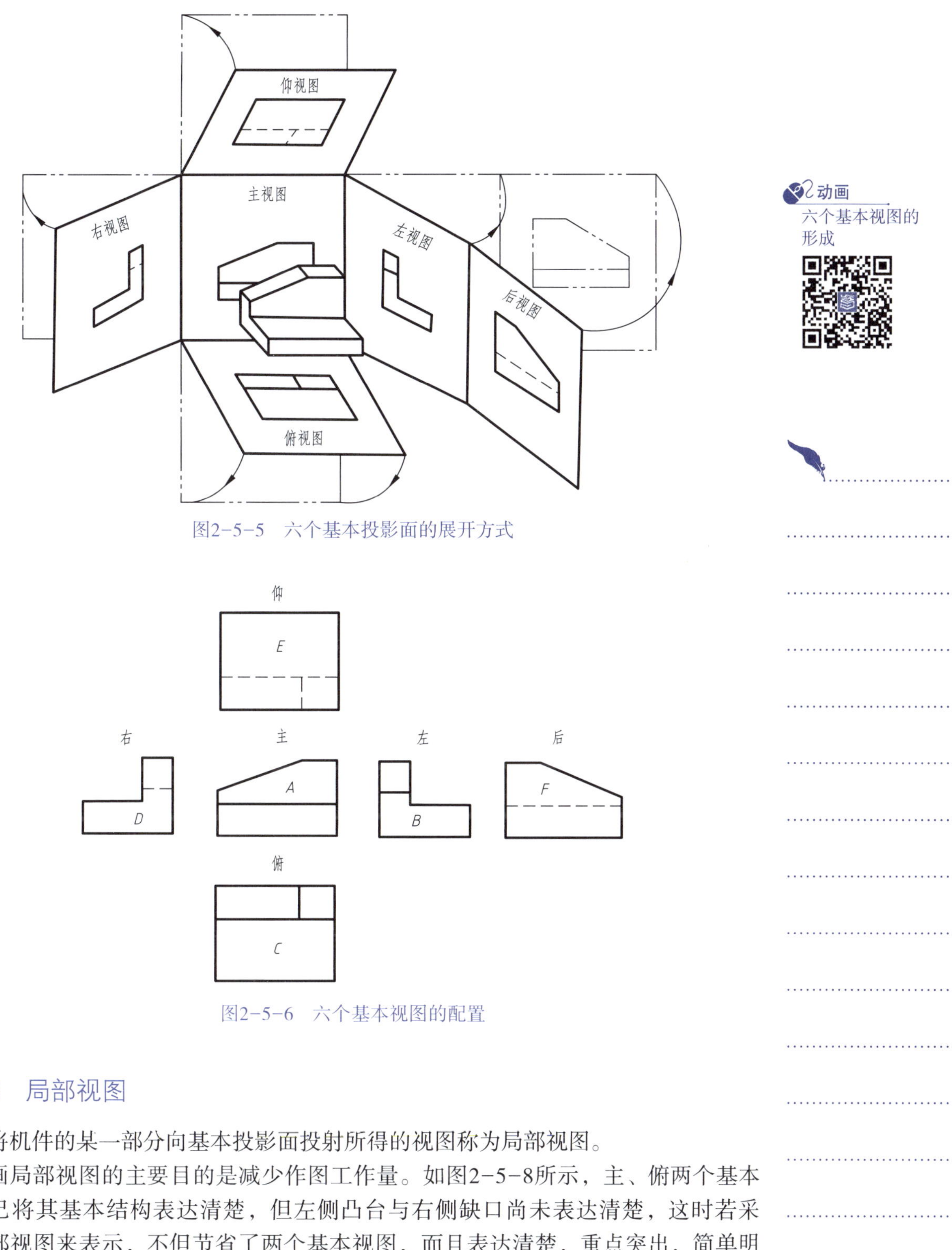

图2-5-5　六个基本投影面的展开方式

图2-5-6　六个基本视图的配置

5.1.3　局部视图

将机件的某一部分向基本投影面投射所得的视图称为局部视图。

画局部视图的主要目的是减少作图工作量。如图2-5-8所示，主、俯两个基本视图已将其基本结构表达清楚，但左侧凸台与右侧缺口尚未表达清楚，这时若采用局部视图来表示，不但节省了两个基本视图，而且表达清楚，重点突出，简单明了。局部视图断裂处的边界线应以波浪线表示，如图2-5-8所示的右侧缺口的局部视图。当所表示的局部结构是完整的，且外形轮廓线又自成封闭时，波浪线可省略不

微课扫一扫
局部视图的画法与标注

画，如图2-5-8所示的左侧凸台的局部视图。

图2-5-7 向视图

图2-5-8 局部视图

局部视图应尽量按基本视图的位置配置。有时为了合理布置图面，也可按向视图的配置形式配置。

画局部视图时，应在局部视图上方用大写拉丁字母标出视图的名称“×”，并在相应视图附近用箭头指明投射方向，注上相同的字母。当局部视图按投影关系配置，中间又无其他视图隔开时，允许省略标注，如图2-5-8所示。

5.1.4 斜视图

将机件向不平行于任何基本投影面的平面投射所得的视图称为斜视图。

斜视图主要用于表达机件上倾斜部分的实形。图2-5-9所示的弯板，其倾斜部分在基本视图上的投影不能反映实形，为此，可选用一个新的辅助投影面（该投影面应垂直于某一基本投影面），使它与机件的倾斜部分平行，然后向新投影面投射，这样便使倾斜部分在新投影面上反映实形。

斜视图通常按向视图的配置形式配置并标注。必要时，允许将斜视图旋转配置，在旋转后的斜视图上方应标注视图名称“×”及旋转符号，旋转符号的箭头方向应与斜视图的旋转方向一致，表示该视图名称的大写拉丁字母应靠近旋转符号的箭头端，如图2-5-9中的*A*向视图。

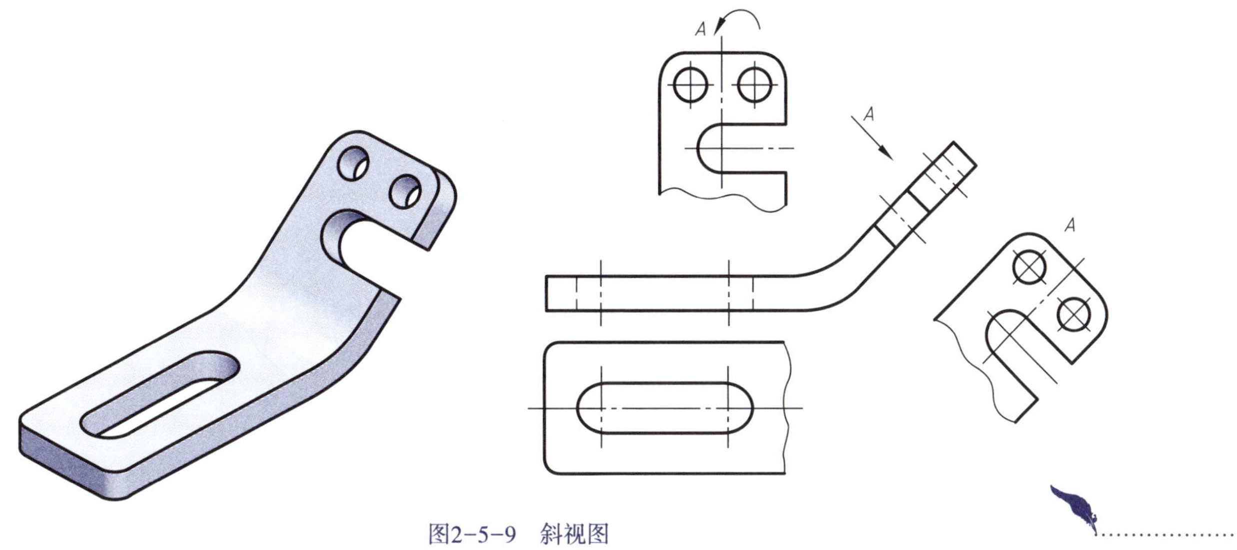

图2-5-9　斜视图

斜视图主要用来表达机件上倾斜结构的实形，其余部分不必全部画出，用波浪线断开即可。

任务实施 1

图2-5-1所示支座具有相对于基本投影面倾斜的顶板结构，按照正投影原理没有办法表达出倾斜端面的真实形状，这种情况下可以运用斜视图表达方法予以解决。同时对于凸台和底板可以运用局部视图加以简化表达。

以能够反映零件主要特征为目的，图2-5-1所示的支座主视图投射方向的选择如图2-5-10所示。采用*A*向（垂直于顶板）斜视图表达倾斜顶板的真实形状；采用左视局部视图表达其左凸台端面真实形状，局部视图符合投影关系配置，不必标注；采用*B*向（垂直于底面）局部视图表达其底面真实形状。在主视图基础上，结合斜视图和两个局部视图就可以清晰明了地反映零件的真实形状了，且图样绘制简单，其表达方案如图2-5-11所示。

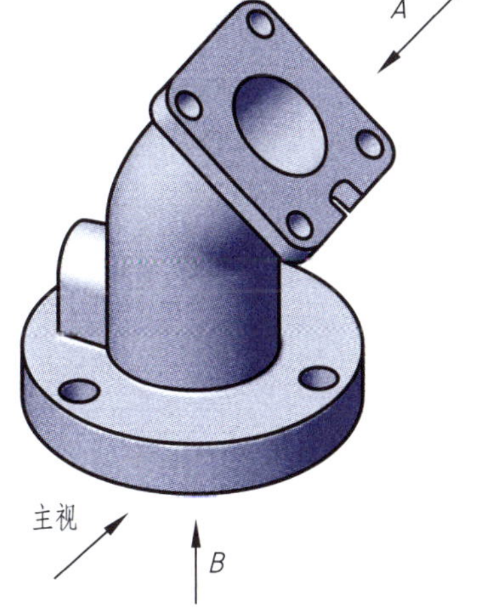

图2-5-10　选择视图投射方向

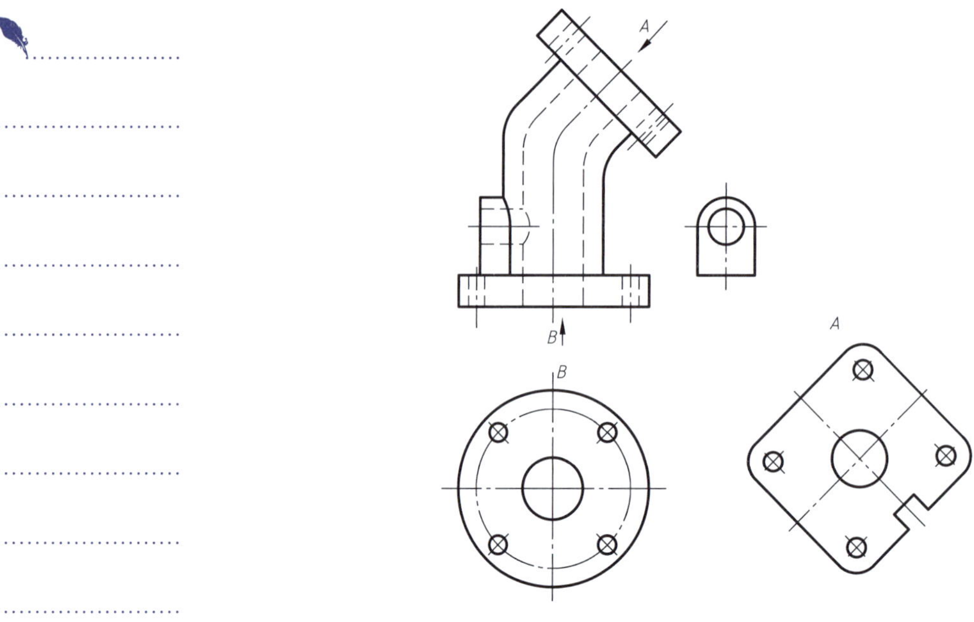

图2-5-11 支座视图表达方案

知识链接 2

5.2 剖视图

5.2.1 剖视图概述

微课扫一扫
剖视图的形成和画法

1. 剖视图的概念

假想用剖切面把机件剖开，移去观察者与剖切面之间的部分，将留下的部分向投影面投射，并在剖面区域内画上剖面符号，这样得到的图形称为剖视图，简称剖视，如图2-5-12所示。

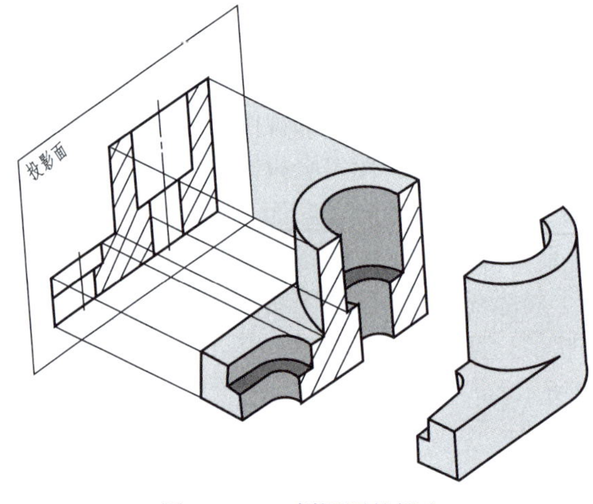

图2-5-12 剖视图的概念

如图2-5-13a所示，主视图用虚线表达其内部结构，表达不够清晰，若按图2-5-13b所示方法，假想沿机件前后对称平面将其剖开，移去前半部分结构，将后半部分结构向正立面投射，得到剖视图，如此可清晰表达其内部结构。

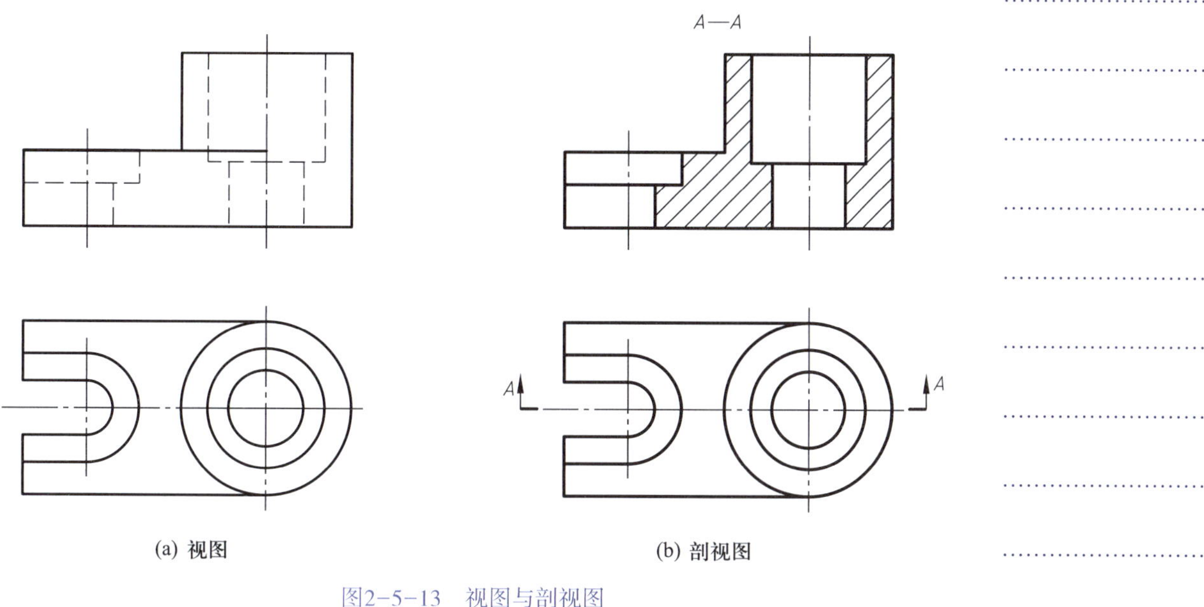

(a) 视图　　(b) 剖视图

图2-5-13　视图与剖视图

2. 剖面符号和通用剖面线

剖切机件的假想平面或曲面称为剖切面，剖切面与机件的接触部分称为剖面区域。

画剖视图时，剖面区域内应画上剖面符号，以区分机件被剖切面剖切到的实体与空心部分。机件材料不同，其剖面符号画法也不同，见表2-5-1。

表 2-5-1　剖 面 符 号

金属材料（已有规定剖面符号者除外）		木质胶合板（不分层数）	
线圈绕组元件		基础周围的泥土	
转子、电枢、变压器和电抗器等的叠钢片		混凝土	
非金属材料（已有规定剖面符号者除外）		钢筋混凝土	
型砂、填砂、粉末冶金、砂轮、陶瓷刀片、硬质合金刀片等		砖	

续表

玻璃及供观察用的其他透明材料			格网（筛网、过滤网等）	
木材	纵断面	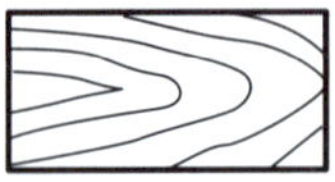	液体	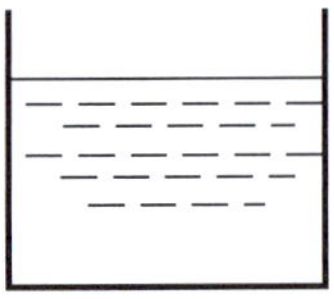
	横断面			

当不需要在剖面区域中表示材料的类别时，剖面符号可采用通用的剖面线表示。通用的剖面线用细实线绘制。一般情况下，剖面线的方向应与主要轮廓线或剖面区域的对称线成45°角，如图2-5-14所示，必要时也可画成适当角度。剖面线的间隔应按剖面区域的大小选定，一般取2~4 mm。

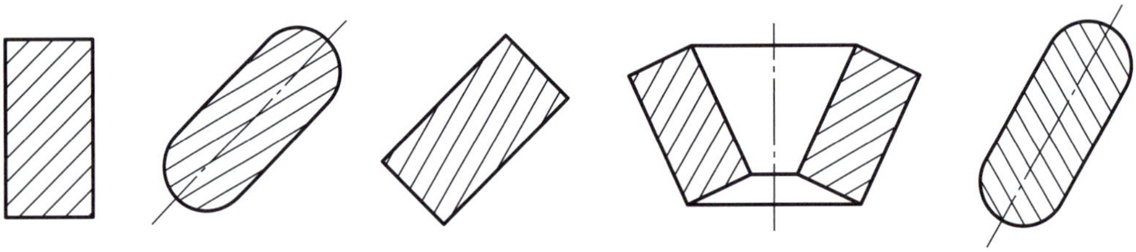

图2-5-14　剖面线的方向

3. 画剖视图的步骤

（1）确定剖切面的位置。

由于画剖视图的目的在于清楚地表达机件的内部结构，因此，剖切面通常平行于投影面，且通过机件内部结构（如孔、沟槽）的对称平面或轴线。图2-5-13b所示剖视图就是选用通过机件对称平面的正平面剖切的。

（2）画剖视图。

要弄清楚剖切后机件哪部分移走了，哪部分留下了，剩余部分与剖切面接触部分（剖面区域）的形状，剖切面后面的结构还有哪些是可见的。画图时先画剖切面上内孔和外形轮廓线的投影，再画剖切面后的可见轮廓线的投影。要把剖面区域和剖切面后面的可见轮廓线画全。

（3）画剖面线。

在剖面区域内画剖面符号。在同一张图样中，同一个机件的所有剖视图的剖面符号应该相同。

4. 剖视图的配置与标注

剖视图通常按投影关系配置在相应的位置上，如图2-5-13b所示，必要时也可以配置在其他适当的位置。

剖视图标注的目的在于表明剖切面的位置及投射的方向。一般应在剖视图上方用大写拉丁字母标出剖视图的名称“×—×”，在相应视图上用剖切符号（粗短线）表示剖切位置，其中起、迄外侧标注箭头表示投射方向，并在起、迄、转折处注上相同的字母。

在下列情况下，剖视图的标注内容可以简化或省略：

（1）当剖视图按投影关系配置，中间又没有其他图形隔开时，可省略标注箭头。

（2）当单一剖切平面通过机件的对称平面或基本对称平面，且剖视图按投影关系配置，中间又没有其他图形隔开时，可省略标注，如图2-5-15a的主视图所示。

5. 画剖视图的注意事项

（1）因为剖切是假想的，并不是真的把机件切开并拿走一部分，因此，当一个视图画成剖视后，其余视图仍应按完整的机件画出，如图2-5-15a所示。

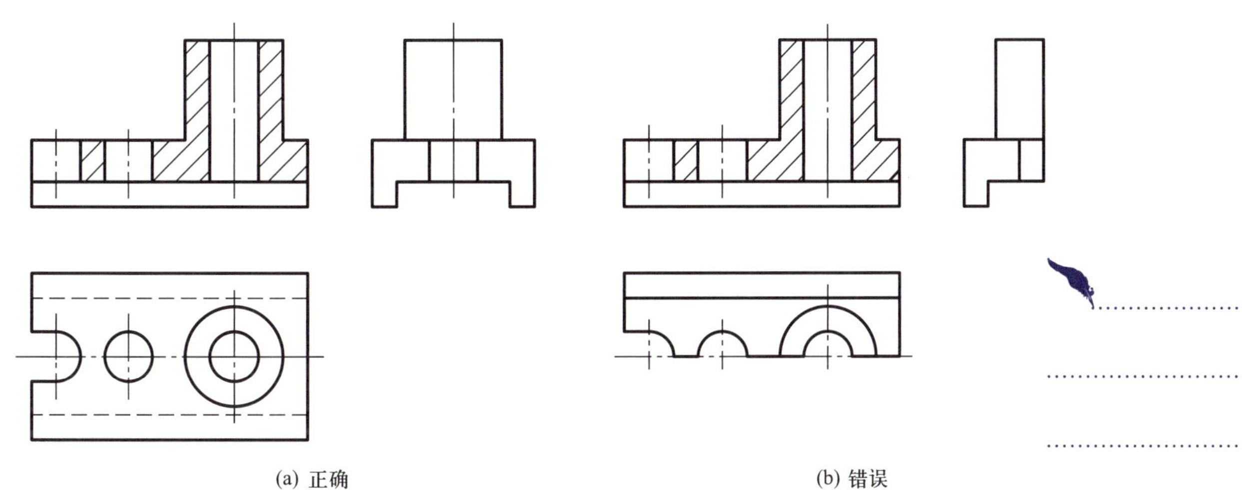

图2-5-15　其余视图应按完整物体画出

（2）画剖视图时，剖切面后面的可见轮廓线必须用粗实线画齐全，不能遗漏，也不能多画。如图2-5-16所示是剖视图中易漏图线的示例。

（3）在不影响完整表达机件形状的前提下，剖视图上一般不画不可见部分的轮廓线——虚线，以增加图形的清晰性。但如画出少量虚线可减少视图数量时，也可画出必要的虚线，如图2-5-17所示。

5.2.2　剖切面的种类

根据机件结构的特点，国家标准《技术制图　图样画法　剖视图和断面图》（GB/T 17452—1998）规定可选择单一剖切面、几个平行的剖切平面、几个相交的剖切面等剖切平面剖开机件。

1. 单一剖切面

单一剖切面指用一个剖切面剖切机件。

（1）平行于某一基本投影面的剖切平面。

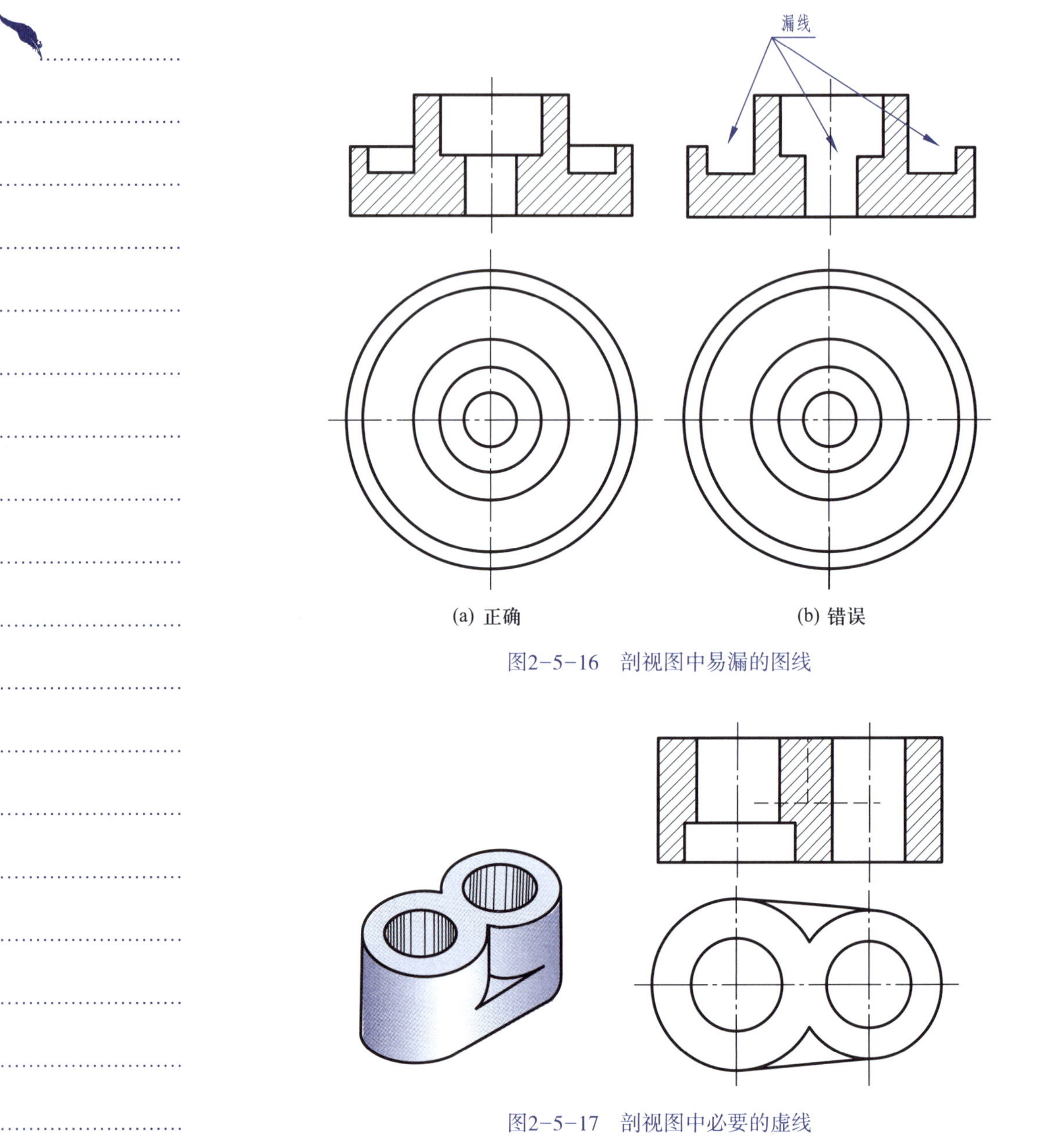

图2-5-16 剖视图中易漏的图线

图2-5-17 剖视图中必要的虚线

前面介绍的剖视图，均为采用平行于某一基本投影面的单一剖切平面剖切得到的剖视图。

（2）不平行于任何基本投影面的剖切平面。

当机件上有倾斜部分的内部结构需要表达时，可和画斜视图一样，选择一个垂直于基本投影面且与所需表达部分平行的投影面，然后再用一个平行于这个投影面的剖切平面剖开机件，向这个投影面投射，这样得到的该部分结构的投影则为实形。图2-5-18中的*A*—*A*剖视图是采用不平行于基本投影面的单一剖切平面剖切得到的剖视图。

画剖视图时应注意以下几点：

① 用不平行于任何基本投影面的剖切平面剖切时，剖视图最好配置在与基本视图的相应部分保持直接投影关系的地方，标出剖切位置和字母，并用箭头表示投射方向，还要在该剖视图上方用相同的字母标明图的名称，如图2-5-18a所示。

② 为使视图布局合理，可将剖视保持原来的倾斜程度，平移到图纸上适当的地方，如图2-5-18b所示；为了画图方便，在不引起误解时，还可把图形旋转到水平位置，表示该剖视图名称的大写字母应靠近旋转符号的箭头端，如图2-5-18c所示。

③ 当剖视的剖面线与主要轮廓线平行时，剖面线可改为与水平线成30° 或60° 角，原图形中的剖面线仍与水平线成45° 角，但同一机件中剖面线的倾斜方向应大致相同，如图2-5-18 所示的主视图剖面线与水平线成30° 角。

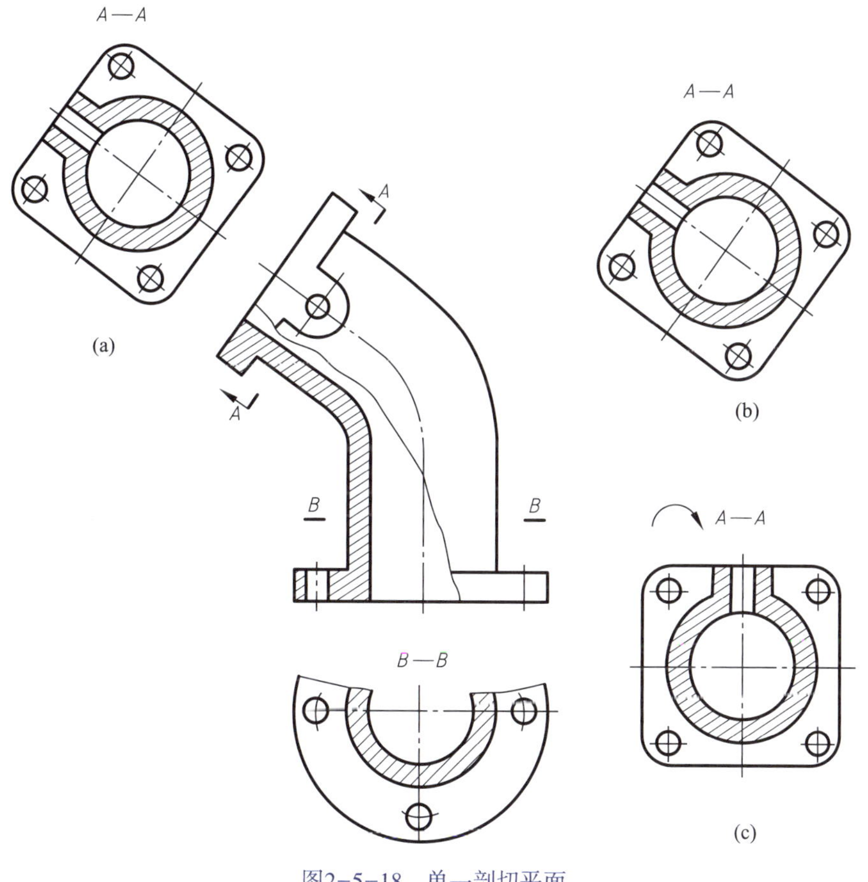

图2-5-18　单一剖切平面

（3）柱面剖切面。

采用柱面剖切机件时，剖视图应按展开绘制，同时在剖视图名称后加注“展开”二字，如图2-5-19所示。

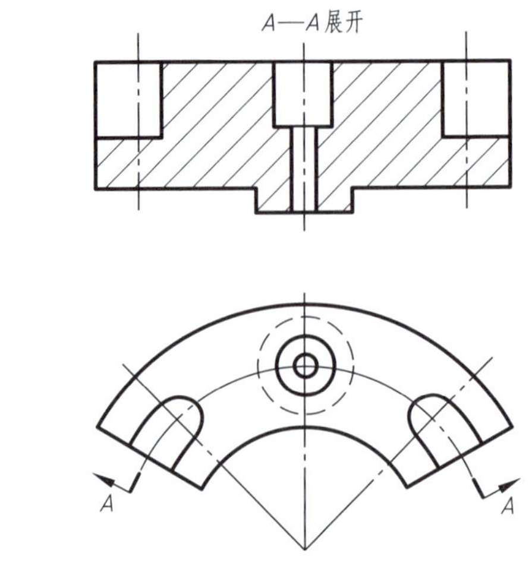

图2-5-19 用单一柱面剖切

2. 几个平行的剖切平面

当机件上的孔、槽的轴线或对称平面位于几个相互平行的平面上时，可以用几个与基本投影面平行的剖切平面剖切机件，再向基本投影面投射，如图2-5-20所示。

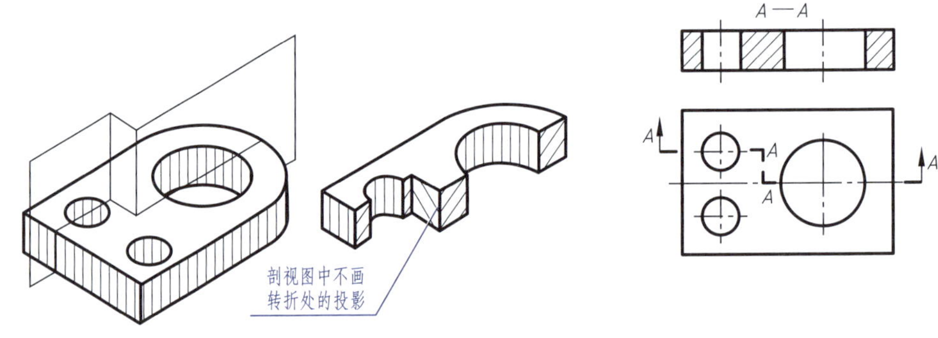

图2-5-20 两个平行的剖切平面剖切

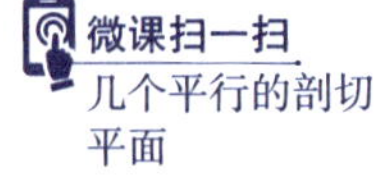

画图时应注意以下几点：

① 在剖视图中，不应画出剖切平面转折处的投影，剖切符号在转折处要画成直角，且不应与图中的轮廓线重合，如图2-5-21所示。

② 用几个平行的剖切平面剖切时，剖视图中一般不允许出现不完整要素。仅当两个要素在图形上具有公共对称中心线或轴线时，可以对称中心线或轴线为界各画一半，如图2-5-22所示模板的剖视图。

3. 几个相交的剖切平面

当机件的内部结构形状用一个剖切平面不能表达完全，且这个机件在整体上又具有回转轴时，可用几个相交的剖切平面（交线垂直于某一基本投影面）剖开机件，并将与投影面不平行的剖切平面剖开的结构及其有关部分旋转到与投影面平行再进行投射，如图2-5-23所示。

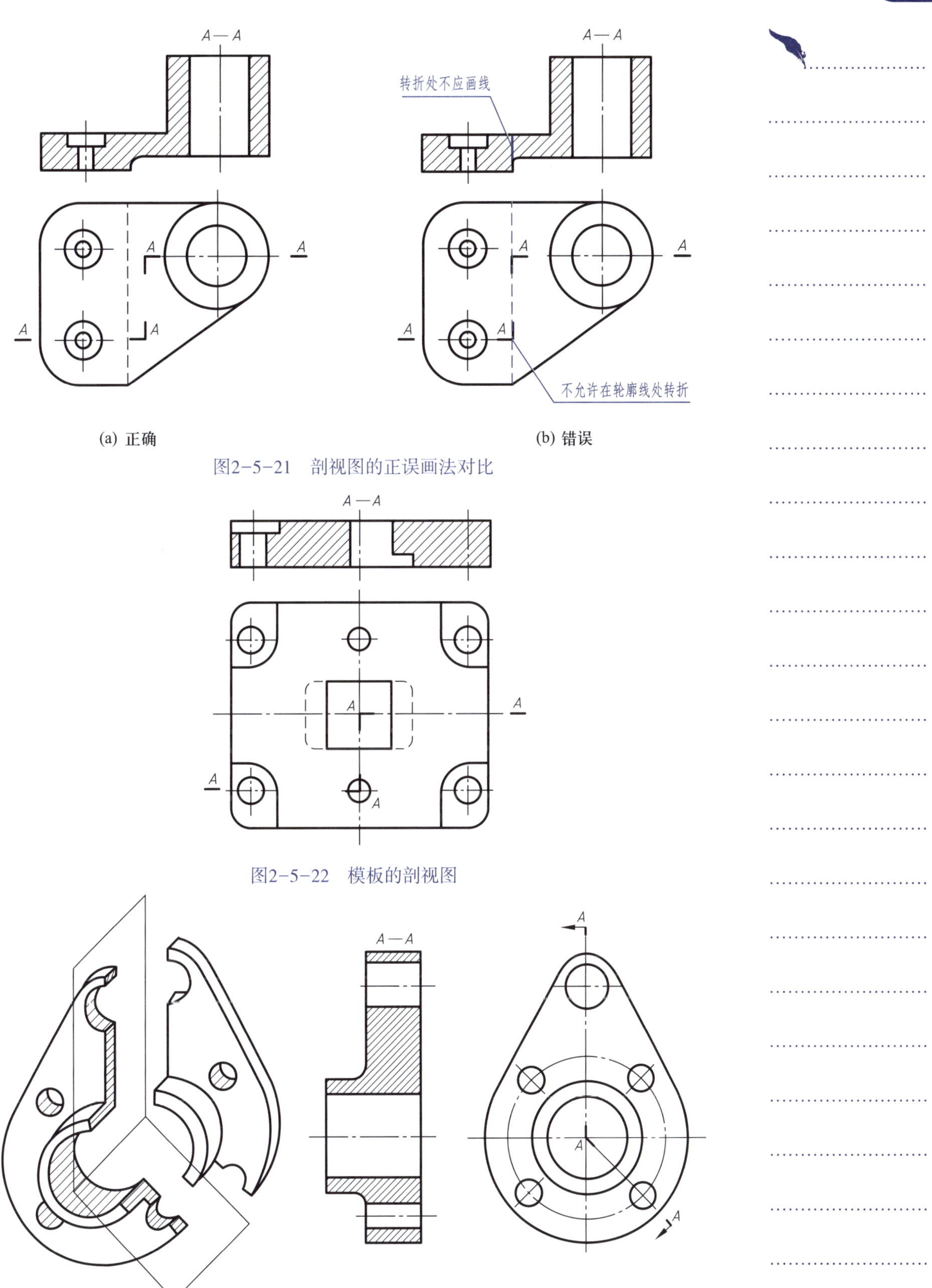

图2-5-21　剖视图的正误画法对比

图2-5-22　模板的剖视图

图2-5-23　两个相交的剖切平面剖切

画图时应注意以下几点：

① 要按“先剖切后旋转”的方法绘制剖视图，即先假想用相交的剖切平面剖开机件，然后将剖开的倾斜结构及其有关部分旋转到与选定的投影面平行的位置，再进行投射，但在剖切平面后的其他结构一般仍按原来位置投射，如图2-5-24中的油孔。

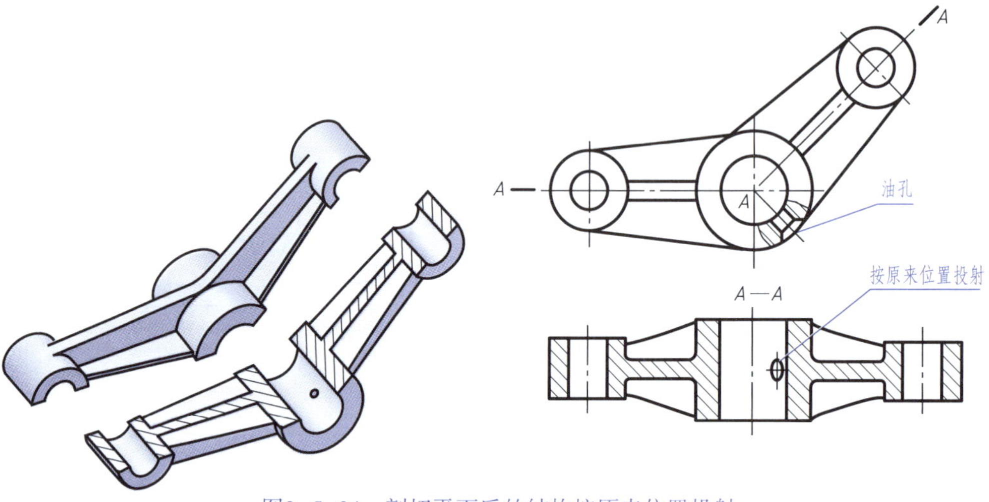

图2-5-24 剖切平面后的结构按原来位置投射

② 当剖切后产生不完整要素时，应将此部分按不剖绘制，如图2-5-25所示。

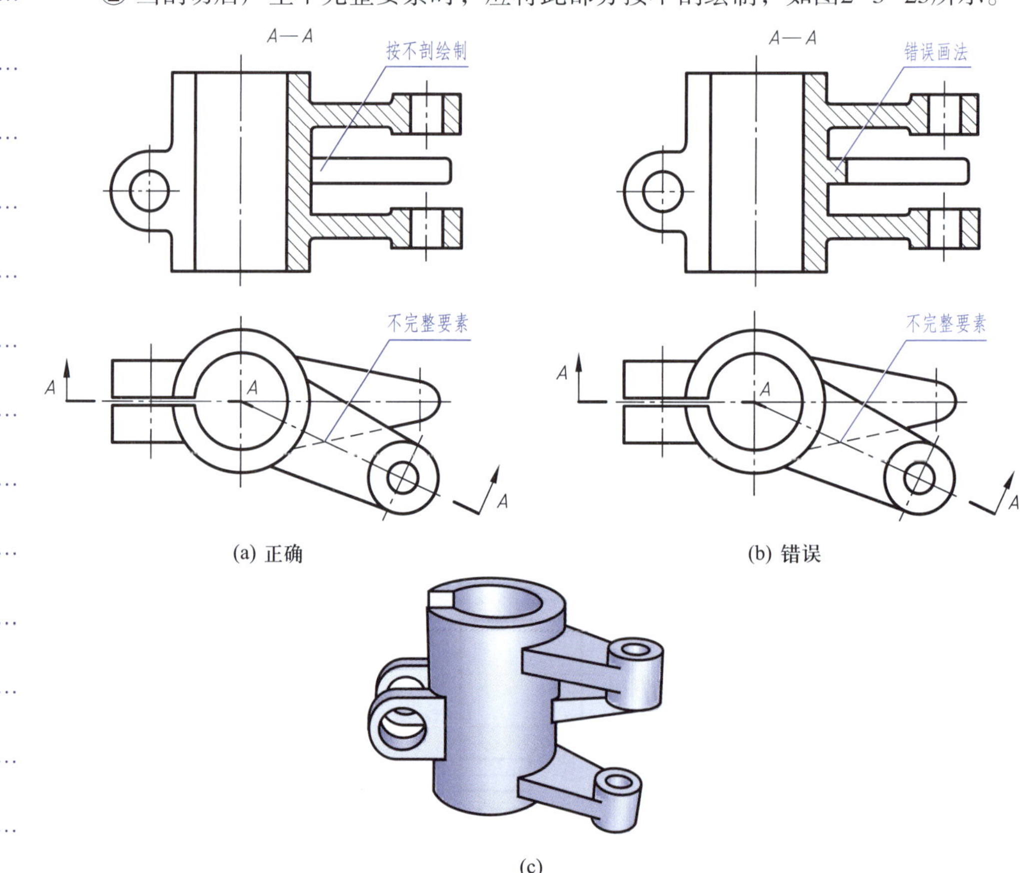

图2-5-25 不完整要素按不剖绘制

4. 相交剖切平面与其他剖切平面的组合

图2-5-26、图2-5-27所示是平行剖切平面和相交剖切平面组合应用剖切机件的示例。

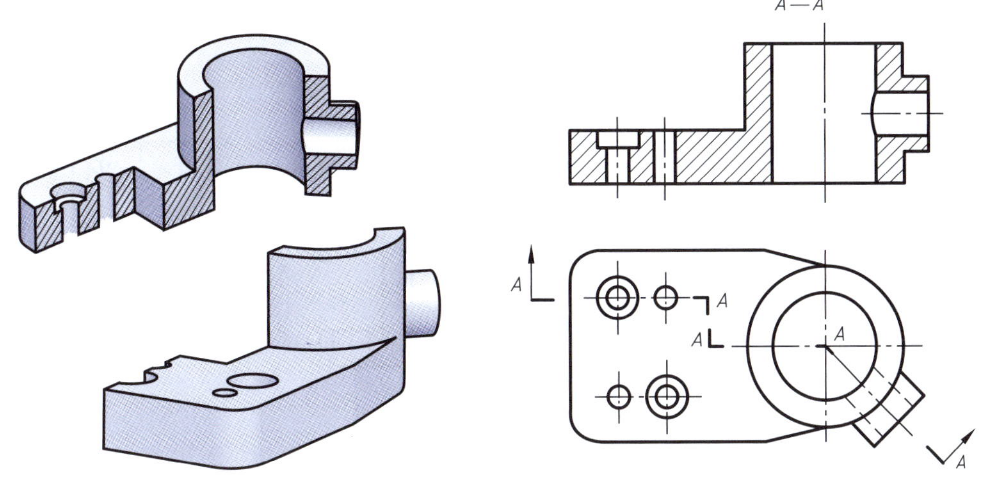

图2-5-26　组合的剖切平面（一）

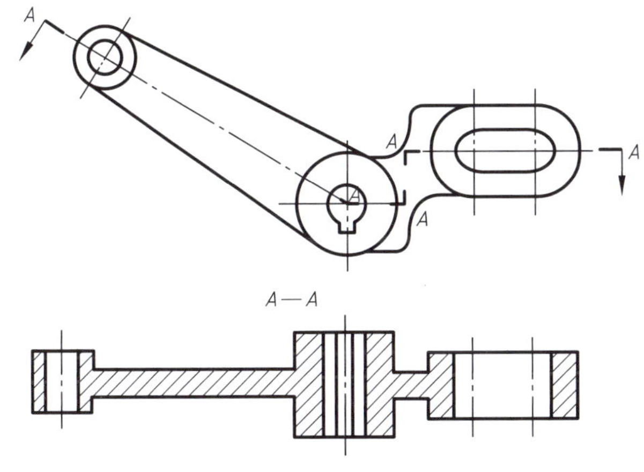

图2-5-27　组合的剖切平面（二）

5.2.3　剖视图的种类

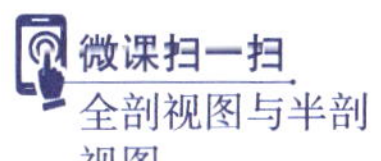

根据剖切范围的大小，剖视图可分为全剖视图、半剖视图和局部剖视图。

1. 全剖视图

用剖切面完全地剖开机件所得的剖视图称为全剖视图。前面介绍的剖视图均为全剖视图。

全剖视图用于表达内部形状复杂的不对称机件。为了便于标注尺寸，对于外形简单，且具有对称平面的机件也常采用全剖视图。

2. 半剖视图

当机件具有对称平面时，向垂直于对称平面的投影面投射所得的图形，以对称中心线（点画线）为界，一半画成视图用以表达外部结构形状，另一半画成剖视图用以表达内部结构形状，这种组合的图形称为半剖视图，如图2-5-28所示。

半剖视图适用于表达内、外形状都比较复杂的对称结构。若机件的结构接近对称，且不对称部分已在其他视图上表示清楚时，也可以画成半剖视图，如图2-5-29所示。

半剖视图的标注与全剖视图相同。

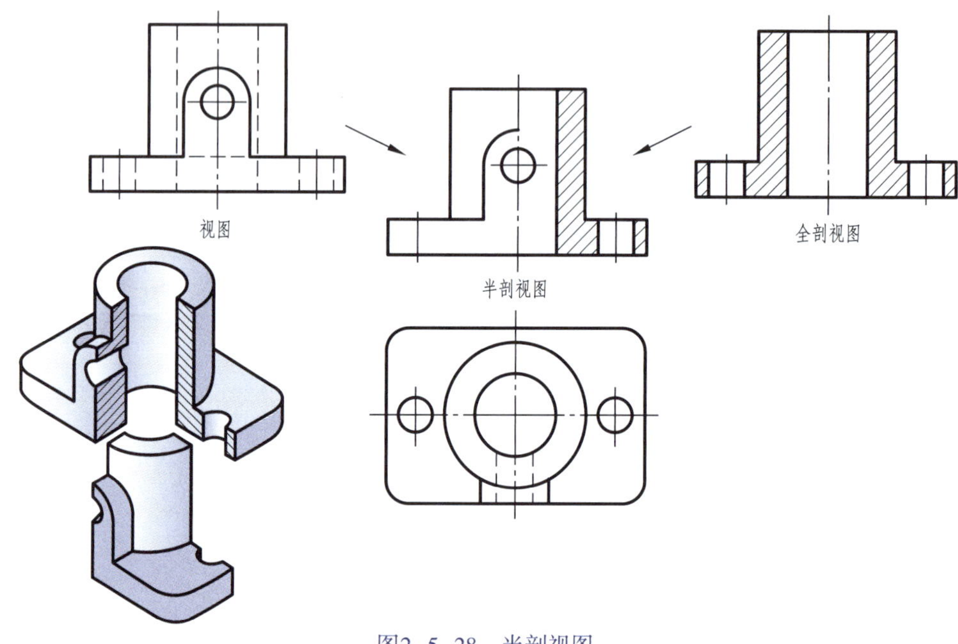

图2-5-28 半剖视图

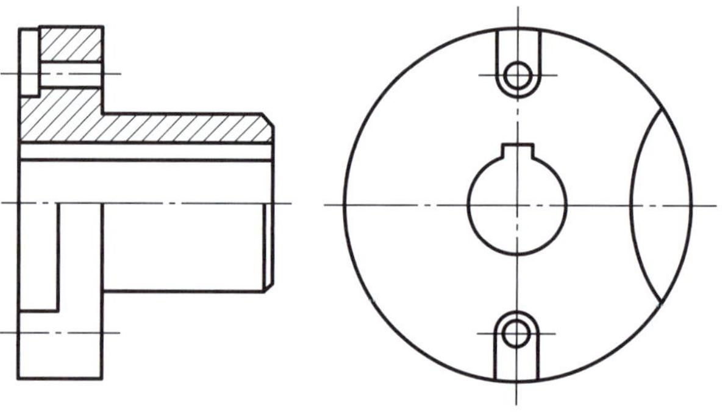

图2-5-29 结构基本对称的半剖视图

画半剖视图时应注意：

① 半剖视图中视图与剖视图的分界线为点画线，不能画成粗实线。

② 机件的内部结构在剖视部分已经表示清楚，在表达外形的视图部分不必再画出虚线。

3. 局部剖视图

当机件尚有部分内部结构形状未表达清楚，但又没有必要作全剖视或不适合作半剖视时，可用剖切平面局部地剖开机件，所得的剖视图称为局部剖视图，如图2-5-30所示。局部剖切后，机件断裂处的分界线用波浪线表示。

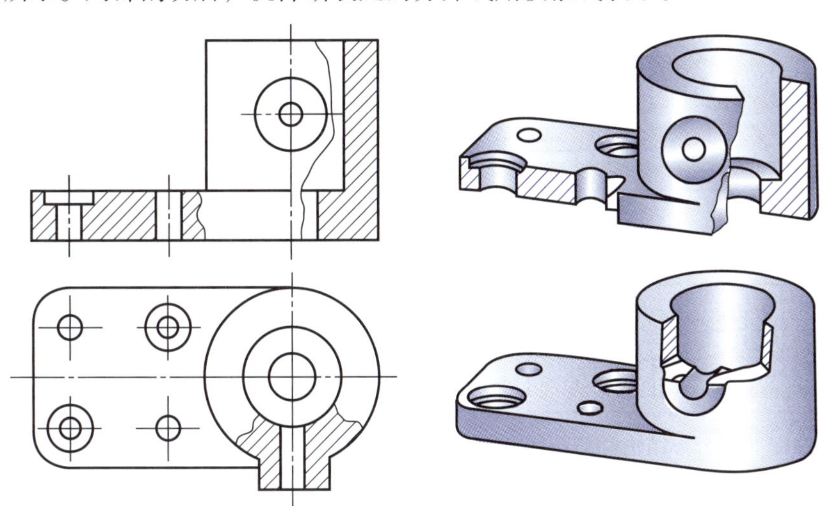

图2-5-30　局部剖视图

当被剖切部分的局部结构为回转体时，允许将该结构的中心线作为局部剖视与视图的分界线，如图2-5-31中的主视图。

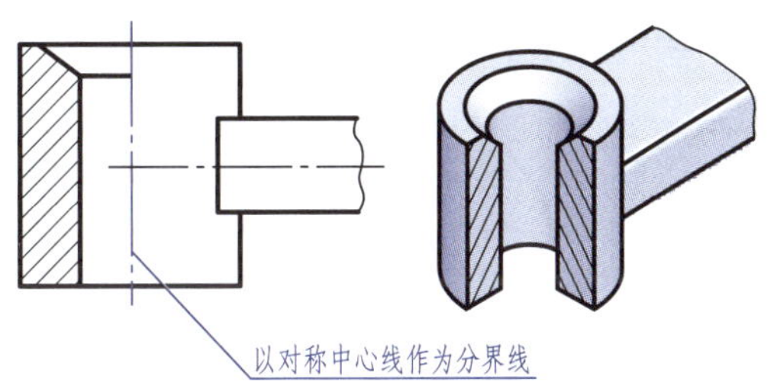

图2-5-31　用中心线代替波浪线

局部剖视图既能把机件局部的内部形状表达清楚，又能保留机件的某些外形结构，是一种比较灵活的表达方法。局部剖视图适用于：

① 机件只有局部结构需要剖切表示，而又没有必要作全剖视时，如图2-5-32所示。

② 当机件不对称的内、外形结构都需要表达时，如图2-5-33所示。

③ 当实心件（如轴、杆、手柄等）上的孔、槽等内部结构需要剖开表达时，如图2-5-34所示。

④ 当机件对称，且在图上恰好有一轮廓线与对称中心线重合时，此时不宜采用半剖视图，可采用局部剖视图，如图2-5-35所示。

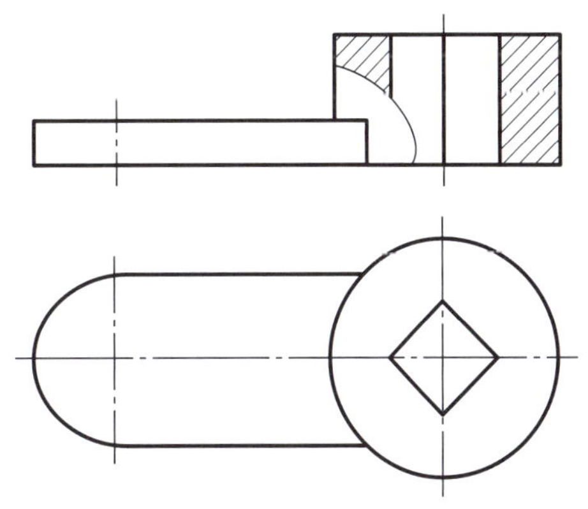

图2-5-32　没有必要作全剖视图

画局部剖视图时应注意：

① 局部剖视图用波浪线与视图分界，不能超出

视图的轮廓线或与图样上其他图线重合，如图2-5-36所示，且不能用轮廓线代替波浪线。

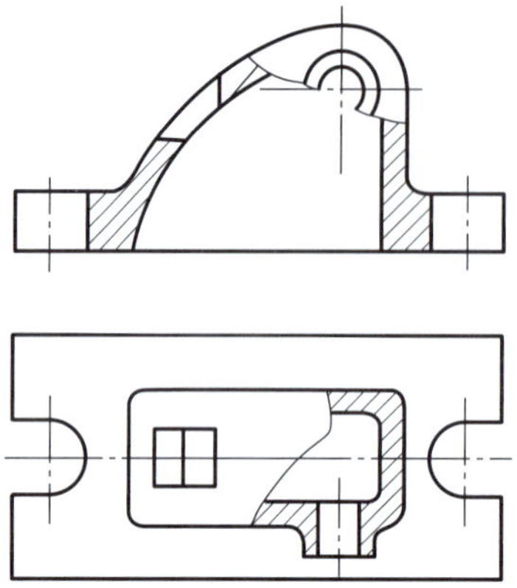

图2-5-33 内、外形结构都需要表达

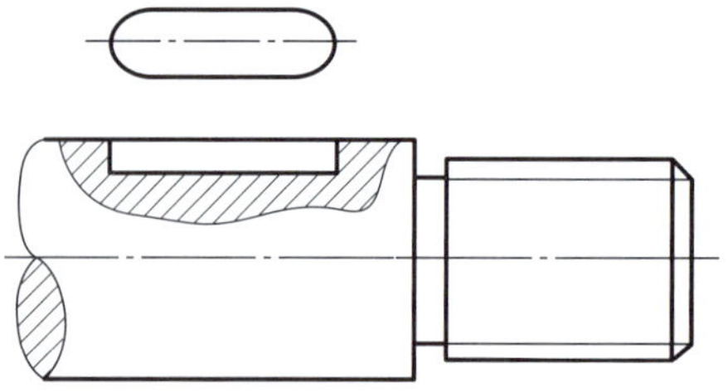

图2-5-34 表达实心件上的孔、槽

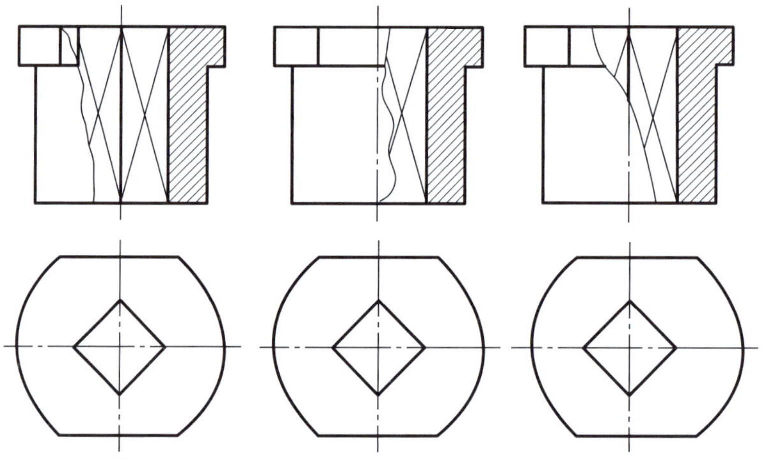

(a) (b) (c)

图2-5-35 不宜采用半剖视图

② 波浪线应画在剖切到的实体部分，遇到孔、槽时应断开，如图2-5-36所示。

③ 在一个图中局部剖视图不宜用得过多，以避免图形显得杂乱。局部剖视图的剖切范围可以根据需要而定，选择较灵活。

对于剖切位置比较明显的局部结构，一般不用标注。若剖切位置不够明显，则应进行标注。

5.2.4 剖视图的尺寸标注

除前面已讲过的尺寸标注要做到正确、完整、清晰的要求外，在剖视图上标注尺寸还应注意以下几点：

① 在半剖视图或局部剖视图上标注内部结构尺寸（如直径）时，其结构只画出一半或部分，所以尺寸线上只能画出一端箭头，另一端不能画出箭头的尺寸线应略

过对称线、回转轴线、波浪线（均为图上的分界线），如图2-5-37、图2-5-38中所标注的尺寸。

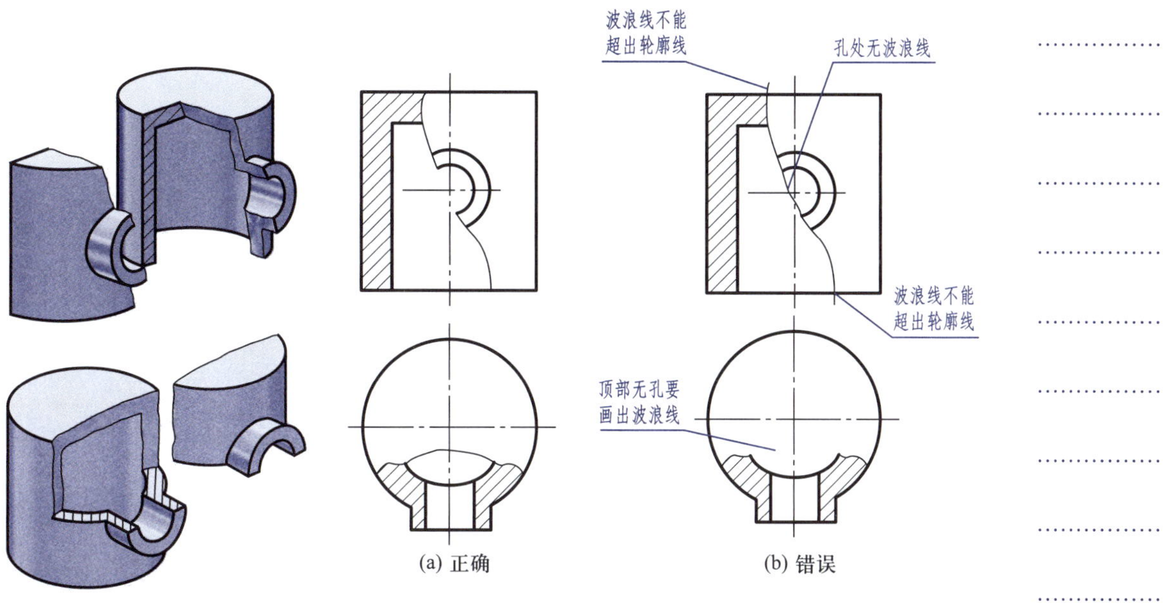

图2-5-36　局部剖视图中的波浪线画法

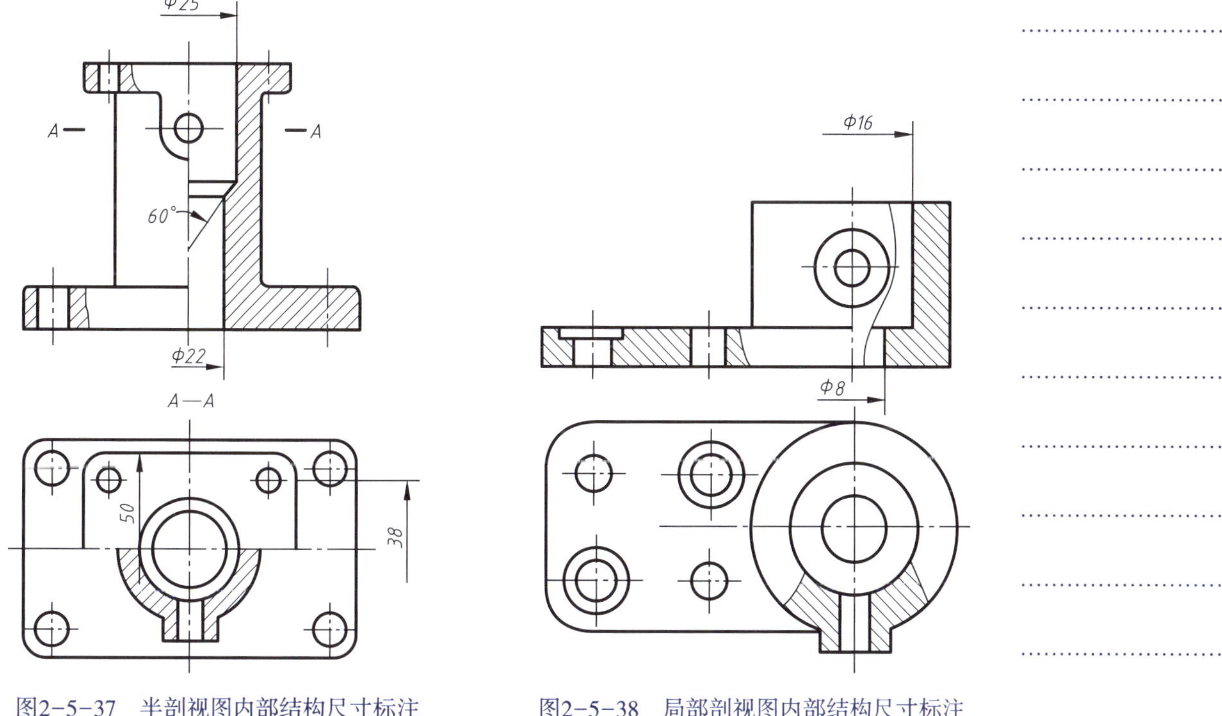

图2-5-37　半剖视图内部结构尺寸标注　　图2-5-38　局部剖视图内部结构尺寸标注

② 在剖视图上内、外形尺寸应分开标注，如图2-5-39所示的全剖视图，其主视图中的内、外形尺寸分别标注在图的左、右两侧，这样标注清晰，便于看图。

③ 机件上同轴回转体的各直径尺寸应尽量配置在非圆的剖视图上，如图2-5-39所示主视图上的各个直径尺寸，应避免在投影为圆的视图上标注成放射状尺寸。

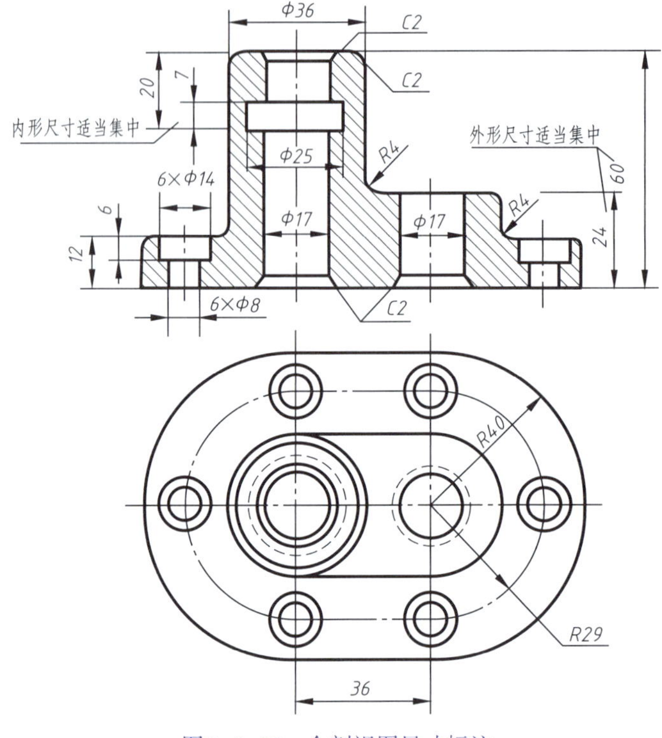

图2-5-39 全剖视图尺寸标注

5.3 断面图

剖视图可以表达机件内部空腔的结构，但是对于一些内部空腔结构较为简单的机件，使用剖视图表达就显得不够简练。如图2-5-40a所示的轴，机件形体以实心为主，空腔结构简单且范围不大。对于这种情况，可以选择在主视图的基础上，再配合表达空腔部分的截断面就可以清楚地反映机件的形状了，如图2-5-40b所示。

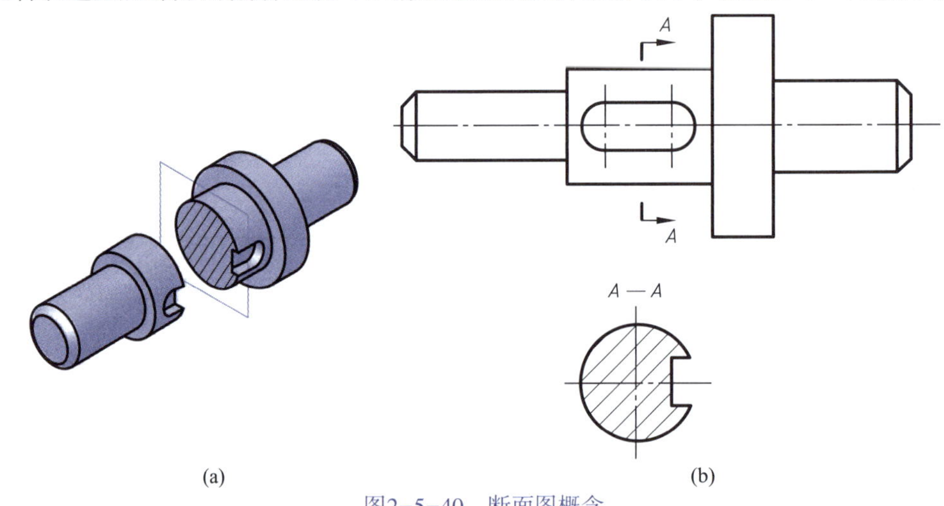

图2-5-40 断面图概念

5.3.1　断面图的概念

假想用剖切平面将机件的某处切断，仅画出该剖切平面与机件接触部分的图形，称为断面图，简称断面，如图2-5-40b所示。

断面图与剖视图的不同之处是，断面图只画出剖切平面和机件接触部分的断面形状，而剖视图则要求除了画出机件被剖切的断面图形外，还要画出剖切面后可见的轮廓线，如图2-5-41所示。

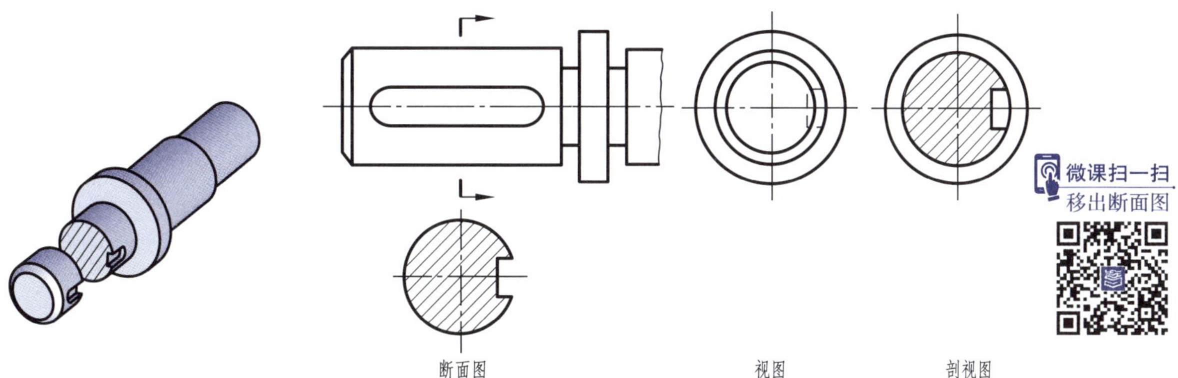

图2-5-41　断面图与剖视图的比较

5.3.2　断面图的分类及画法

断面图按其在图纸上配置的位置不同，分为移出断面图和重合断面图两种。

1. 移出断面图

画在视图轮廓之外的断面图称为移出断面图，如图2-5-42所示。

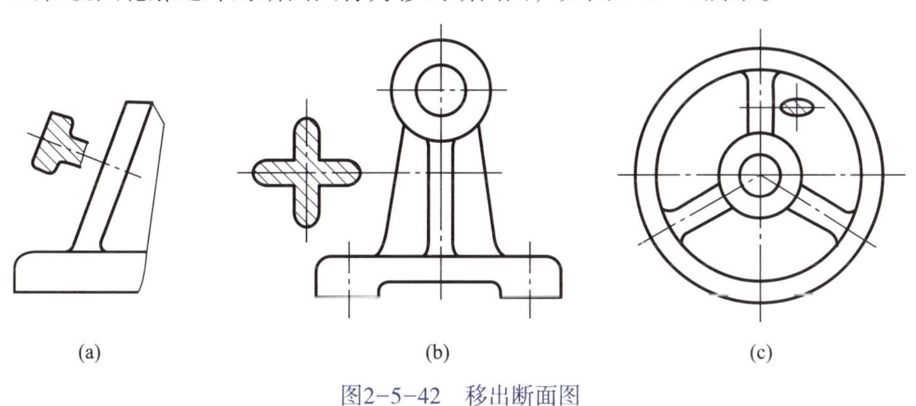

图2-5-42　移出断面图

（1）移出断面图的画法。

移出断面图的轮廓线用粗实线绘制，在断面上画出剖面符号。移出断面图应尽量配置在剖切线的延长线上，必要时也可配置在其他适当位置，如图2-5-43所示。

画移出断面图时应注意以下几点：

① 当剖切平面通过回转面形成的孔或凹坑的轴线时，这些结构应按剖视图绘制，如图2-5-44所示。

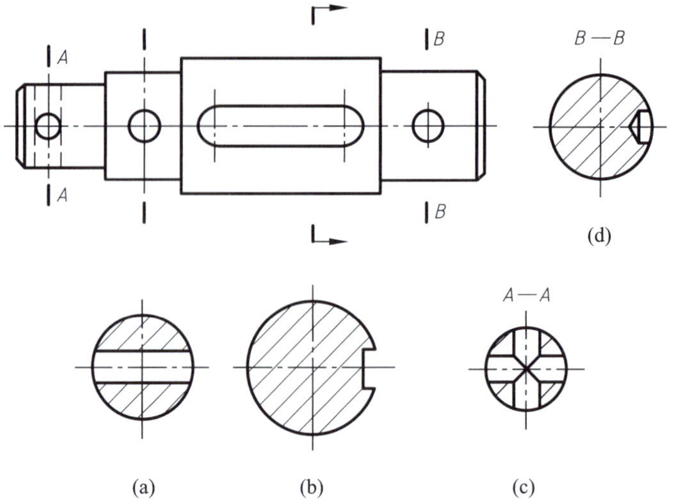

图2-5-43 移出断面图的画法和标注

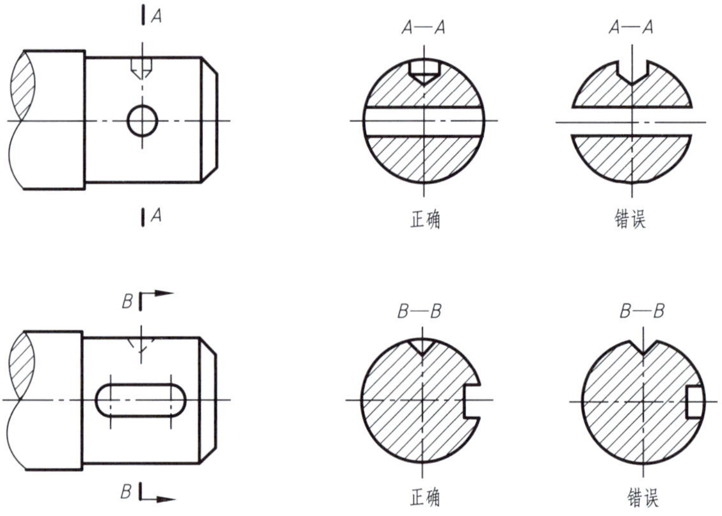

图2-5-44 移出断面图的规定画法（一）

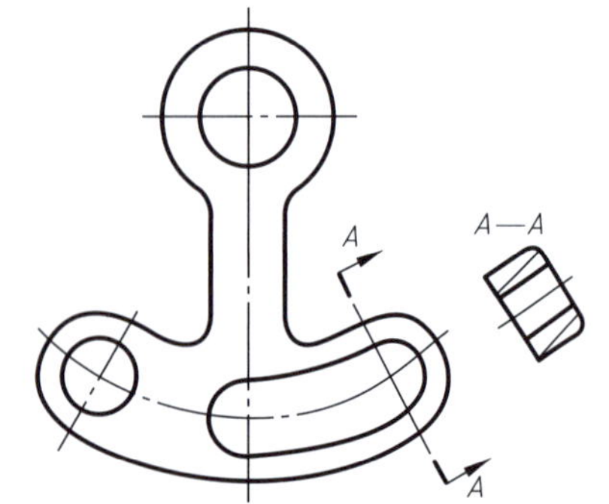

图2-5-45 移出断面图的规定画法（二）

② 当剖切平面通过非圆孔，会导致出现完全分离的两部分断面时，这样的结构也应按剖视图绘制，如图2-5-45所示。

③ 由两个或多个相交的剖切平面剖切得出的移出断面图，中间一般应断开绘制，如图2-5-46所示。

④ 当断面图形对称时，也可将断面图画在视图的中断处，如图2-5-47所示。

（2）移出断面图的标注。

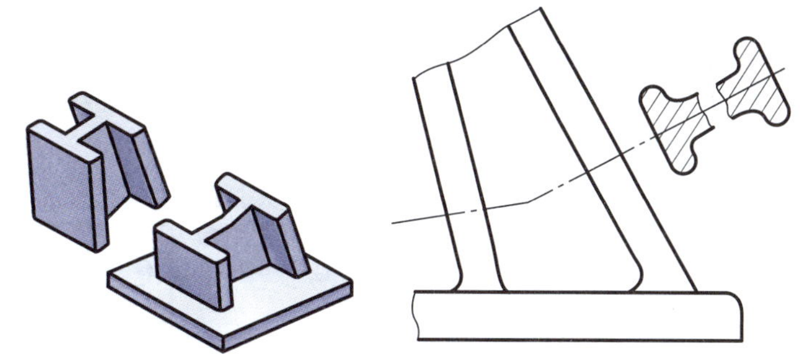

图2-5-46　剖切平面相交时移出断面图的画法

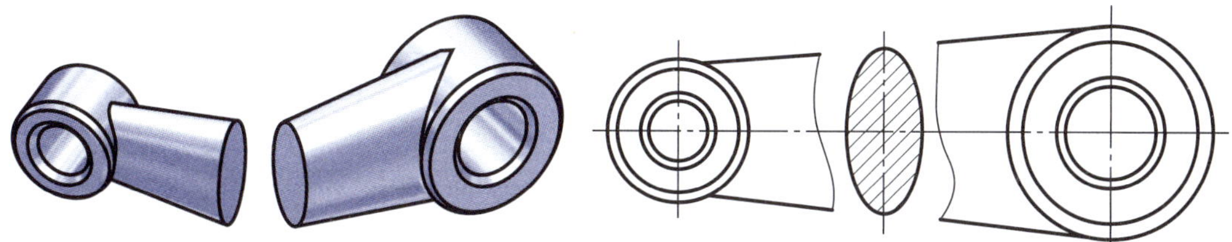

图2-5-47　移出断面图配置在视图中断处

① 移出断面图一般应在断面图上方用大写拉丁字母标出断面图的名称“×—×”，用剖切符号表示剖切位置，其中箭头表示投射方向，并标注上同样的字母，如图2-5-40b所示。

② 配置在剖切符号延长线上的不对称移出断面图可省略标注字母，如图2-5-43b所示。

③ 按基本视图位置配置的不对称移出断面图和不配置在剖切符号延长线上的对称移出断面图均省略标注箭头，如图2-5-43c、d所示。

④ 配置在剖切符号延长线上的对称移出断面图可省略标注，如图2-5-43a所示。

移出断面图的标注见表2-5-2。

表 2-5-2　移出断面图的标注

配置形式	对称的移出断面图	不对称的移出断面图
配置在剖切线或剖切符号延长线上	不必标注	可省略字母

续表

配置形式	对称的移出断面图	不对称的移出断面图
按投影关系配置	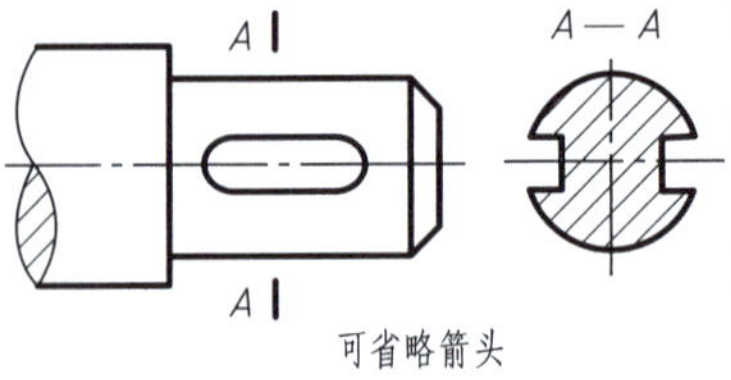A A A—A 可省略箭头	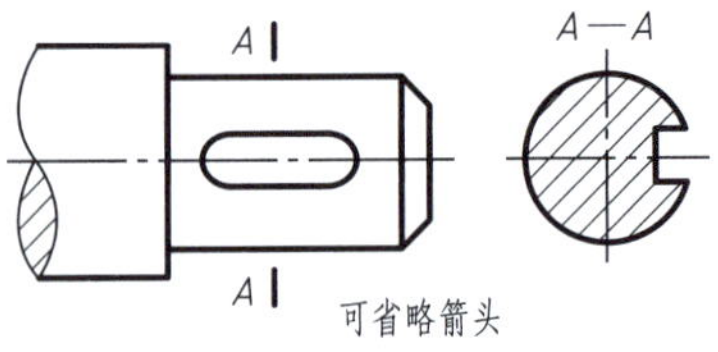A A A—A 可省略箭头
配置在其他位置	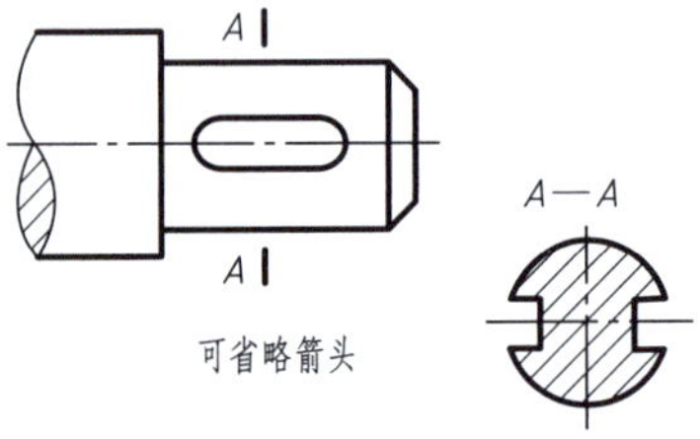A A A—A 可省略箭头	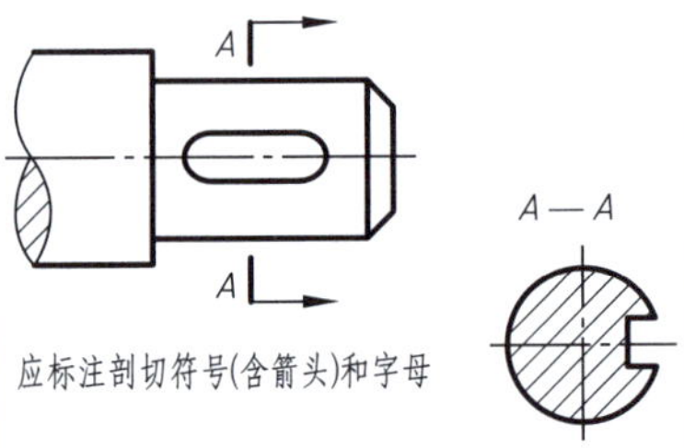A A A—A 应标注剖切符号(含箭头)和字母

2. 重合断面图

画在视图轮廓之内的断面图称为重合断面图，如图2-5-48所示。

（1）重合断面图的画法。

重合断面的轮廓线用细实线绘制。当视图中的轮廓线与重合断面的图形重叠时，视图中的轮廓线仍应连续画出，不可间断。重合断面图示例如图2-5-48～图2-5-50所示。

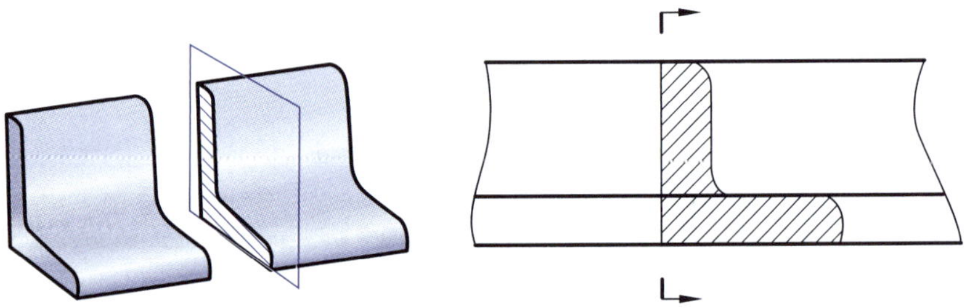

图2-5-48 不对称的重合断面图

（2）重合断面图的标注。

① 配置在剖切符号延长线上的不对称重合断面图可省略标注字母，如图2-5-48所示。

② 对称的重合断面图可省略标注，如图2-5-49、图2-5-50所示。

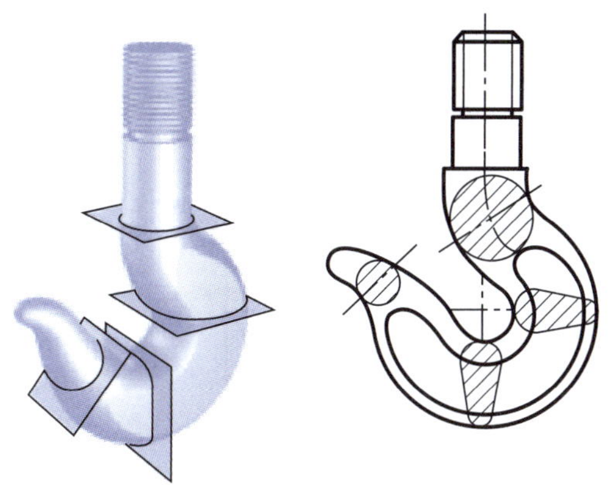

图2-5-49　对称的重合断面图（一）

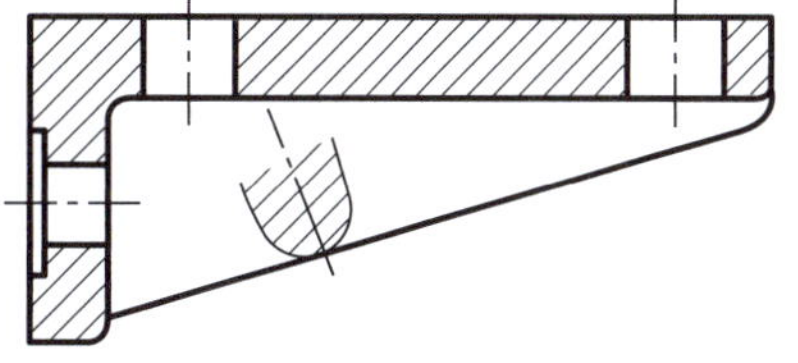

图2-5-50　对称的重合断面图（二）

5.4 机件其他表达方法

前面分别学习了视图表达方法、剖视图表达方法和断面图表达方法，实际上对于真实零件的表达，其表达方法是多种多样的，并且往往需要多种方法综合应用表达。下面在此基础上对零件的表达方法予以拓展。

5.4.1　局部放大图

当机件的某些局部结构较小，在原定比例的图形中不易表达清楚或不便标注尺寸时，可将此局部结构用较大比例单独画出，这种图形称为局部放大图，如图2-5-51所示。此时，原视图中该部分结构也可简化表示。

局部放大图可画成视图、剖视图、断面图，它与被放大部分的表达方法无关。局部放大图应尽量配置在被放大部位的附近。

放大部位需用细实线圆（或长圆）圈出，当机件上有几处被放大部位时，必须用罗马数字依次标明，并在相应的局部放大图上方标出相同数字和放大比例，如图2-5-51a所示；如被放大部位仅有一处，则不必标明数字，但必须标明放大比例，如图2-5-51b所示。

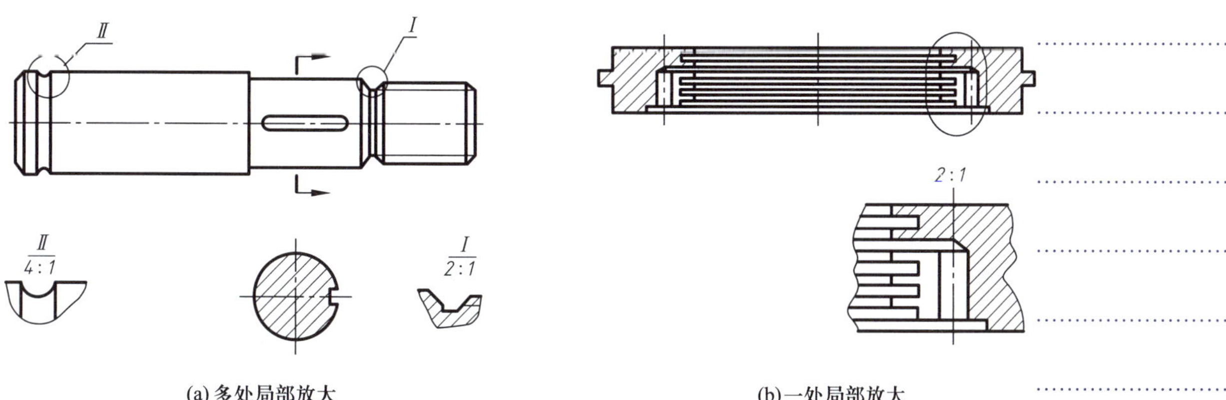

(a) 多处局部放大　(b) 一处局部放大

图2-5-51　局部放大图

5.4.2 简化画法

（1）对于机件上的肋板、轮辐及薄壁等结构，如果按纵向剖切，这些结构都不画剖面符号，而用粗实线将它们与其相邻结构分开，如图2-5-52所示。

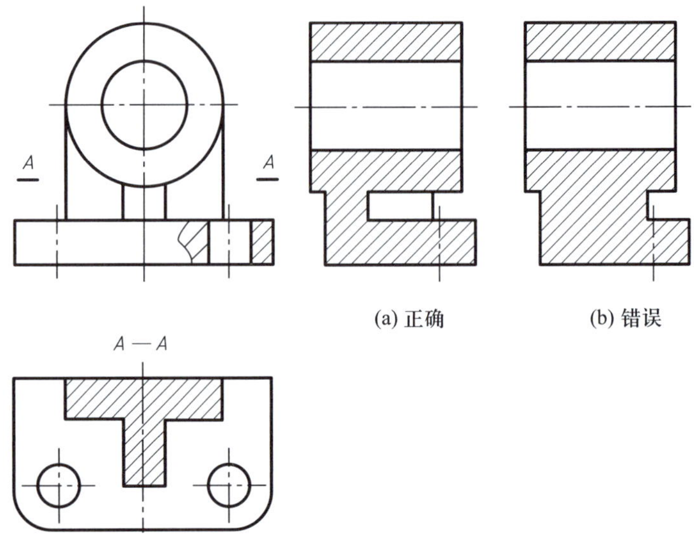

图2-5-52 肋板的画法

（2）当零件回转体上均匀分布的肋板、轮辐、孔等结构不处于剖切平面上时，可将这些结构旋转到剖切平面上画出，如图2-5-53所示。

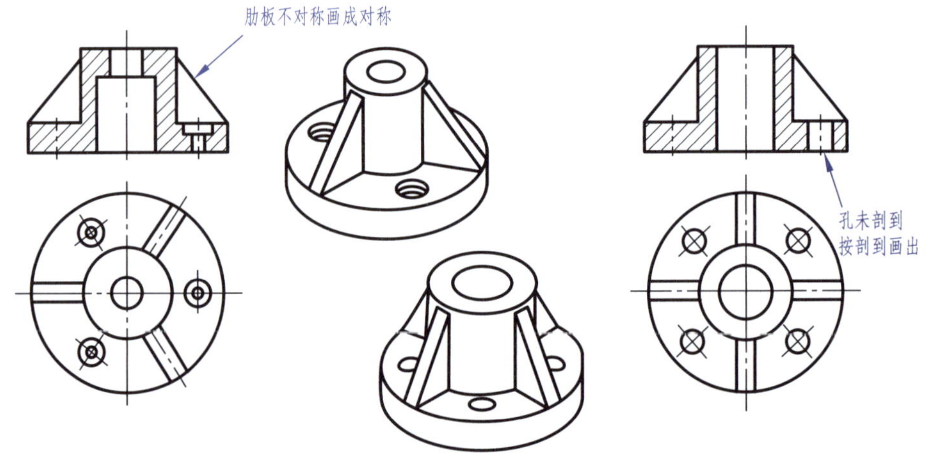

图2-5-53 均匀分布的肋板和孔的画法

（3）当机件上具有若干相同结构（齿、槽、孔等），并按一定规律分布时，只需画出几个完整结构，其余用细实线相连或标明中心位置，并注明总数即可，如图2-5-54所示。

（4）当图形不能充分表达平面结构时，可用平面符号（相交两细实线）表示，如图2-5-55所示。

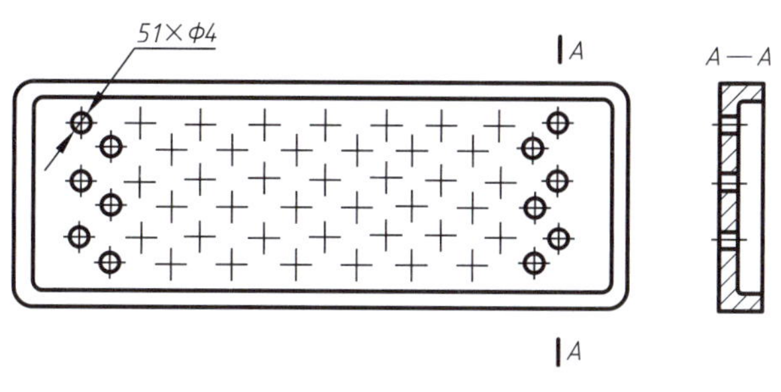

图2-5-54　相同要素的简化画法

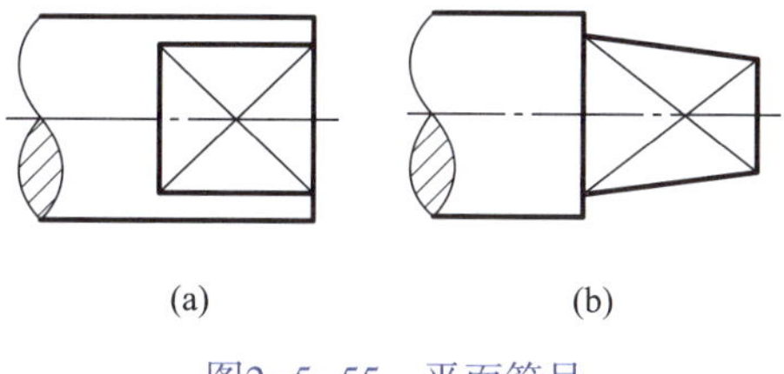

图2-5-55　平面符号

（5）为了节约绘图时间和图幅，对称或基本对称机件的视图可只画一半或四分之一，并在对称中心线的两端画出两条与其垂直的平行细实线；也可使图形适当超过对称中心线，不画对称符号，如图2-5-56所示。

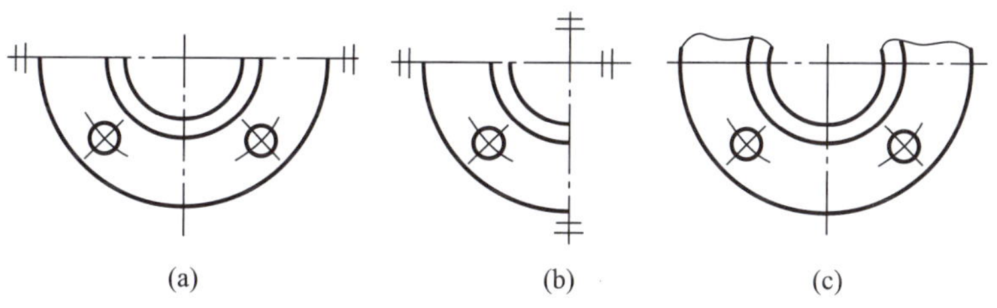

图2-5-56　对称机件的简化画法

（6）较长的机件（如轴、杆、型材、连杆等）沿长度方向的形状一致，或按一定规律变化时，可断开后缩短绘制，但要注意标注实际尺寸，如图2-5-57所示。

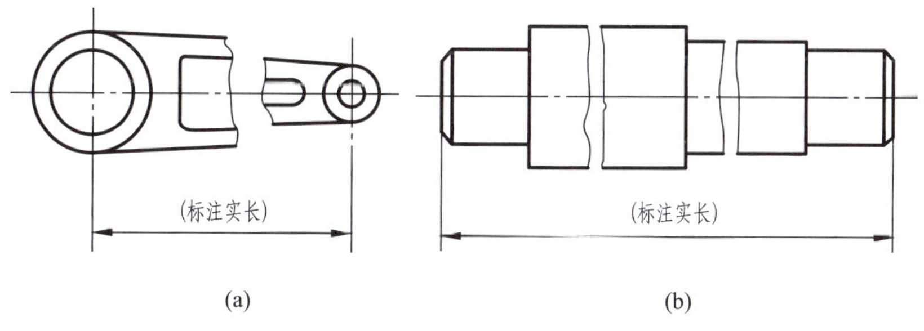

图2-5-57　较长机件的折断画法

（7）在不引起误解时，图中的过渡线、相贯线可以简化。例如用圆弧或直线代替非圆曲线，如图2-5-58所示；也可采用模糊画法表示相贯线，如图2-5-59所示。

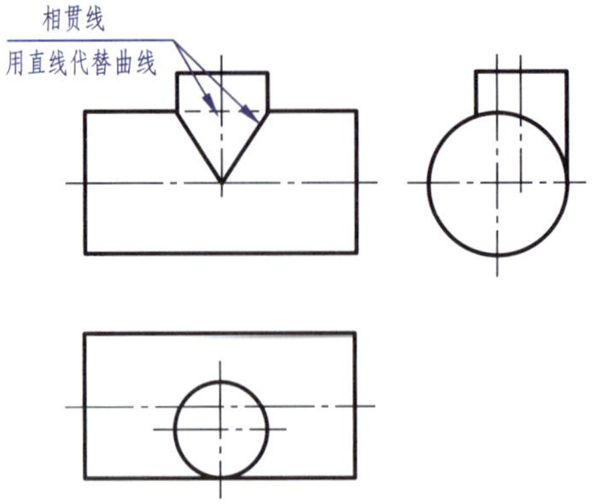

图2-5-58 相贯线的简化画法 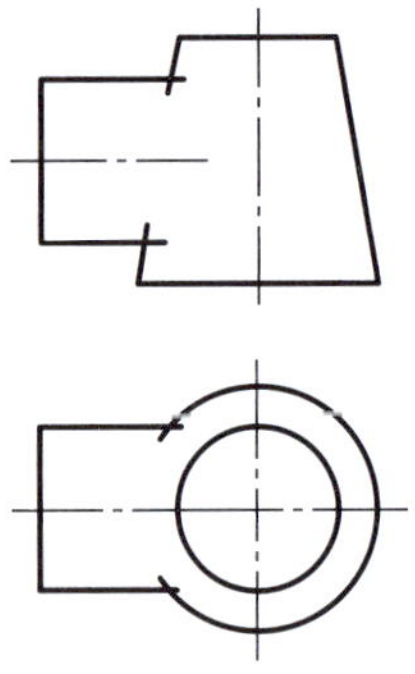　　图2-5-59 相贯线的模糊画法

（8）与投影面倾斜角度小于或等于30° 的圆或圆弧，其投影可用圆或圆弧代替，如图2-5-60所示。

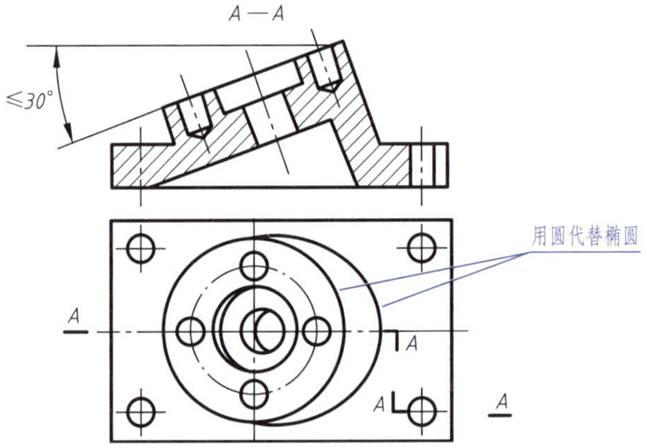

图2-5-60 倾斜圆或圆弧的简化画法

（9）型材（角钢、工字钢、槽钢）中的小斜度结构，在一个图中已表达清楚时，其他图形按小端画出，如图2-5-61所示。

（10）对于网状物、编织物或机件上的滚花部分，可以在轮廓线附近用粗实线示意画出，并在图上或技术要求中注明这些结构的具体要求，如图2-5-62所示。

图2-5-61 小斜度结构的简化画法　　图2-5-62 滚花的画法

（11）机件上的一些较小结构，如在一个图形中已表达清楚时，其他图形可简

化或省略绘制，如图2-5-63所示。

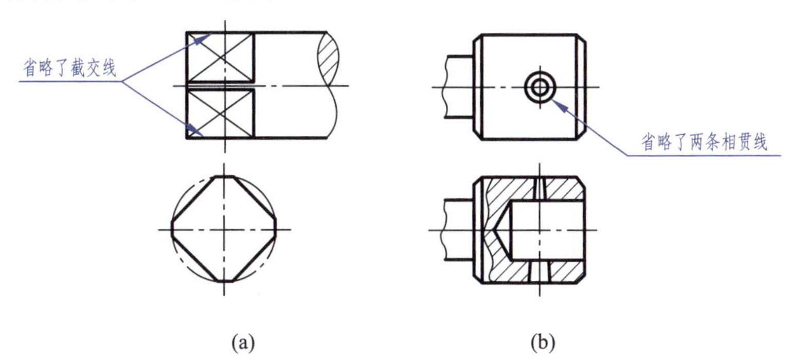

图2-5-63　机件上较小结构的简化画法

（12）在不致引起误解时，零件图中的小圆角或45°小倒角允许省略不画，但必须注明，如图2-5-64所示。

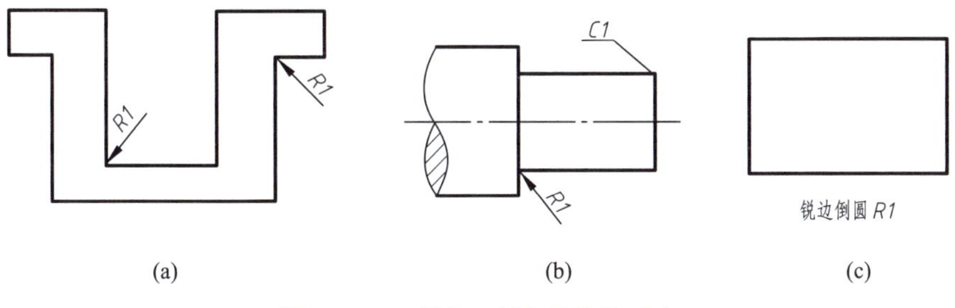

图2-5-64　圆角、倒角的简化画法

5.4.3　第三角画法简介

国家标准《技术制图 投影法》（GB/T 14692—2008）规定：技术图样应采用正投影法绘制，并优先采用第一角画法。我国和英国、法国、德国、俄罗斯等多数国家和地区都采用第一角画法，而美国、日本、加拿大、澳大利亚等国家和地区采用第三角画法。为适应国际技术交流的需要，应了解第三角画法。

1. 第三角画法的概念

如图2-5-65所示，三个相互垂直相交的投影面把空间分成八个分角（*Ⅰ*、*Ⅱ*、*Ⅲ*、*Ⅳ*、…）。

第一角画法，是将形体放在*Ⅰ*分角内，使形体处于观察者和投影面之间，即保持人（视线）—形体—投影面（视图）的相对位置关系，然后按正投影法获得视图，如图2-5-66a所示。

第三角画法，是将物体放在*Ⅲ*分角内，使投影面处于观察者和形体之间，即始终保持人（视线）—投影面（视图）—形体的相对位置关系，假定投影面是透明的，

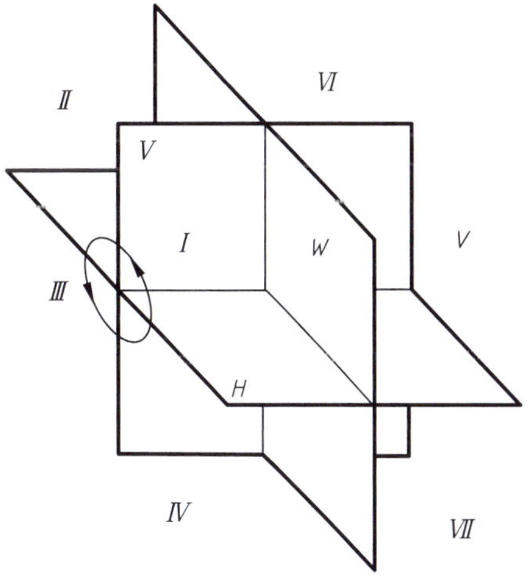

图2-5-65　空间的八个分角

观察者是透过透明的投影面看形体，然后也按正投影法获得视图，如图2-5-66b所示。

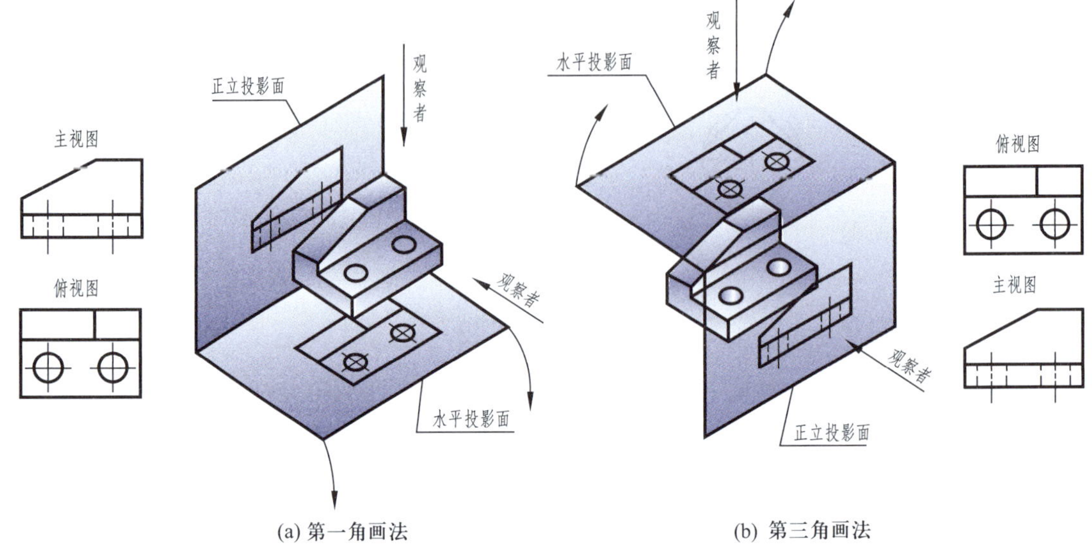

图2-5-66 第一角画法和第三角画法

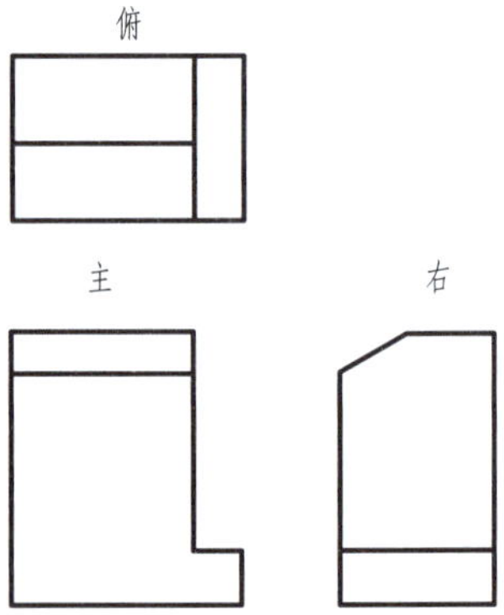

俯

主

右

图2-5-67 第三角画法中三视图配置

2. 第三角画法的三视图

在第三角画法中，从前向后投射在V面上得到主视图，从上向下投射在H面上得到俯视图，从右向左投射在W面上得到右视图。将投影面展开时，保持V面不动，将H、W面分别绕X、Z轴向上、向右旋转90°，使三个投影面展开在同一平面内，即可得到如图2-5-67所示主、俯、右三个视图的配置位置。

和第一角画法一样，第三角画法中的主、俯、右视图也保持着“长对正、高平齐、宽相等”的投影关系。但由于第三角画法的投影面是处于形体与观察者之间，因而在俯、右视图中靠近主视图的一侧表示形体的前面，远离主视图的一侧表示形体的后面。这一点与第一角画法中的方位关系相反。

3. 第三角画法的六个基本视图

和第一角画法一样，第三角画法也有六个基本视图，将形体向正六面体的六个面进行投射，然后按图2-5-68所示的方法展开，即可得到六个基本视图。它们相应的配置关系如图2-5-69a所示。

由上述介绍可知，第三角画法和第一角画法一样，均采用正投影法绘图，采用两种画法得到的六个基本视图的名称也相同。只是形体所处的分角不同，投射过程中，观察者、形体和投影面之间的顺序不同，因此展开到同一图面后，各视图的配置就不同，但两者的表达功能是相同的。从图2-5-69所示第三角画法和第一角画法的基本视图配置对比中可清楚地看出：

① 第三角画法的俯、仰视图与第一角画法的俯、仰视图位置对换；

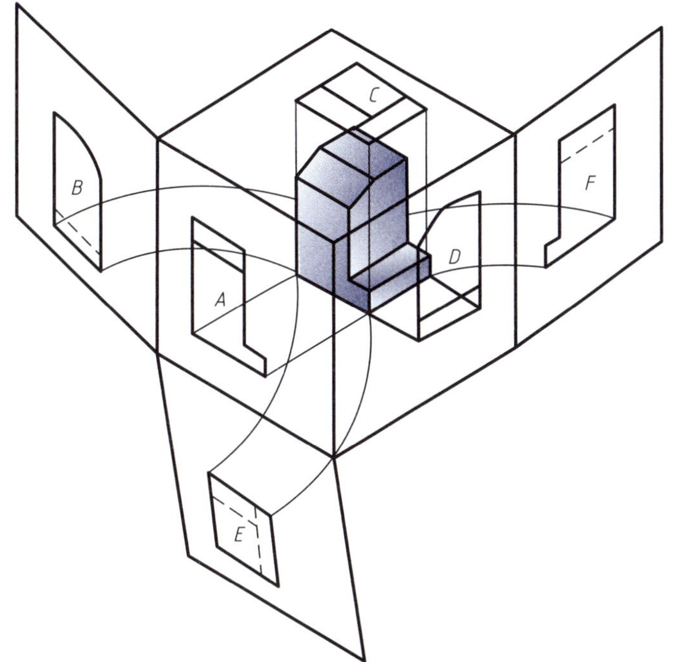

图2-5-68 第三角画法中六个基本视图的展开

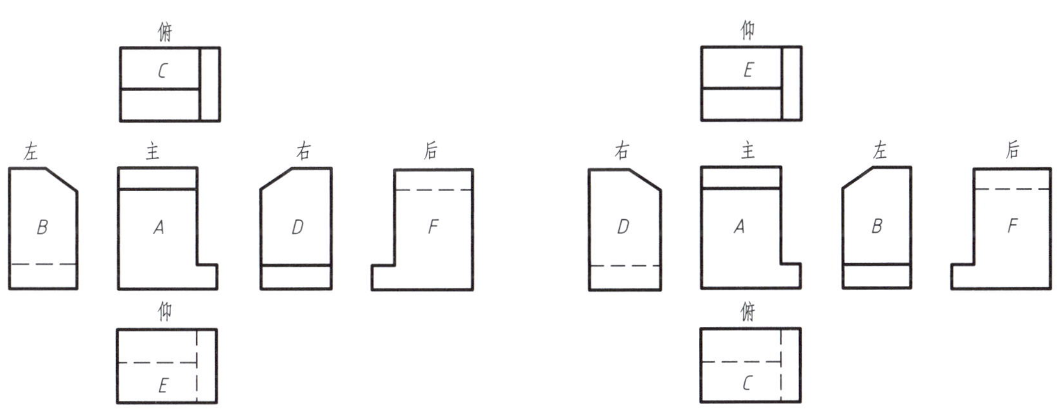

图2-5-69 第三角画法和第一角画法的基本视图配置对比

② 第三角画法的左、右视图与第一角画法的左、右视图位置对换；

③ 第三角画法的主、后视图与第一角画法的主、后视图位置一致。

4. 第一角画法和第三角画法的标记

为了便于区别，第一角画法和第三角画法用不同的识别符号表示，如图2-5-70所示。在图样中，采用第一角画法时，不必标注识别符号；采用第三角画法时，必须在标题栏画出识别符号。

图2-5-71所示为第三角画法和第一角画法的实例对比。只有弄清楚该形体采用的是第三角画法还是第一角画法，才能确切知道形体圆盘上小孔的方位。

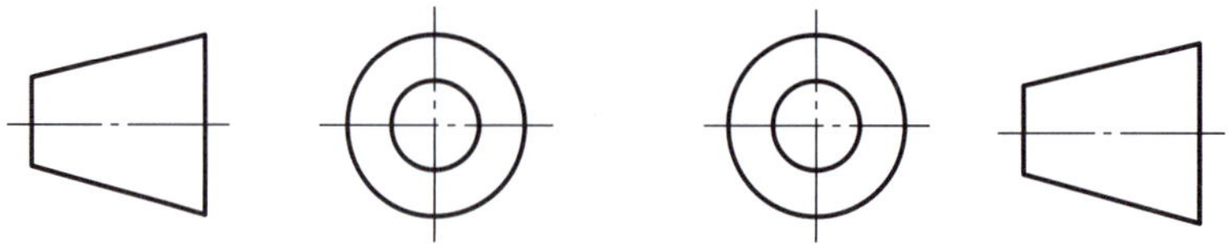

(a) 第一角画法 (b) 第三角画法

图2-5-70 识别符号

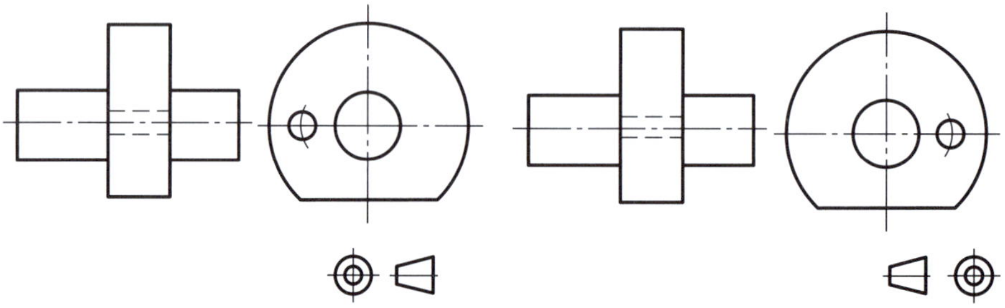

(a) 第三角画法 (b) 第一角画法

图2-5-71 第三角画法和第一角画法的实例对比

任务实施 2

为读图方便，绘图时选用简单合理的表达方法非常重要。同一机件可以有多种表达方法，各种表达方法又各有优缺点。所以在选择表达方法时，应细心琢磨，在保证图样完整、清晰的原则下，灵活运用多种表达方法，使机件表达得更加完善和简练。

完成图2-5-2所示阀体表达方案的合理选择，具体步骤如下：

（1）对零件进行形体分析。图2-5-2所示阀体由矩形底板、圆柱状顶板、带法兰的水平圆筒、同轴竖放台阶圆筒四个部分构成，其内部三通空腔结构是该零件最为典型的特点。

（2）确定主视图。以能够反映零件主要特征为目标，主视图投射方向如图2-5-72a所示。

（3）确定视图表达方案。结合该阀体零件形体分析，其视图表达方案可确定为主视图、俯视图、A向局部视图、B向局部视图。四个视图综合起来可以完整反映阀体形状，如图2-5-72b所示。

（4）确定剖视图表达方案。在视图表达方案中，零件的形状得以完整表达，但虚线较多不利于读图及尺寸标注。为解决此问题，可以选择剖视图表达方案：采用全剖主视图、半剖俯视图、半剖左视图，如图2-5-72c所示。

该方案紧密结合了三视图和剖视图的表达特点，能够完整表达零件形状，且对零件内部结构表达清晰，但是缺点是左视图和主视图具有较多的重复表达，表达不够简练。

（5）优化表达方案。本着保证图样完整清晰和力求表达完善简练的绘图原则，结合上述方案的优缺点，可以将该阀体零件的表达方案优化为：主视图采用局部剖视图，既表达外形又表达内部三通空腔结构；俯视图采用半剖视图，既能够清晰表达顶板、底板、法兰外形，也可清楚反映圆筒内部空腔结构；采用C向局部视图可清楚表达法兰的左端面形状。三个视图就可以清楚地表达该阀体零件的形状，让绘图、读图及尺寸标注都变得容易，如图2-5-72d所示。

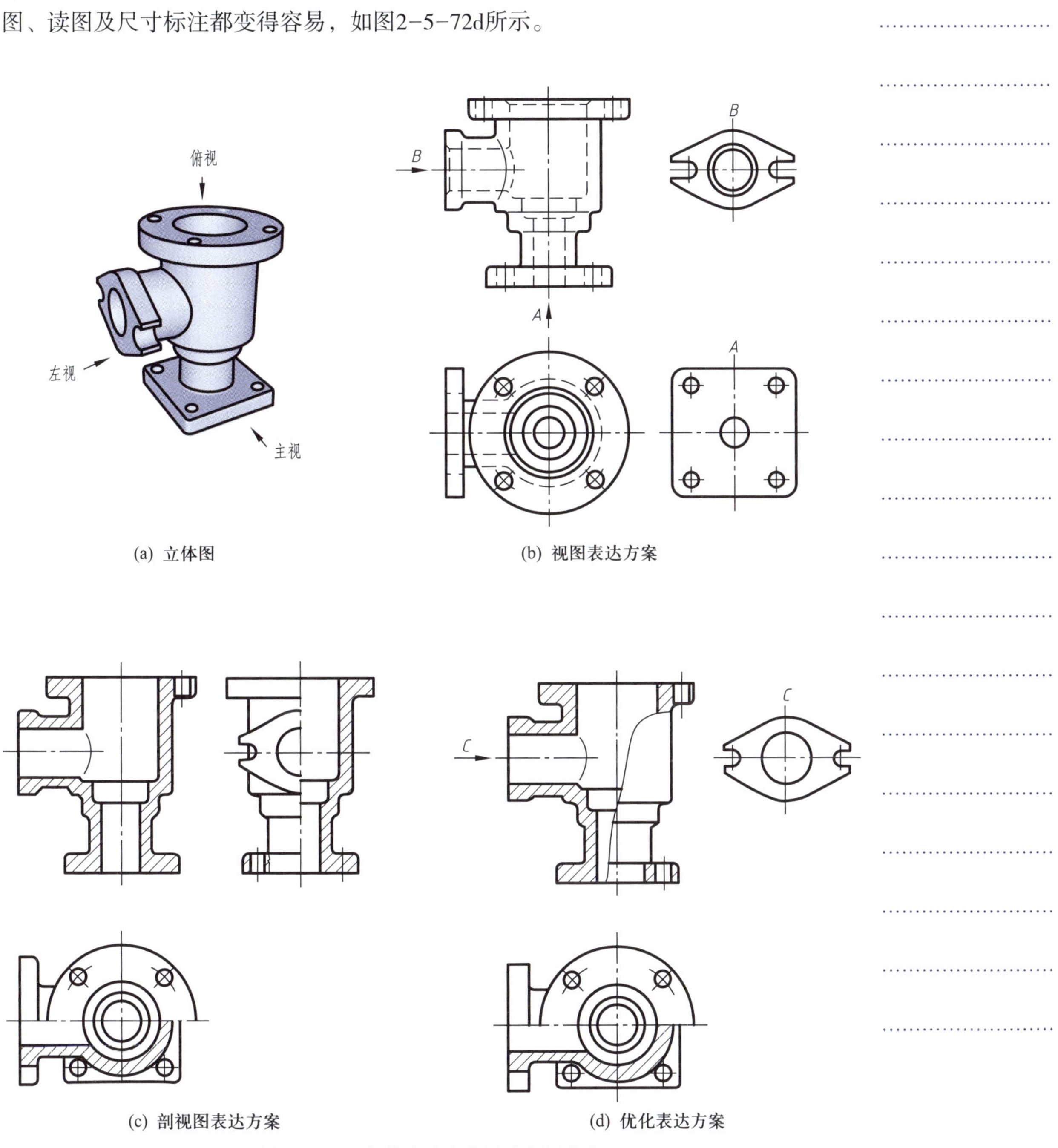

(a) 立体图　(b) 视图表达方案

(c) 剖视图表达方案　(d) 优化表达方案

图2-5-72　阀体表达方案的选择及优化

学习小结

本项目的学习重点是机件表达方案，知识点较多，包含基本视图、向视图、斜视图、局部视图、剖视图、断面图、局部放大图及国家标准规定的简化画法等。

1. 视图表达方法要点

基本视图是在三投影面体系中采用正投影原理从六个方向完整表达零件形状的方法，向视图可以实现视图位置灵活配置，斜视图可以表达零件上倾斜结构的形状，局部视图可以灵活表达零件局部结构和形状。

2. 剖视图表达方法要点

剖视图可以有效解决零件内部不可见结构的形状表达问题，可以有效减少视图中的虚线，让图样识读、尺寸标注等变得更为清晰。单一剖切面、几个平行的剖切平面、几个相交的剖切平面分别解决了不同类型机件内部结构的表达问题。全剖视图、半剖视图、局部剖视图分别对应了不同的剖切范围。全剖视图可以将零件上不同类型的空腔全部剖开，其优点在于对零件内部的结构表达非常清楚，但对于表达零件外部结构却有其局限性。半剖视图对于外形和内部空腔都对称的结构可以做到在同一个视图上外形及内部结构同时有效表达。局部剖视图可以灵活自由地选择剖切范围，但其剖切范围的合理选择却是一个不容忽视的问题。

3. 断面图表达方法要点

断面图主要用于表达机械零件的截面形状，是轴类零件、杆件、肋板等实心零件上小空腔结构的有效表达手段。移出断面图主要用于表达空腔较为复杂零件的截面形状，重合断面图则主要用于表达杆件、肋板等实心结构的截面形状，二者之间有一定的区别与联系。

4. 局部放大图及简化画法要点

局部放大图可以将零件上的局部小结构按照实际需求比例进行放大，可以有效地解决零件上局部小结构的形状表达问题。机件的简化画法是在国家标准允许的前提下，可以有效地简化机械图样绘制，同时让读图变得简单。

5. 表达方法综合应用要点

机件表达方法综合应用实际上是对机械零件形状表达方案的合理选择，更是绘制机械零件图样的基础。机件表达方案的选择一般遵循以下步骤：

（1）根据能够反映零件主要特征的基本要求选择主视图投射方向。

（2）根据零件外形及内部结构特征选择主视图的合理表达方案。

（3）根据主视图所不能表达的内容选择其他视图，并选择合适的表达方法。

（4）遵循“结构完整清晰、视图简单明了”的机件表达方案选择原则，对初选的方案进行优化，直到最佳。

通过对机件表达方法的分析，能够选取出最优表达方案，培养良好的工程素养和精益求精的工匠精神。

通过理论学习，我们要学会善于透过现象认识事物的真相和全貌，抓住机械零件表达的本质规律，提高针对不同结构的机械零件，灵活采用多种表达方法的能力，养成分析问题、解决问题的科学思维能力。

复习自查

1. 视图的表达方法有几种？各种表达方法如何使用、如何标注？

2. 剖视图的表达方法中，剖切面的类型有几种？各类剖切面使用的对象是什么？各类剖切面如何标注？

3. 剖视图按照剖切范围分为哪几类？各类剖视图适用的对象是什么？各自有何优点及缺点？各类剖视图如何标注？

4. 断面图表达方法有哪几种？各表达方法适用的对象是什么？各表达方法如何标注？断面图与剖视图有何区别与联系？

5. 局部放大图如何使用？如何标注？

6. 简化画法有哪几种？各简化画法应如何使用？

7. 如何清晰、合理地选择零件的表达方案？

典型零件视图的绘制与识读

项目一　标准件及常用件

知识目标

1. 掌握标准件和常用件的结构、标记和标注等。
2. 掌握标准件和常用件的规定画法。

能力目标

熟练运用国家标准选用标准件，查阅其规格尺寸，并掌握其规定画法。

素养目标

通过学习标准件的国家标准规定，养成严谨绘图的工作作风。

任务引入

生产实际中，有些零件使用广泛，如螺纹紧固件和齿轮传动件等。针对广泛使用的零件制定了专门的国家标准，此类零件统称为标准件，标准件的结构、尺寸、标注都已经标准化。常见的标准件有螺栓、螺钉、双头螺柱、螺母、垫圈、键、销、滚动轴承等，如图3-1-1所示。对齿轮、弹簧等在机械设备中使用较多且其部分结构也已经标准化的零件称为常用件。图3-1-2所示齿轮为CM6154车床主轴箱齿轮，如何表达这类常用零件呢？

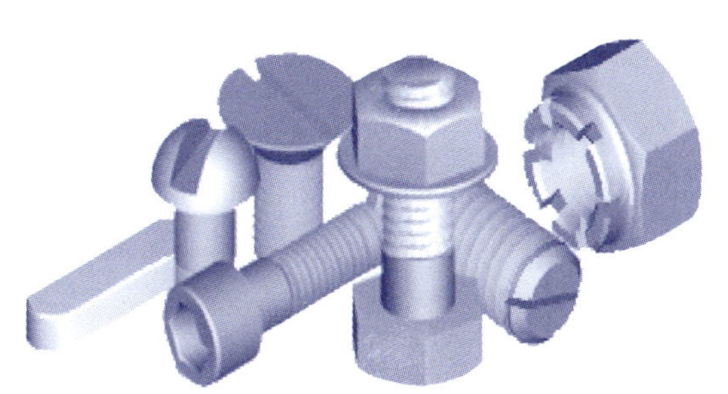

图3-1-1　常见的标准件

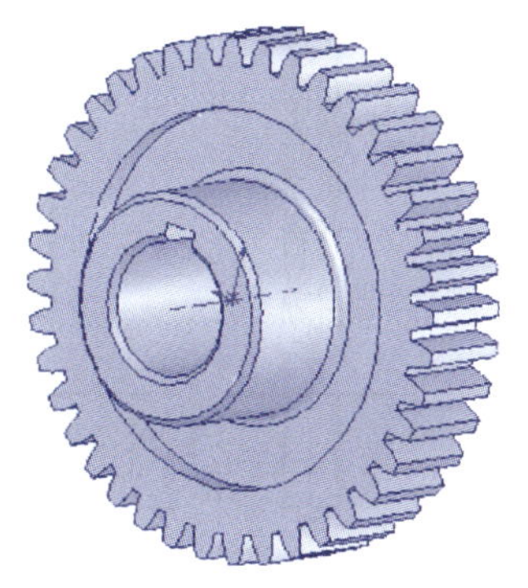

图3-1-2　CM6154车床主轴箱齿轮

知识链接

1.1　螺纹

1.1.1　螺纹的基本概念

1. 螺纹的定义

螺纹：指在圆柱或圆锥表面上，沿螺旋线所形成的具有相同剖面的连续凸起，一般称其为“牙”。螺纹分外螺纹和内螺纹两种，成对使用。在圆柱（或圆锥）外表面上加工的螺纹称为外螺纹，在圆柱（或圆锥）内表面上加工的螺纹称为内螺纹。

2. 螺纹的加工方法

车削加工：工件夹在车床的卡盘中，绕其轴线做匀速旋转，车刀沿工件轴线方向做匀速移动，当刀尖切入工件后，在工件表面车出螺纹，如图3-1-3a、b所示。

丝锥加工：对于不能车削加工的内螺纹，可先用钻头钻出光孔，再用丝锥攻螺纹，如图3-1-3c所示。

板牙加工：外螺纹还可采用板牙加工，如图3-1-3d所示。

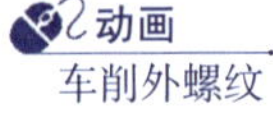

车削外螺纹

车削内螺纹

钻孔后攻螺纹

板牙加工外螺纹

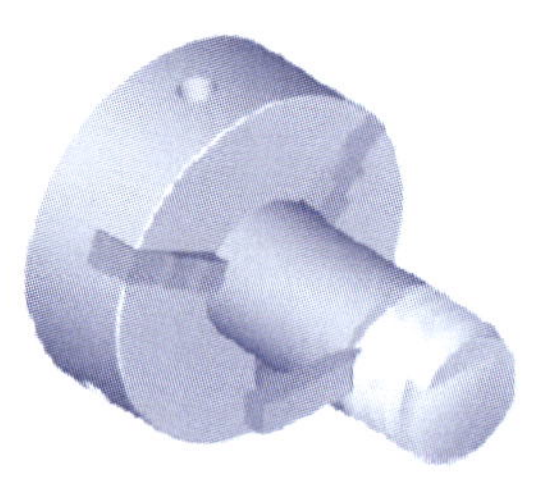

(a) 车削外螺纹

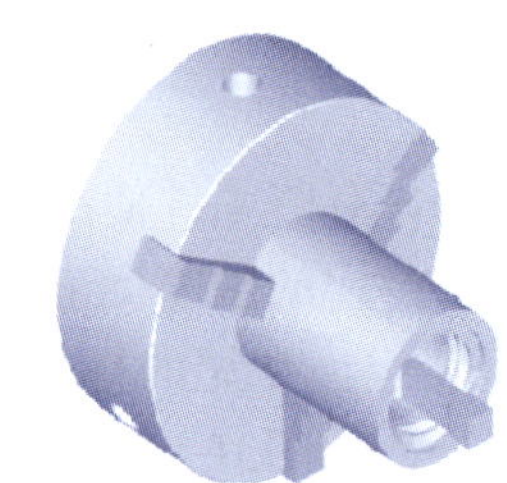

(b) 车削内螺纹

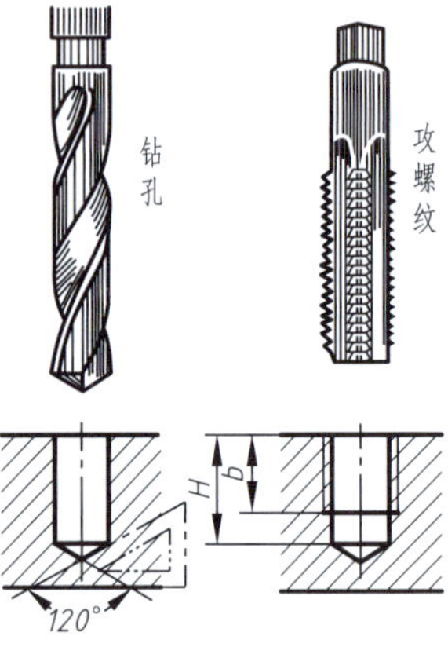

(c) 钻孔后攻螺纹

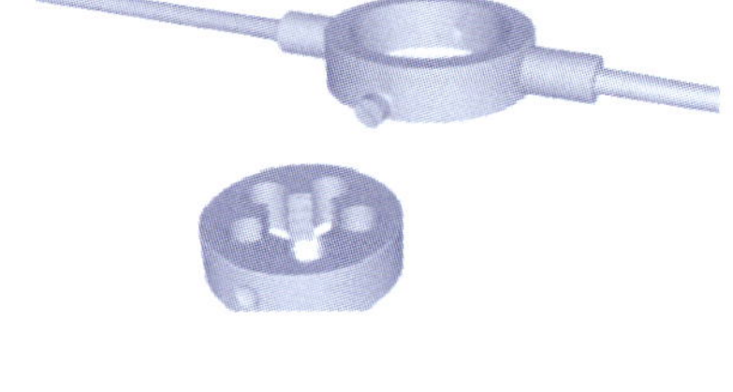

(d) 用板牙加工外螺纹

图3-1-3 螺纹的加工方法

螺纹上还有便于退刀的退刀槽等工艺结构，如图3-1-4所示。

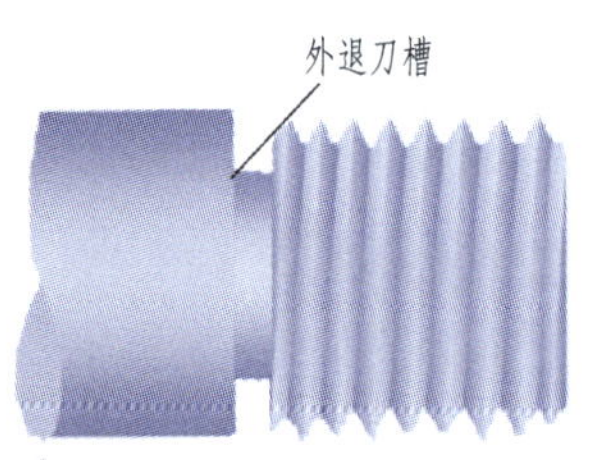

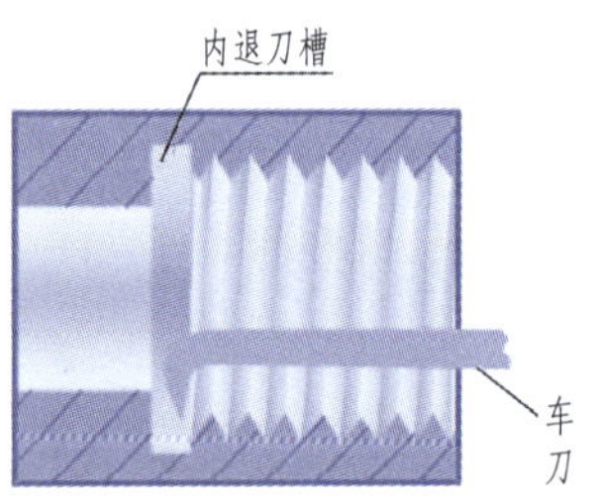

图3-1-4 螺纹上的退刀槽

1.1.2 螺纹的基本要素（GB/T 14791—2013）

1. 牙型

在通过螺纹轴线剖切的断面上，螺纹的轮廓形状称为牙型；相邻牙侧间的材料实体称为牙体；连接两个相邻牙侧的牙体顶部表面称为牙顶；连接两个相邻牙侧的牙槽底部表面称为牙底。常见的牙型有三角形、梯形、锯齿形等，如图3-1-5所示。常见的螺纹牙型是等边三角形，称为普通螺纹，用大写字母“M”表示。

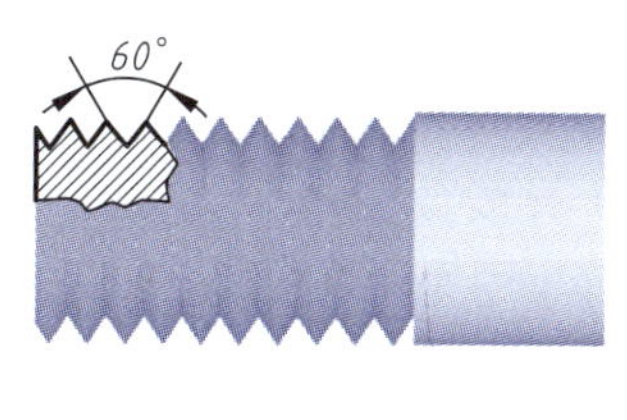

(a) 普通螺纹M

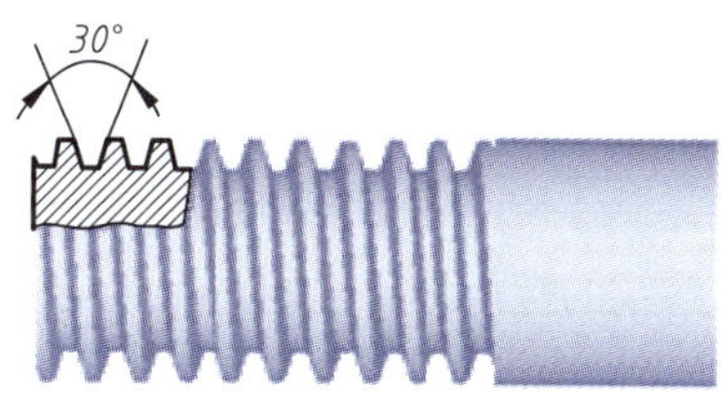

(b) 梯形螺纹Tr

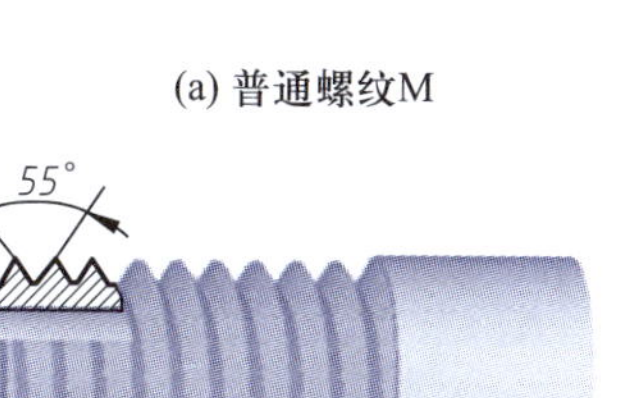

(c) 管螺纹(G、R_1、R_2、R_p、R_c)

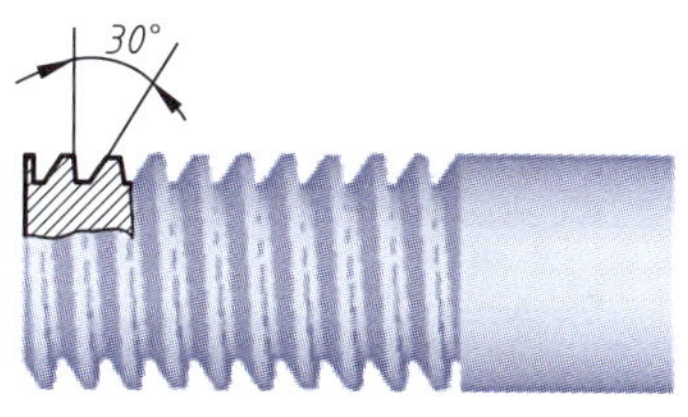

(d) 锯齿形螺纹B

图3-1-5　螺纹的牙型

微课扫一扫
螺纹的基本要素

2. 直径

螺纹的直径有大径、中径和小径三种，如图3-1-6所示。

大径（d、D）：与外螺纹的牙顶或内螺纹的牙底相重合的假想圆柱的直径称为大径（外螺纹的大径用小写字母d表示，内螺纹的大径用大写字母D表示），大径是螺纹的最大直径。一般称大径为螺纹的公称直径。

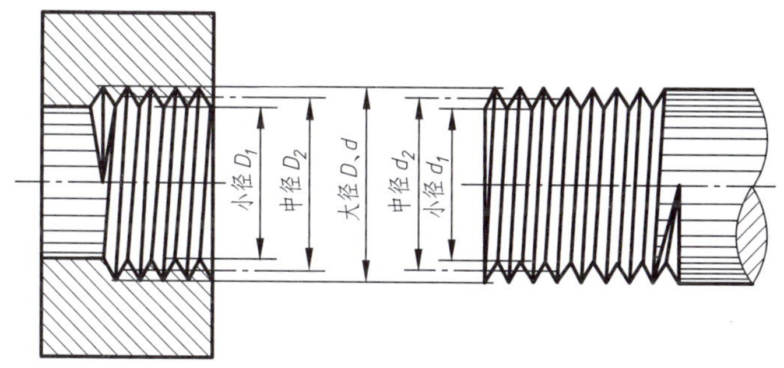

图3-1-6　螺纹的直径

小径（d_1、D_1）：与外螺纹的牙底或内螺纹的牙顶相重合的假想圆柱的直径称为小径，小径是螺纹的最小直径。

中径（d_2、D_2）：中径是在大径和小径之间，母线通过牙型上沟槽宽度和凸起宽度相等的假想圆柱的直径。

3. 线数（n）

线数是指在同一圆柱面（或圆锥面）上轴向等距分布螺纹的条数，螺纹有单线和多线之分。只有一个起始点的螺纹，称为单线螺纹，如图3-1-7a所示；具有两个或以上起始点的螺纹，称为多线螺纹，如图3-1-7b所示。

4. 螺距（P）和导程（P_h）

相邻两牙在中径线上对应两点间的轴向距离称为螺距。

同一螺旋线上相邻两牙在中径线上对应两点间的轴向距离称为导程。

螺距、导程、线数的关系为

$$导程(P_h)=螺距(P)\times 线数(n)$$

单线螺纹的螺距和导程相同，多线螺纹的螺距等于导程除以线数，如图3-1-7所示。

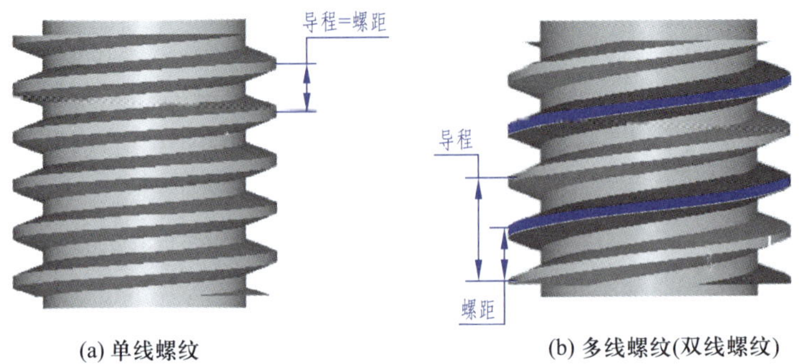

(a) 单线螺纹　　(b) 多线螺纹(双线螺纹)

图3-1-7　螺纹的线数、螺距和导程的关系

5. 旋向

螺纹有左旋、右旋之分，顺时针旋转时旋入的螺纹称为右旋螺纹，逆时针旋转时旋入的螺纹称为左旋螺纹。判别螺纹旋向时，可将外螺纹轴线铅垂放置，螺纹可见部分自左向右升起，即右高左低者为右旋螺纹；自右向左升起，即左高右低者为左旋螺纹，如图3-1-8所示。

动画
螺纹的旋向

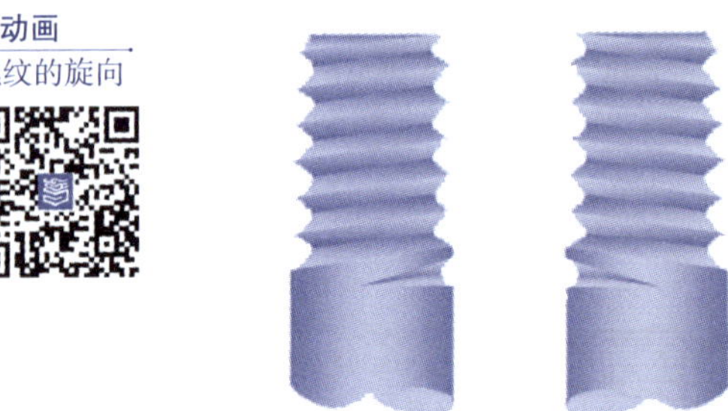

(右旋)　　(左旋)

图3-1-8　螺纹的旋向

要想把内、外螺纹装配在一起，内、外螺纹的牙型、大径、旋向、线数和螺距五要素必须相同。其中，牙型、大径、螺距是决定螺纹结构规格的最基本要素。

在实际生产中，单线、右旋螺纹使用得较多，且绝大多数是标准螺纹。

1.1.3　螺纹的分类

（1）螺纹按标准化程度可分为标准螺纹、特殊螺纹、非标准螺纹。

标准螺纹：牙型、大径和螺距都符合国家标准的螺纹。

特殊螺纹：牙型符合国家标准，大径或螺距不符合国家标准的螺纹。

非标准螺纹：牙型不符合国家标准的螺纹，如方牙螺纹。

（2）螺纹按用途分为连接螺纹和传动螺纹两大类（表3-1-1）。

表 3-1-1　螺纹种类和用途

螺纹种类			特征代号	牙形图	用途
连接螺纹	普通螺纹	粗牙	M	60°	常用的连接螺纹
		细牙			用于细小的精密或薄壁零件的连接

续表

螺纹种类			特征代号	牙形图	用途
连接螺纹	管螺纹	非密封	G、	55°	用于水管、油管、气管等管路系统的连接
		密封	R_1、R_2、R_p、R_c		
传动螺纹	梯形螺纹		Tr	30°	用于各种机床的丝杠，用于传递运动
	锯齿形螺纹		B	30° 3°	用于传递单方向的力

微课扫一扫
螺纹的规定画法

1.1.4　螺纹的规定画法

绘制螺纹的真实投影是十分繁琐的事情，并且在实际生产中也没有必要这样做。为了便于绘图，国家标准（GB/T 4459.1—1995）对螺纹的画法作了规定，按此画法作图并加以标注，就能清楚地表示螺纹的类型、规格和尺寸。

1. 外螺纹画法

外螺纹的牙顶（大径）用粗实线绘制，牙底（小径）用细实线绘制（小径一般近似取$d_1=0.85d$），当外螺纹画出倒角时，应将表示牙底的细实线画入倒角部分，螺纹终止线用粗实线绘制。

在端视图（投影为圆的视图）中，表示牙底的细实线圆只画约3/4圈，轴端倒角圆省略不画，如图3-1-9所示。

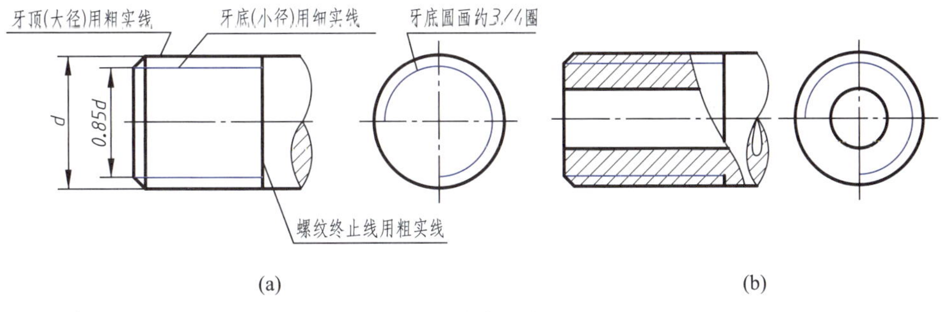

图3-1-9　外螺纹的画法

2. 内螺纹的画法

内螺纹通常采用剖视画法，牙顶（小径）用粗实线绘制，牙底（大径）用细实线绘制，剖面线画至牙顶（粗实线），螺纹终止线用粗实线绘制，当内螺纹画出倒角时，不应将表示牙底的细实线画入倒角部分。

在端视图中，表示牙底的细实线圆只画约3/4圈，倒角圆省略不画，如图3-1-10所示。对于不通螺孔，一般应将钻孔深度与螺纹深度分别画出。

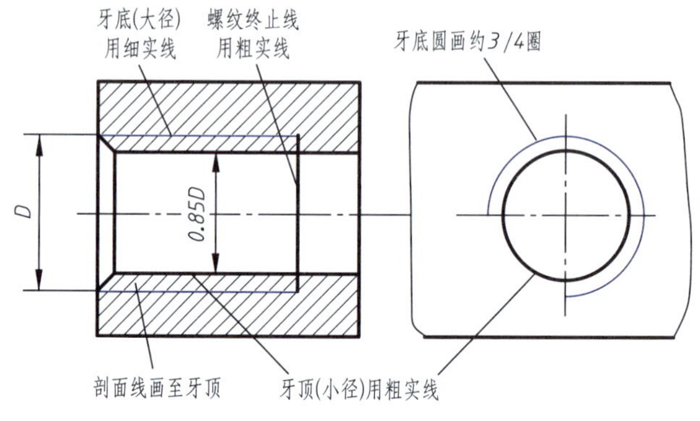

图3-1-10 内螺纹的画法

不作剖视时，牙底、牙顶、螺纹终止线等均为虚线。

螺孔与螺孔、螺孔与光孔相贯时，只画粗实线的相贯线，如图3-1-11所示。

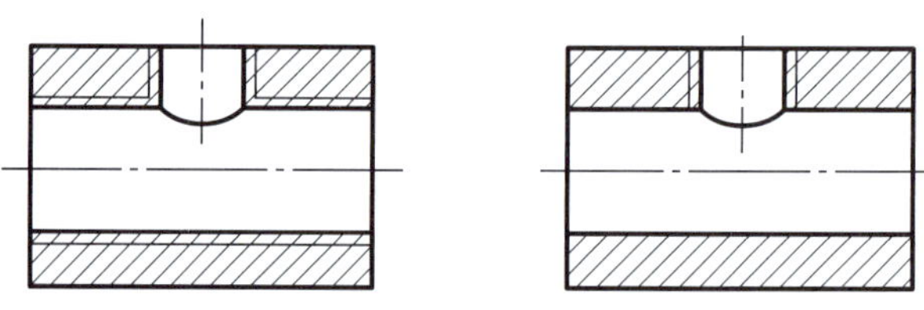
图3-1-11 螺孔中相贯线的画法

3. 螺纹连接的画法

在剖视图中，螺纹连接的外螺纹规定按不剖绘制，旋合部分按外螺纹的规定画法绘制，其余部分按各自的规定画法绘制，如图3-1-12所示。

因为只有牙型、大径、小径、螺距及旋向等都相同的螺纹才能旋合在一起，所以在剖视图中，表示外螺纹牙顶的粗实线应与表示内螺纹牙底的细实线在一条直线上；表示外螺纹牙底的细实线，也应与表示内螺纹牙顶的粗实线在一条直线上。螺纹旋合深度与被连接件的材料有关，螺孔深度一般应比旋合深度深0.5D，钻孔深度比螺纹深度深0.5D，其中D为螺纹大径，钻孔圆锥角为120°。

4. 螺纹牙型的表示法

一般不在图中表示螺纹牙型，当需要表示螺纹牙型时，可采用局部剖视图或局部放大图绘出螺纹的牙型，如图3-1-13所示。

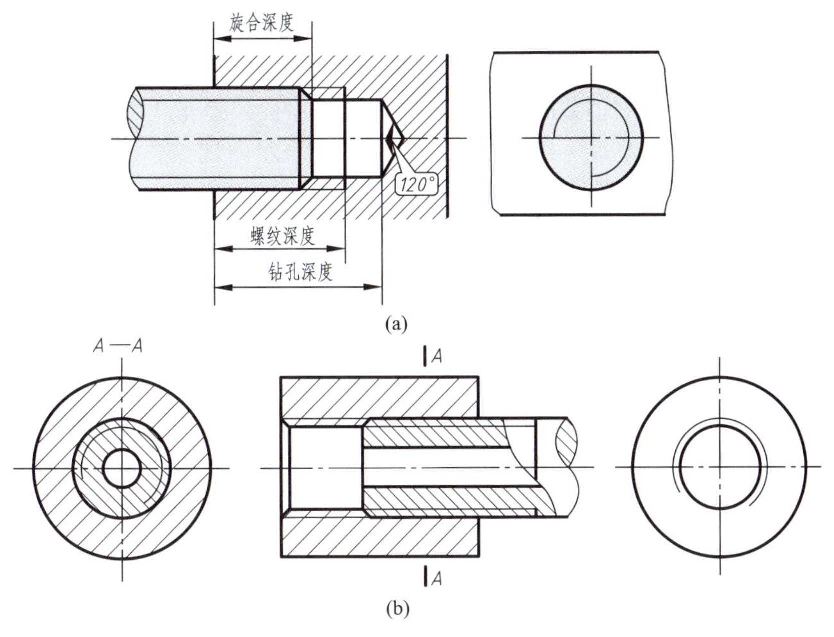

图3-1-12　螺纹连接的画法

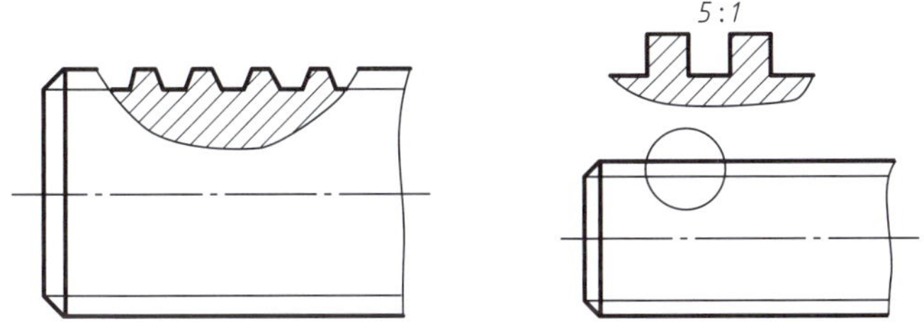

图3-1-13　螺纹牙型的表达方法

1.1.5　螺纹的标记与标注

由于各类螺纹的画法都是相同的，螺纹规定画法不能真实表达螺纹种类及其各要素，因此，在图样上要按规定格式表示各要素。国家标准规定，标准螺纹用规定的标记标注，并标注在螺纹的公称直径上，以区别不同种类的螺纹。

1. 普通螺纹的标记与标注

（1）普通螺纹的完整标记由螺纹特征代号、尺寸代号、公差带代号、旋合长度代号和旋向代号等组成。单线螺纹的标记格式如下：

螺纹特征代号 - 公称直径 × 螺距　公差带代号 - 旋合长度代号 - 旋向代号

多线普通螺纹的标记格式如下：

螺纹特征代号 - 公称直径 × Ph导程P螺距 - 公差带代号 - 旋合长度代号 - 旋向代号

标记的注写规则：

螺纹特征代号　螺纹特征代号为M。

尺寸代号　公称直径为螺纹大径。单线螺纹的尺寸代号为“公称直径 × 螺距”，不写“P”字样。多线螺纹的尺寸代号为“公称直径×Ph导程P螺距”，需注写“Ph”和“P”字样。粗牙普通螺纹不标注螺距。粗牙螺纹与细牙螺纹的区别见附表1。

公差带代号 公差带代号由中径公差带代号和顶径公差带（对外螺纹指大径公差带、内螺纹指小径公差带）代号组成。大写字母表示内螺纹，小写字母表示外螺纹。若两组公差带相同，则只写一组。

旋合长度代号 旋合长度分为短（S）、中等（N）、长（L）三种。一般采用中等旋合长度，N省略不注。

旋向代号 左旋螺纹用“LH”表示，右旋螺纹不标注旋向(所有螺纹旋向的标记，均与此相同)。

示例1：M30×2－5g6g－S

表示普通细牙外螺纹，公称直径为30 mm，螺距为2 mm，中径、顶径公差带代号分别为5g、6g，短旋合长度，右旋。

示例2：M16×Ph3P1.5–7G–L–LH

表示普通双线细牙内螺纹，公称直径为16 mm，导程为3 mm，螺距为1.5 mm，中径和顶径的公差代号均为7G，长旋合长度，左旋。

（2）普通螺纹的尺寸应标注公称尺寸，注写在大径线上，如图3–1–14所示。

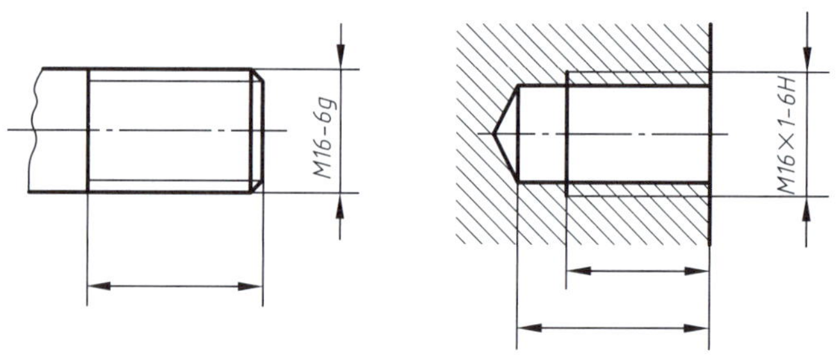

图3–1–14 普通螺纹的标注

2. 梯形螺纹的标记与标注

（1）梯形螺纹的完整标记由螺纹代号、公差带代号及旋合长度代号三部分组成。具体的标记格式与普通螺纹标记一致。

示例：Tr36×Ph12 P6–7H

表示梯形内螺纹，公称直径为36 mm，双线，导程为12 mm，螺距为6 mm，中径公差带为7H，中等旋合长度，右旋（右旋不标注）。

梯形螺纹代号注写时应注意：

① 单线螺纹只标注螺距，多线螺纹需标注导程和螺距。右旋螺纹不注旋向，若为左旋，应标注代号“LH”。

② 只标注中径公差带代号。

③ 梯形螺纹的旋合长度分为中（N）和长（L）两组。当旋合长度为中（N）时，不标注代号“N”。

锯齿形螺纹的标记与梯形螺纹基本一致。如B40×10–7c，表示锯齿形外螺纹，公称直径为40 mm，螺距为10 mm，中径公差带代号为7c，右旋，中等旋合长度。

（2）梯形螺纹和锯齿形螺纹标注与普通螺纹要求一致，如图3-1-15所示。

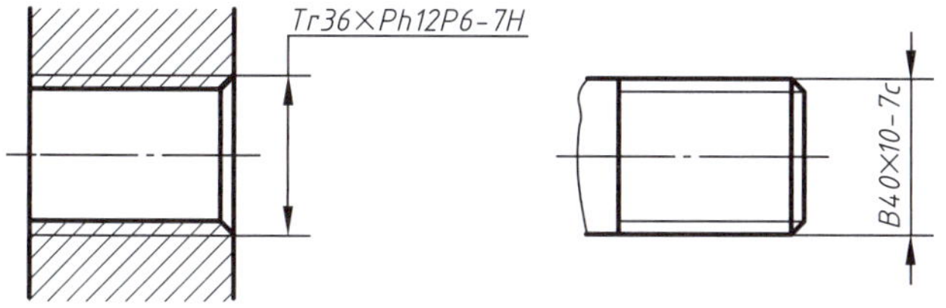

Tr36×Ph12P6-7H　B40×10-7c

图3-1-15　梯形螺纹和锯齿形螺纹的标注

3. 管螺纹的标注

管螺纹分为密封管螺纹和非密封管螺纹。

（1）55° 密封管螺纹的标记格式如下：

[螺纹特征代号] [尺寸代号]-[旋向代号]

螺纹特征代号　R_c表示圆锥内螺纹；R_p表示圆柱内螺纹；R_1表示与圆柱内螺纹相配合的圆锥外螺纹；R_2表示与圆锥内螺纹相配合的圆锥外螺纹。

尺寸代号　用1/2、3/4、1、11 /4 、11 /2等表示。

旋向代号　左旋用“LH”表示，右旋不注。

（2）55° 非密封管螺纹的标记格式如下：

[螺纹特征代号] [尺寸代号] [公差等级代号]-[旋向代号]

螺纹特征代号　非密封内、外管螺纹，特征代号为“G”。

尺寸代号　用1/2、3/4、1、11 /4 、11 /2等表示。

公差等级代号　外螺纹分A、B两个公差等级；内螺纹公差等级只有一种，故不加标记。

（3）管螺纹的公称直径（尺寸代号）不表示螺纹大径，也不是管螺纹本身任何一个直径的尺寸，一般是指加工有管螺纹或圆锥管螺纹的管子的通孔直径，因而用指引线指在管螺纹大径上来标注，单位为英寸（in），其标注见表3-1-2。管螺纹的大径、中径、小径及螺距等具体尺寸，可通过查阅相关标准获取。

表 3-1-2　管螺纹的标注

螺纹种类			代号	标注示例	说明
55°管螺纹	非密封管螺纹		G	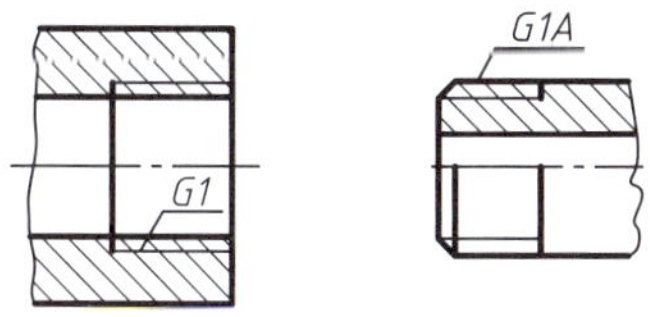 G1　G1A	G—螺纹特征代号； 1—尺寸代号；A—外螺纹公差等级代号。 标注时从管螺纹的大径线引出标注
	密封管螺纹	圆锥内螺纹	R_c	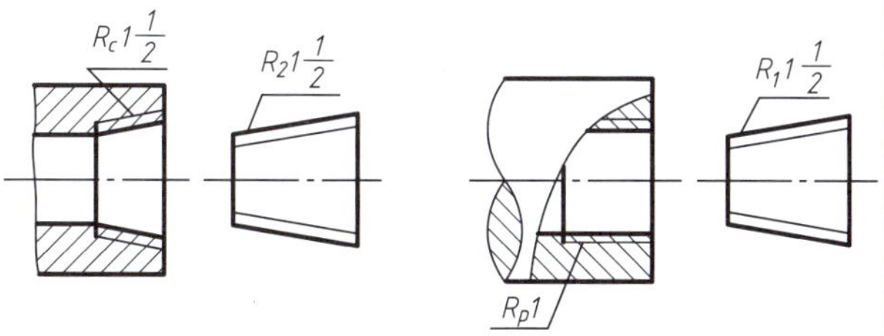 $R_c1\frac{1}{2}$　$R_21\frac{1}{2}$　R_p1　$R_11\frac{1}{2}$	R_1与圆柱内螺纹R_p配合； R_2与圆锥内螺纹R_c配合； 标注时从大径线引出标注螺纹尺寸代号
		圆柱内螺纹	R_p		
		圆锥外螺纹	R_1、R_2		

1.2 螺纹紧固件

螺纹的常见用途是制成螺纹紧固件使用。螺纹紧固件是标准件，不画零件图，只画装配图。常见的螺纹连接形式有螺栓连接、双头螺柱连接和螺钉连接等。

1.2.1 常用螺纹紧固件的种类和标记

常用的螺纹紧固件有螺栓、双头螺柱、螺钉、螺母、垫圈等，如图3-1-16所示。它们的结构、尺寸都已标准化。使用时，可从附表给出的标准中查出所需的结构和尺寸。

标准的螺纹紧固件的标记内容有名称、标准编号、螺纹规格 × 公称长度，常用螺纹紧固件的标记示例见表3-1-3。

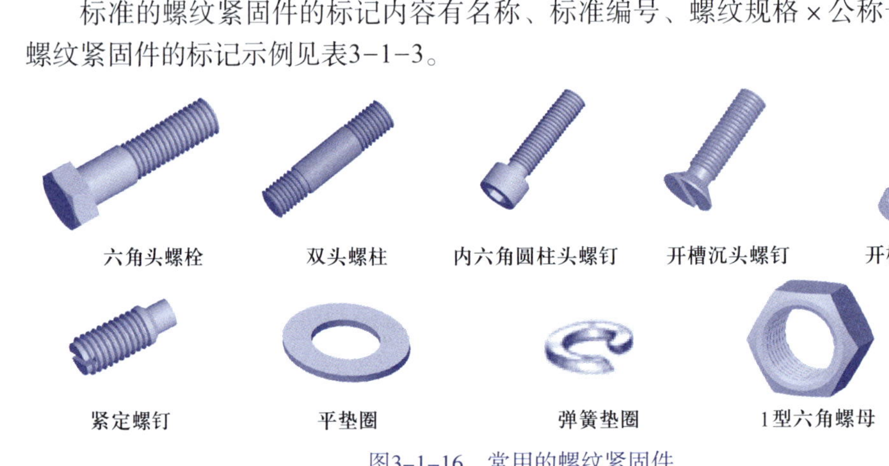

图3-1-16 常用的螺纹紧固件

表 3-1-3 常用螺纹紧固件的标记示例

名称	标记示例	说明
螺栓	螺栓 GB/T 5782 M10 × 50	螺纹规格为 d = M10、公称长度 L = 50 mm（不包括头部）、产品等级为 A 级的六角头螺栓
双头螺柱	螺柱 GB/T 898 M12 × 40	螺纹规格为 d = M12、公称长度 L = 40 mm（不包括旋入端）的双头螺柱
螺母	螺母 GB/T 6170 M16	螺纹规格为 D = M16 的 1 型六角螺母
平垫圈	垫圈 GB/T 97.2 16	公称尺寸 d = 16 mm、硬度等级为 200 HV 级、不经表面处理的倒角型 A 级平垫圈
弹簧垫圈	垫圈 GB/T 93 20	规格（螺纹大径）为 20 mm 的标准型弹簧垫圈
螺钉	螺钉 GB/T 65 M10 × 40	螺纹规格为 d = M10、公称长度 L = 40 mm（不包括头部）的开槽圆柱头螺钉
紧定螺钉	螺钉 GB/T 71 M5 × 12	螺纹规格为 d = M5、公称长度 L = 12 mm 的开槽锥端紧定螺钉

为了提高画图速度，螺纹紧固件各部分的尺寸（除公称长度外）都可用d（或D）的一定比例画出，这种绘图方式称为比例画法（也称简化画法）。画图时，螺纹紧固件的公称长度L由被连接件的厚度等有关因素决定。

各种常用螺纹紧固件的比例画法见表3-1-4。

表 3-1-4　各种常用螺纹紧固件的比例画法

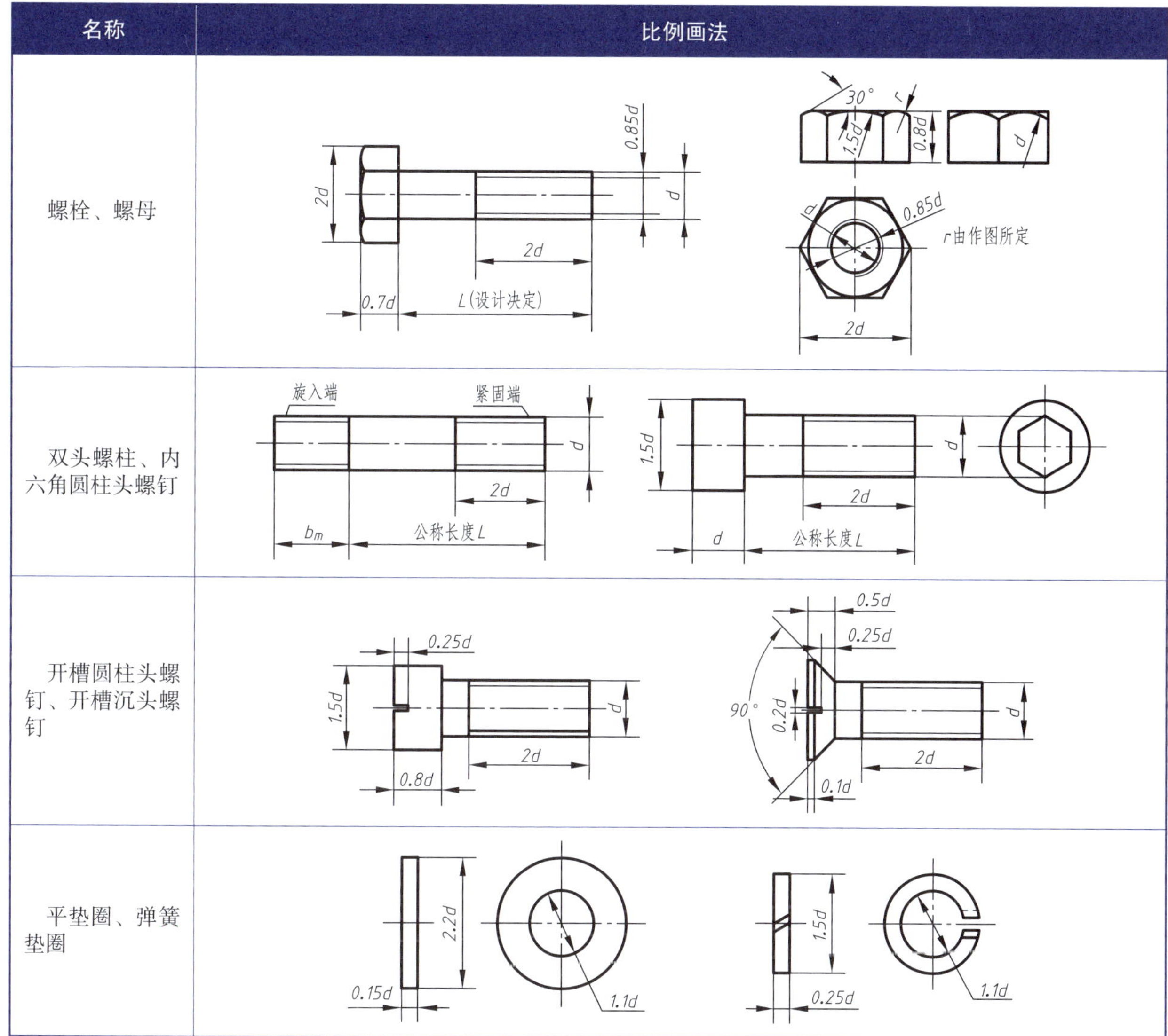

名称	比例画法
螺栓、螺母	
双头螺柱、内六角圆柱头螺钉	
开槽圆柱头螺钉、开槽沉头螺钉	
平垫圈、弹簧垫圈	

1.2.2　螺栓连接的画法

螺栓连接由螺栓、螺母、垫圈组成。螺栓连接是将螺栓的杆身穿过两个被连接件的通孔，套上垫圈，再用螺母拧紧，使两个零件连接在一起的一种连接方式。螺栓连接用于连接两个不太厚，并容易钻出通孔的零件。

在装配图中，螺栓、螺母、垫圈常采用比例画法，根据螺栓的公称直径d按表

3-1-4中的比例关系画出各紧固件，其画法如图3-1-17所示。

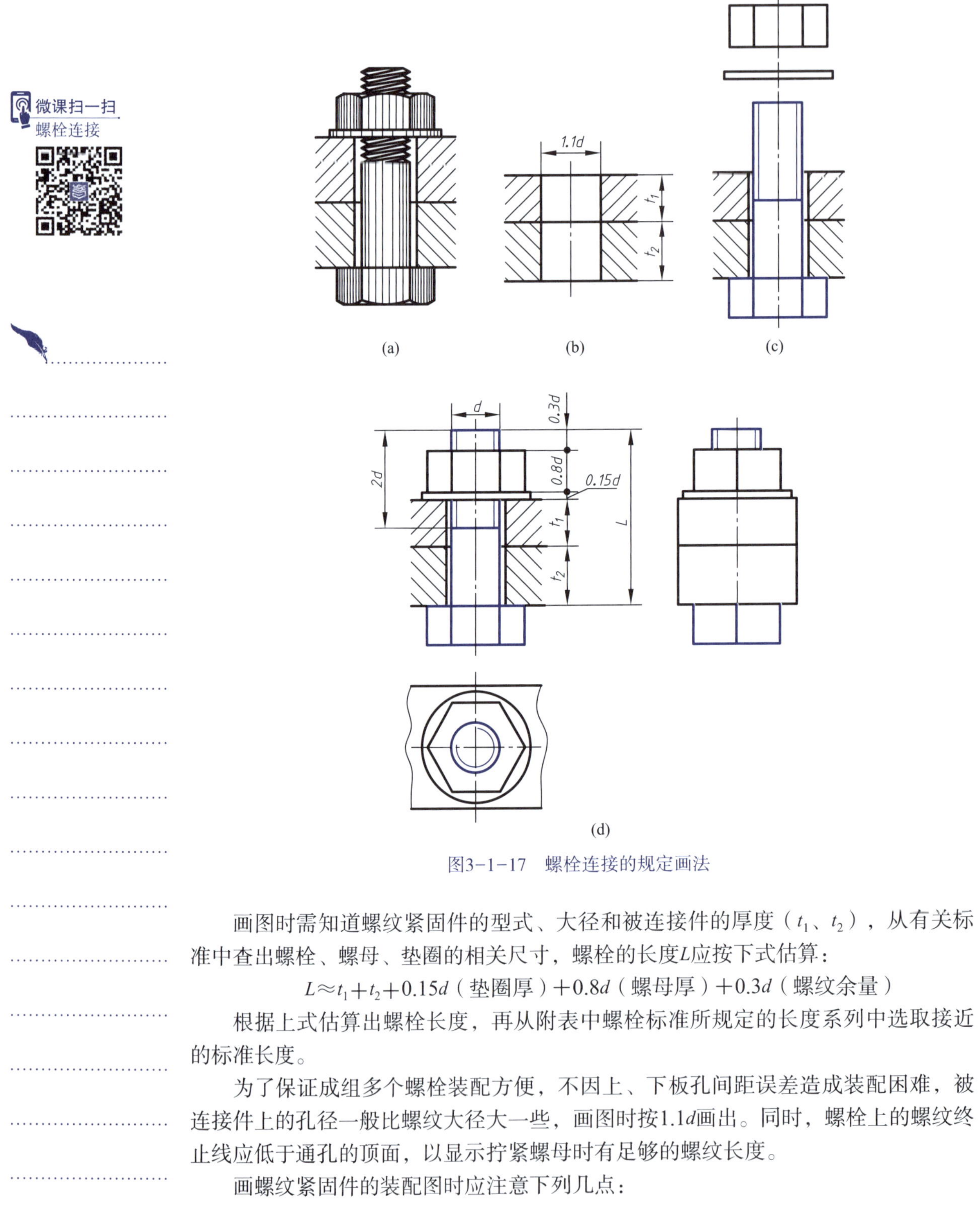

图3-1-17 螺栓连接的规定画法

画图时需知道螺纹紧固件的型式、大径和被连接件的厚度（t_1、t_2），从有关标准中查出螺栓、螺母、垫圈的相关尺寸，螺栓的长度L应按下式估算：

$$L \approx t_1 + t_2 + 0.15d\text{（垫圈厚）} + 0.8d\text{（螺母厚）} + 0.3d\text{（螺纹余量）}$$

根据上式估算出螺栓长度，再从附表中螺栓标准所规定的长度系列中选取接近的标准长度。

为了保证成组多个螺栓装配方便，不因上、下板孔间距误差造成装配困难，被连接件上的孔径一般比螺纹大径大一些，画图时按1.1d画出。同时，螺栓上的螺纹终止线应低于通孔的顶面，以显示拧紧螺母时有足够的螺纹长度。

画螺纹紧固件的装配图时应注意下列几点：

（1）当剖切平面通过螺纹紧固件的轴线时，螺栓、螺柱、螺钉、螺母及垫圈等螺纹紧固件均按未剖切绘制；螺纹紧固件上的工艺结构（如倒角、退刀槽等）均可省略不画。

（2）两个被剖开的被连接件其剖面线方向应相反。同一个零件在各视图中剖面线的倾斜方向和间隔都应相同。

（3）凡非接触表面，无论间隙大小，在图上均应画出两条轮廓线，间隙过小时按夸大画法画出；两接触表面之间只画一条轮廓线。

1.2.3　螺钉连接的画法

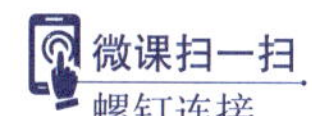

螺钉连接不用螺母，而是将螺钉直接拧入零件的螺孔里，依靠螺钉头部压紧零件。一般是在较厚的零件上加工出螺孔，而在另一被连接件上加工出通孔，然后把螺钉穿过通孔旋进螺孔，从而达到连接的目的，其连接画法如图3-1-18所示。

螺钉连接多用于受力不大、不常拆卸、被连接件之一较厚的场合。

螺钉的有效长度L应按下式估算：

$$L \approx t\text{（被连接件的厚度）}+b_m\text{（螺钉旋入零件的长度）}$$

螺钉旋入零件的长度b_m根据被旋入零件的材料而定，对于钢和青铜，$b_m=d$（GB/T 897—1988）；对于铸铁，$b_m=1.25d$（GB/T 898—1988）或$b_m=1.5d$（GB/T 899—1988）；对于铝，$b_m=2d$（GB/T 900—1988）。

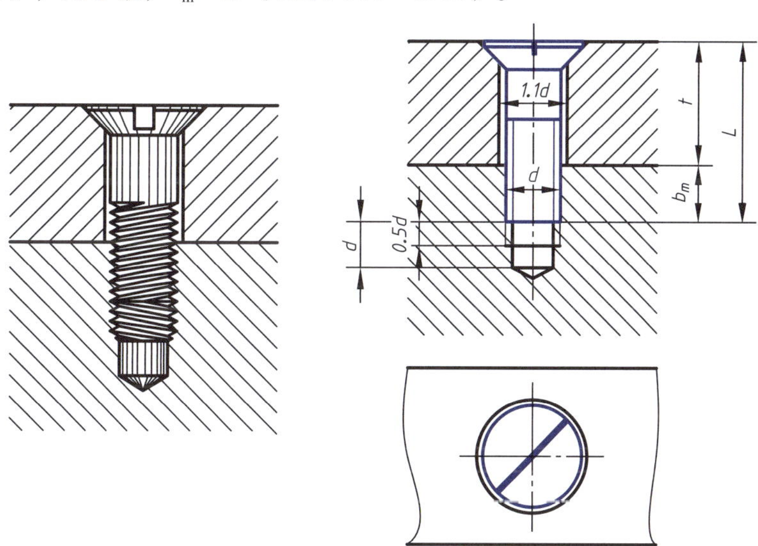

图3-1-18　螺钉连接的画法

然后根据估算出的数值，再从附表中螺钉标准所规定的长度系列中选取接近的标准长度。

为了使螺钉能压紧被连接件，螺钉的螺纹终止线应高出螺孔的端面，或在螺杆的全长上都有螺纹。

螺钉头部的一字槽用加粗的粗实线（粗实线线宽的2倍）表示，在反映为圆的视图上按与水平方向呈45°画出，如图3-1-18所示。开槽圆柱头螺钉连接的画法如图

3–1–19所示。

在装配图中，对于不穿通的螺孔，也可以不画出钻孔深度，仅按螺纹深度画出。

紧定螺钉的作用是固定两零件的相对位置，使它们不产生相对运动。

紧定螺钉分为柱端、锥端和平端三种。柱端紧定螺钉利用其端部小圆柱插入零件上的小孔或环槽中起定位、固定作用，以阻止零件移动。锥端紧定螺钉利用端部锥面顶入零件上的小锥坑，起定位、固定作用，如图3–1–20所示。平端紧定螺钉则依靠其端平面与零件的摩擦力起定位作用。三种紧定螺钉能承受的横向力递减。

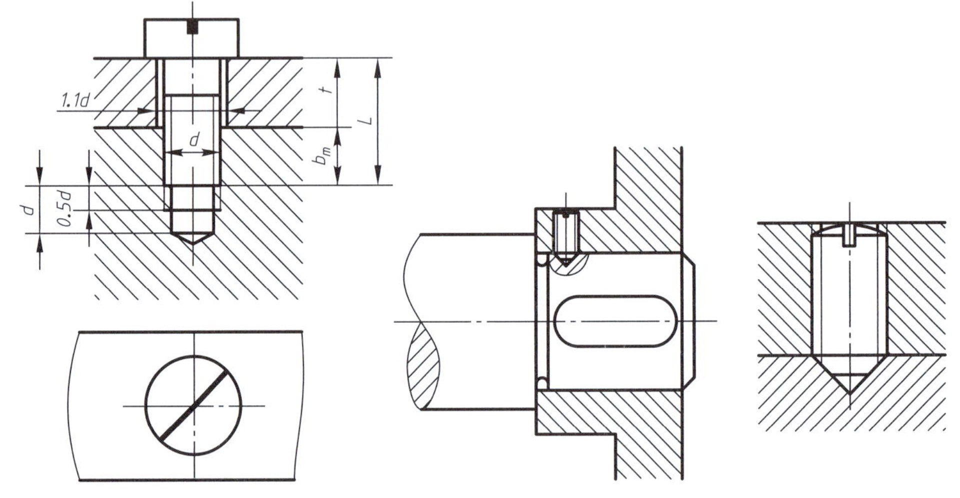

图3–1–19 开槽圆柱头螺钉连接的画法

图3–1–20 紧定螺钉连接的画法

1.2.4 双头螺柱连接的画法

双头螺柱连接由双头螺柱、螺母、垫圈组成。在零件上加工出螺孔，双头螺柱的旋入端全部旋入螺孔，紧固端穿过另一被连接件的通孔，然后套上垫圈，再拧紧螺母，其连接画法如图3–1–21 所示。在拆卸时只需拧出螺母、取下垫圈，而不必拧出螺柱，因此采用这种连接不会损坏被连接件上的螺孔。双头螺柱连接一般用于被连接件之一比较厚或不允许加工成通孔，不便使用螺栓连接；或者拆卸频繁，不宜使用螺钉连接的场合。

双头螺柱的有效长度L应按下式估算：

$L \approx t$（被连接件的厚度）$+0.25d$（垫圈厚度）$+0.8d$（螺母厚度）$+0.3d$（螺纹余量）

双头螺柱旋入端的长度b_m和螺钉连接的要求相同。

根据估算出的数值L，再从附表中双头螺柱标准所规定的长度系列中选取接近的标准长度。

旋入端应全部拧入零件的螺孔内，所以螺纹终止线与两零件的接触面平齐。

为确保旋入端全部旋入，零件上的螺孔的螺纹深度应大于旋入端的螺纹长度b_m。在画图时，螺孔的螺纹深度可按$b_m+0.5d$画出；钻孔深度可按b_m+d画出，也可以不画出钻孔深度，仅按螺纹深度画出。

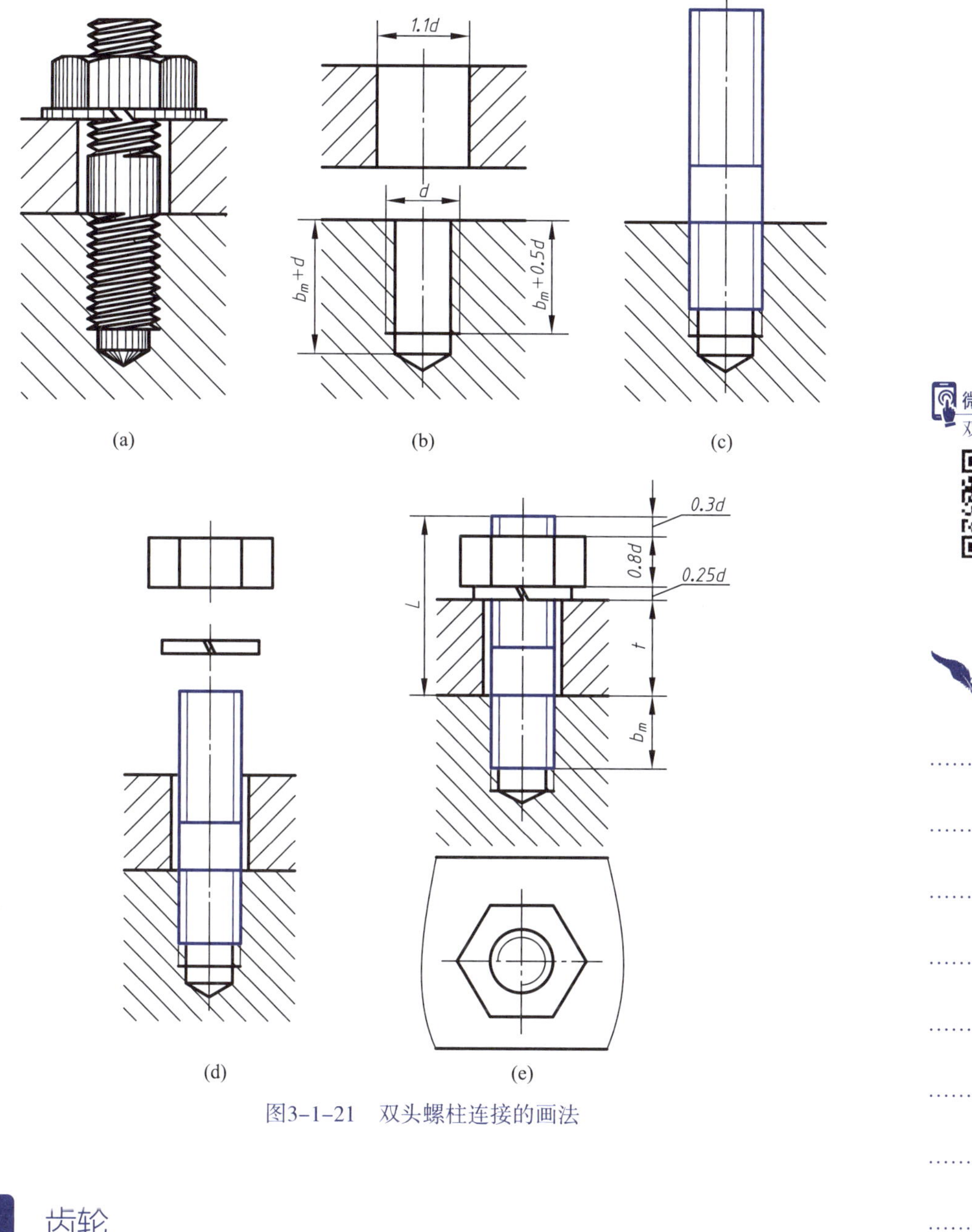

图3-1-21　双头螺柱连接的画法

微课扫一扫
双头螺柱连接

1.3 齿轮

齿轮是广泛应用于机器中的传动零件。齿轮的参数中只有模数、齿形角已经标准化，属于常用件。它不仅可以用来传递动力，也可改变转速和旋转方向。齿轮的种类很多，按两轴的相对位置不同，常用的齿轮分为三类：

圆柱齿轮：用于平行两轴的传动，如图3-1-22a所示。

锥齿轮：用于相交两轴的传动，如图3-1-22b所示。

蜗轮蜗杆：用于交叉两轴的传动，如图3-1-22c所示。

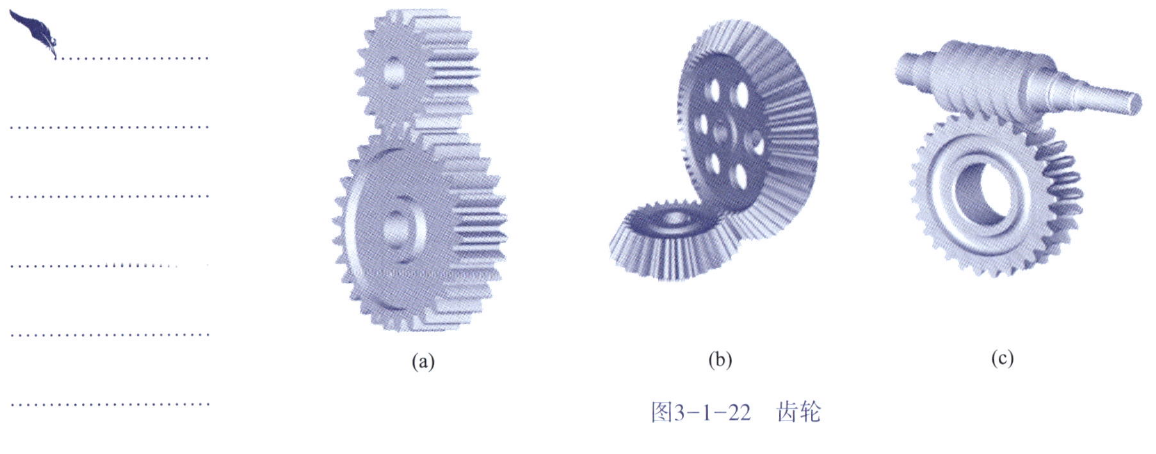

图3-1-22 齿轮

齿轮传动最常见的是圆柱齿轮传动。圆柱齿轮按其齿的方向分成直齿、斜齿和人字齿等。其中最常用的是直齿圆柱齿轮。齿轮一般由轮齿、辐板（或辐条）、轮毂等组成。本节主要介绍直齿圆柱齿轮的基本参数及画法。

1. 直齿圆柱齿轮的各部分名称及尺寸关系

现以标准直齿圆柱齿轮为例，说明圆柱齿轮各部分的名称及尺寸关系，如图3-1-23所示。

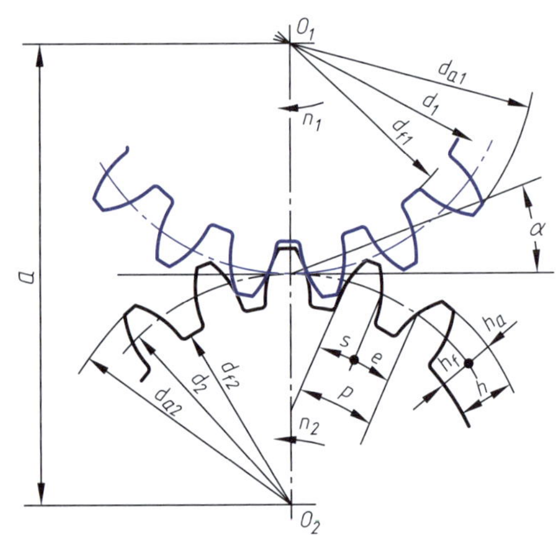

图3-1-23 圆柱轮齿各部分的名称及尺寸关系

（1）齿顶圆：通过轮齿顶部的圆，其直径用d_a表示。

（2）齿根圆：通过轮齿根部的圆，其直径用d_f表示。

（3）分度圆：设计、制造齿轮时计算轮齿各部分尺寸的基准圆，也是分齿的圆，所以称为分度圆，其直径用d表示。

（4）齿距：在分度圆周上相邻两齿对应点之间的弧长，用p表示。

（5）齿厚和槽宽：一个轮齿在分度圆上的弧长为齿厚，用s表示。一个齿槽在分度圆上的弧长为槽宽，用e表示。在标准齿轮中，齿厚与槽宽各为齿距的一半，即$s=e=p/2$，$p=s+e$。

（6）齿高：齿顶圆到齿根圆之间的径向距离称为齿高，用h表示。分度圆到齿顶圆之间的径向距离为齿顶高，用h_a表示。分度圆到齿根圆之间的径向距离为齿根高，用h_f表示。齿高是齿顶高与齿根高之和，即 $h=h_a+h_f$。

（7）模数：如以z表示齿轮的齿数，齿轮上有多少齿，在分度圆周上就有多少齿距。因此，分度圆周长＝齿距×齿数，即$\pi d=pz$，则

$$d=\frac{p}{\pi}z$$

令$m=p/\pi$，则$d=mz$，m为齿轮的模数，m越大，其齿距p也越大，齿厚s也越厚，因而齿轮承载能力也越强。模数是设计和制造齿轮的基本参数。不同模数的齿轮，要用不同模数的刀具来制造。为了便于设计和制造，减少齿轮成形刀具的规格，模数已

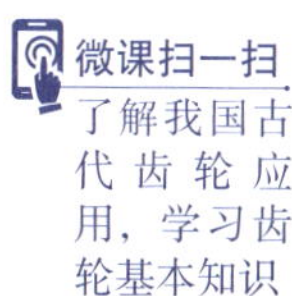

经标准化，国家标准规定的齿轮模数值见表3-1-5。

表 3-1-5　齿轮模数系列（GB/T 1357—2008）　mm

第Ⅰ系列	1	1.25	1.5	2	2.5	3	4	5	6	8	10	12	16	20	25	32	40	50
第Ⅱ系列	1.125	1.375	1.75	2.25	2.75	3.5	4.5	5.5	（6.5）	7	9	11	14	18	22	28	36	45

注：优先采用第Ⅰ系列。应避免采用括号里的模数值。

（8）压力角：在齿轮端平面内，端面齿廓与分度圆的交点处，径向直线与在齿廓该点处切线之间所夹的锐角即为端面压力角，简称压力角，以α表示。标准齿轮一般压力角为20°。

只有模数和压力角都相同的齿轮才能相互啮合。

在设计齿轮时要先确定模数和齿数，其他各部分尺寸都可由模数和齿数计算出来。标准直齿圆柱齿轮各部分的尺寸关系见表3-1-6。

表 3-1-6　标准直齿圆柱齿轮各部分的尺寸关系

名称	代号	公式
模数	m	由设计确定
齿顶高	h_a	$h_a = m$
齿根高	h_f	$h_f = 1.25m$
齿高	h	$h = h_a + h_f = 2.25m$
分度圆直径	d	$d = mz$
齿顶圆直径	d_a	$d_a = d + 2h_a = m(z + 2)$
齿根圆直径	d_f	$d_f = d - 2h_f = m(z - 2.5)$
齿距	p	$p = \pi m$
中心距	a	$a = (d_1 + d_2)/2 = m(z_1 + z_2)/2$

微课扫一扫
了解我国古代齿轮应用，学习齿轮基本知识

2. 直齿圆柱齿轮的画法

（1）单个圆柱齿轮的画法。

国家标准规定，齿顶圆和齿顶线用粗实线绘制，分度圆和分度线用细点画线绘制，齿根圆和齿根线用细实线绘制（或省略不画）。

在剖视图中，当剖切平面通过齿轮的轴线时，轮齿一律按不剖处理，齿根线用粗实线绘制，如图3-1-24所示。

（2）圆柱齿轮的啮合画法。

在端视图中，啮合区内的齿顶圆用粗实线绘制，如图3-1-25a所示，也可省略不画，如图3-1-25b所示；相切的两个分度圆用细点画线绘制；齿根圆省略不画。

若不作剖视，则啮合区内的齿顶线不必画出，此时分度线用粗实线绘制，如图3-1-25b所示。

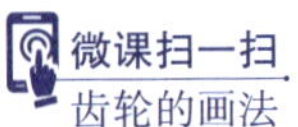

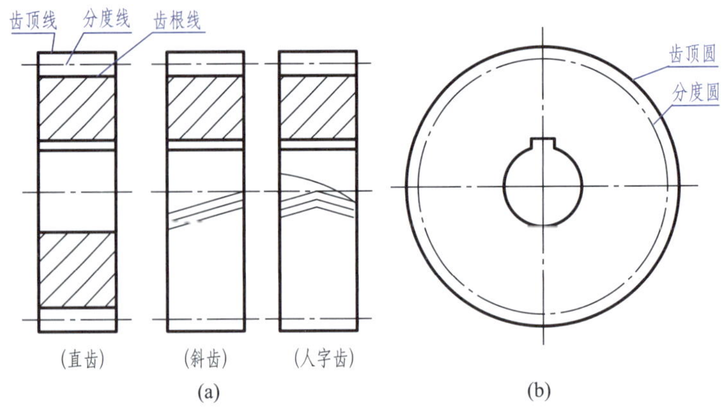

图3-1-24　单个圆柱齿轮的规定画法

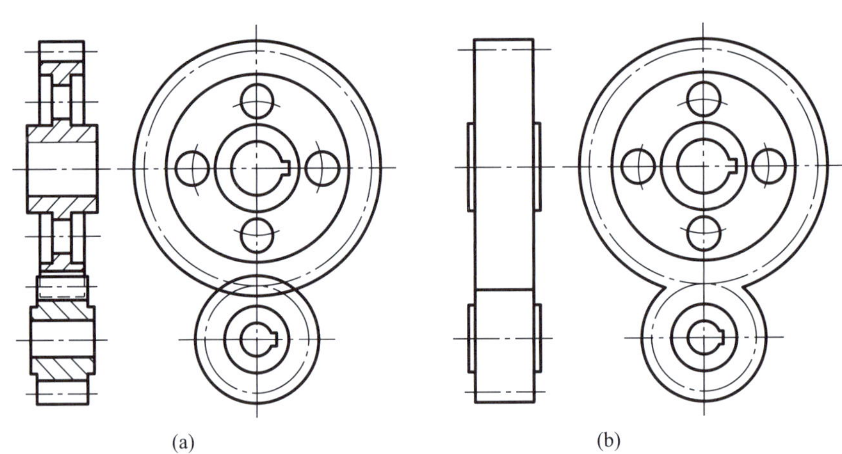

图3-1-25　齿轮啮合的规定画法

在剖视图上，啮合区内一个齿轮的轮齿用粗实线绘制，另一个齿轮的轮齿被遮挡的部分用虚线绘制，虚线也可省略不画，如图3-1-26所示。

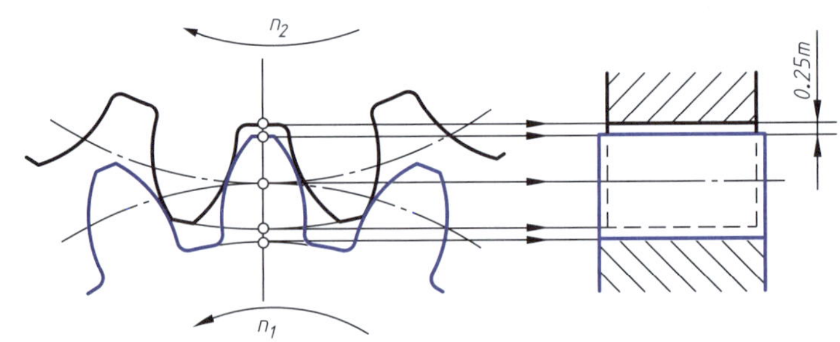

图3-1-26　两个齿轮啮合的间隙

1.4 键、销连接

1.4.1 键连接

为了使齿轮、带轮等零件和轴一起转动，通常在轮毂和轴上分别加工出键槽，用键将轴、轮连接起来，如图3-1-27所示。在被连接的轴上和轮毂孔中加工出键槽，先将键嵌入轴上的键槽内，再对准轮毂孔中的键槽（该键槽一般是穿通的），将它们装配在一起，可以达到连接轴和轮的目的。

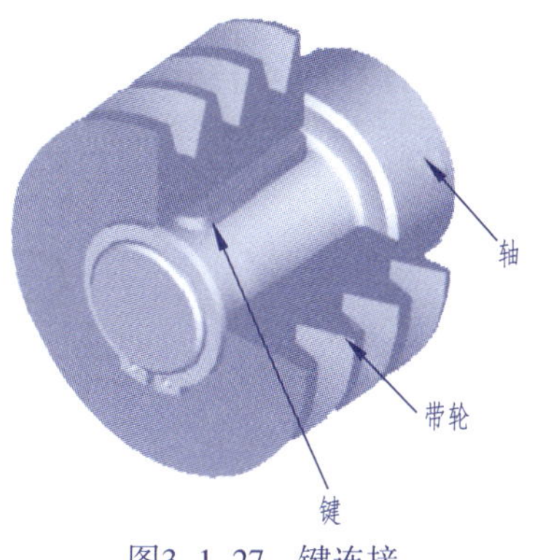

图3-1-27　键连接

1. 常用键的型号

常用键有普通平键、半圆键和钩头楔键等多种。常用的普通平键又有A型（圆头）、B型（平头）和C型（单圆头）三种。键是标准件，其结构型式和尺寸都有相应的规定。键与键槽的型式和尺寸可从有关的国家标准中查得，表3-1-7列举了常用键的型式和标记示例。

表 3-1-7　常用键的型式和标记示例

型式	图例	标记示例
普通平键	h　b　L	宽度 $b=12$ mm、高度 $h=8$ mm、长度 $L=40$ mm 的普通 A 型平键： GB/T 1096　键 12×8×40
半圆键	D　b　h	宽度 $b=6$ mm、高度 $h=10$ mm、直径 $D=25$ mm 的普通型半圆键： GB/T 1099.1　键 6×10×25
钩头楔键	h　1:100　h　b　L	宽度 $b=18$ mm、高度 $h=11$ mm、长度 $L=100$ mm 的钩头型楔键： GB/T 1565　键 18×100

2. 普通平键键槽的画法和尺寸标注

键槽的型式和尺寸也随键的标准化而有相应的标准（见附表10）。设计中，键槽的宽度、深度和键的宽度、高度等尺寸，可根据被连接的轴径在有关标准中查得。轴上的键槽长和键长，应根据键的受力情况和轮毂宽等，在键的长度标准系列中选用（键长不超过轮毂宽）。

例如，已知轴径d=20 mm，轮毂宽为25 mm，采用圆头普通平键，确定键槽的尺寸。从附表10中查得，键槽宽度b=6 mm，轴上的键槽深度t=3.5 mm，轮毂上的键槽深度t_1=2.8 mm。轴上键槽长度L取标准值20 mm。键槽深度在图中标注为$d-t$=20 mm−3.5 mm=16.5 mm，$d+t_1$=20 mm+2.8 mm=22.8 mm，如图3-1-28所示。

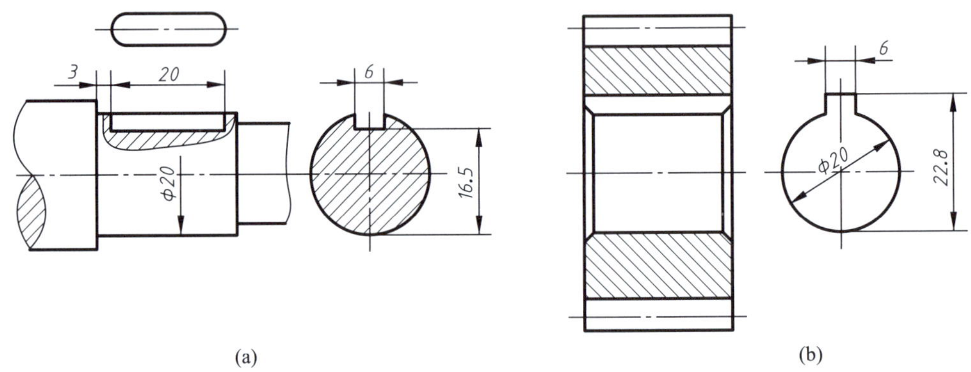

图3-1-28 键槽的画法及尺寸标注

3. 普通平键连接装配图的画法

普通平键连接装配图的画法如图3-1-29所示，绘图时应注意以下几点：

① 连接时，普通平键的两侧面是工作面，它与轴、轮毂的键槽两侧面相接触，分别只画一条线。

② 键的上、下底面为非工作面，上底面与轮毂槽顶面之间留有一定的间隙，用夸大画法画两条线。

③ 在反映键长方向的局部剖视图中，键按不剖处理。

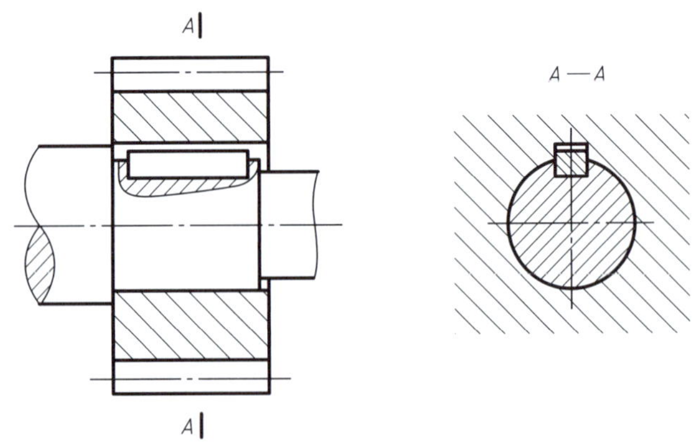

图3-1-29 普通平键连接装配图的画法

1.4.2　销连接

常用的销有圆柱销、圆锥销和开口销等。圆柱销和圆锥销用于零件间的连接或定位，开口销用来防止连接螺母松动或固定其他零件。

销为标准件，其规格、尺寸可从有关标准中查得。表3-1-8为销的型式、画法和标记示例。

表 3-1-8　销的型式、画法和标记示例

型式	图例	标记示例
圆柱销		公称直径 d = 8 mm，公差为 m6，长度 l = 30 mm，材料为 35 钢、不经淬火，表面不经处理的圆柱销： 销　GB/T 119.1　8 m6 × 30
圆锥销		公称直径 d = 6 mm，长度 l = 30 mm，材料为 35 钢，热处理硬度 28~38HRC、表面氧化处理的 A 型圆锥销： 销　GB/T 117　6 × 30 （圆锥销的公称直径是指小端直径）
开口销		公称直径 d = 5 mm，长度 l = 50 mm，材料为 Q215、不经表面处理的开口销： 销　GB/T 91　5 × 50

圆柱销和圆锥销的装配图画法如图3-1-30所示。

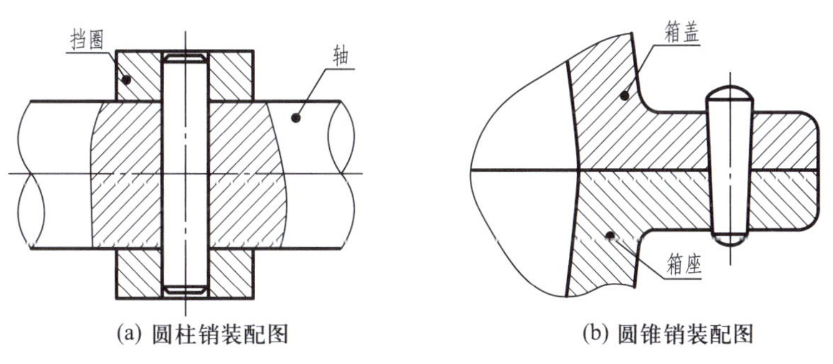

(a) 圆柱销装配图　　(b) 圆锥销装配图

图3-1-30　销连接装配图

圆柱销或圆锥销的装配要求较高，销孔一般要在被连接件装配时加工，这一要求需要在相应的零件图上注明，如图3-1-31所示。锥销孔的公称直径指圆锥销的小端直径，标注时应采用旁注法。锥销孔加工时按公称直径先钻孔，再选用定值铰刀扩铰成锥孔。

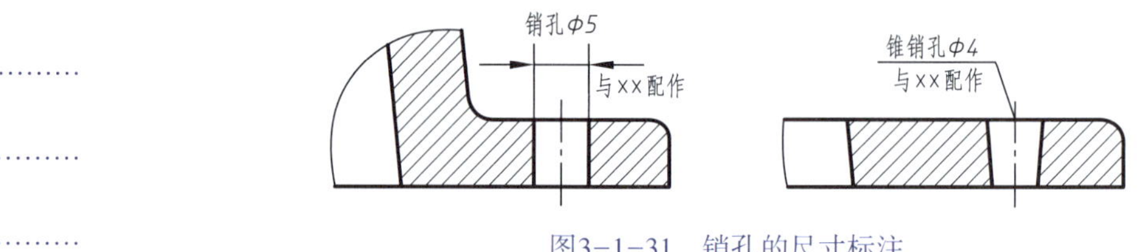

图3-1-31 销孔的尺寸标注

1.5 滚动轴承

轴承有滑动轴承和滚动轴承两种，它们的作用是支持轴旋转及承受轴上的载荷。由于其结构紧凑、摩擦力小，所以在生产中广泛使用。

滚动轴承是一种标准组件，由专门的标准件工厂生产，需用时可根据要求确定型号，选购即可。在设计机器时，滚动轴承不必画出零件图，只需在装配图中按规定画法画出。

1.5.1 滚动轴承的结构、类型

1. 滚动轴承的结构

滚动轴承一般由内圈、外圈、滚动体、保持架等零件组成，如图3-1-32所示。

2. 滚动轴承的类型

（1）径向轴承：适用于承受径向载荷，如深沟球轴承，如图3-1-32a所示。

（2）径向推力轴承：适用于同时承受轴向和径向载荷，如圆锥滚子轴承，如图3-1-32b所示。

（3）推力轴承：适用于承受轴向载荷，如推力球轴承，如图3-1-32c所示。

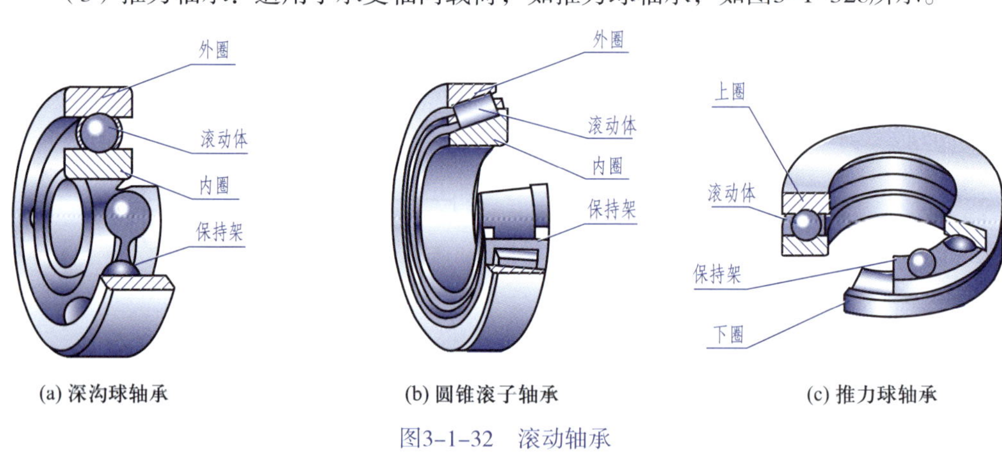

图3-1-32 滚动轴承

1.5.2 滚动轴承的代号

滚动轴承的种类很多，为了便于选用，国家标准规定用代号来表示滚动轴承。代号能表示出滚动轴承的结构、尺寸、公差等级和技术性能等特性。

滚动轴承代号由字母和数字组成。完整的代号包括前置代号、基本代号和后置代号三部分，其排列方式如下：

前置代号　基本代号　后置代号

1. 基本代号

基本代号表示轴承的基本类型、结构和尺寸，是轴承代号的基础。它由类型代号、尺寸系列代号、内径代号构成，基本格式如下：

类型代号　尺寸系列代号　内径代号

（1）类型代号。类型代号用数字或字母表示，见表3-1-9。类型代号有的可以省略。如双列角接触球轴承的代号“0”均不写，调心球轴承的代号“1”有时也可省略。区分类型的另一个重要标志是标准编号，每一类轴承都有一个标准编号，例如，双列角接触球轴承标准的编号为GB/T 296—2015，调心球轴承标准的编号为GB/T 281—2013。

表 3-1-9　轴承类型代号

代号	轴承类型	代号	轴承类型
0	双列角接触球轴承	7	角接触球轴承
1	调心球轴承	8	推力圆锥滚子轴承
2	调心滚子轴承和推力调心滚子轴承	N	圆柱滚子轴承
3	圆锥滚子轴承		双列或多列用字母 NN 表示
4	双列深沟球轴承	U	外球面球轴承
5	推力球轴承	QJ	四点接触球轴承
6	深沟球轴承	C	长弧面滚子轴承（圆环轴承）

（2）尺寸系列代号。尺寸系列代号由轴承的宽（高）度系列代号（一位数字）和直径系列代号（一位数字）左右排列组成。它反映了同种轴承在内圈孔径相同时，内、外圈的宽度、厚度和滚动体大小不同的轴承。尺寸系列代号不同的轴承其外廓尺寸不同，承载能力也不同。

尺寸系列代号有时可以省略：除圆锥滚子轴承外，其余各类轴承宽度系列代号“0”均省略；深沟球轴承和角接触球轴承的10尺寸系列代号中的“1”可以省略。

（3）内径代号。内径代号表示轴承的公称内径，表示滚动轴承内圈孔径，因其与轴产生配合，是一个重要参数，滚动轴承内径代号见表3-1-10。

表 3-1-10　滚动轴承内径代号

轴承公称内径 d/mm	内径代号	示例
0.6 ~ 10（非整数）	用公称内径毫米数值直接表示，其与尺寸系列代号之间用“/”分开	深沟球轴承 618/2.5 d = 2.5 mm

续表

轴承公称内径 d/mm		内径代号	示例
1 ~ 9（整数）		用公称内径毫米数值直接表示，对深沟及角接触球轴承 7、8、9 直径系列代号，内径与尺寸系列代号之间用“/”分开	深沟球轴承 625 深沟球轴承 618/5 d = 5 mm
10 ~ 17	10	00	深沟球轴承 6200 d = 10 mm
	12	01	
	15	02	
	17	03	
20 ~ 480（22、28、32 除外）		公称内径除以 5 的商数，商数为个位数，需在商数左边加“0”，如 08	深沟球轴承 6208 d = 40 mm
≥ 500 及 22、28、32		用公称内径毫米数值直接表示，其与尺寸系列代号之间用“/”分开	深沟球轴承 62/500 d = 500 mm 深沟球轴承 62/22 d = 22 mm

轴承基本代号示例：

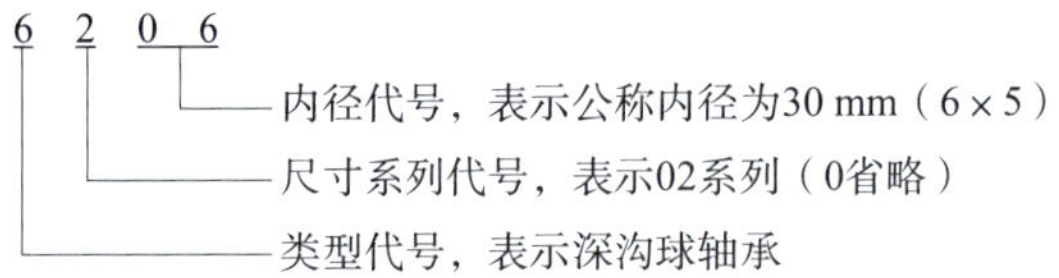

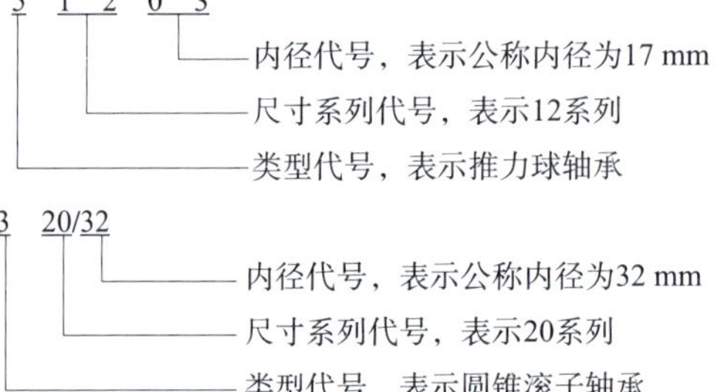

当只需表示类型时，常将右边的几位数字用0表示，如6000表示深沟球轴承，3000表示圆锥滚子轴承。

2. 前置、后置代号

前置代号用字母表示，后置代号用字母（或字母和数字）表示。前置、后置代号是轴承在结构形状、尺寸、公差、技术要求等有改变时，在基本代号左、右添加的代号。

关于代号的其他内容可以查阅有关手册。

1.5.3 滚动轴承的画法

在装配图中，滚动轴承可以用三种画法来绘制，这三种画法是通用画法、特征画法和规定画法。前两种属于简化画法，在同一图样中一般只采用一种画法。

1. 通用画法

在剖视图中，当不需要确切地表示滚动轴承的外形轮廓、载荷特征、结构特征时，可用矩形线框及位于线框中央正立的十字形符号表示滚动轴承，如图3-1-33所示。

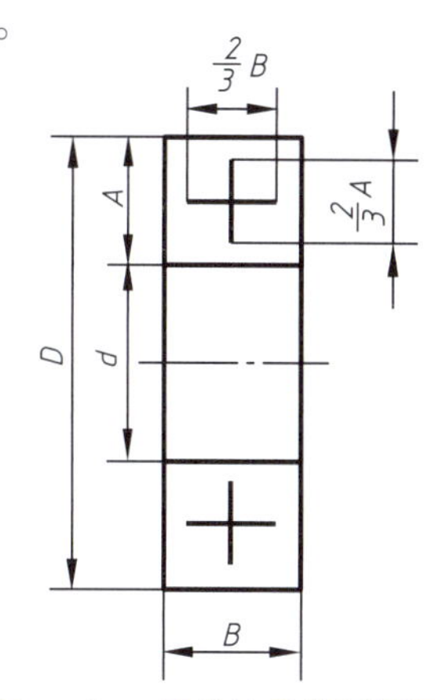

图3-1-33　滚动轴承的通用画法

2. 特征画法

在剖视图中，如需要比较形象地表示滚动轴承的结构特征时，可采用在矩形线框内画出其结构要素符号的方法来表示，具体画法见表3-1-11。

3. 规定画法

在装配图中，规定画法一般采用剖视图绘制在轴的一侧，另一侧按通用画法绘制，具体画法见表3-1-11。

表 3-1-11　常用滚动轴承的画法

名称	深沟球轴承	圆锥滚子轴承	推力球轴承
特征画法	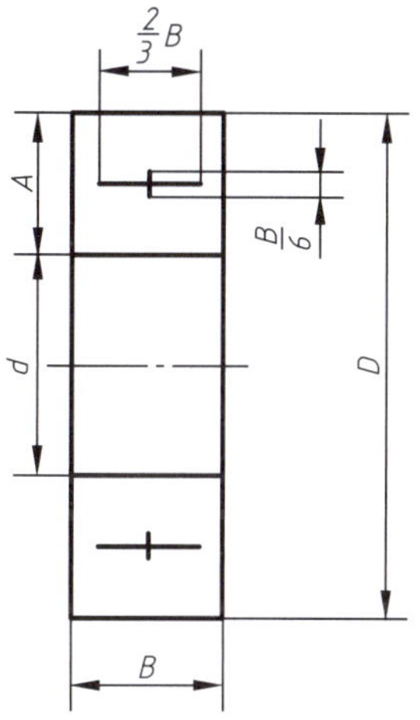	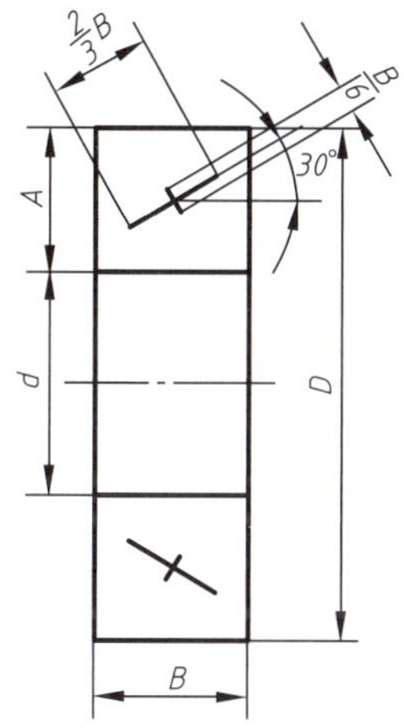	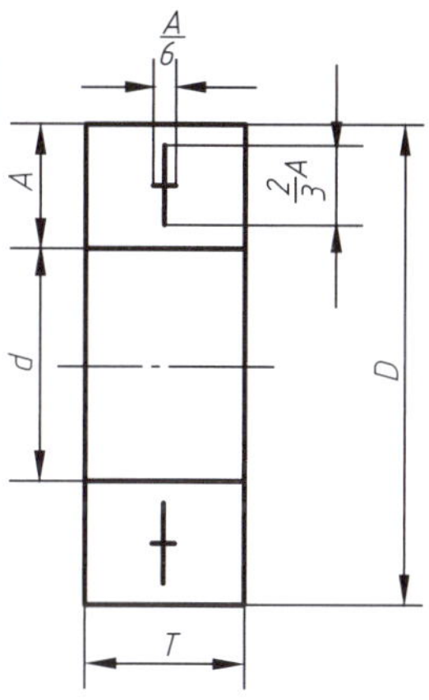
规定画法	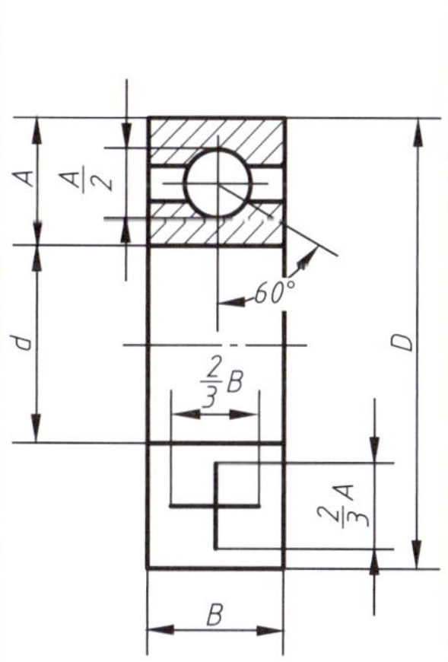	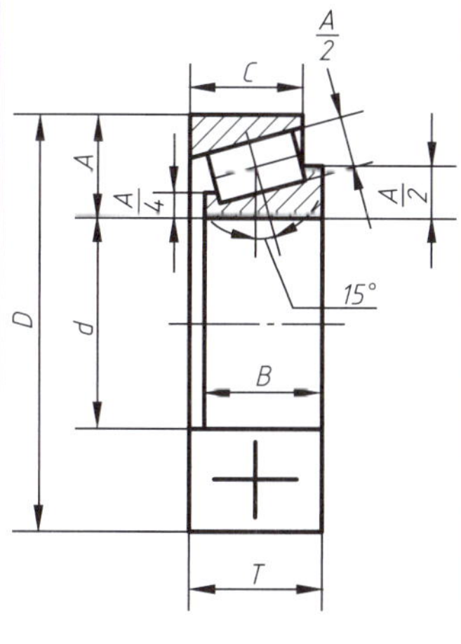	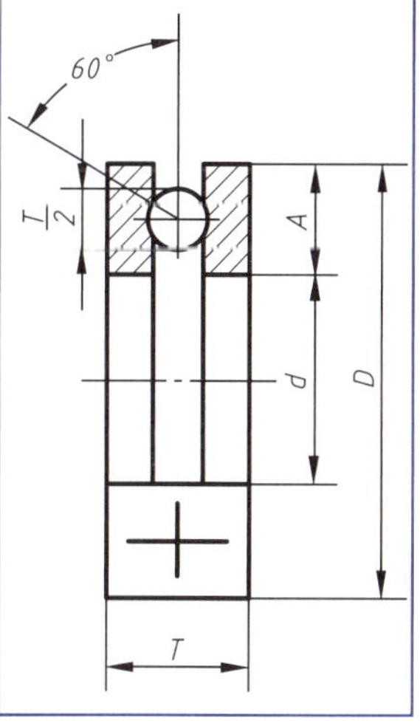

对于这三种画法，国家标准《机械制图 滚动轴承表示法》（GB/T 4459.7—

2017）作了如下规定：

通用画法、特征画法、规定画法中的各种符号、矩形线框和轮廓线均用粗实线绘制。

绘制滚动轴承时，其矩形线框和外框轮廓的大小应与滚动轴承的外形尺寸一致，并与所属图样采用同一比例。

在剖视图中，用通用画法和特征画法绘制滚动轴承时，一律不画剖面符号。采用规定画法绘制时，轴承的滚动体不画剖面线，其各套圈应画成方向和间隔相同的剖面线。如轴承带有其他零件或附件（如偏心套、紧定套、挡圈等）时，其剖面线应与套圈的剖面线呈现不同方向或不同间隔。在不致引起误解时，剖面线也允许省略不画。

1.6 弹簧

弹簧是常用件，可用来减振、夹紧、测力和储存能量等，是利用材料的弹性和结构特点，通过变形和储存能量来工作，当外力去除后能立即恢复原状。

弹簧的种类很多，如螺旋弹簧、涡卷弹簧和板簧等，如图3-1-34所示，其中螺旋弹簧应用较广泛。根据GB/T 23935—2009，普通圆柱螺旋弹簧分为压缩弹簧（Y型）、拉伸弹簧（L型）、扭转弹簧（N型）三种。本节重点介绍常用的圆柱螺旋压缩弹簧的画法。

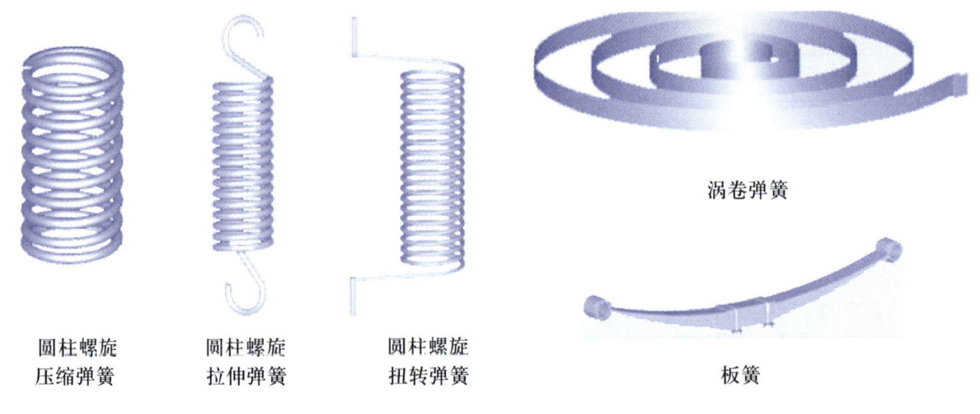

图3-1-34 常见的弹簧

1.6.1 圆柱螺旋压缩弹簧的各部分名称及其尺寸关系

如图3-1-35所示，为了使压缩弹簧工作时受力均匀，保证轴线垂直于支承端面，要求两端并紧且磨平。工作时，并紧和磨平部分基本不产生弹力，仅起支承或固定作用，称为支承圈，两端支承圈总数常用1.5圈、2圈和2.5圈三种形式。压缩弹簧除支承圈外，具有相同节距的圈数，称为有效圈数。弹簧的刚度是用有效圈数计算的。有效圈数与支承圈数之和称为总圈数。

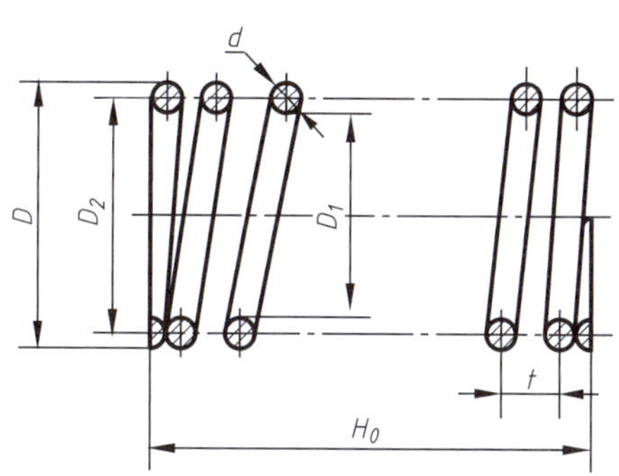

图3-1-35　圆柱螺旋压缩弹簧的尺寸

（1）线径d：制造弹簧用的簧丝直径。

（2）弹簧直径：分为 ① 弹簧外径D，指弹簧的最大直径；② 弹簧内径D_1，指弹簧的最小直径；③ 弹簧中径D_2，指弹簧的平均直径，$D_2=D-d=D_1+d$。

（3）节距t：除支承圈外，相邻两圈沿轴向的距离。

（4）有效圈数n、支承圈数n_2和总圈数n_1：有效圈数n与支承圈数n_2之和为总圈数n_1，即$n_1=n+n_2$。

（5）自由高度H_0：弹簧在不受外力时的高度，$H_0=nt+（n_2-0.5）d$。

（6）展开长度L：制造弹簧时所需簧丝的长度，$L\approx\pi Dn_1$。

圆柱螺旋压缩弹簧的线径d、弹簧中径D_2、有效圈数n和自由高度H_0已经标准化，可根据国家标准《圆柱螺旋弹簧尺寸系列》（GB/T 1358—2009）查出。

1.6.2　圆柱螺旋压缩弹簧的规定画法 (GB/T 4459.4—2003)

圆柱螺旋压缩弹簧可画成视图、剖视图或示意图，如图3-1-36所示。画图时，应注意以下几点：

（1）在平行于弹簧轴线的视图中，各圈的轮廓应画成直线，如图3-1-36所示。

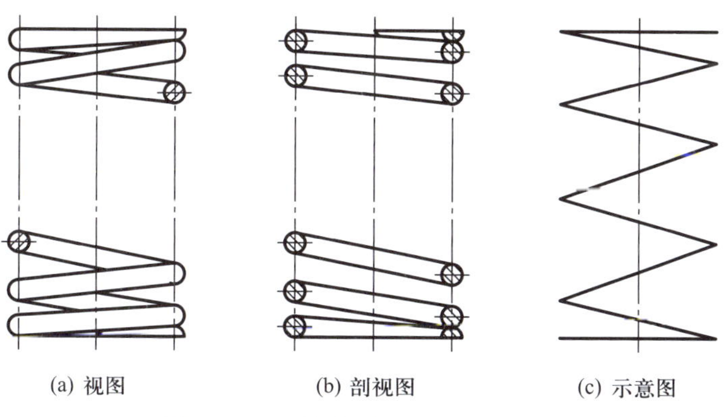

图3-1-36　圆柱螺旋压缩弹簧的画法

（2）表示四圈以上的螺旋弹簧时，允许每端只画两圈（不包括支承圈），中间各圈可省略不画，但需画出通过簧丝断面中心的两条细点画线。当中间部分省略后，也可适当地缩短图形的长度。因为弹簧画法实际上只起一个符号作用，所以圆柱螺旋压缩弹簧要求两端并紧且磨平时，不论支承圈数多少，均可按图3-1-36所示的形式绘制。支承圈数在技术条件中另加说明即可。

（3）在装配图中，当弹簧中各圈采用省略画法时，弹簧后面被挡住的结构一般不画，可见部分只画到簧丝的剖面轮廓或中心线处，如图3-1-37所示。

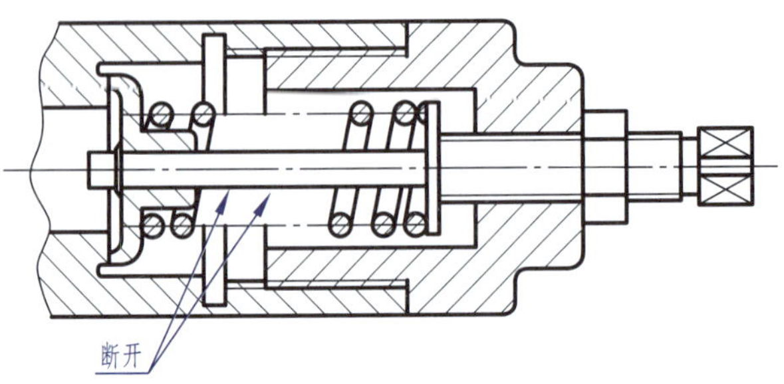

图3-1-37 装配图中被弹簧遮蔽处画法

（4）当弹簧被剖切，线径在图中等于或小于2 mm时，其断面可以涂黑表示，如图3-1-38a所示，也可采用示意画法，如图3-1-38b所示。

（5）右旋弹簧或旋向不作规定的螺旋弹簧在图上均画成右旋。左旋弹簧允许画成右旋，但无论画成左旋或右旋，图样上一律要加注表示左旋弹簧的字母“LH”。

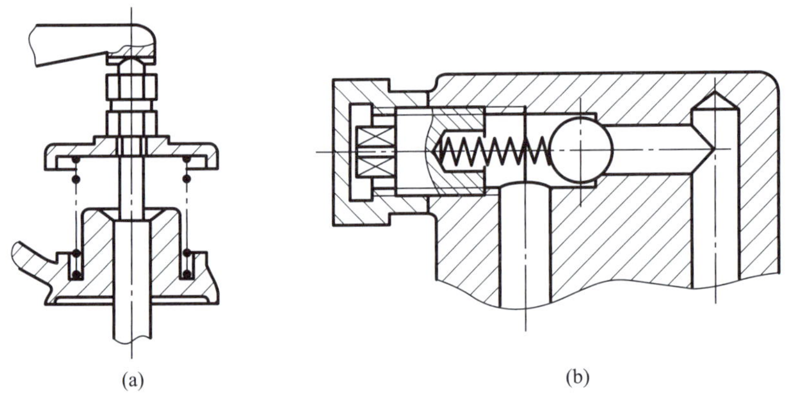

图3-1-38 图中线径等于或小于2 mm的画法

1.6.3 圆柱螺旋压缩弹簧的作图步骤

已知弹簧线径d=6 mm，弹簧外径D=42 mm，节距t=11 mm，有效圈数n=6，支承圈数n_2=2.5，右旋。其作图步骤如下：

（1）根据弹簧中径D_2及自由高度H_0，画出中径线和高度定位线，如图3-1-39a所示。

（2）根据线径d，画出两端的支承圈，如图3-1-39b所示。

（3）根据节距t，画出有效圈的簧丝小圆，作节距t的中垂线，画出另一边上有效圈的簧丝小圆，如图3-1-39c所示。

（4）按右旋弹簧作相应圆的公切线，中间部分省略不画，画出剖面线，完成全图，如图3-1-39d所示。

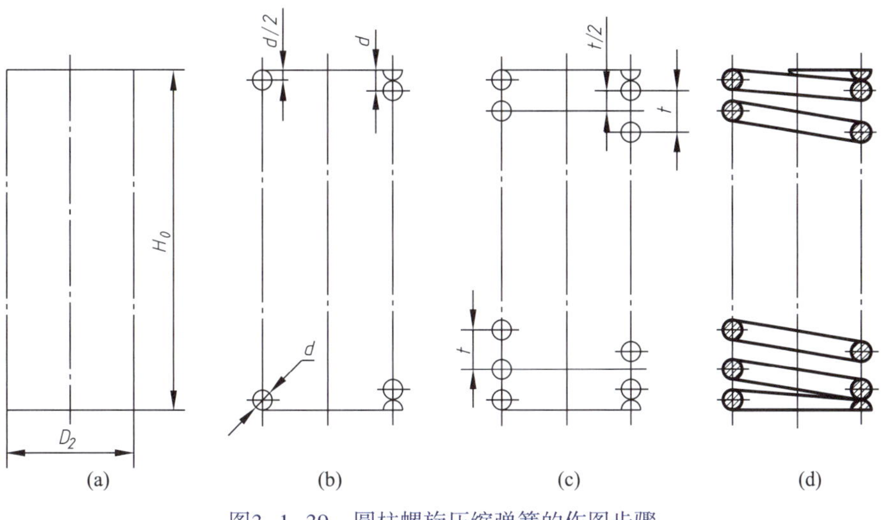

图3-1-39　圆柱螺旋压缩弹簧的作图步骤

1.6.4　圆柱螺旋压缩弹簧零件图示例

弹簧零件图如图3-1-40所示。

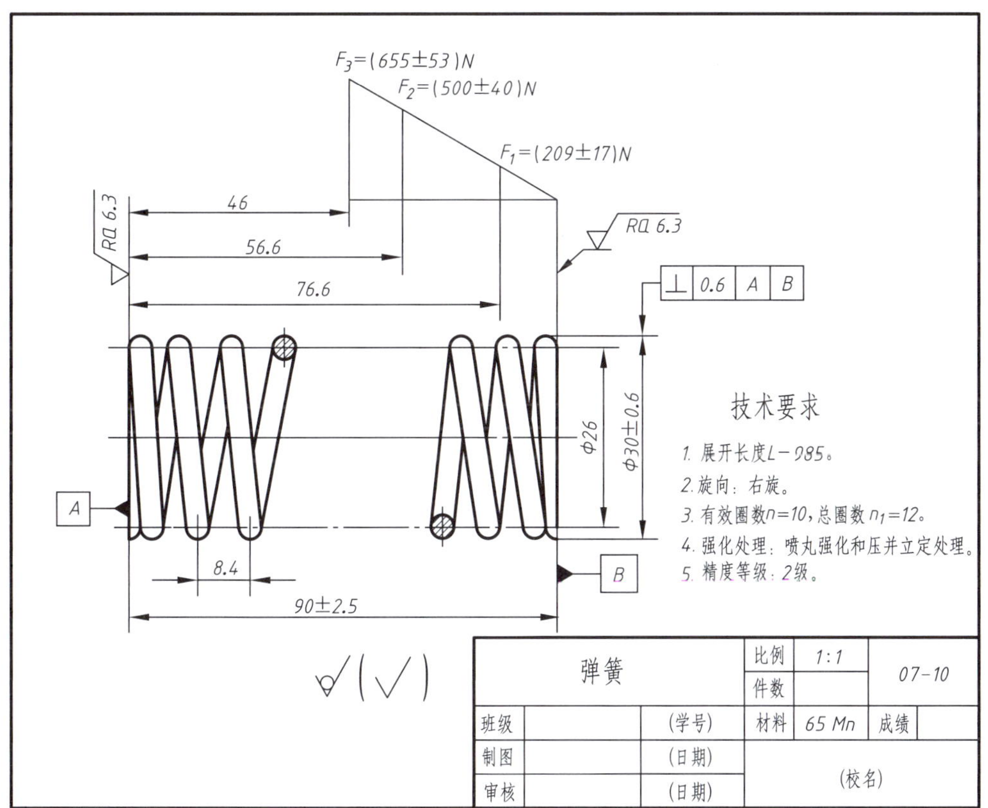

图3-1-40　弹簧零件图

任务实施

绘制图3-1-2所示CM6154车床主轴箱齿轮的零件图。

（1）测绘齿轮，确定齿轮的模数m、分度圆直径d等尺寸。

已知齿轮的齿数z=40，测量齿顶圆直径d_a，如图3-1-41所示，$d_a=d_0+2a$，由于$d_a=m(z+2)$，所以可计算出模数

$$m=\frac{d_0+2a}{z+2}$$

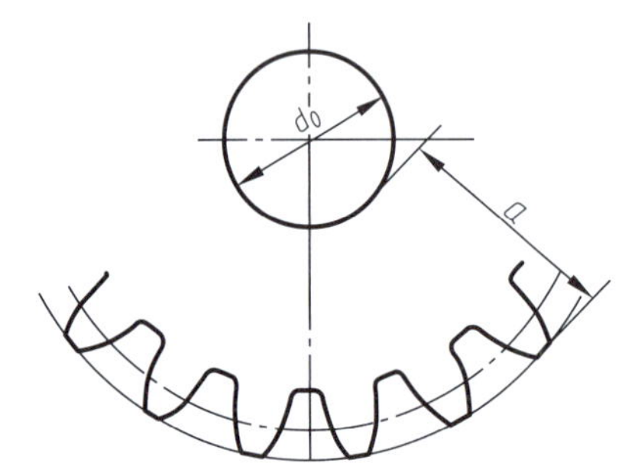

图3-1-41 齿顶圆直径的测量

计算出的m应取标准值。根据模数m和齿数z，计算分度圆直径d、齿顶高和齿根高等几何尺寸。键槽的尺寸可根据孔径参考附表10查出标准值。

（2）画齿轮零件图。主视图选择齿轮轴线水平放置，采用全剖视图，左视图可采用局部视图表达孔上键槽的形状。

标注尺寸和注写技术要求等，完成零件图，如图3-1-42所示。

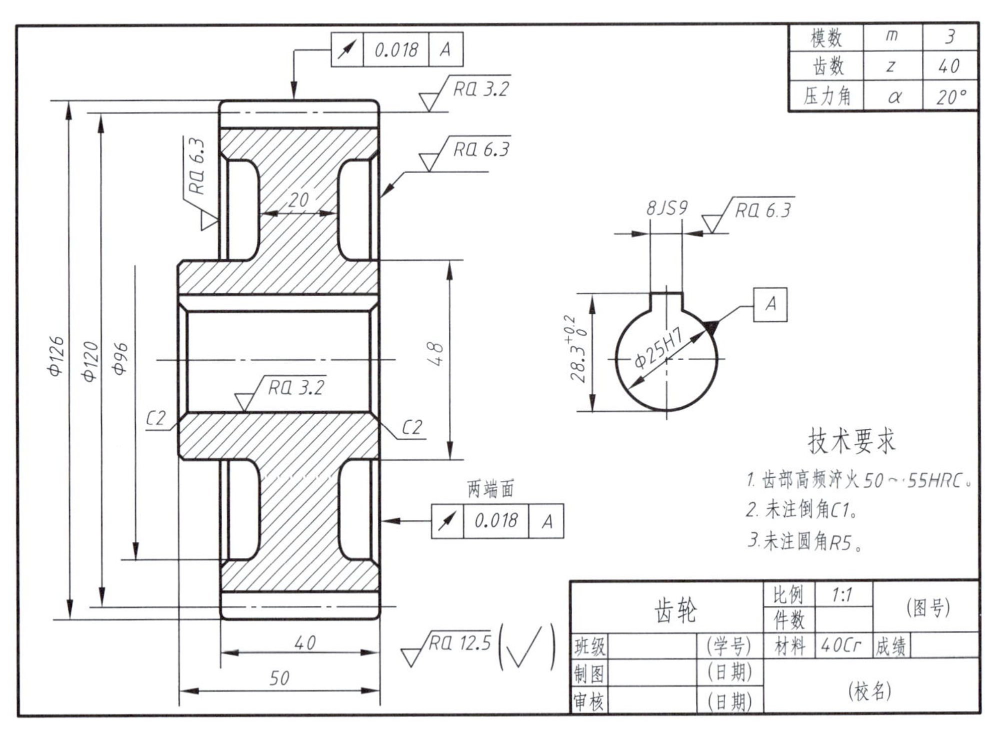

图3-1-42 齿轮零件图

学习小结

本项目介绍了标准件和常用件的结构、功能、画法、标记及标注等，学习这些知识时一定要遵守国家标准的要求和规定，会根据要求熟练查阅有关的标准，选用相关参数和规格尺寸等，在理解的基础上要求能画、会标注。

通过学习标准件的国家标准规定，养成严谨绘图的工作作风。

螺纹连接应用十分广泛，不管是大国重器还是普通设备，都离不开螺钉、螺栓连接。我们作为社会的一份子，要学习“螺丝钉精神”，为社会贡献自己的力量。

复习自查

1. 螺纹的基本要素有哪些？
2. 按规定画法画螺纹时，如螺纹大径为d，则小径取多少？
3. 不通螺孔圆锥面尖端的锥顶角应画成多少度？
4. 画内、外螺纹连接时，如果是剖视图，其螺纹旋合部分按什么螺纹画？
5. 最常用的三种螺纹紧固件是什么连接形式？螺柱连接和螺钉连接其旋入深度如何确定？
6. 普通平键工作面是什么面？画键连接装配图时键的侧面和顶面与键槽是否接触？
7. 画直齿圆柱齿轮视图时齿顶圆、分度圆及齿根圆用什么图线表达？齿轮啮合时啮合区怎样画？
8. 滚动轴承按受力方向不同可以分为哪三种？滚动轴承的通用画法、特征画法和规定画法各有什么不同？

项目二　轴套类零件绘制

知识目标

1. 了解零件图的内容，会选择视图表达方案。
2. 掌握零件图的尺寸标注。
3. 掌握零件图的技术要求。

能力目标

1. 具有表达轴套类零件视图的能力。
2. 初步具有专业绘图能力。

素养目标

通过零件测绘，培养一丝不苟、精益求精的工匠精神。

任务引入

零件是组成机器或部件的基本单元。表示零件结构、大小及技术要求的图样为零件工作图，简称零件图。零件图不仅反映设计者的设计思路，还是生产中指导制造和检验零件的主要依据。

常见的零件可分为轴套类、盘盖类、叉架类和箱体类。图3-2-1所示的零件是减速器中的齿轮轴。它的零件图该如何表达？本项目在阐述零件图的作用、内容的基础上，着重讲解轴套类零件视图表达方案、工艺结构、尺寸标注方法及技术要求等。

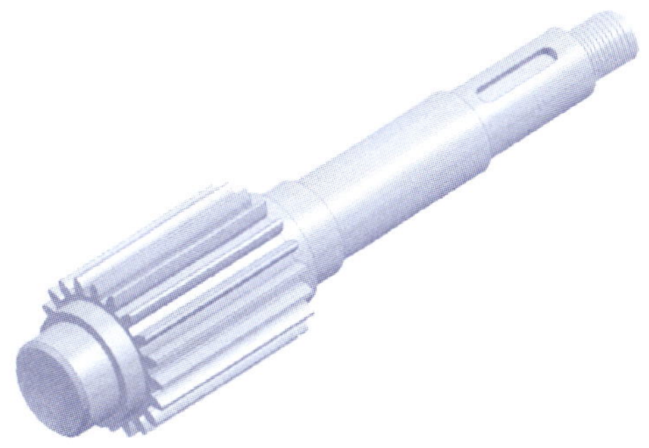

图3-2-1　齿轮轴

知识链接

2.1 零件图的内容

零件图应包含制造和检验零件的全部技术资料。因此，一张完整的零件图一般应包括以下方面的内容，如图3-2-2所示。

（1）一组图形。可以正确、完整、清晰和简便地表达零件内外形状的图形，其中包括机件的各种表达方法，如视图、剖视图、断面图、局部放大图和简化画法等。

（2）完整的尺寸。零件图中应正确、完整、清晰、合理地标注出制造零件所需的全部尺寸。

（3）技术要求。零件图中应用规定的代号、数字、字母和文字注解说明制造和检验零件时在技术指标上应达到的要求，如表面粗糙度、尺寸公差、几何公差、材料和热处理、检验方法及其他特殊要求等。技术要求的文字一般注写在标题栏上方图纸空白处。

（4）标题栏。标题栏一般配置在图框的右下角。它一般由更改区、签字区、其他区、名称及代号区组成。填写的内容主要有零件的名称、材料、比例、图样代号及设计、审核、批准者的姓名、日期等。标题栏的尺寸和格式已经标准化，可参见有关标准。

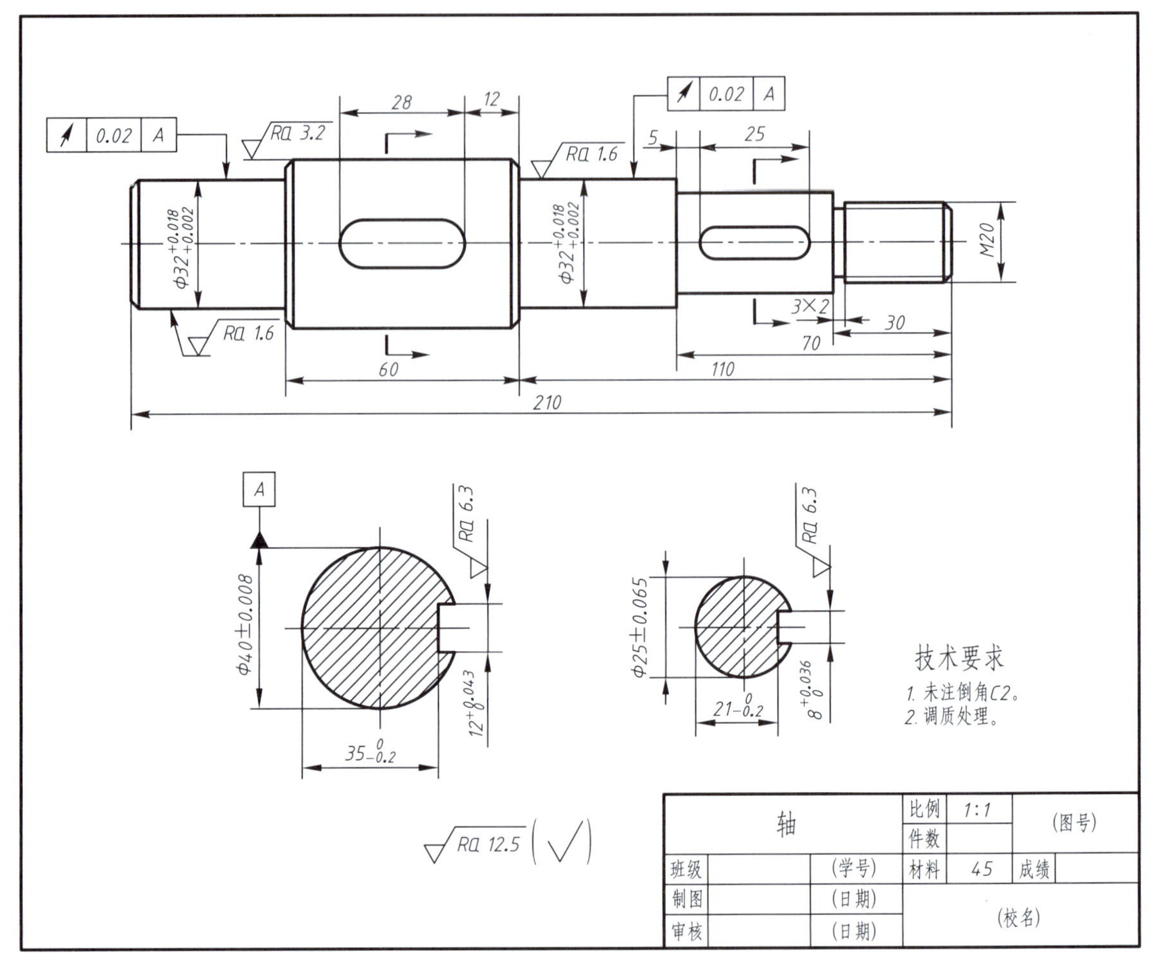

图3-2-2 轴零件图

2.2 零件的视图选择

由于零件的结构形状是多种多样的，所以在画图前，应根据零件的结构特点，对零件进行分析，选择最能反映零件形状特征的视图作为主视图，并选好其他视图，以确定一组最佳的表达方案。选择表达方案的原则：在完整、清晰地表示零件形状的前提下，力求制图简便。

2.2.1 零件分析

零件分析是认识零件的过程，是确定零件表达方案的前提。零件因结构形状及其工作位置或加工位置的不同，视图选择也往往不同。因此，在选择视图之前，应先对零件进行形体分析和结构分析，并了解零件的工作和加工情况，以便确切地表达零件的结构形状，反映零件的设计和工艺要求。

2.2.2　主视图的选择

主视图是表达零件形状最重要的视图，其选择是否合理将直接影响其他视图的选择和看图是否方便，甚至影响画图时图幅的合理利用。选择最能反映零件形状特征的方向作为主视图的投射方向，确定零件的安放位置应考虑加工位置原则、工作位置原则或自然安放位置原则。

一般来说，轴套类零件主视图的选择应满足加工位置原则。加工位置是零件在加工时所处的位置。主视图应尽量表示零件在机床上加工时所处的位置。这样在加工时可以直接进行图物对照，既便于看图和测量尺寸，又可减少差错。如轴套类零件的加工，大部分工序是在车床或磨床上进行的，因此通常要按加工位置（即轴线水平放置）画其主视图，如图3-2-3所示。这样既可把各段形体的相对位置表示清楚，同时又能反映出轴上轴肩、退刀槽等结构。

操作视频
轴类零件的加工

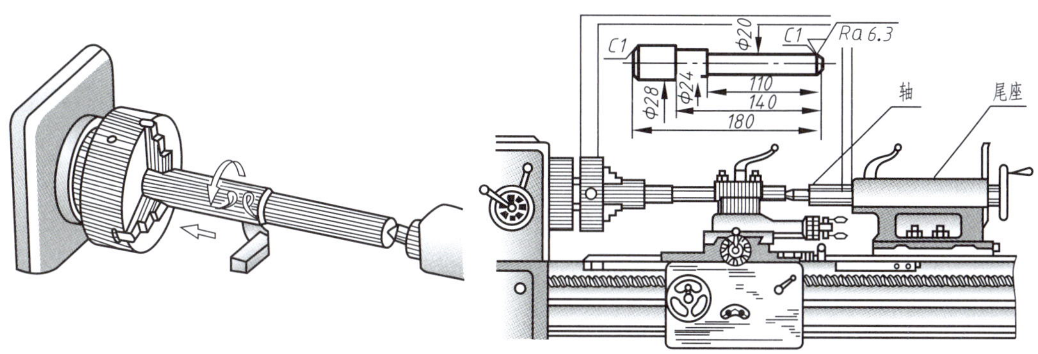

图3-2-3　轴类零件的加工位置

轴套类零件主要结构形状是回转体，一般只画一个主视图。确定了主视图后，轴上的各段形体的直径尺寸在其数字前加注符号“ϕ”表示，不必画出其左（或右）视图。对于零件上的键槽、孔等结构，一般可采用局部视图、局部剖视图、移出断面图和局部放大图表达。

2.2.3　选择其他视图

一般来说，仅用一个主视图是不能完全反映零件的结构形状的，主视图确定后，对其表达未尽的部分，再选择其他视图予以完善表达，包括剖视图、断面图、局部放大图和简化画法等各种表达方法。具体选用时，应注意以下3点。

（1）根据零件的复杂程度及其内、外结构形状，全面地考虑还需要哪些视图，使每个所选视图都具有独立存在的意义及明确的表达重点，注意避免不必要的细节重复，在明确表达零件的前提下，使视图数量为最少。

（2）优先考虑采用基本视图，当有内部结构时应尽量在基本视图上作剖视；对尚未表达清楚的局部结构和倾斜部分结构，可增加必要的局部（剖）视图和局部放大图；有关的视图应尽量保持直接投影关系，配置在相关视图附近。

（3）按照视图表达零件形状要正确、完整、清晰、简便的要求，进一步综合比较、调整完善，选出最佳的表达方案。

2.3 零件图的尺寸标注

2.3.1 基本要求

零件上各部分的大小是按照图样上所标注的尺寸进行制造和检验的。零件图中的尺寸，不但要按前面的要求做到正确、完整、清晰，而且应满足合理性要求。所谓合理，是指所注的尺寸既符合零件的设计要求，又便于加工和检验（即满足工艺要求）。本节将重点介绍标注尺寸的合理性问题。

2.3.2 尺寸基准

零件图尺寸标注既要保证设计要求，又要满足工艺要求，首先应当正确选择尺寸基准。尺寸基准是指零件装配到机器上或在加工测量时，用以确定其位置的一些面、线或点。它可以是零件的对称平面、安装底面、端面、与其他零件的结合面、主要孔和轴的轴线等。

选择尺寸基准的目的，一是为了确定零件在机器中的位置或零件上几何元素的位置，以符合设计要求；二是为了在制作零件时，确定测量尺寸的起点位置，便于加工和测量，以符合工艺要求。因此，根据基准的功能不同，将基准分为设计基准和工艺基准。

1. 设计基准

根据零件结构特点和设计要求而选定的基准称为设计基准。零件有长、宽、高三个方向，每个方向都要有一个设计基准，该基准又称为主要基准。对于轴套类和盘盖类零件，实际设计中经常采用的是轴向基准和径向基准，如图3-2-4所示。

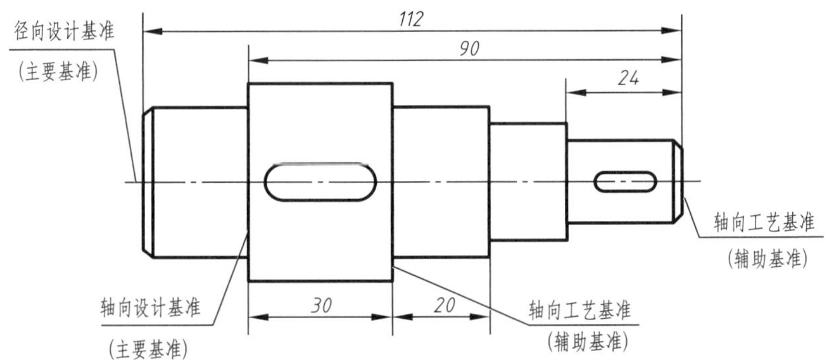

图3-2-4　轴类零件的基准

2. 工艺基准

在加工时，确定零件装夹位置和刀具位置的一些基准及检测时所使用的基准称为工艺基准。工艺基准有时可能与设计基准重合，该基准不与设计基准重合时又称为辅助基准。零件同一方向有多个尺寸基准时，主要基准只有一个，其余均为辅助基准，辅助基准必有一个尺寸与主要基准相联系，该尺寸称为联系尺寸。

选择基准的原则：尽可能使设计基准与工艺基准一致，以减少两个基准不重合而引起的尺寸误差。当设计基准与工艺基准不一致时，应以保证设计要求为主，将重要尺寸从设计基准注出，次要基准从工艺基准注出，以便加工和测量。

2.3.3　标注尺寸应注意的问题

1. 结构上的重要尺寸必须直接注出

重要尺寸是指零件上对机器的使用性能和装配质量有影响的尺寸，这类尺寸应从设计基准直接注出。如图3-2-5a中的高度尺寸32 ± 0.08和安装孔的中心距40为重要尺寸，应直接从主要基准直接注出，以保证精度要求。图3-2-5b所示的标注就不合理。

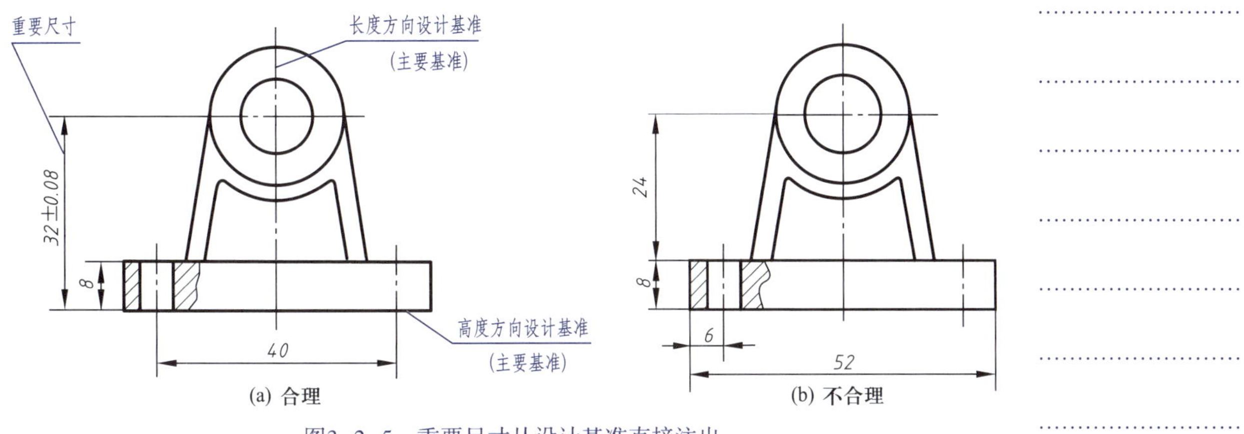

图3-2-5　重要尺寸从设计基准直接注出

2. 避免出现封闭的尺寸链

封闭的尺寸链是指一个零件同一方向上的尺寸像链条一样，一环扣一环首尾相连，成为封闭形状。如图3-2-6a所示，各分段尺寸与总体尺寸间形成封闭的尺寸链，在生产中这是不允许的，因为各段尺寸加工不可能绝对准确，总有一定尺寸误差，而各段尺寸误差的和不可能正好等于总体尺寸的误差。在标注尺寸时，应将次要的轴段尺寸空出不注（称为开口环），如图3-2-6b 所示。这样，其他各段加工的误差都积累至这个不要求检验的尺寸上，全长及主要轴段的尺寸则因此得到保证。如需标注开口环尺寸时，可将其注成参考尺寸，如图3-2-6c所示。

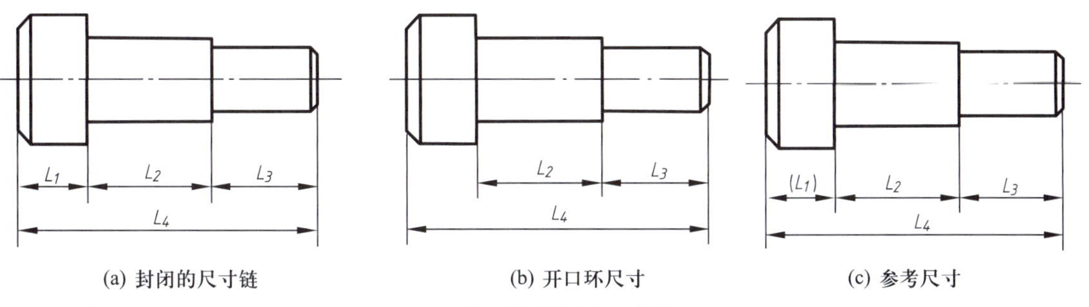

图3-2-6　避免形成封闭的尺寸链

3. 考虑零件加工和测量的要求

（1）考虑加工看图方便。应将不同加工方法所用的尺寸分开标注，这样便于看图加工。如图3-2-7所示，是把车削与铣削所需要的尺寸分开标注。

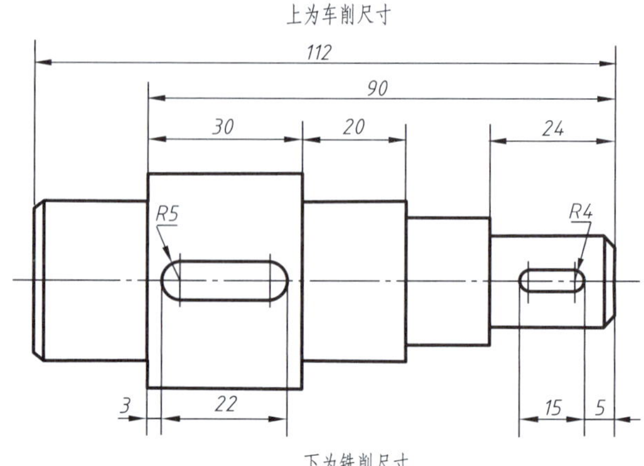

图3-2-7 按加工方法标注尺寸

（2）考虑测量方便。尺寸标注有多种方案，但要注意所注尺寸是否便于测量。如图3-2-8所示结构，两种不同标注方案中，不便于测量的标注方案是不合理的。

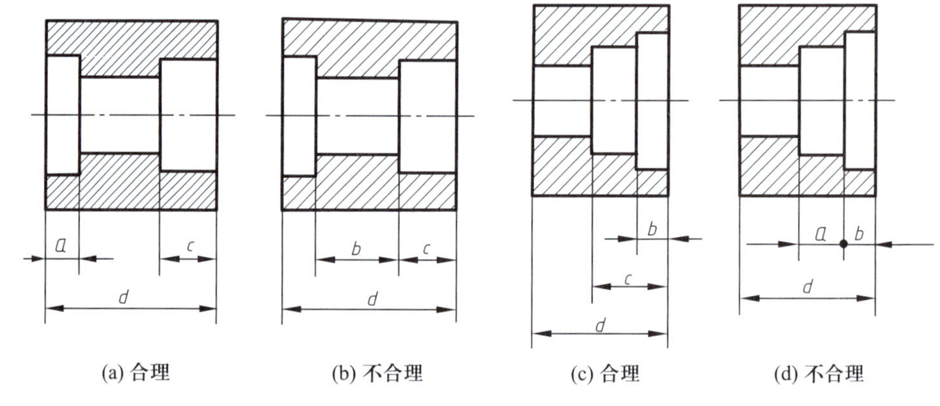

图3-2-8 考虑尺寸测量方便

2.3.4 零件上的常用机械加工工艺结构的标注

1. 退刀槽和砂轮越程槽的标注

在车削或磨削加工时，为便于刀具或砂轮进入或退出加工面，在装配时保证与相邻零件靠紧，常在加工表面的终端预先加工出退刀槽或砂轮越程槽。退刀槽一般可按“槽宽×直径” 或“槽宽×槽深”的形式标注，砂轮越程槽常用局部放大图画出，如图3-2-9所示。

2. 倒圆和倒角的标注

为了避免应力集中，轴肩、孔肩转角处常加工成环面过渡，称为倒圆（圆角）。为防止零件的毛刺划伤人手和便于装配，常在轴或孔的端部加工出45°、30°或60°的锥台，称为倒角。倒角为45°时代号为C，可与倒角的轴向尺寸连注，不是45°时要分开标注，如图3-2-10所示。

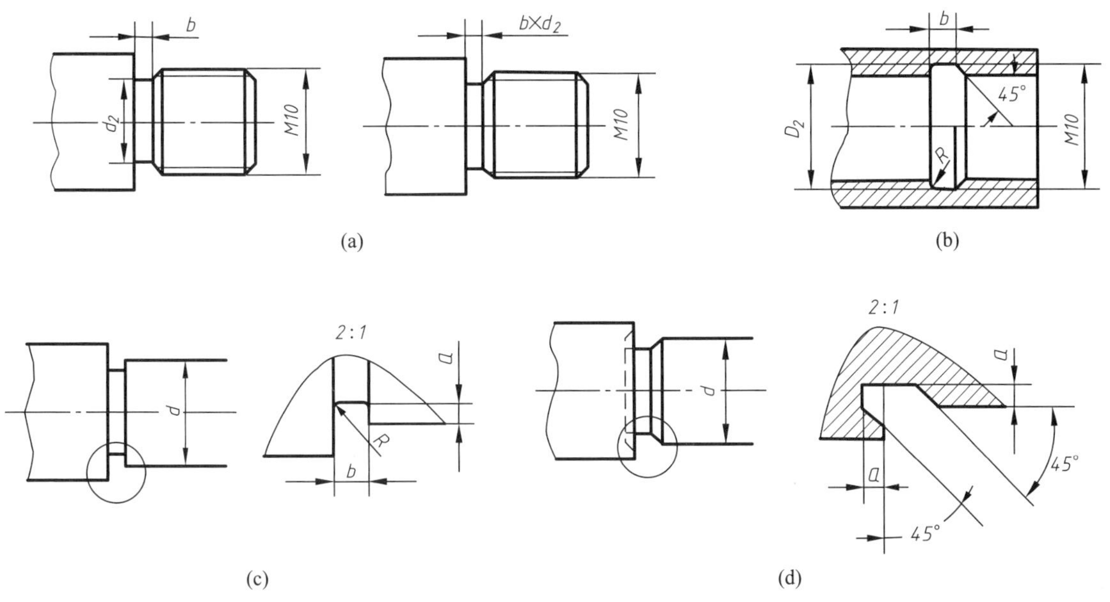

图3-2-9　退刀槽和砂轮越程槽的标注

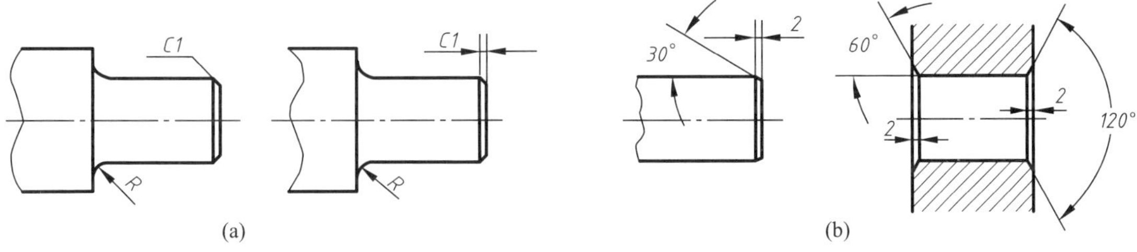

图3-2-10　倒圆和倒角的标注

3. 平面的标注

圆柱表面切割的平面应标注切平面的位置和轴向长度，而不应标注交线的尺寸，如图3-2-11所示。

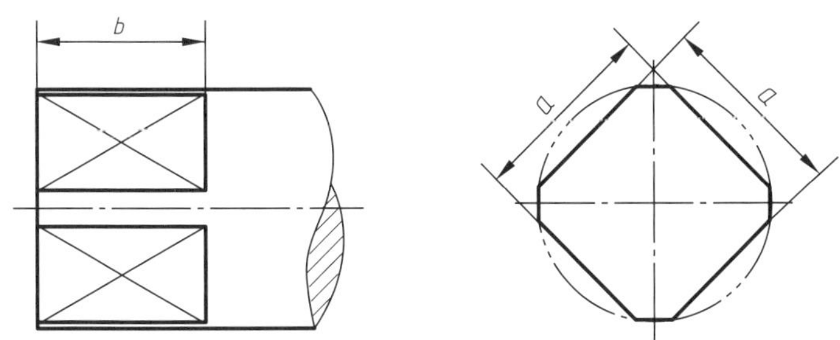

图3-2-11　平面的标注

4. 键槽的标注

为了便于加工和选择刀具，键槽一般应标注长度、宽度和深度等尺寸，如图3-2-12所示。

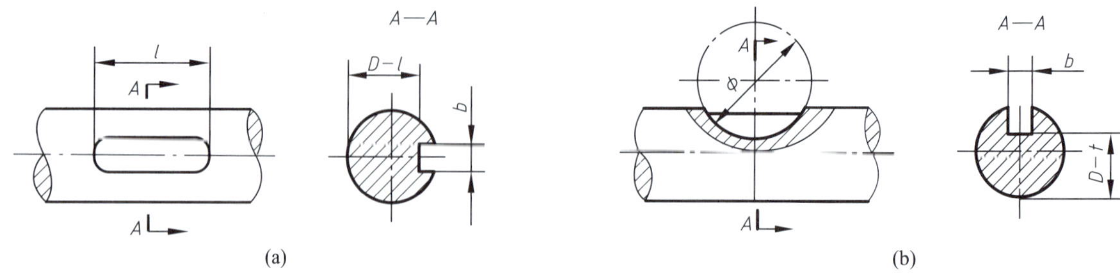

图3-2-12　键槽的标注

5. 锥度的标注

当轴上有锥度且锥度要求不高时，可按图3-2-13a所示的方法标注，当锥度要求准确并要保证一端直径尺寸时，需按3-2-13b所示的方法标注。

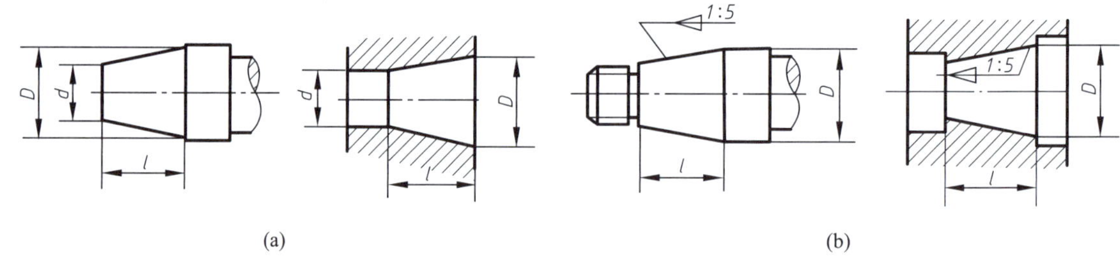

图3-2-13　锥度的标注

2.3.5　零件图尺寸标注示例

轴类零件的尺寸标注一般按照其加工方法和加工顺序标注，表3-2-1以蜗轮轴为例说明其尺寸标注的过程。

表 3-2-1　加工顺序及尺寸标注

序号	说明	尺寸标注
1	下料，车端面，打中心孔	140　φ20
2	车端面和 ϕ12.5h12 外圆，长度为 136，车砂轮越程槽	136　φ12.5h12　0.3　2　4:1　45°　R0.8　45°　2　0.3

续表

序号	说明	尺寸标注
3	车右端螺纹外圆，车退刀槽，倒角，车螺纹	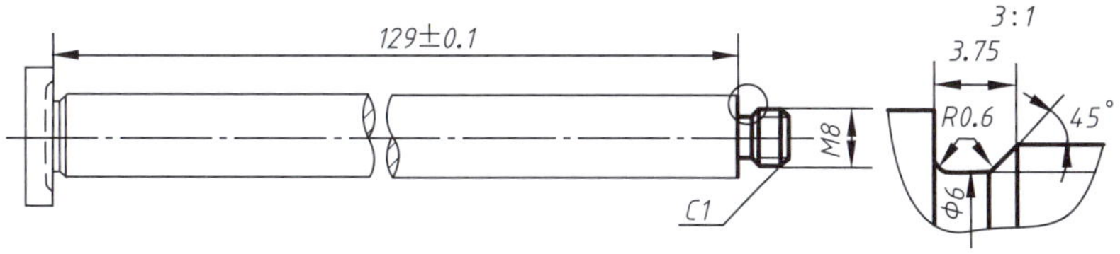 129±0.1　3:1　3.75　R0.6　45°　M8　φ6　C1
4	调头倒圆 *R*1	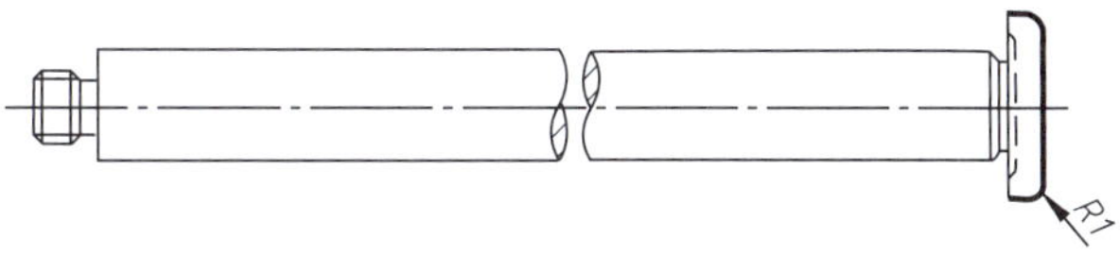 R1
5	铣键槽	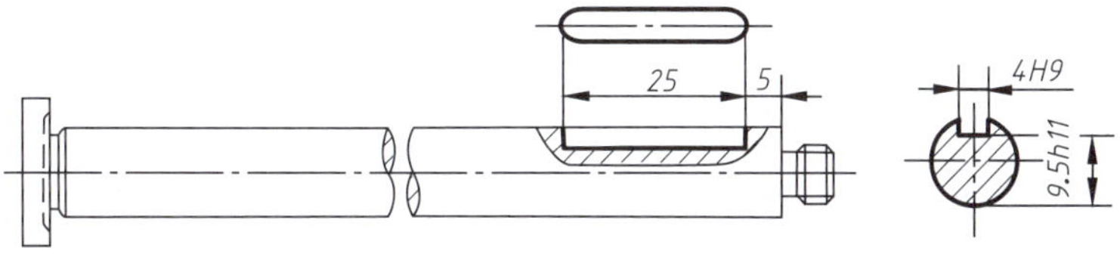 25　5　4H9　9.5h11
6	磨外圆及端面 *A*，热处理（40 除外）。装配时钻紧定螺钉螺孔	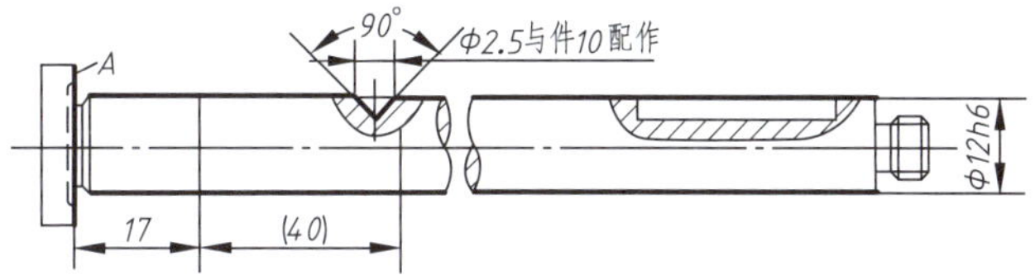 A　90°　φ2.5与件10配作　φ12h6　17　(40)
7	蜗轮轴的完整尺寸	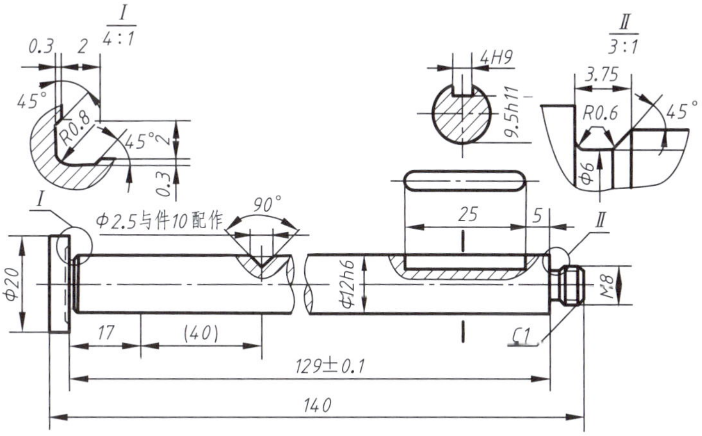 I　4:1　0.3　2　45°　R0.8　45°　2　0.3　4H9　9.5h11　II　3:1　3.75　R0.6　45°　φ6　I　φ2.5与件10配作　90°　25　5　II　φ20　φ12h6　M8　17　(40)　C1　129±0.1　140

2.4 零件的尺寸极限与配合

2.4.1 互换性

在日常生活中，如果汽车的零件坏了，买个新的换上即可继续使用，这是因为这些零件具有互换性。所谓零件的互换性，就是从一批相同的零件中任取一件，不经修配就能装配使用，并能保证使用性能要求，零件的这种性质称为互换性。零件具有互换性，不但给装配、修理机器带来方便，还可用专用设备生产，提高产品数量和质量，同时降低产品的成本。要满足零件的互换性，就要求有配合关系的尺寸只在一个允许的范围内变动，并且在制造上又是经济合理的。公差配合制度是实现互换性的重要基础。

2.4.2 极限与配合的基本概念（GB/T 1800.1—2020）

在零件加工过程中，由于各种因素的影响，零件的尺寸不可能做得绝对准确，会存在误差。为了保证互换性，必须将零件尺寸的加工误差限制在一定的范围内，规定加工尺寸的可变动量，这种规定的实际尺寸允许的变动量称为公差。

（1）公称尺寸。由图样规范定义的理想形状要素的尺寸。根据零件强度、结构和工艺要求设计确定的尺寸，如图3-2-14中的ϕ50。

（2）实际尺寸。拟合组成要素的尺寸。通过测量所得到的尺寸。

（3）极限尺寸。尺寸要素的尺寸所允许的极限值。上极限尺寸为尺寸要素允许的最大尺寸，如图3-2-14中的ϕ50.007；下极限尺寸为尺寸要素允许的最小尺寸，如图3-2-14 中的ϕ49.982。

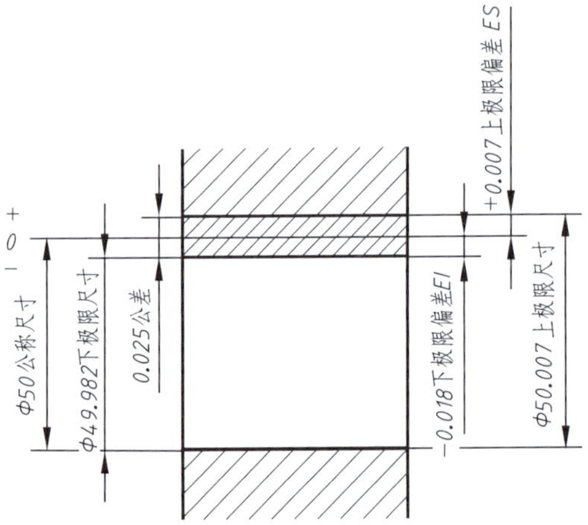

图3-2-14 尺寸公差名词

（4）尺寸偏差（简称偏差）。实际尺寸与公称尺寸之差。尺寸偏差相对于公称尺寸有上极限偏差和下极限偏差之分。

上极限偏差=上极限尺寸-公称尺寸

下极限偏差=下极限尺寸-公称尺寸

上、下极限偏差统称极限偏差。上、下极限偏差可以是正值、负值或零。国家标准规定，孔的上极限偏差代号为ES，孔的下极限偏差代号为EI；轴的上极限偏差代号为es，轴的下极限偏差代号为ei。

（5）尺寸公差（简称公差）。上极限尺寸与下极限尺寸之差，用T表示，尺寸公差为没有符号的绝对值。

尺寸公差T＝上极限尺寸－下极限尺寸＝上极限偏差－下极限偏差，如图3－2－14中的T＝*ES*－*EI*＝0.025 mm。

（6）公差极限。确定允许值上界限和/或下界限的特定值。

（7）公差带。公差带是公差极限之间（包括公差极限）的尺寸变动值，即上、下极限偏差的两条直线所限定的一个区域。为了便于分析，一般将尺寸公差与公称尺寸的关系按放大比例画成简图，称为公差带图，如图3－2－15所示。

（8）标准公差。线性尺寸公差ISO代号体系中的任一公差。国家标准将公差等级分为20级：IT01，IT0，IT1，IT2，…，IT18。“IT”表示标准公差，公差等级的代号用阿拉伯数字表示。IT01～IT18，精度等级依次降低。同一公差等级对所有公称尺寸的一组公差，被认为具有同等精确程度。在一般机器的配合尺寸中，孔用IT6～IT12级，轴用IT5～IT12级。在保证产品质量的前提下，应选用较低的公差等级。标准公差的数值取决于公差等级和公称尺寸，标准公差等级数值可查有关技术标准。

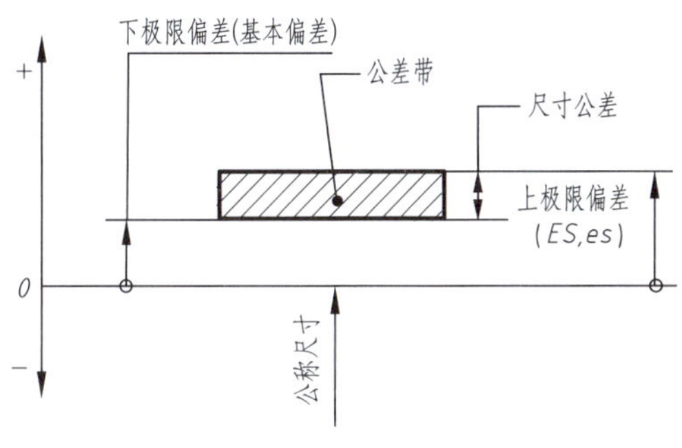

图3－2－15　公差带图

（9）基本偏差。基本偏差是确定公差带相对公称尺寸位置的那个极限偏差，一般是指靠近公称尺寸的那个偏差。根据实际需要，国家标准分别对孔和轴规定了28个不同的基本偏差，称为基本偏差系列。轴和孔的基本偏差系列如图3－2－16所示。

基本偏差用拉丁字母表示，大写字母表示孔，小写字母表示轴。

公差带位于公称尺寸之上，基本偏差为下极限偏差；

公差带位于公称尺寸之下，基本偏差为上极限偏差。

（10）孔、轴的公差带代号。孔、轴的公差带代号由基本偏差和公差等级代号组成，并且要用同一号字母书写。

示例1：ϕ50H8

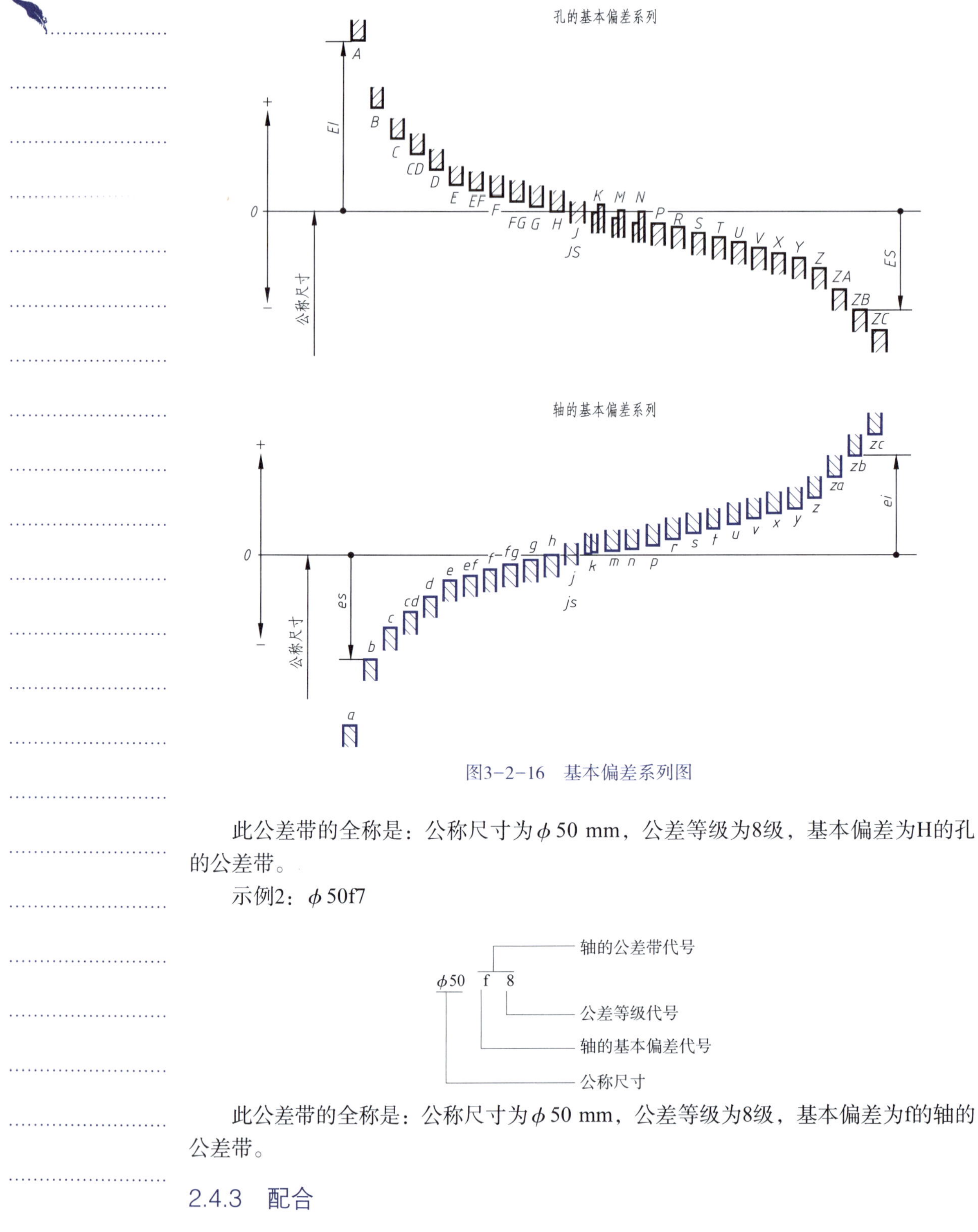

图3-2-16 基本偏差系列图

此公差带的全称是：公称尺寸为ϕ 50 mm，公差等级为8级，基本偏差为H的孔的公差带。

示例2：ϕ 50f7

此公差带的全称是：公称尺寸为ϕ 50 mm，公差等级为8级，基本偏差为f的轴的公差带。

2.4.3 配合

公称尺寸相同、相互结合的孔和轴公差带之间的关系称为配合。

1. 配合的种类

根据机器的设计要求和生产实际的需要，国家标准将配合分为三类：

（1）间隙配合。孔的公差带完全在轴的公差带之上，任取其中一对轴和孔相配都成为具有间隙（包括最小间隙为零）的配合，如图3-2-17所示。

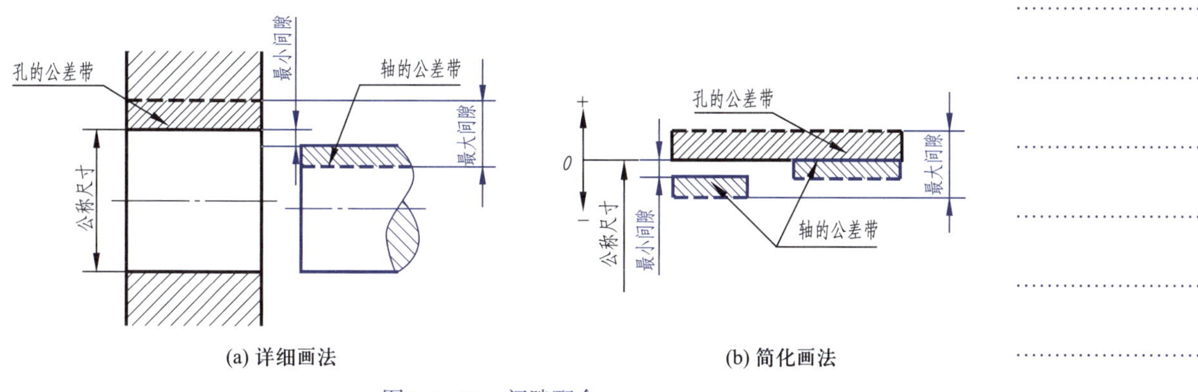

(a) 详细画法　(b) 简化画法

图3-2-17　间隙配合

（2）过渡配合。孔和轴的公差带相互交叠，任取其中一对孔和轴相配合，可能具有间隙，也可能具有过盈的配合，如图3-2-18所示。

（3）过盈配合。孔的公差带完全在轴的公差带之下，任取其中一对轴和孔相配都成为具有过盈（包括最小过盈为零）的配合，如图3-2-19所示。

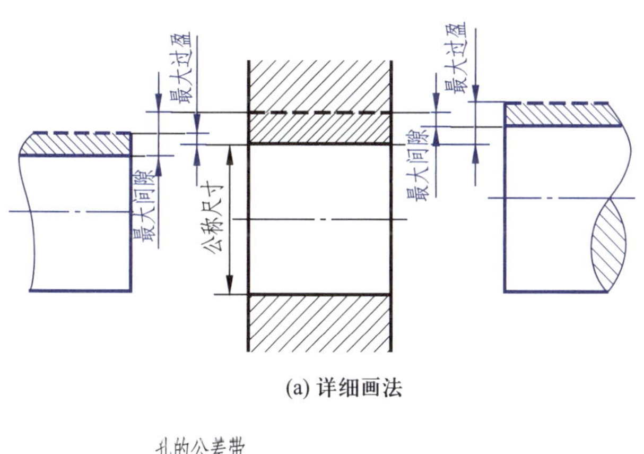

(a) 详细画法

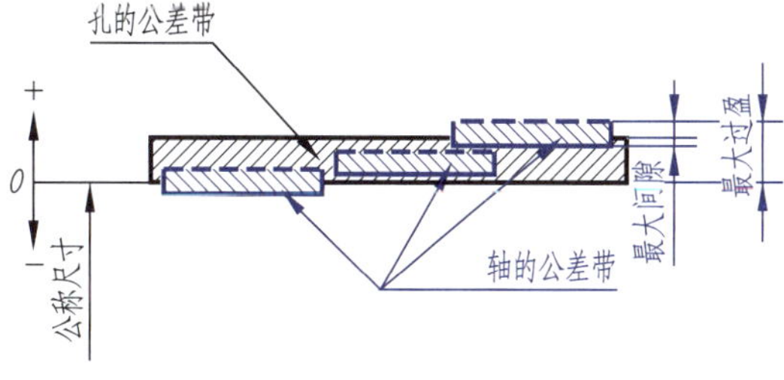

(b) 简化画法

图3-2-18　过渡配合

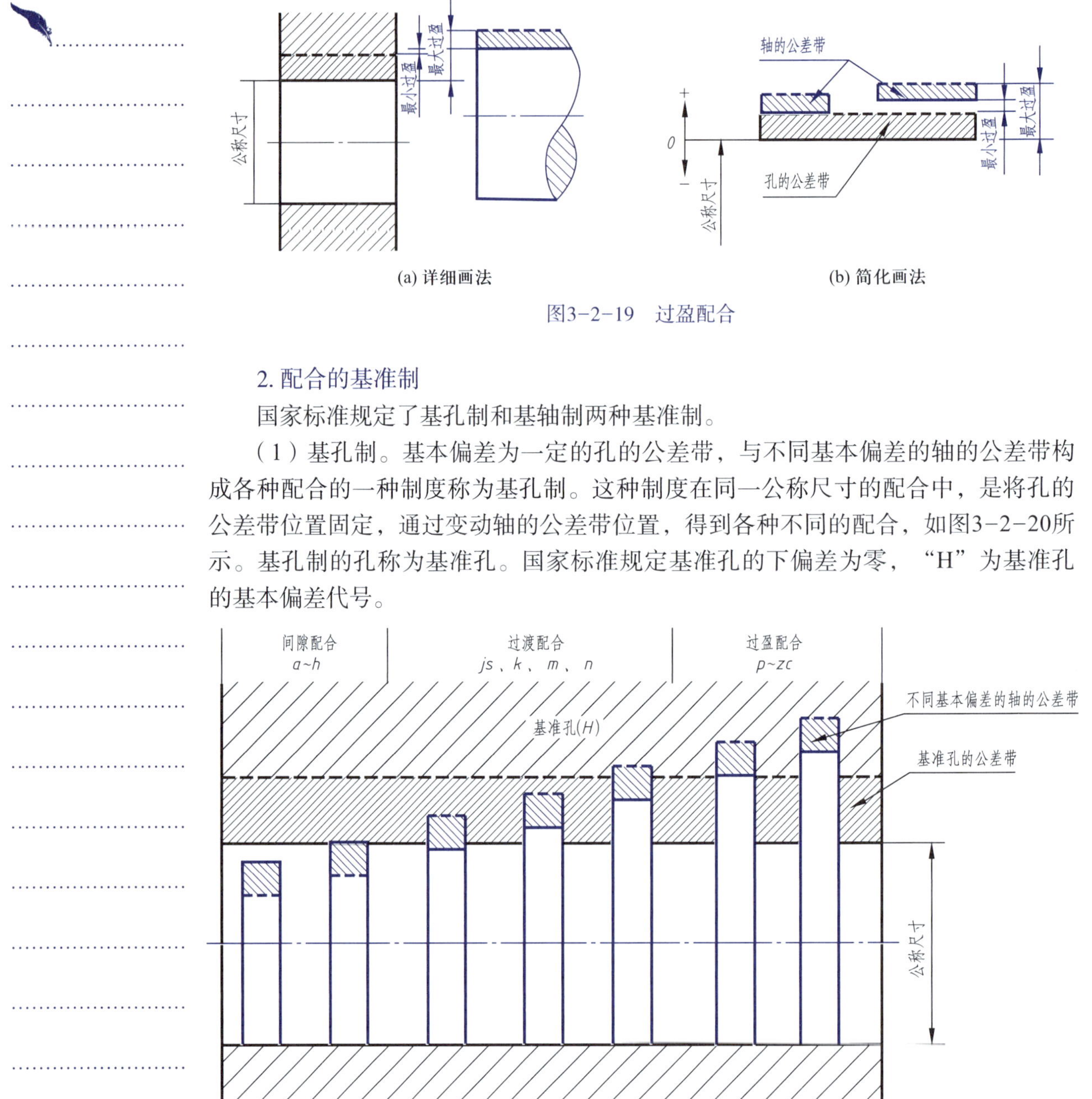

(a) 详细画法　　(b) 简化画法

图3-2-19　过盈配合

2. 配合的基准制

国家标准规定了基孔制和基轴制两种基准制。

（1）基孔制。基本偏差为一定的孔的公差带，与不同基本偏差的轴的公差带构成各种配合的一种制度称为基孔制。这种制度在同一公称尺寸的配合中，是将孔的公差带位置固定，通过变动轴的公差带位置，得到各种不同的配合，如图3-2-20所示。基孔制的孔称为基准孔。国家标准规定基准孔的下偏差为零，“H”为基准孔的基本偏差代号。

图3-2-20　基孔制配合

（2）基轴制。基本偏差为一定的轴的公差带与不同基本偏差的孔的公差带构成各种配合的一种制度称为基轴制。这种制度在同一公称尺寸的配合中，将轴的公差带位置固定，通过变动孔的公差带位置，得到各种不同的配合，如图3-2-21所示。基轴制的轴称为基准轴。国家标准中规定，基准轴的上偏差为零，“h”为基轴制的基本偏差代号。

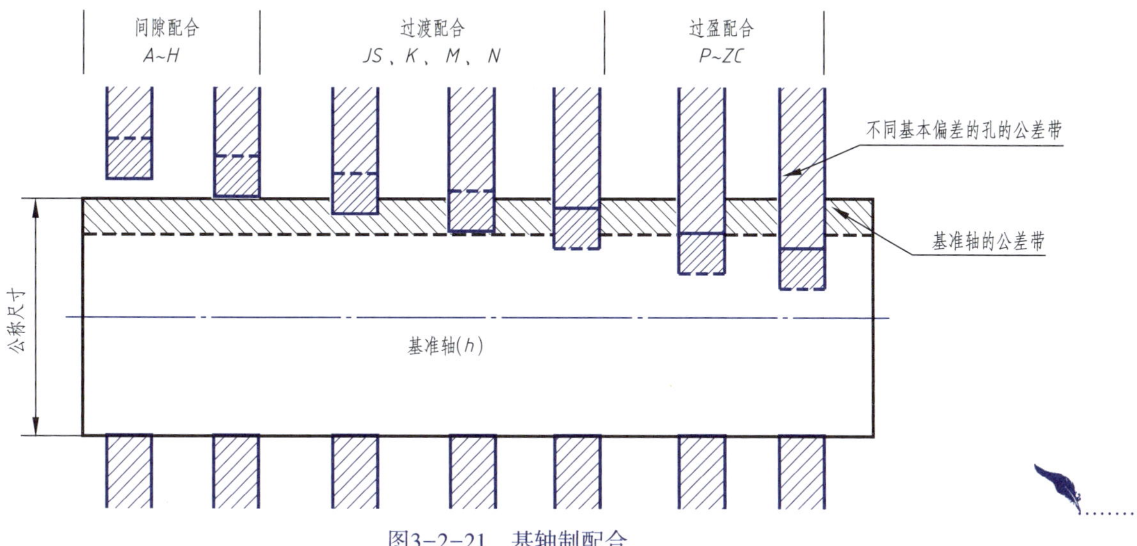

图3-2-21　基轴制配合

2.4.4　公差等级和配合的选择

极限与配合的选用包括基准制、配合类别和公差等级三项内容。

1. 基准制的选择

国家标准中规定，优先选用基孔制，因为一般来说，加工孔比加工轴难，采用基孔制可以减少加工孔所需用的定值刀具、量具的规格数量，从而获得较好的经济效益。

基轴制通常仅用于结构设计要求不适宜采用基孔制，或者采用基轴制具有明显经济效益的场合。例如，同一轴与几个具有不同公差带的孔配合，或冷拉制成不再进行切削加工的轴与孔配合时，采用基轴制。

在零件与标准件配合时，应按标准件所用的基准制来确定，如滚动轴承的内圈与轴的配合为基孔制，而滚动轴承的外圈与轴承座孔的配合则为基轴制。

2. 公差等级的选择

由于公差等级越高，零件加工成本就越高，所以在保证零件使用要求的条件下，应尽量选择比较低的公差等级，即标准公差等级数值较大，公差值较大，以减少零件的制造成本。由于加工孔比较难，故当标准公差等级高于IT8时，在公称尺寸至500 mm的配合中，应选择孔的标准公差等级比轴低一级（如孔为8级，则轴为7级）来加工孔。标准公差等级低时，轴、孔的配合可选相同的标准公差等级。

通常IT01～IT4用于块规和量规，IT5～IT12用于配合尺寸，IT12～IT18用于非配合尺寸。表3-2-2列举了IT5～IT12公差等级的应用举例，可供选择时参考。

表 3-2-2　公差等级的应用

公差等级	应用举例
IT5	用于发动机、仪器仪表、机床中特别重要的配合，如发动机中活塞与活塞销外径的配合、精密仪器中轴和轴承的配合、精密高速机械的轴颈和机床主轴与高精度滚动轴承的配合

续表

公差等级	应用举例
IT6、IT7	广泛用于机械制造中的重要配合，如机床和减速器中齿轮和轴，带轮、凸轮和轴，与滚动轴承相配合的轴及轴承座孔等。通常轴颈选用IT6，与之相配的孔选用IT7
IT8、IT9	用于农业机械、矿山机械、冶金机械、运输机械的重要配合，精密机械中的次要配合。如机床中的操纵杆和轴，轴套外径与孔，拖拉机中的齿轮和轴
IT10	重型机械、农业机械的次要配合，如轴承端盖和轴承座孔的配合
IT11	用于表面粗糙、间隙较大的配合，如农业机械、机车车厢部件及冲压加工的配合零件
IT12	用于要求很粗糙、间隙很大、基本上无配合要求的部位，如机床制造中扳手孔与扳手座的连接

3. 配合的选择

当零件之间具有相对转动或移动时，必须选择间隙配合；当零件之间无键、销等紧固件，只依靠结合面之间的过盈来实现传动时，必须选择过盈配合；当零件之间不要求有相对运动，同轴度要求较高，且不是依靠该配合传递动力时，通常选择过渡配合。但是每种性质的配合只要公称尺寸相同的孔和轴公差带结合起来，就可组成配合，这样的话，组成的配合是大量的，即使采用基孔制和基轴制配合，配合的数量仍然很多，生产和使用都不方便，标准就没有意义了。因此，国家标准规定，选用配合时优先选择表3-2-3和表3-2-4框中所示的公差带代号。

表 3-2-3 基孔制配合的优先配合（摘自 GB/T 1800.1—2020）

基准孔	轴的公差带代号																	
	间隙配合							过渡配合				过盈配合						
H6						g5	h5	js5	k5	m5		n5	p5					
H7					f6	g6	h6	js6	k6	m6	n6		p6	r6	s6	t6	u6	x6
H8				e7	f7		h7	js7	k7	m7					s7		u7	
			d8	e8	f8		h8											
H9			d8	e8	f8		h8											
H10	b9	c9	d9	e9			h9											
H11	b11	c11	d10				h10											

表 3-2-4 基轴制配合的优先配合（摘自 GB/T 1800.1—2020）

基准轴	孔的公差带代号																	
	间隙配合							过渡配合				过盈配合						
h5						G6	H6	JS6	K6	M6		N6	P6					
h6					F7	G7	H7	JS7	K7	M7	N7		P7	R7	S7	T7	U7	X7
h7				E8	F8		H8											
h8			D9	E9	F9		H9											
h9				E8	F8		H8											
			D9	E9	F9		H9											
	B11	C10	D10															

2.4.5 公差与配合的标注

1. 在零件图中的标注方法

零件图中尺寸公差的标注方法如图3-2-22所示，图3-2-22a为标注公差带代号，图3-2-22b 为标注偏差数值，图3-2-22c为公差带代号和极限偏差数值一起标注。

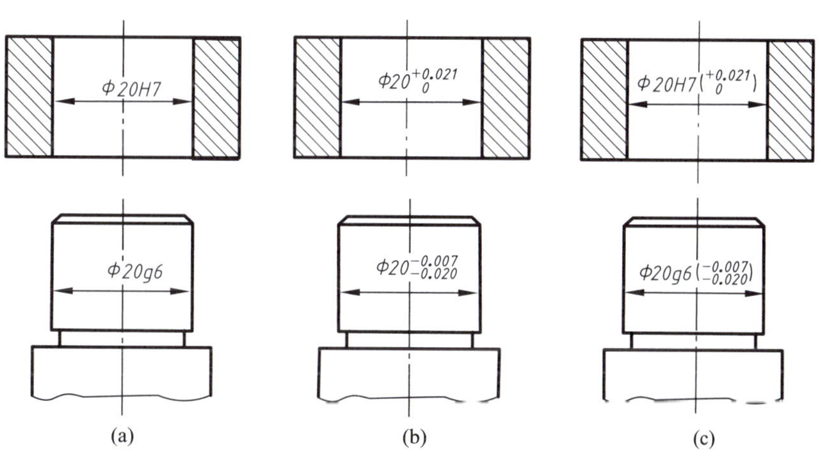

图3-2-22 零件图中尺寸公差的标注方法

2. 在装配图中的标注方法

配合的代号由两个相互结合的孔和轴的公差带代号组成，用分数形式表示，分子为孔的公差带代号，分母为轴的公差带代号，标注的通用形式如图3-2-23a、b所示，当零件与标准件配合时，标准件的公差带代号不注，如图3-2-23c所示。

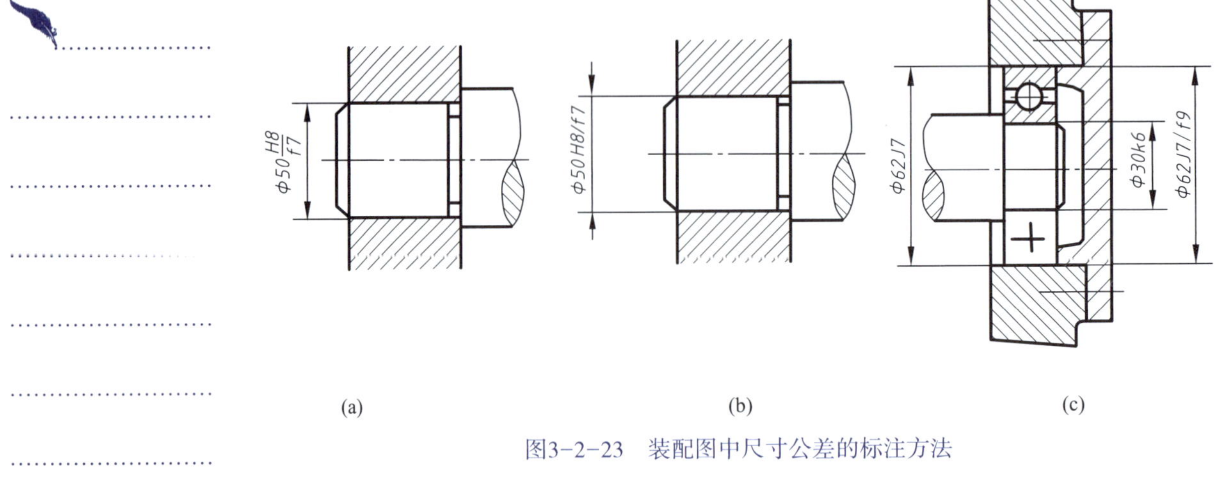

图3-2-23 装配图中尺寸公差的标注方法

3. 查表方法

公称尺寸、基本偏差、公差等级确定以后，极限偏差的数值可以从附表中查得。

例如，查表写出ϕ30H8/f7的轴、孔的极限偏差数值。

从该配合代号中可以看出：孔、轴公称尺寸为ϕ30 mm，孔为基准孔，公差等级8级；相配的轴的基本偏差代号为f，公差等级7级，属基孔制间隙配合。

（1）查孔ϕ30H8的极限偏差数值。在附表18中由公称尺寸“大于24至30”的横行与H8的纵列相交处，查得上极限偏差为+33 μm（即+0.033 mm），下极限偏差为0。所以ϕ30H8可写成$\phi 30^{+0.033}_{0}$。

（2）查轴ϕ30f7的极限偏差数值。在附表17中由公称尺寸“大于24至30”的横行与f7的纵列相交处，查得上极限偏差为−20 μm（即−0.020 mm），下极限偏差为−41 μm（即−0.041 mm），所以ϕ30f7可写成$\phi 30^{-0.020}_{-0.041}$。

2.5 零件的表面结构和几何公差

2.5.1 零件的表面结构

表面结构是表面粗糙度、表面波纹度、表面缺陷、表面纹理和表面几何形状的总称。表面结构的各项要求在国家标准《产品几何技术规范（GPS）技术产品文件中表面结构的表示法》（GB/T 131—2006）中有具体规定。本节主要介绍常用表面粗糙度表示法。

1. 表面粗糙度的概念

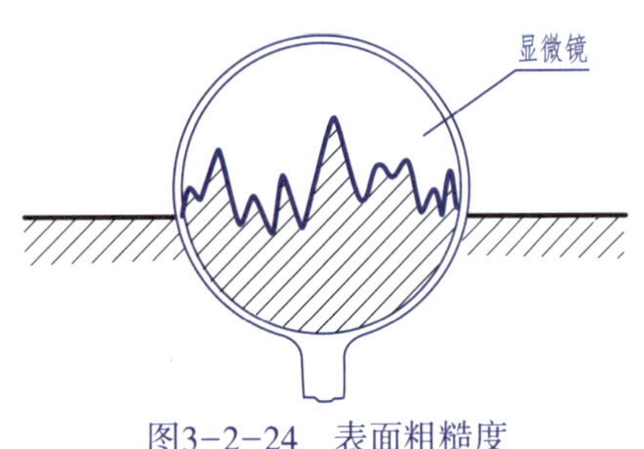

图3-2-24 表面粗糙度

零件在加工过程中，受刀具的形状和刀具与工件之间的摩擦、机床的振动及零件金属表面的塑性变形等因素影响，零件表面不可能绝对光滑，如图3-2-24所示。零件表面上这种具有较小间距的峰谷所组成的微观几何形状特征称为表面粗糙度。一般来说，不同的表面粗糙度是由不同的加工方法形成的。表面粗糙度是评定零件表面质量的一项重要指标，降低零件表面粗糙度值可以提高其表面耐腐蚀、耐磨和抗疲劳等能力，但其加工成本也相应提高。因此，零件表面粗糙度的选择原则：在满足零件表面功能的前提下，表面粗糙度允许值尽可能大一些。

2. 表面粗糙度的注法（GB/T 131—2006）

（1）表面粗糙度代号是由规定的图形符号和有关参数组成的。在零件的每个表面应按照设计要求标注表面粗糙度代号。图形符号及意义，见表3-2-5。

表 3-2-5　图形符号及意义

<table>
<tr><th>符号</th><th>意义及说明</th><th>表面结构要求的注写位置</th></tr>
<tr><td>√</td><td>基本图形符号，表示表面可用任何方法获得。当不加注粗糙度参数值或有关说明时，仅适用于简化代号标注</td><td rowspan="2">c a e d b
a——注写表面结构的单一要求；
a 和 b——a 注写第一表面结构要求；b 注写第二表面结构要求；
c——注写加工方法、表面处理、涂层等工艺要求，如车、磨、镀等；
d——加工纹理方向符号；
e——加工余量，mm</td></tr>
<tr><td>√（加短画）</td><td>扩展图形符号，在基本图形符号上加一短画，表示表面是用去除材料的方法获得的。如车、铣、磨等机械加工</td></tr>
<tr><td>√（加小圆）</td><td>扩展图形符号，在基本图形符号上加一小圆，表示表面是用不去除材料方法获得的。如铸、锻、冲压变形等，或者是用于保持原供应状况的表面</td><td rowspan="2"></td></tr>
<tr><td>（三个符号长边上加一横线）</td><td>完整图形符号，在上述三个符号的长边上均可加一横线，以便注写表面结构的补充信息</td></tr>
</table>

（2）表面粗糙度高度参数包括轮廓算术平均偏差Ra、轮廓最大高度Rz等，表面粗糙度用Ra评定的较多。它是指在取样长度l内轮廓偏距绝对值的算术平均值，如图3-2-25所示。

（3）图形符号的画法如图3-2-26所示。

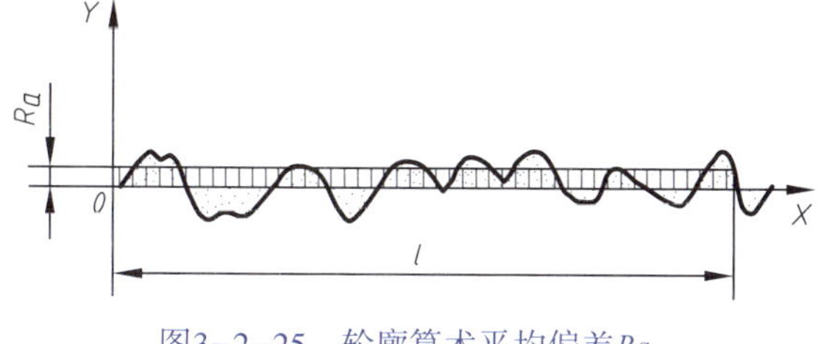

图3-2-25　轮廓算术平均偏差Ra

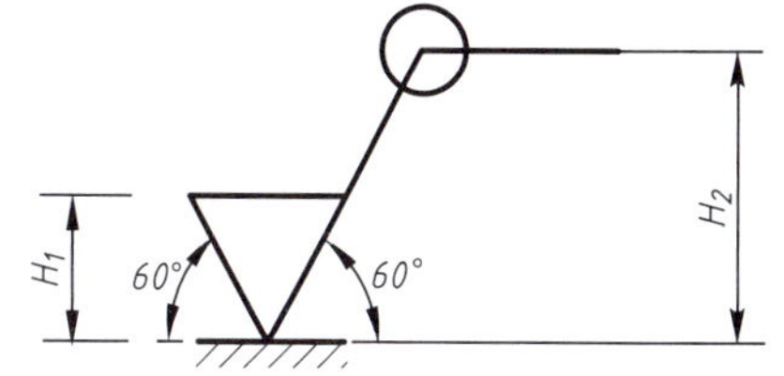

图3-2-26　图形符号的画法

（4）表面粗糙度在图样上的标注方法如下：

① 在同一图样上，每一表面只标注一次，并应标注在可见轮廓线、尺寸线、

尺寸界线或它们的延长线上，符号的尖角应从材料外指向标注表面，如图3-2-27所示。

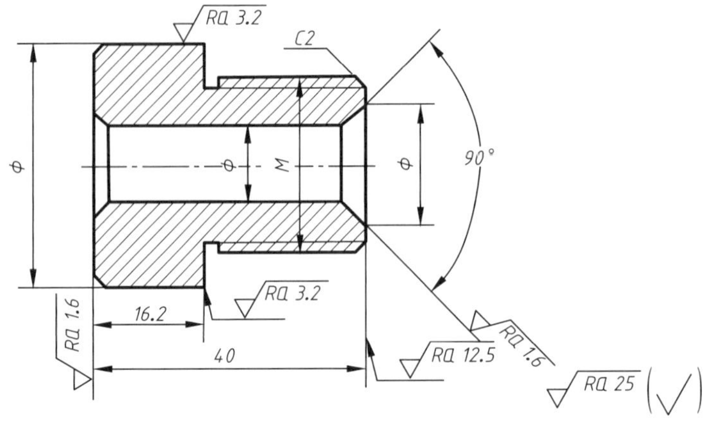

图3-2-27 表面粗糙度的标注

② 在图样上表面粗糙度的注写和读取方向与尺寸的注写和读取方向一致。

③ 当零件多数（包括全部）表面具有相同的粗糙度要求时，其表面粗糙度可统一标注在图样的标题栏附近。此时符号后应有在括号里给出无任何其他标注的基本符号，如图3-2-28a所示。

④ 当多个表面具有相同的表面结构要求或图纸空间有限时，可采用简化注法。用带字母的完整符号，以等式的形式在图形或标题栏附近，对有相同表面结构要求的表面进行简化标注，如图3-2-28b所示。

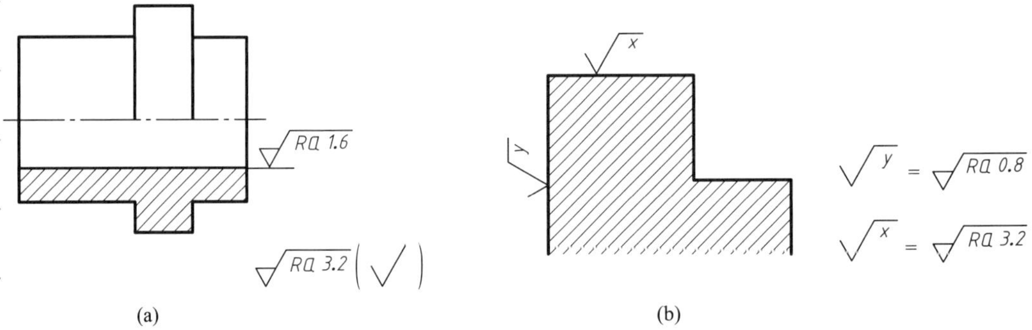

(a)　　(b)

图3-2-28 零件多数表面具有相同的表面粗糙度的标注

⑤ 零件上连续表面、重复要素（如孔、齿、槽等）的表面和用细实线连接的不连续的同一表面，其表面粗糙度代号只注一次，如图3-2-29所示。

⑥ 同一表面上有不同的表面粗糙度要求时，应用细实线画出其分界线，并注出相应的表面粗糙度代号和尺寸，如图3-2-30所示。

⑦ 齿轮、螺纹、键槽等的工作表面和倒角、倒圆的表面粗糙度代号可以简化标注，如图3-2-31所示。

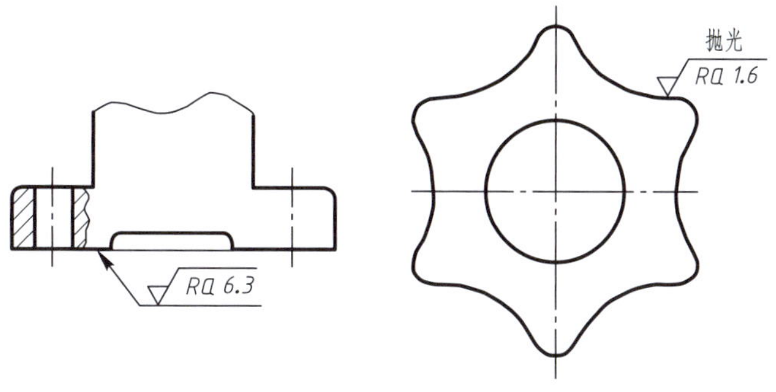

图3-2-29　连续表面、重复要素的表面的标注

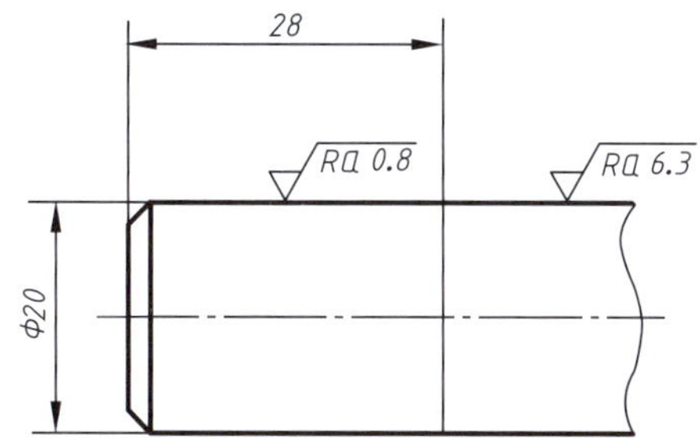

图3-2-30　同一表面上有不同的表面粗糙度要求的标注

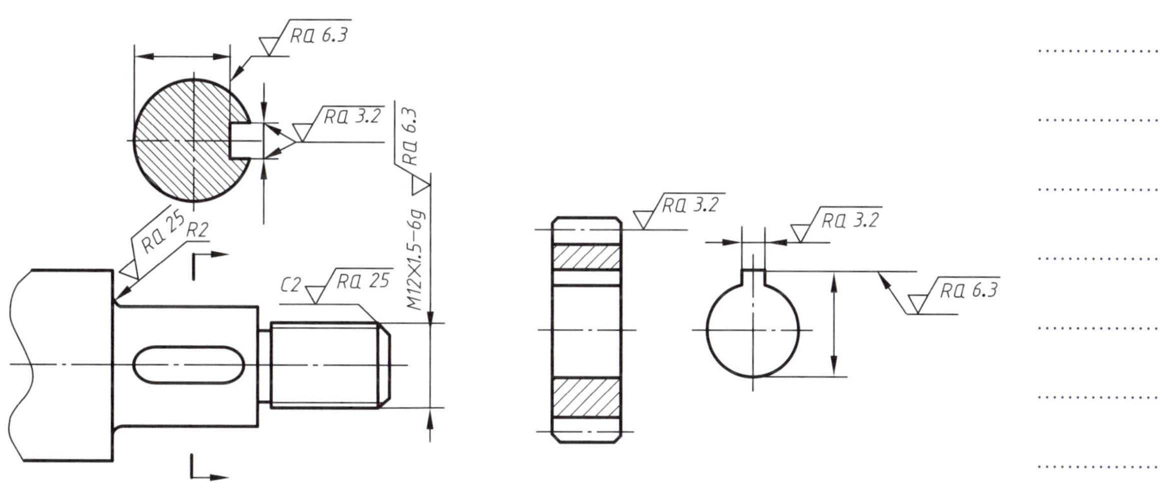

图3-2-31　齿轮、螺纹、键槽等的表面粗糙度标注

3. 表面粗糙度的选用

表面粗糙度参数值的选用，应该既要满足零件表面的功能要求，又要考虑经济合理性。具体选用时，可参照已有的类似零件图，用类比法确定。

选用时应注意以下问题：

① 在满足功用的前提下，尽量选用较大的表面粗糙度数值，以降低生产成本。

② 一般情况下，零件的接触表面比非接触表面的粗糙度参数值要小。

③ 受循环载荷的表面极易引起应力集中，表面粗糙度参数值要小。

④ 配合性质相同，零件尺寸小的比尺寸大的表面粗糙度参数值要小；同一公差等级，小尺寸比大尺寸、轴比孔的表面粗糙度参数值要小。

⑤ 运动速度高、单位压力大的摩擦表面比运动速度低、单位压力小的摩擦表面的表面粗糙度参数值要小。

⑥ 要求密封性高、耐腐蚀的表面其表面粗糙度参数值要小。

表3-2-6为表面粗糙度参数*Ra*值与加工方法的关系及其应用举例，可供选用时参考。

表 3-2-6 表面粗糙度参数 *Ra* 值与加工方法的关系及应用举例

Ra/μm	表面特征	表面形状	获得表面粗糙度的方法	应用举例
100	粗糙	明显可见的刀痕	锯断、粗车、粗铣、粗刨、钻孔及用粗纹锉刀、粗砂轮等加工	管的端部断面和其他半成品的表面、带轮法兰盘的结合面、轴的非接触端面、倒角、铆钉孔等
50		可见的刀痕		
25		微见的刀痕		
12.5	半光	可见加工痕迹	拉制（钢丝）、精车、精铣、粗铰、粗铰埋头孔、刮研	支架、箱体、离合器、带轮螺钉孔、轴或孔的退刀槽、量板、套筒等非配合面、齿轮非工作面、主轴的非接触外表面，IT8 ~ IT11 级公差的结合面
6.3		微见加工痕迹		
3.2		看不见加工痕迹		
1.6	光	可辨加工痕迹的方向	精磨、金刚石车刀的精车、精铰、拉制	轴承的重要表面、齿轮轮齿的表面、普通车床导轨面、滚动轴承相配合的表面、机床导轨面、发动机曲轴和凸轮轴的工作面、活塞外表面等，IT6 ~ IT8 级公差的结合面
0.8		微辨加工痕迹的方向		
0.4		不可辨加工痕迹的方向		
0.2	最光	暗光泽面	研磨加工	活塞销和胀圈的表面、分气凸轮、曲柄轴的轴颈、气门及气门座的支持表面、发动机气缸内表面、仪器导轨表面、液压传动件工作面、滚动轴承的滚道、滚动体表面、仪器的测量表面、量块的测量面等
0.1		亮光泽面		
0.05		镜状光泽面		
0.025		雾状镜面		
0.012		镜面		

2.5.2 几何公差（GB/T 1182—2018）

在零件的加工过程中,合格的零件不仅要保证其尺寸公差，而且还应保证其几何公差，才能满足使用的要求和装配时的互换性。工件、刀具、机床的变形,各种频率的振动,以及定位不准确等原因，都会使零件各几何要素产生误差。如图3-2-32所示小轴，其虽符合尺寸公差的要求，但却有直线度误差，即形状误差。又如图3-2-33所示轴套，其左端面对轴线有垂直度误差，即方向误差。这些误差的存在,都会影响装配和使用。

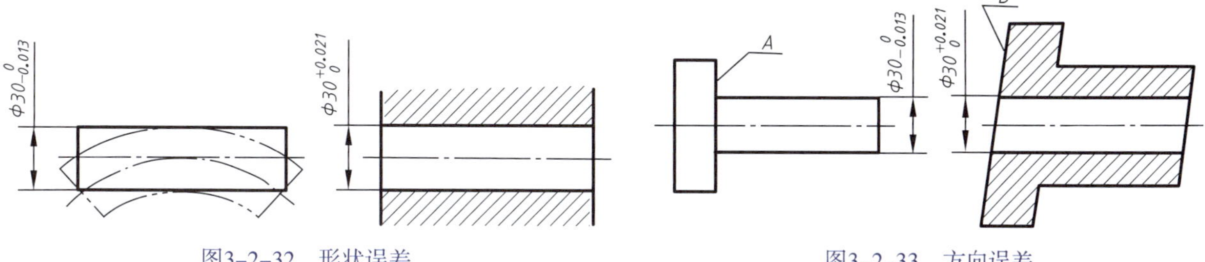

图3-2-32　形状误差　　　　图3-2-33　方向误差

1. 几何公差的基本概念

国家标准GB/T 1182—2018《产品几何技术规范(GPS)几何公差形状、方向、位置和跳动公差标注》规定，几何公差包括形状、方向、位置和跳动公差。

几何公差的有关术语：

（1）要素：指组成零件的点、线、面。

（2）形状公差：指实际要素的形状所允许的变动范围。

（3）方向公差：指实际要素对基准在方向上允许的变动全量。

（4）位置公差：指关联实际要素对基准在位置上允许的变动全量。

（5）跳动公差：指关联提取（实际）要素绕基准轴线回转时，对基准线所允许的最大变动量。

（6）被测要素：给出了几何公差的要素。

（7）基准要素：用来确定理想被测要素方向或（和）位置的要素。

2. 几何公差的项目、符号

在技术图样中，几何公差应采用代号标注。当无法采用代号标注时，允许在技术要求中用文字说明。

国家标准规定的公差特征项目见表3-2-7。

表 3-2-7　公差特征项目

公差类型	特征项目	符号	有或无基准要求
形状公差	直线度	—	无
	平面度	▱	无
	圆度	○	无
	圆柱度	⌭	无
	线轮廓度	⌒	无
	面轮廓度	⌓	无
方向公差	平行度	//	有
	垂直度	⊥	有

续表

公差类型	特征项目	符号	有或无基准要求
方向公差	倾斜度	∠	有
	线轮廓度	⌒	有
	面轮廓度	⌓	有
位置公差	位置度	⌖	有或无
	同轴度（同心度）	◎	有
	对称度	⌯	有
	线轮廓度	⌒	有
	面轮廓度	⌓	有
跳动公差	圆跳动	↗	有
	全跳动	⌰	有

3. 几何公差的标注

（1）公差框格。公差框格用细实线画出，可画成水平的或垂直的，框格高度是图样中尺寸数字高度的两倍，它的长度视需要而定。框格中的数字、字母、符号与图样中的尺寸数字等高。图3-2-34给出了公差框格的形式。

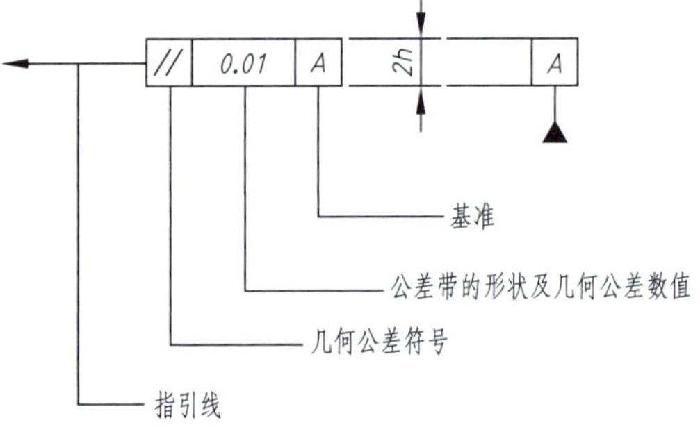

图3-2-34 公差框格及基准符号

（2）被测要素。用带箭头的指引线将被测要素与公差框格一端相连，指引线箭头指向公差带的宽度方向或径向。指引线箭头所指部位可以有：

① 当被测要素为整体轴线或公共中心平面时，指引线箭头可直接指在轴线或中心线上，如图3-2-35a所示。

② 当被测要素为轴线、球心或中心平面时，指引线箭头应与该要素的尺寸线对齐，如图3-2-35b所示。

③ 当被测要素为线或表面时，指引线箭头应指在该要素的轮廓线或其延长线上，并应明显地与尺寸线错开，如图3-2-35c所示。

（3）基准要素。用带涂黑或空白三角形的指引线将基准要素与基准符号相连，如图3-2-36所示。

① 当基准要素为素线或表面时，基准符号应在该要素的轮廓线或其延长线上标注，并应明显地与尺寸线箭头错开，如图3-2-36a所示。

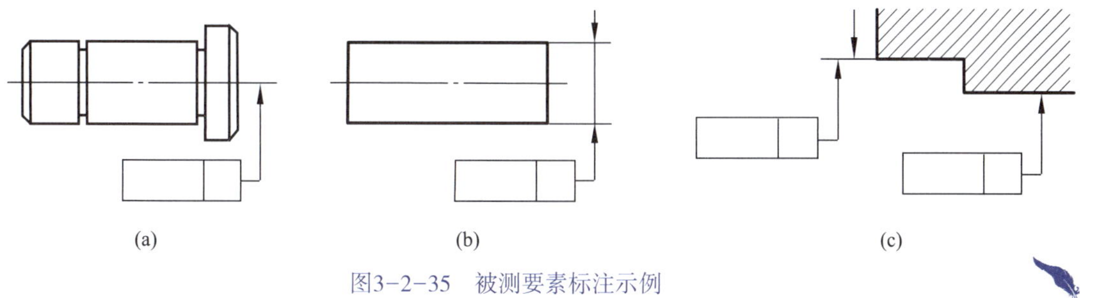

图3-2-35　被测要素标注示例

② 当基准要素为轴线、球心或中心平面时，基准符号应与该要素的尺寸线箭头对齐，如图3-2-36b 所示。

③ 当基准要素为整体轴线或公共中心面时，基准符号可直接在轴线（或中心线）上标注，如图3-2-36c所示。

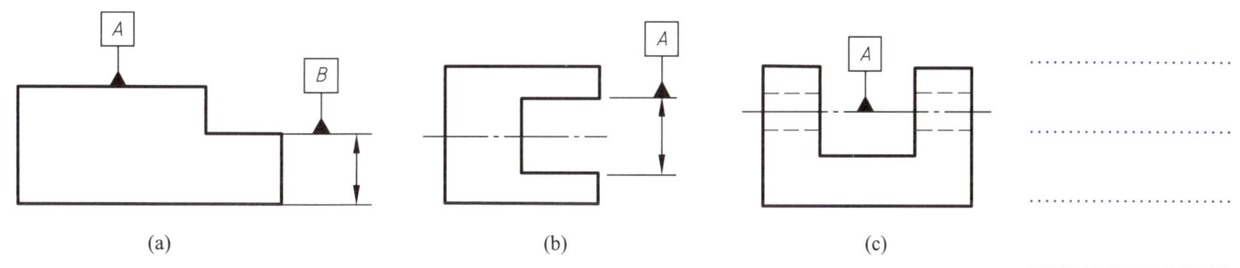

图3-2-36　基准要素标注示例

4. 几何公差标注实例

零件图上的几何公差标注实例如图3-2-37所示。

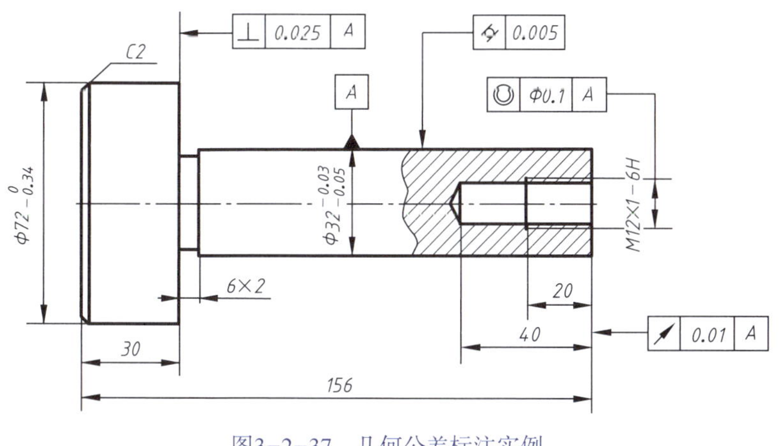

图3-2-37　几何公差标注实例

① ⌭ | 0.005 表示ϕ32圆柱面的圆柱度公差为0.005 mm。即该被测圆柱面应位于半径差为公差值0.005 mm的两同轴圆柱面之间。

② ◎ | ϕ0.1 | *A* 表示M12×1的轴线对基准*A*（ϕ32圆柱面的轴线）的同轴度公差为ϕ0.1 mm。即被测圆柱面的轴线应位于直径为公差值0.1 mm，且与基准轴线*A*同轴的圆柱面内。

③ ↗ | 0.01 | *A* 表示ϕ32圆柱的右端面对基准*A*的圆跳动公差为0.01 mm。即被测面围绕基准*A*旋转一周时，任一测量直径处的轴向圆跳动量不得大于公差值0.01 mm。

④ ⊥ | 0.025 | *A* 表示ϕ72圆柱的右端面对基准*A*的垂直度公差为0.025 mm。即该被测面应位于距离为公差值0.025 mm，且垂直于基准*A*的两平行平面之间。

任务实施

根据图3-2-1所示立体图画齿轮轴零件图。

轴套类零件的基本形状是同轴回转体。在轴上通常有键槽、销孔、退刀槽、倒圆等结构。此类零件主要是在车床或磨床上加工。图3-2-1所示的齿轮轴即属于轴套类零件，主视图按其加工位置选择，轴线水平放置。键槽等结构应放置在前方或上方。

绘制齿轮轴零件图的步骤如下：

（1）绘制轴的基本轮廓。确定主视图投射方向，轴线水平放置，这根轴是由五个直径大小不一的回转体组成的，如图3-2-38所示。

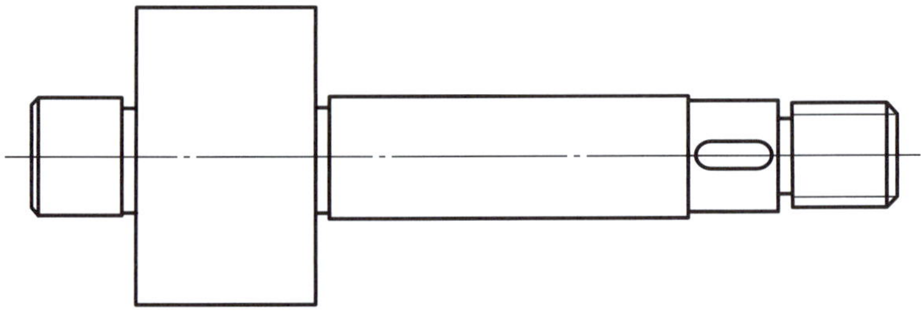

图3-2-38　绘制轴的基本轮廓

（2）绘制局部结构。轴的左端有轮齿，在主视图中补画出来；轴肩处用两个局部放大图表示；轴右端的回转体上有键槽，在主视图中补画出来，并用移出断面图表示其截面形状；在最右端的回转体上有外螺纹，在主视图中补画出来，如图3-2-39所示。

（3）标注尺寸，检查，书写技术要求，填写标题栏。如图3-2-40所示，齿轮左、右两侧的ϕ16都标注有上、下极限偏差值，这两部分都要与轴承配合，其表面粗糙度*Ra*为1.6 μm，也说明其是配合面。ϕ14上有键槽，与轮配合使用，故其上也标注了上、下极限偏差值。

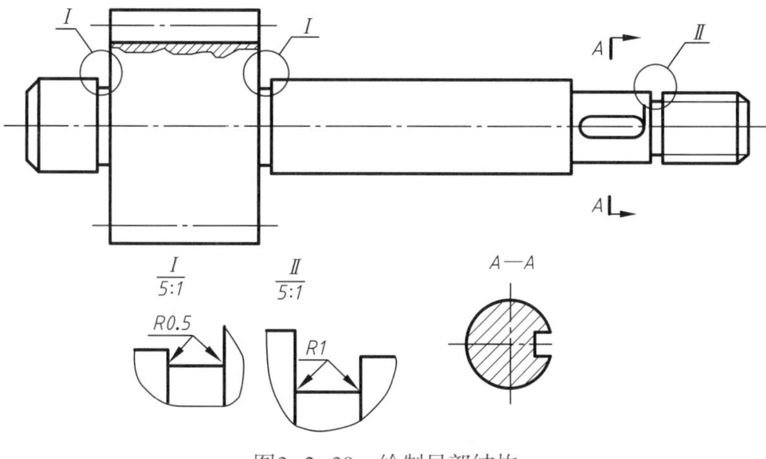

图3-2-39 绘制局部结构

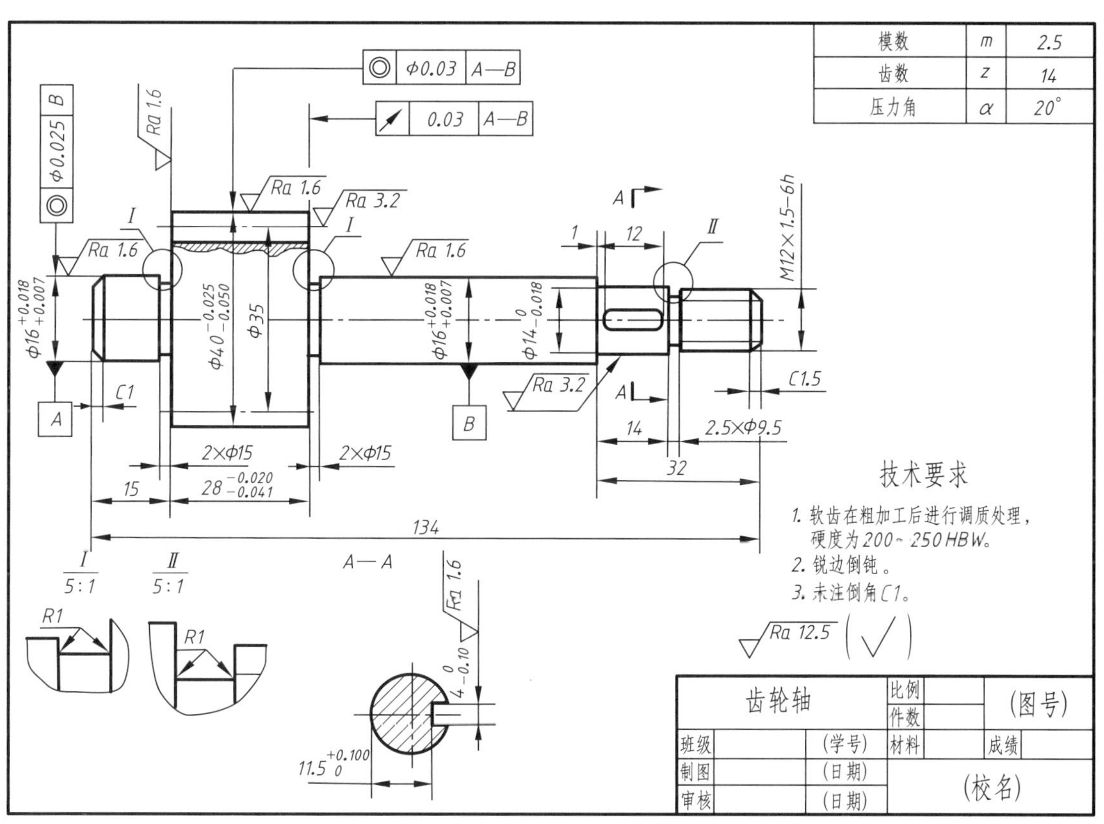

图3-2-40 齿轮轴零件图

学习小结

本项目主要介绍了零件图的内容，轴套类零件的视图表达方法，零件尺寸标注的合理性要求，零件的尺寸公差和配合的含义、选择和标注，零件表面粗糙度和几何公差的标注等。

学习零件图的重要作用，画图时应秉持“毫发不爽”的图学精神。了解国内外精度机床加工对零件尺寸精度、几何精度、表面粗糙度等的“极限”控制技术，我们应努力学习科学知识，勇攀科学高峰、立志科技强国。

复习自查

1. 轴套类零件主视图应如何选择，其常见的工艺结构有哪些？
2. 零件图中怎样标注公差？轴孔配合时，配合代号应如何表达？
3. 什么叫基孔制？什么叫基轴制？为什么要优先选用基孔制？
4. 表面粗糙度和几何公差的大小对零件质量有哪些影响？

项目三　盘盖类零件图绘制与识读

知识目标

1. 掌握盘盖类零件的视图表达方法。
2. 掌握盘盖类零件图的尺寸标注和技术要求注写。
3. 了解零件的工艺结构。

能力目标

1. 具有绘制盘盖类零件图的能力。
2. 具有识读盘盖类零件图的能力。

素养目标

1. 树立诚实守信、严谨负责的职业道德观。
2. 在绘图、标注时应注重细节，做到一丝不苟、精益求精。
3. 培养一定的空间思维和空间构形能力。

任务引入

盘盖类零件包括端盖、阀盖、齿轮等，这类零件的基本体一般为回转体或其他几何形状的扁平盘状体，通常还带有各种形状的凸缘、均布的圆孔和肋等局部结构。盘盖类零件的作用主要是轴向定位、防尘和密封。那么如图3-3-1所示的阀盖零件图该如何表达?

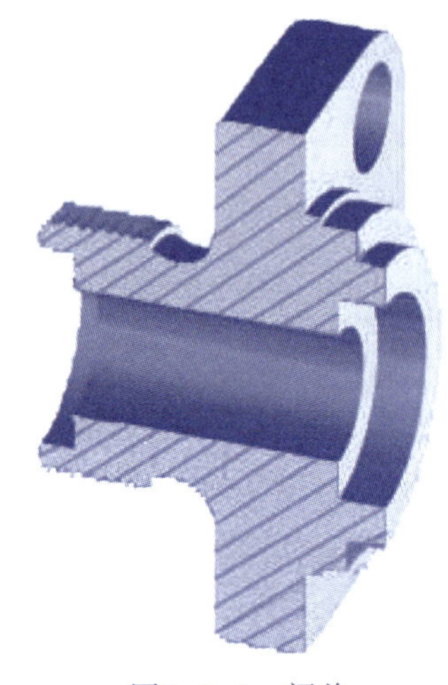

图3-3-1 阀盖

知识链接

3.1 铸造零件的工艺结构

1. 起模斜度

用铸造方法制造零件的毛坯时，为了便于将木模从砂型中取出，一般沿木模起模的方向做成约1∶20的斜度，称为起模斜度。因此铸件上也有相应的斜度，如图3-3-2a、b所示。这种斜度在图上可以不标注，也可不画出，如图3-3-2c所示，必要时，可在技术要求中注明。

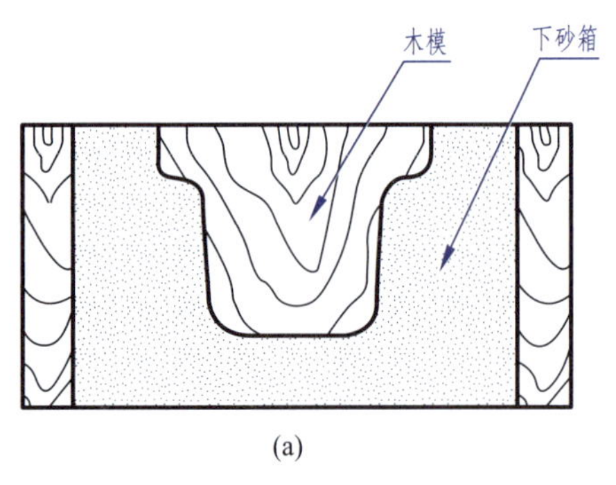

(a)

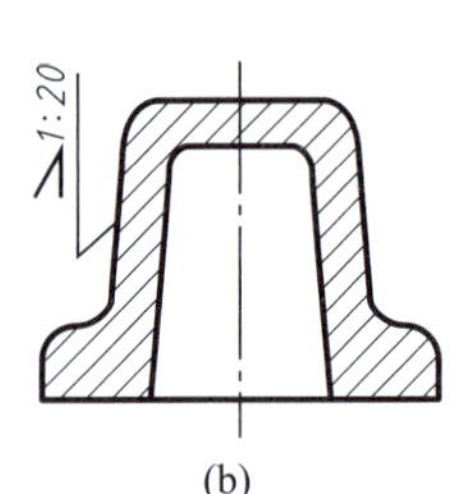

(b)

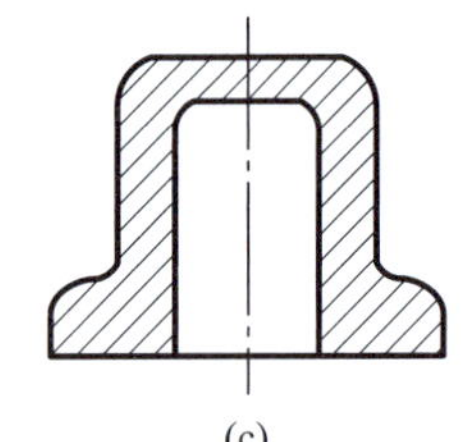

(c)

图3-3-2 起模斜度

2. 铸造圆角

在铸件毛坯各表面的相交处都有铸造圆角。这样既便于起模，又能防止在浇铸时铁水将砂型转角处冲坏，还可避免铸件在冷却时产生裂纹、裂缝或缩孔。铸造圆角半径在图上一般不注出，而写在技术要求中。铸件毛坯底面（作安装面）常需经切削加工，这时铸造圆角被削平，如图3-3-3所示。

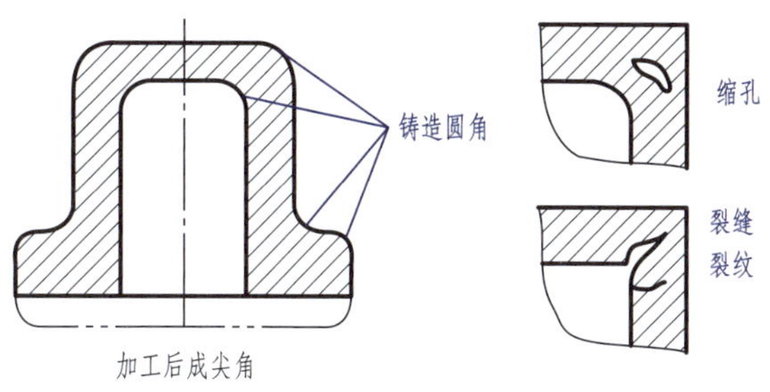

图3-3-3　铸造圆角

铸件表面由于圆角的存在，使铸件表面的交线变得不是很明显，这种不明显的交线称为过渡线。过渡线的画法与交线画法基本相同，只是过渡线的两端与圆角轮廓线之间应留有空隙，且用细实线绘制。图3-3-4所示是两曲面相交时过渡线的画法，图3-3-5所示是常见的几种过渡线的画法。

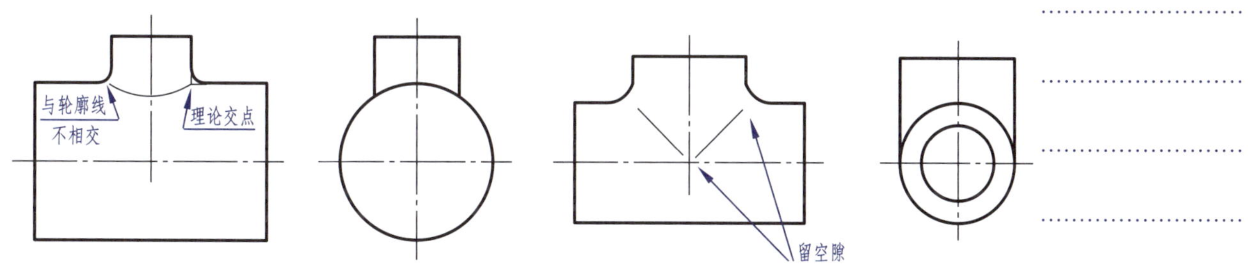

图3-3-4　两曲面相交时过渡线的画法

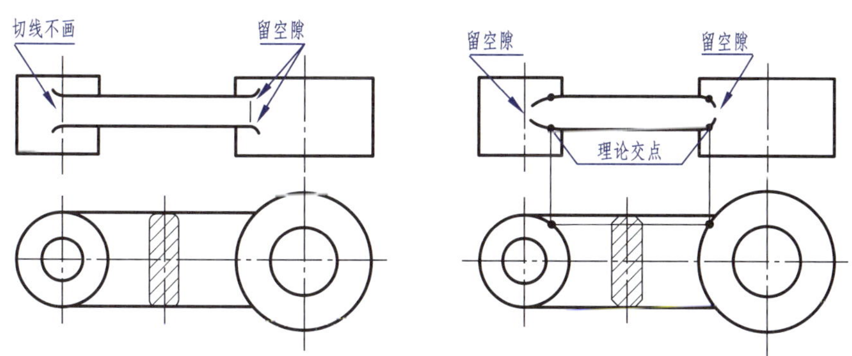

图3-3-5　常见的过渡线的画法

3. 铸件壁厚

在浇铸零件时，为了避免各部分因冷却速度不同而产生缩孔或裂纹、裂缝，铸件的壁厚应保持大致均匀，或采用渐变的方法，并尽量保持壁厚均匀，如图3-3-6所示。

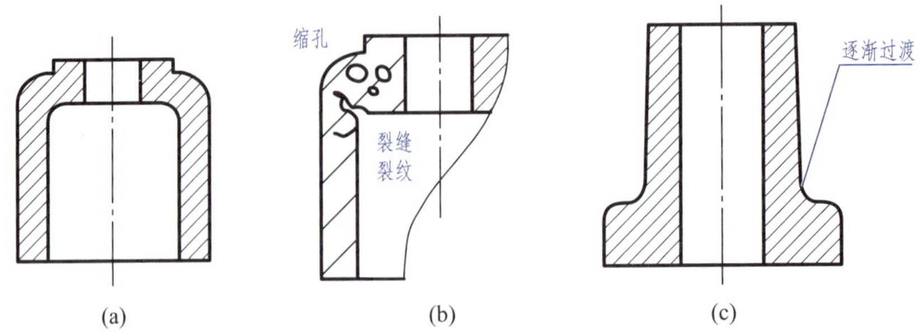

(a) (b) (c)

图3-3-6 铸件壁厚的变化

4. 凸台与凹坑

加工凸台或凹坑结构（图3-3-7）是为了保证零件间的接触良好，同时减少加工面面积，降低加工费用。

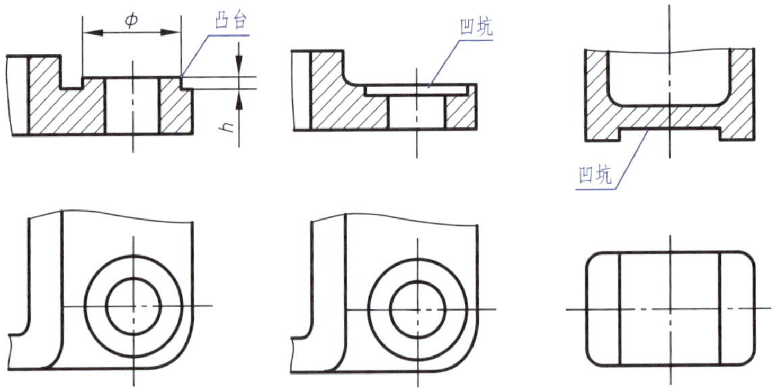

图3-3-7 凸台与凹坑

3.2 盘盖的视图表达及尺寸标注

3.2.1 视图选择

盘盖类零件的毛坯为铸件或锻件，机械加工以车削为主，主视图一般按加工位置水平放置，但有些较复杂的盘盖，因加工工序较多，主视图也可按工作位置放置。为了表达零件内部结构，主视图常采用全剖视图。

盘盖类零件一般需要用两个以上基本视图表达，除主视图外，为了表示零件上均布的孔、槽、肋、轮辐等结构，还需选用一个端面视图（左视图或右视图），此外，为了表达细小结构，有时还常采用局部放大图。

3.2.2 盘盖类零件尺寸标注

在标注盘盖类零件的尺寸时，通常选用通过轴孔的轴线作为径向尺寸基准。长

度方向的尺寸基准常选用装配时的结合面或重要端面。零件上各回转体的直径和孔径，其尺寸多注在非圆视图上。零件上常见孔的注法见表3-3-1。

表 3-3-1　常见孔的注法

类型	旁注法		一般注法
一般孔	4×Φ4↧10	4×Φ4↧10	4×Φ4 10
锥销孔	锥销孔Φ4 配作	锥销孔Φ4 配作	无一般注法
沉孔	4×Φ6.6 ⌵Φ12.8×90°	4×Φ6.6 ⌵Φ12.8×90°	90° Φ12.8 4×Φ6.6
沉孔	4×Φ6.6 ⌴Φ11↧6.8	4×Φ6.6 ⌴Φ11↧6.8	Φ11 6.8 4×Φ6.6
锪孔	4×Φ6.6 ⌴Φ13	4×Φ6.6 ⌴Φ13	Φ13 4×Φ6.6
螺孔	3×M6-6H	3×M6-6H	3×M6-6H

续表

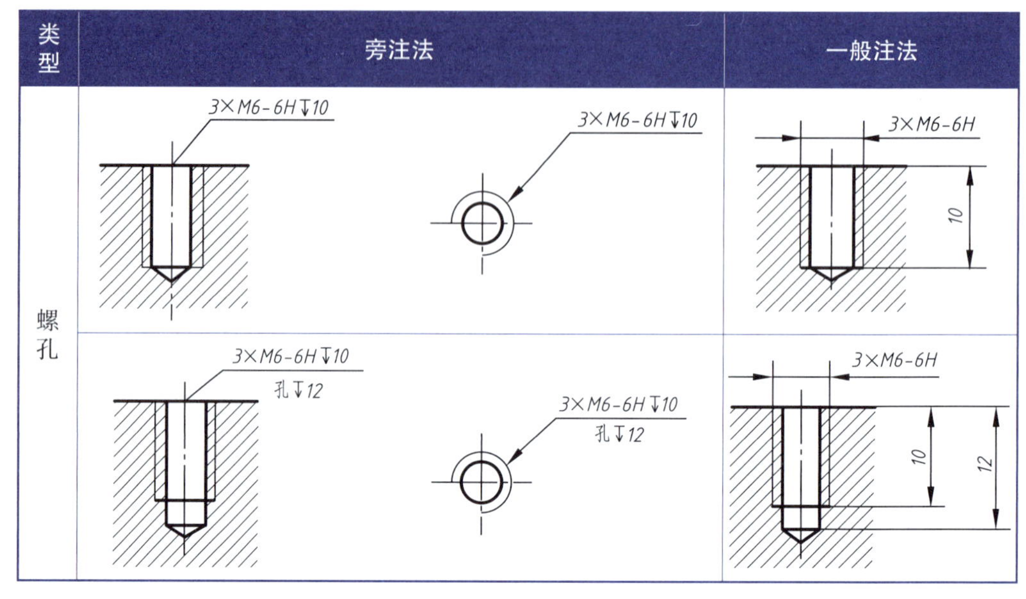

3.3 读盘盖类零件图

前面已经学习了盘盖类零件视图的表达方法，读这类零件图时应该抓住特征视图，分析内外形状，具体读图方法和步骤如下。

1. 看标题栏，了解零件的大致情况

首先看标题栏，了解零件的名称、材料、比例等，并浏览全图，对零件有一个概括的了解，如零件属什么类型、大致轮廓和结构等。

2. 分析视图，想象形体

根据视图布局，首先确定主视图，围绕主视图分析其他视图的配置。对于剖视图、断面图，要找到剖切位置及方向，对于局部视图和局部放大图，要找到投射方向和部位，弄清楚各个图形彼此间的投影关系。

利用形体分析法，将零件按功能分解为主体、安装、连接等几个部分，然后明确每一部分在各个视图中的投影范围及各部分之间的相对位置关系，最后仔细分析每一部分的形状和作用。

3. 分析尺寸和技术要求

根据零件的形体结构，分析并确定长、宽、高各方向的主要基准。分析尺寸标注和技术要求，找出各部分的定形和定位尺寸，明确哪些是主要尺寸和主要加工面，进而分析制造方法等，以便保证质量要求。

4. 综合考虑

综上所述，将零件的结构形状、尺寸标注及技术要求综合起来，就能比较全面地阅读零件图了。在实际读图过程中，上述步骤常常是穿插进行的。

以图3-3-8端盖零件图为例，通过标题栏可以知道这张零件图画的是端盖，材料是HT200，比例是1：2。主视图采用的是按加工位置原则、轴线水平放置的全剖视

图，除主视图外，还有一个局部放大图用于表示密封槽的结构，便于标注密封槽的尺寸。端盖的外形轮廓是圆盘，其直径是ϕ115，同轴的孔径是ϕ36和ϕ48，在其表面上均匀分布了6个台阶孔。ϕ80的圆柱面及端面表面粗糙度*Ra*都是6.3 μm，说明这些面都是接触面，ϕ36表面粗糙度*Ra*是3.2 μm，说明是配合面。长度方向尺寸基准是端盖的右端面，径向尺寸基准是轴线。ϕ36的孔和轴有配合关系，ϕ80的圆柱面和箱体上的孔有配合关系，因此这两个尺寸都注写了上、下极限偏差。端盖轴测图如图3-3-9所示。

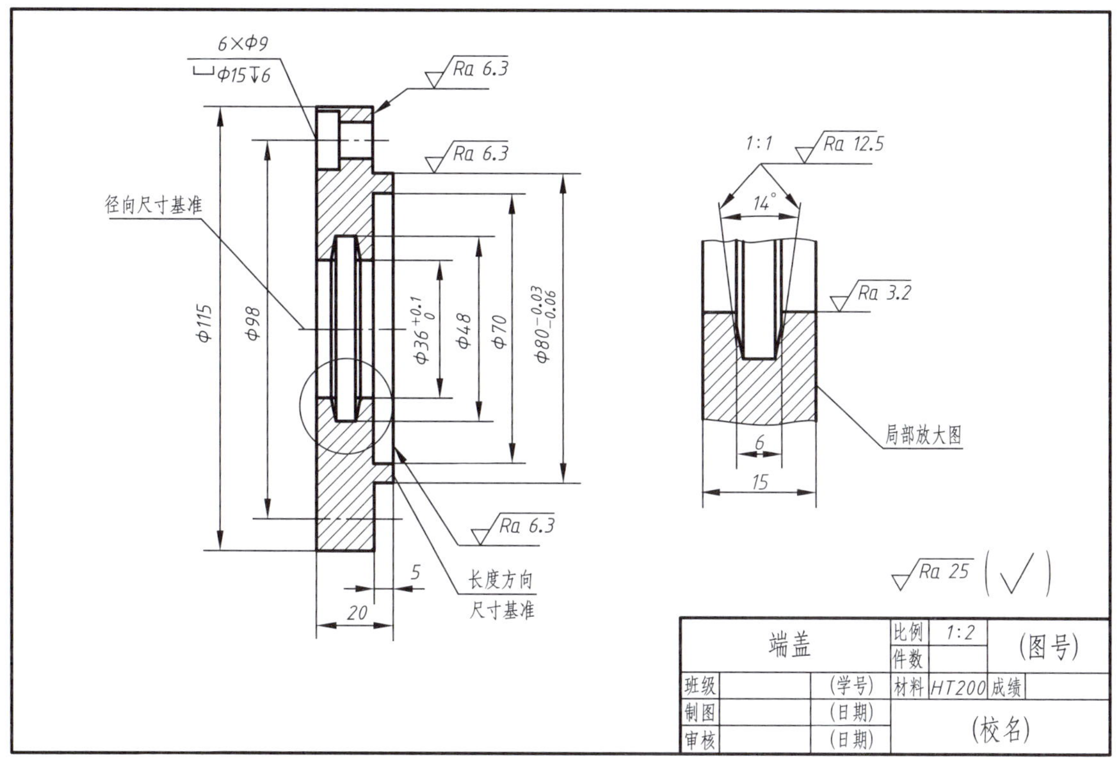

图3-3-8　端盖零件图

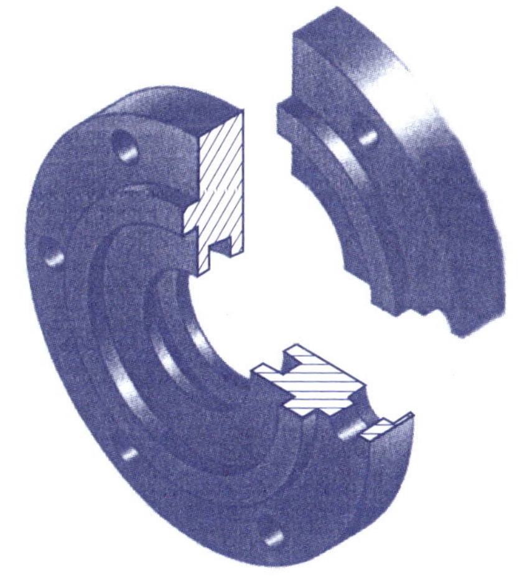

图3-3-9　端盖轴测图

任务实施

绘制图3-3-1所示的阀盖零件图。

（1）进行形体分析，确定主视图投射方向及表达方案，布置视图并画出作图基准线，如图3-3-10所示。

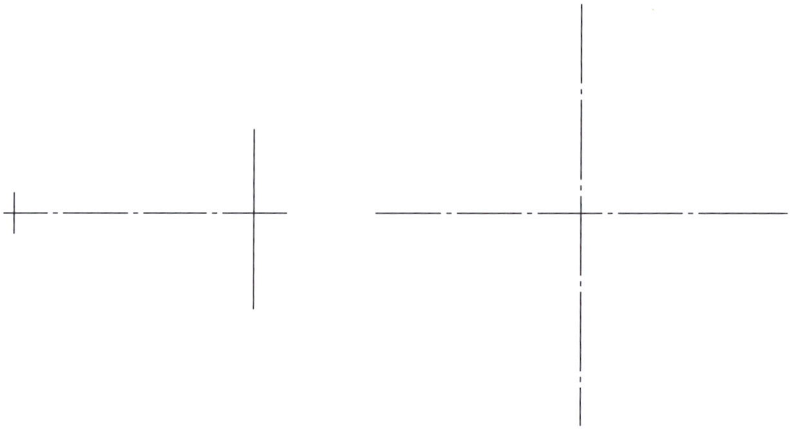

图3-3-10 画基准线

（2）绘制阀盖视图。主视图选择全剖视图，左视图选择基本视图，如图3-3-11所示。

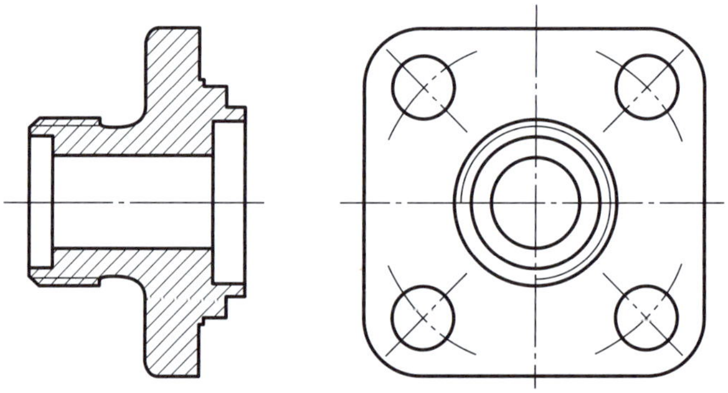

图3-3-11 绘制阀盖视图

（3）选择长、宽、高各方向的尺寸基准，标注尺寸，如图3-3-12所示。

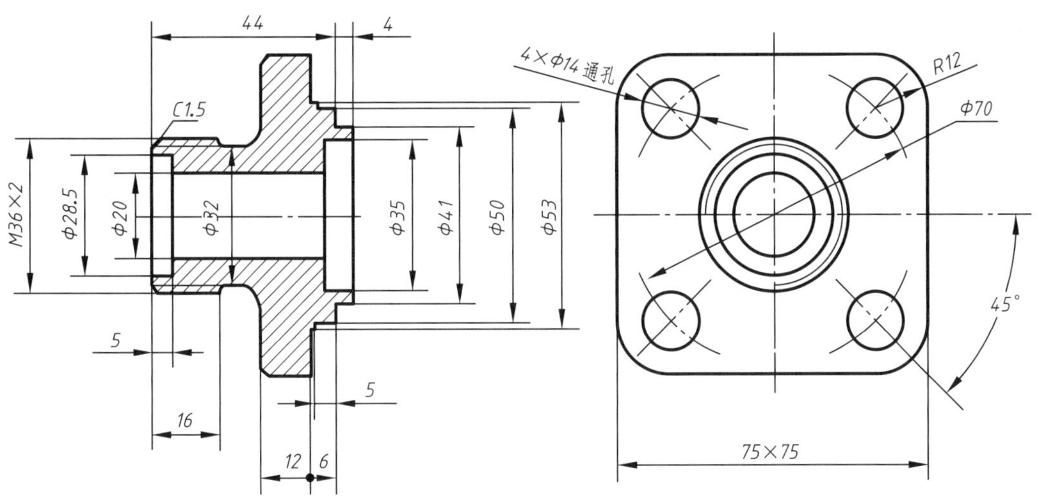

图3-3-12　标注尺寸

（4）检查有无错误和遗漏，填写技术要求和标题栏，如图3-3-13所示。

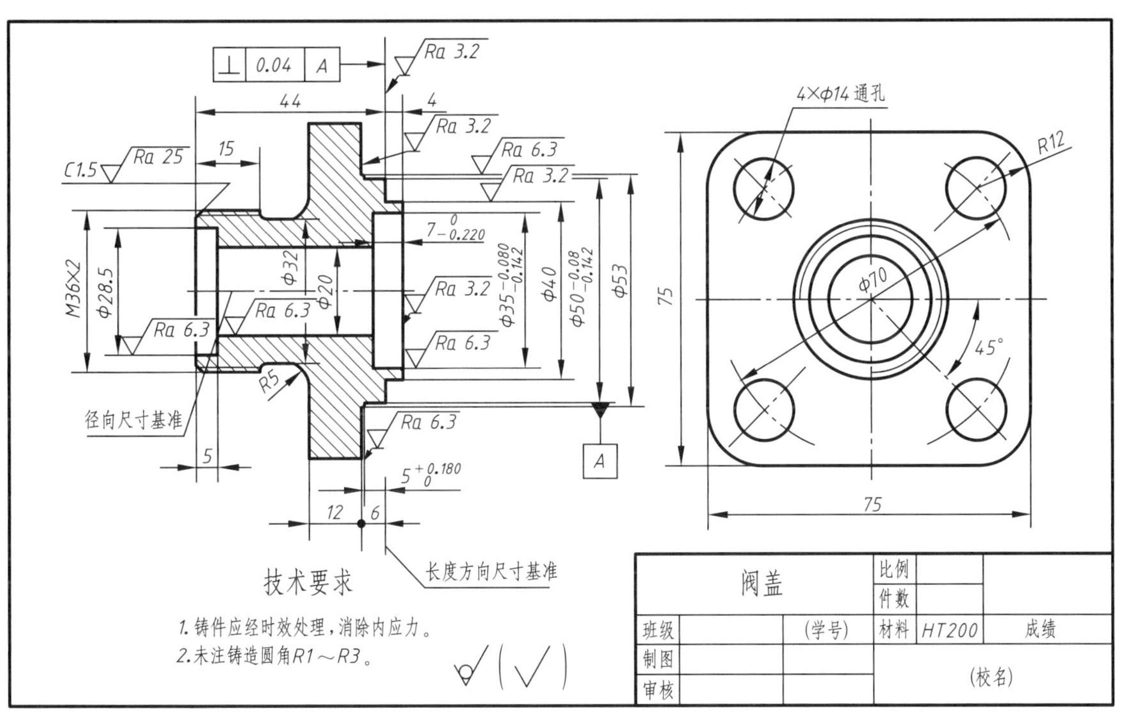

图3-3-13　阀盖零件图

学习小结

本项目主要学习内容是铸造零件的工艺结构及过渡线的画法和盘盖类零件图的绘制和识读方法。通过对阀盖的形状分析，确定主视图的投射方向，巩固零件图的绘制方法。通过对端盖零件图的识读，学习读零件图的方法。在盘盖类零件图的尺寸标注中，各类孔的标注方法也是本项目的学习重点之一。

从分析阀盖零件精度对球阀装配性能的影响，理解零件加工误差对装配产生的影响，进一步分析公差与配合、表面粗糙度和几何公差等国家标准的科学性、合理性和重要性，养成遵守国家标准规定、严谨认真和进益求精的工作态度。

复习自查

1. 常用的零件加工方法有哪些？

2. 在标注盘盖类零件尺寸时，选用什么作为径向尺寸基准，什么作为长度方向尺寸基准？

3. 试述盘盖类零件的主视图选择原则。

4. 简述读零件图的方法和步骤。

项目四　叉架类零件图绘制与识读

知识目标

1. 学会叉架类零件的视图表达方法。
2. 掌握叉架类零件图的读图和绘制方法。

能力目标

1. 具有表达叉架类零件的构形能力。
2. 初步具有识读较复杂零件图的能力。

素养目标

1. 时刻树立质量意识，提高产品质量是我们的责任和使命。
2. 在绘图、标注时应注重细节，做到一丝不苟、精益求精。

任务引入

叉架类零件一般包括拨叉、连杆、支座等。此类零件通常是用倾斜或弯曲的结构来连接零件的工作部分与安装部分。在机器中起连接、支承、操纵其他零件的作用。叉架类零件多为铸件或锻件，因而具有铸造圆角、凸台、凹坑等常见结构，图3-4-1所示托架属于叉架类零件。本项目通过绘制和识读典型的支架和托架零件图，以掌握这类零件图表达方法和分析方法。

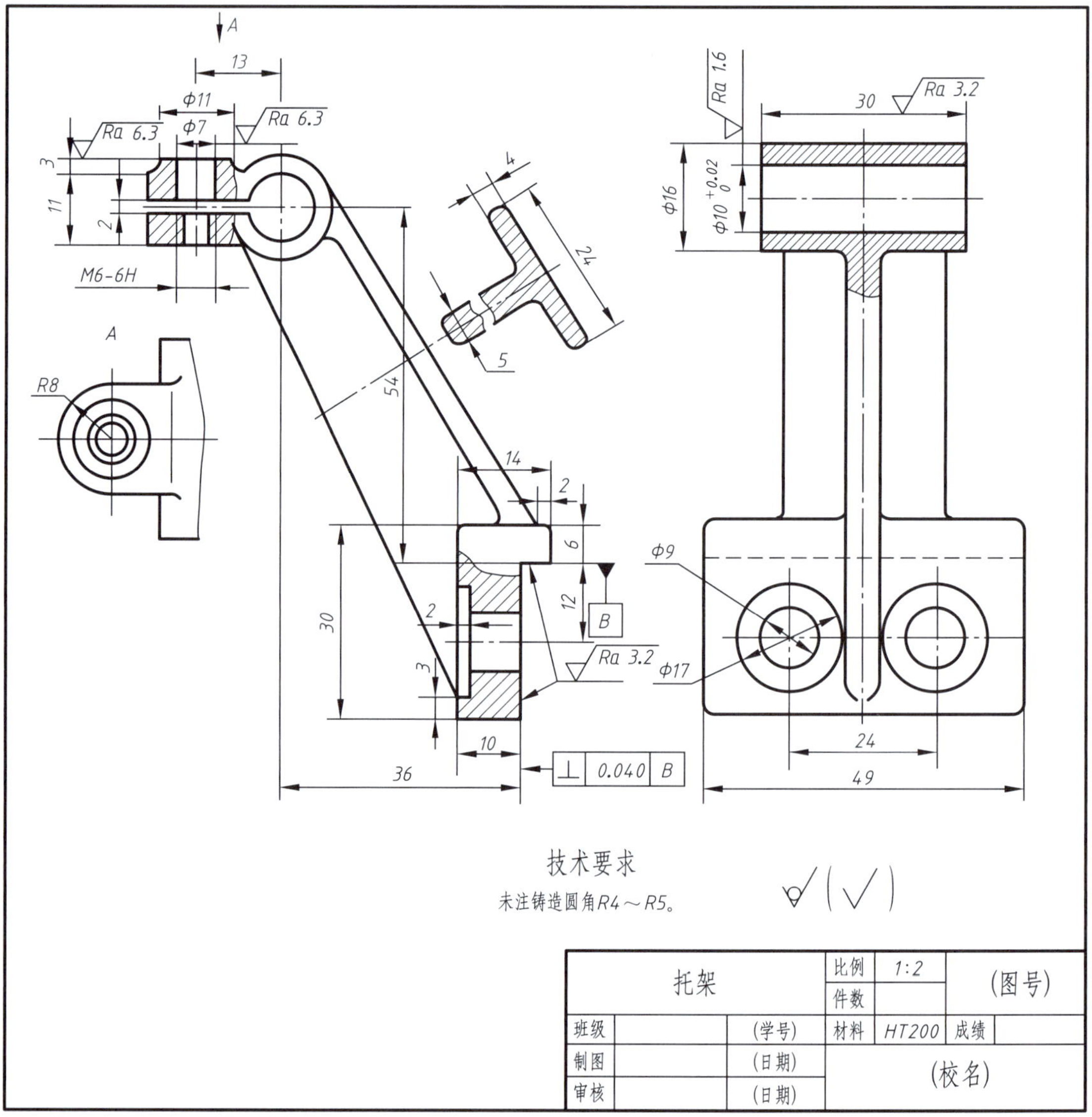

技术要求

未注铸造圆角R4～R5。

托架			比例	1:2	(图号)	
			件数			
班级		(学号)	材料	HT200	成绩	
制图		(日期)	(校名)			
审核		(日期)				

图3-4-1 托架零件图

知识链接

4.1 支架零件图的绘制

4.1.1 形体分析及表达方案

叉架类零件结构形状比较复杂，加工位置多变，有的零件工作位置也不固定，所以这类零件的主视图一般按工作位置原则和形状特征原则确定。

工作位置是指零件在装配体中所处的位置。零件主视图的放置，应尽量与零件在机器或部件中的工作位置一致。这样便于根据装配关系来考虑零件的形状及有关尺寸，便于核对。确定了零件的安放位置后，还要确定主视图的投射方向。形状特征原则就是将最能反映零件形状特征的方向作为主视图的投射方向，即主视图要较多地反映零件各部分的形状及它们之间的相对位置，以满足表达零件清晰的要求。

图3-4-2所示的支架主体结构可分成三部分，工作部分：上方圆柱筒；连接及加强部分：十字柱结构；安装部分：底板。十字柱的一块板垂直于圆柱筒轴线，左、右侧面相切于圆柱筒，另一块板平行于圆柱筒轴线且对称分布，与圆柱筒表面相交，比圆柱筒短；底板与十字柱呈60°夹角，四个角上有安装孔。该零件形体不规则，无法自然安放，主视图投射方向选择把上方圆柱筒的轴线水平放置，并且使宽度方向的对称面平行于正立投影面。由于连接部分为实心十字柱，主视图不宜用全剖视图，所以考虑采用局部剖视图；局部左视图表达圆柱筒结构特征及十字柱与圆柱筒的连接关系；*A*向斜视图表达底板的形状特征；移出断面图表达连接部分的断面结构。

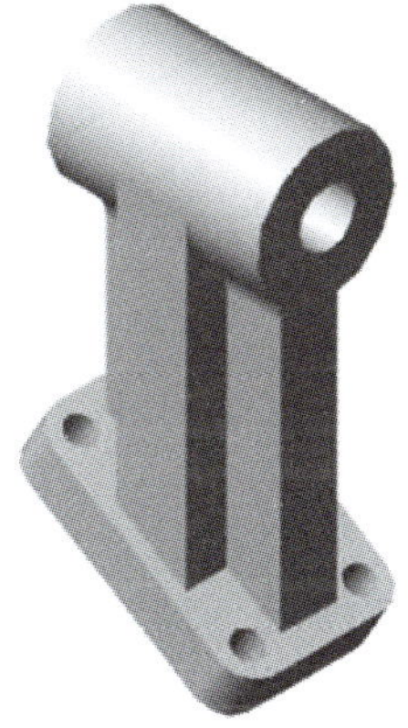
图3-4-2　支架

4.1.2 标注尺寸和技术要求

标注叉架类零件的尺寸时，通常选择安装面或零件的对称面作为尺寸基准。如图3-4-3所示，选择支架左右对称面作为长度方向尺寸基准，从它注出的尺寸有30和15等；以ϕ25的轴线作为高度方向的主要基准，从它注出的尺寸是52等；以支架的前后对称面作为宽度方向的主要基准，从它注出的尺寸有30和20等。支架为铸件，其加工面的表面粗糙度单独标注，其余毛坯面的表面结构要求在标题栏附近统一标注。

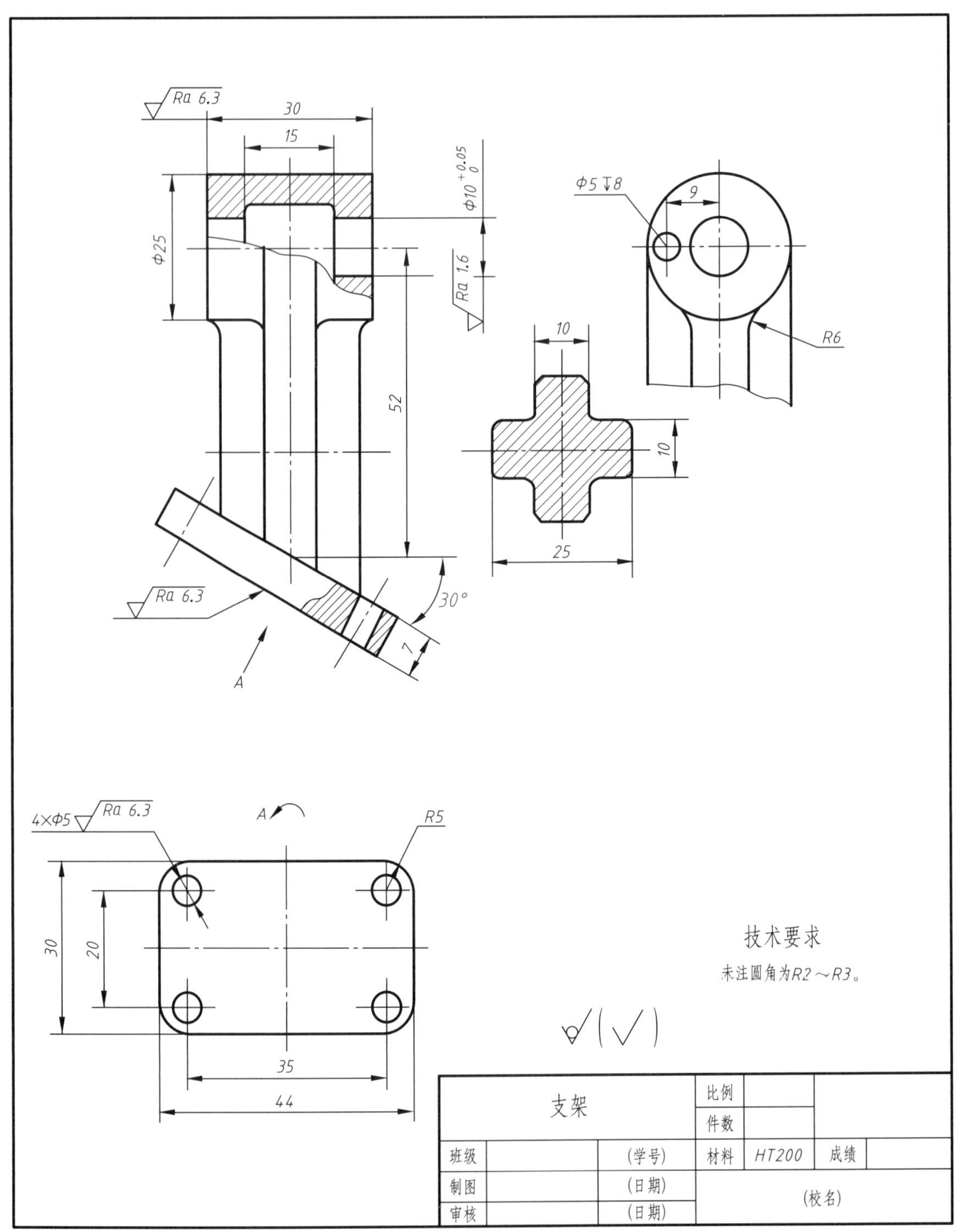
Ra 6.3
30
15
Φ25
Φ10 $^{+0.05}_{0}$
Ra 1.6
52
Ra 6.3
30°
7
A
Φ5↧8
9
R6
10
10
25
4×Φ5
Ra 6.3
A
R5
30
20
35
44
技术要求
未注圆角为R2～R3。
支架
比例
件数
班级
(学号)
材料
HT200
成绩
制图
(日期)
审核
(日期)
(校名)

图3-4-3 支架零件图

4.2 读叉架类零件图

叉架类零件一般结构复杂，表达方法灵活，因此在识读这类零件图时应该以主视图为突破口，全面分析视图，弄清安装、连接、工作部分的形状，具体读图方法和步骤如下。

1. 看标题栏，了解零件的大致情况

从标题栏中了解零件的名称、材料、比例，从而判断零件的大小、作用和质量等。

2. 分析视图，想象形状

先分析主视图的表达方法，主视图一般能明显反应叉架类零件的形状特征和位置特征。再分析其他视图的表达方法，如采用视图、剖视图、断面图等，找出它们的名称、相互位置和投影关系。利用形体分析法分析每个部分的形状，对复杂部位进行线面分析。

3. 分析尺寸和技术要求

（1）根据零件的结构特点和作用，了解尺寸基准、定形尺寸和定位尺寸。

（2）分析重要的尺寸公差、表面粗糙度和几何公差等。

（3）结合零件图中的标注了解零件的加工工艺等。

4. 综合考虑

把零件的结构形状、尺寸标注、工艺和技术要求等内容综合起来，就能了解零件的全貌，也就看懂了零件图。

任务实施

识读图3-4-1所示的托架零件图。

托架采用1∶2的比例绘制，它是一个起支承作用的零件。从材料HT200可知零件毛坯采用铸造，所以具有铸造工艺结构，如铸造圆角、铸造壁厚均匀等。

托架的主视图表达了相互垂直的安装面、支承肋和起支承作用的圆柱筒及夹紧螺孔等结构。此外，还选用了左视图，主要表达了安装板的形状和安装孔的位置及支承肋的宽度，上方圆柱筒采用了局部剖视图。为了表达夹紧螺孔的部分外形结构，采用了*A*向局部视图。用移出断面图表达了支承板的断面形状。

这个托架是前后对称的零件，所以宽度方向上的尺寸基准是对称平面，长度方向基准取安装板的右侧切槽的竖直面，而高度方向尺寸基准则取右侧切槽的上面。该槽的表面粗糙度*Ra*为3.2 μm，其垂直度公差为0.040 mm。重要的定位尺寸有54、36等。$\phi 10^{+0.02}_{0}$的孔是配合面，有尺寸精度要求。其他尺寸不作分析。托架轴测图如图3-4-4所示。

图3-4-4　托架轴测图

学习小结

本项目主要学习叉架类零件图的识读与绘制。叉架类零件主视图一般按工作位置原则和形状特征原则确定，除主视图之外还可以使用剖视图、断面图、斜视图等表达方法，根据零件不同表达方法各异，但总体上力求视图简洁、视图数量不要太多。

通过识读托架零件图，理解零件表面加工质量对机器质量的影响，提高零件加工质量是提高机器效能的重要保证，所以学习先进的加工技术，设计精密机械是我们的责任和使命。

复习自查

1. 叉架类零件主视图如何选择?
2. 叉架类零件上有哪些常见的工艺结构?

项目五　箱体类零件图绘制与识读

知识目标

1. 掌握箱体类零件的视图表达方法和读图方法。
2. 掌握零件的测绘方法与步骤。

能力目标

1. 具有表达箱体类零件的构形能力。
2. 具有零件测绘的能力。

素养目标

弘扬大国工匠精神，使精益求精成为一种责任。

任务引入

动画
箱体类零件

箱体类零件主要包括阀体（图3-5-1）、泵体、箱体等，其作用是支持或包容其他零件。这类零件有复杂的内腔和外形结构，并带有轴承孔、凸台、肋板，此外还有安装孔、螺孔等结构。图3-5-2所示为蜗轮箱零件图，怎样识读这类零件图，了解其形状、结构、大小和技术要求呢？本项目着重学习箱体类零件视图表达方案的选择、尺寸标注及技术要求等，并且介绍零件图的测绘方法。

知识链接

5.1 阀体的零件图绘制

5.1.1 主视图的选择

由于箱体类零件内外形结构都较复杂，毛坯多为铸件，机加工工序较多，往往需要经过刨、铣、镗、磨、钻、钳等工种加工，且加工位置多变，所以在选择主视图时，主要根据工作位置原则和形状特征原则来考虑，并采用剖视的方法，重点反映其内部结构。如图3-5-1所示的阀体是球阀上的零件，阀体内腔装球形阀芯，以控制液体流动，主视图投射方向按照工作位置选取，采用全剖视图表达球形空腔与左、右和上方孔的相通情况。

5.1.2 其他视图的选择

图3-5-1 阀体

为了表达箱体类零件的内外结构，对主视图没有表达清楚的结构还应采用其他视图来表达，这类零件结构相对复杂，因此采用的视图数量相对较多。根据结构特点采用全剖视图、半剖视图或者局部视图、斜视图等。如图3-5-1所示，球形主体结构的左端是方形凸缘，右端和上部都是圆柱凸缘，凸缘内部的阶梯孔与中间的球形空腔相通。除主视图表达内部结构形状外，左视图应采用*A—A*半剖视图表达左端方形凸缘和内部的球形空腔形状，俯视图表达外形，如图3-5-3所示。

5.1.3 尺寸和技术要求的标注

选择尺寸基准，长度方向取左端面为主要基准，高度方向取轴线为尺寸基准，宽度方向以前后对称平面为尺寸基准。标注尺寸时应考虑正确、完整、清晰、合理。对技术要求的标注可以根据零件的作用、表面的重要性，用类比法标注，如图3-5-3所示。

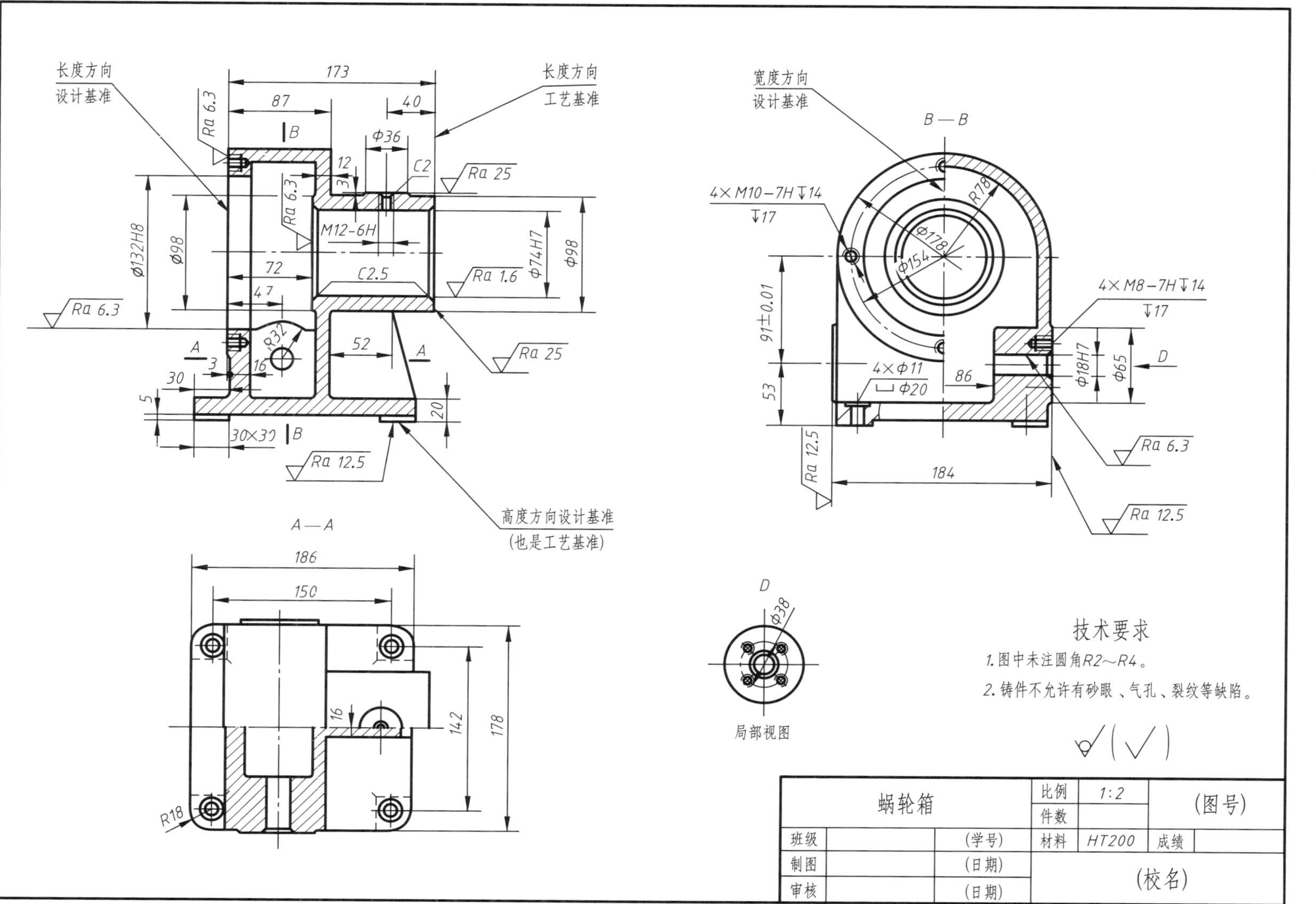

长度方向
设计基准
长度方向
工艺基准
高度方向设计基准
（也是工艺基准）
A—A
宽度方向
设计基准
B—B
4×M10-7H↧14
↧17
4×M8-7H↧14
↧17
4×Φ11
⌴Φ20
D
局部视图
技术要求
1.图中未注圆角R2～R4。
2.铸件不允许有砂眼、气孔、裂纹等缺陷。
蜗轮箱
比例
1:2
件数
(图号)
班级
(学号)
材料
HT200
成绩
制图
(日期)
审核
(日期)
(校名)

图3-5-2 蜗轮箱零件图

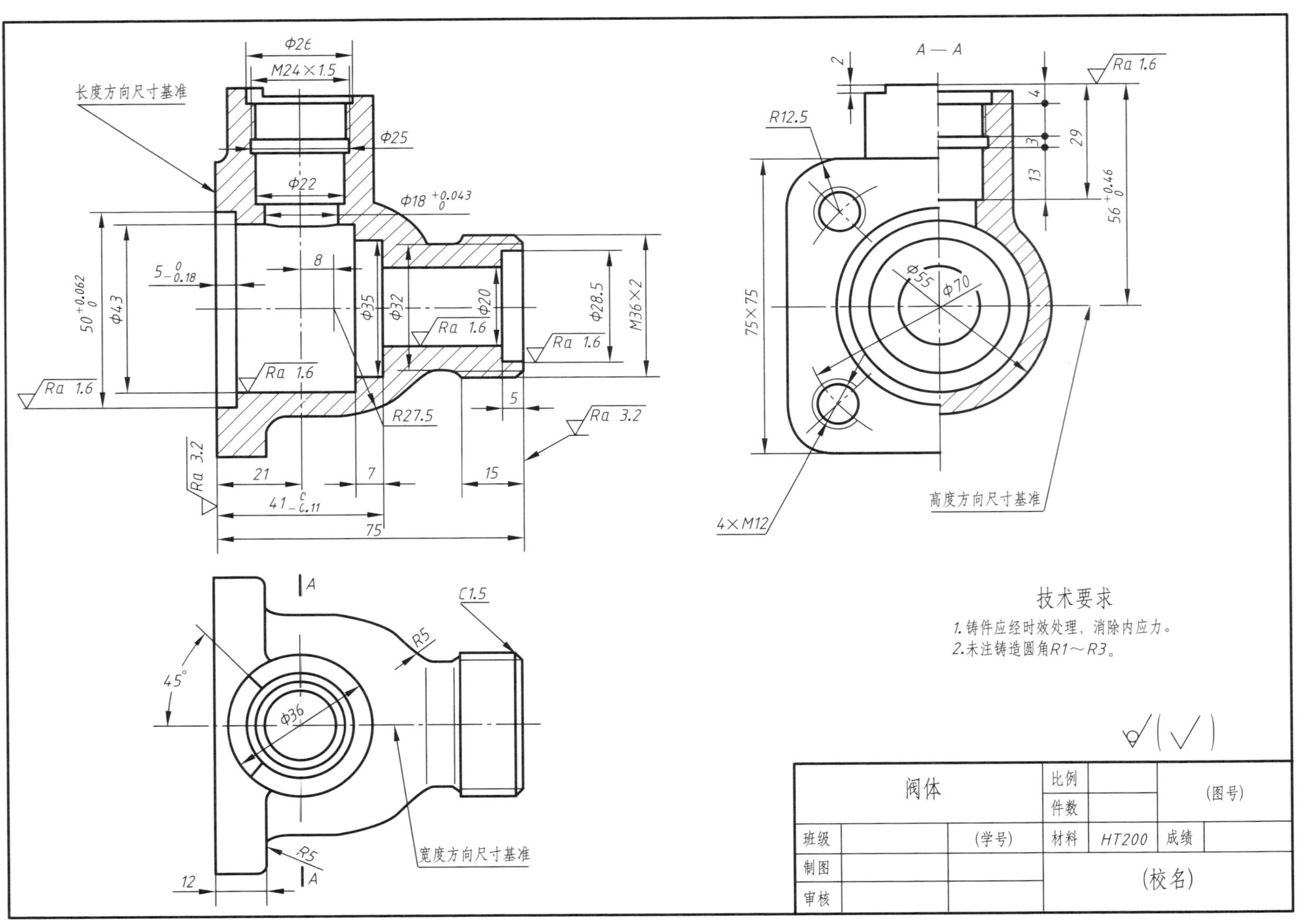
长度方向尺寸基准
A—A
R12.5
75×75
4×M12
高度方向尺寸基准
M24×1.5
φ25
φ22
φ18 $^{+0.043}_{0}$
M36×2
φ28.5
φ20
φ32
φ35
φ43
50 $^{+0.062}_{0}$
5 $^{0}_{-0.18}$
R27.5
Ra 1.6
Ra 3.2
21
7
15
5
75
29
13
56 $^{+0.46}_{0}$
φ55
φ70
C1.5
R5
45°
φ36
12
宽度方向尺寸基准
技术要求
1.铸件应经时效处理，消除内应力。
2.未注铸造圆角R1～R3。
阀体
比例
件数
(图号)
班级
(学号)
材料
HT200
成绩
制图
(校名)
审核

图3-5-3 阀体零件图

5.2 零件的测绘

零件测绘是针对现有零件进行分析、目测尺寸，徒手绘制零件草图，测量并标注尺寸及技术要求，经整理画出零件图的过程。在仿制和修配机器、设备及其部件时，常要对零件进行测绘。因此，测绘是工程技术人员必须掌握的基本技能之一。

5.2.1 零件测绘的方法和步骤

1. 了解和分析测绘对象

首先应了解零件的名称、材料和它在机器或部件中的位置、作用及与相邻零件的关系，然后对零件的内外结构形状进行分析。

2. 确定表达方案

分析零件的形状，确定主视图的投射方向、主视图的表达方法和其他视图的选择。

该类零件的主视图应按其工作位置及形状结构特征选定，为表达内部结构，主视图一般采用剖视图。其他视图的选择应补充表达箱体类零件的结构，可以采用剖视图、局部视图、断面图等表达方法。

3. 绘制零件草图

（1）绘制图形。根据选定的表达方案，徒手画出视图、剖视图等图形，其作图步骤与画零件图相同。但需注意以下两点：

① 零件上的制造缺陷（如砂眼、气孔等）及由于长期使用造成的磨损、碰伤等均不应画出。

② 零件上的细小结构（如铸造圆角、倒角、倒圆、退刀槽、砂轮越程槽、凸台和凹坑等）应画出。

（2）标注尺寸。先选定尺寸基准，再标注尺寸。具体应注意以下三点:

① 先集中画出所有的尺寸界线、尺寸线和箭头，再依次测量、逐个记入尺寸数字。

② 零件上标准结构（如键槽、退刀槽、销孔、中心孔、螺纹等）的尺寸，必须查阅相应国家标准，并予以标准化。

③ 与相邻零件的相关尺寸（如泵体上螺孔、销孔、沉孔的定位尺寸，以及有配合关系的尺寸等）一定要一致。

（3）注写技术要求。零件上的表面粗糙度、极限与配合、几何公差等技术要求，通常可采用类比法给出。具体注写时需注意以下几点：

① 主要尺寸要保证其精度要求，以满足装配需要。

② 有相对运动的表面及对形状、位置要求较严格的线、面等要素，要给出既合理又经济的表面粗糙度或几何公差要求。

③ 有配合关系的孔与轴，要查阅与其相结合的轴与孔的相应资料（装配图或零件图），以核准配合制度和配合性质。

④ 填写标题栏，一般填写零件的名称、材料及比例等。

4. 根据零件草图画零件图

草图完成后，在画零件图时，应对草图进行审核，并结合零件在机器或部件上的装配要求，考虑表面粗糙度、尺寸极限、几何公差等要求的选择，对其视图的表达方案、尺寸标注等也要重新分析，经复查、补充、修改后画零件图，其绘图方法和步骤同前，这里不再赘述。

5.2.2 零件尺寸的测量

1. 测量工具

测量尺寸是零件测绘过程中一个很重要的环节，尺寸测量得准确与否，将直接影响机器的装配和工作性能，因此，测量尺寸要谨慎。测量时，应根据对尺寸精度要求的不同选用不同的测量工具。常用的测量工具有钢直尺、内卡钳、外卡钳、游标卡尺、千分尺等，如图3-5-4所示；此外，还有专用测量工具，如螺纹量规、半径样板等。

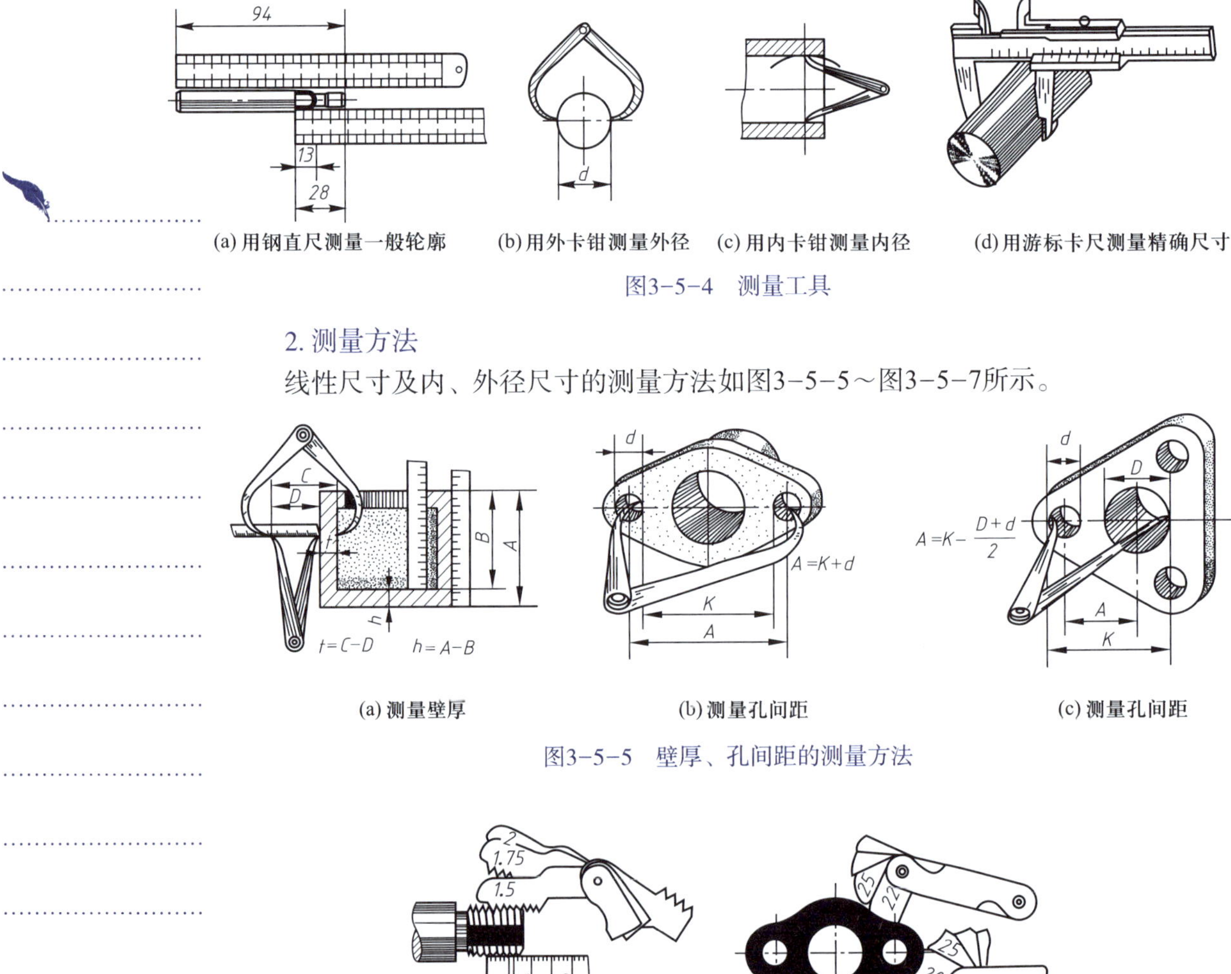

(a) 用钢直尺测量一般轮廓 (b) 用外卡钳测量外径 (c) 用内卡钳测量内径 (d) 用游标卡尺测量精确尺寸

图3-5-4 测量工具

2. 测量方法

线性尺寸及内、外径尺寸的测量方法如图3-5-5～图3-5-7所示。

(a) 测量壁厚 (b) 测量孔间距 (c) 测量孔间距

图3-5-5 壁厚、孔间距的测量方法

(a) 用螺纹量规测量螺距 (b) 用半径样板测量圆弧半径

图3-5-6 螺距、圆弧半径的测量方法

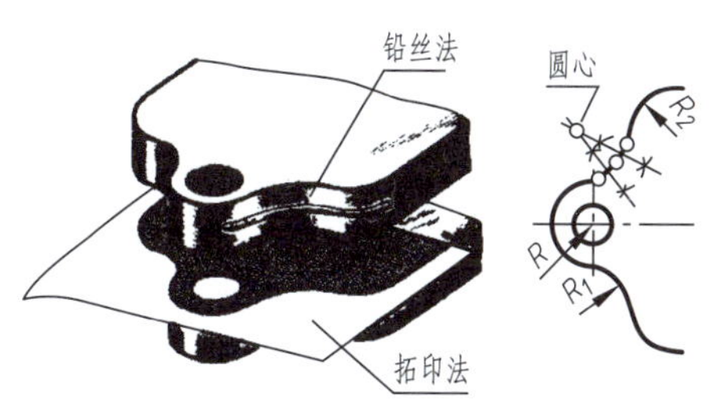

(a) 用铅丝法和拓印法测量曲面

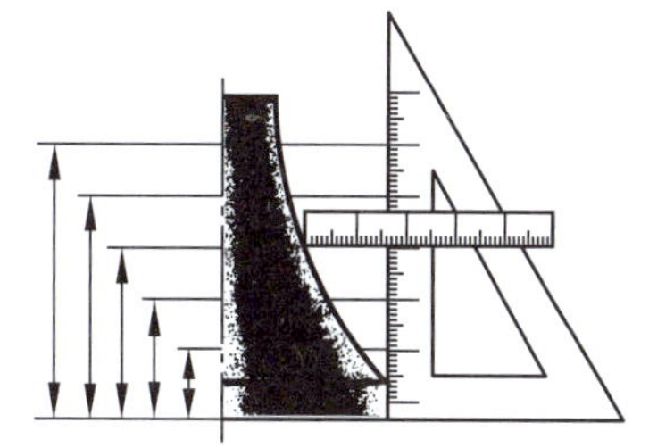

(b) 用坐标法测量曲线

图3-5-7　曲线、曲面的测量方法

5.3 读阀体零件图

1. 看标题栏，了解零件的大致情况

通过标题栏了解箱体类零件的作用、材料等。阀体类零件结构比较复杂，加工工序较多，一般毛坯多为铸件。如图3-5-8所示的阀体是换向阀的主体零件，材料为碳素结构钢Q235A。

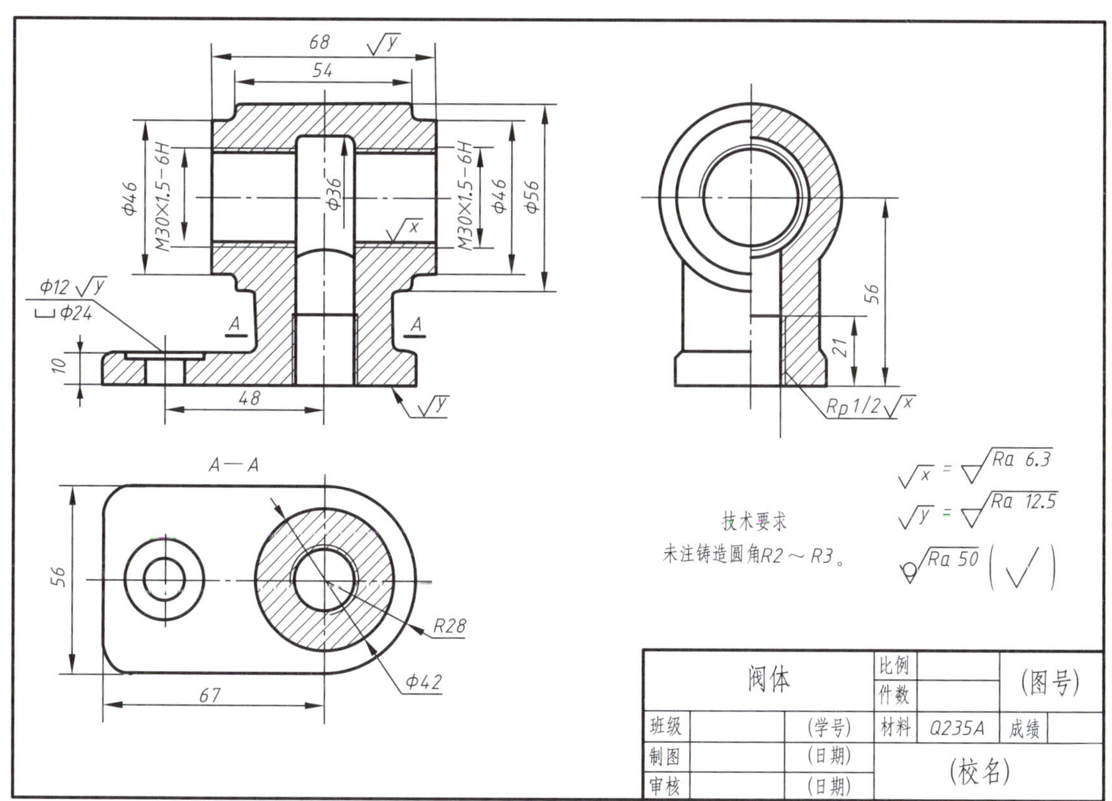

图3-5-8　阀体零件图

2. 分析视图，想象形状

要先看主要部分，后看次要部分；先看容易确定、能够看懂的部分，后看难以确定、不易看懂的部分；先看整体轮廓，后看细节形状。即应用形体分析的方法，抓特征部分，分别将组成零件各个形体的形状想象出来。该阀体选择主、左、俯三个视图表达。阀体的主视图采用全剖视图，表达内部结构，内腔为水平通孔和竖直通孔相贯，外部形状为圆柱。左视图选用半剖视图，将阀腔及外形的结构同时表示清楚，*A*—*A*剖视图表达出支承部分断面及底板形状，支承部分断面为圆柱，底板形状为半圆头加矩形，并有一安装孔。

3. 分析尺寸和技术要求

阀体的长度方向尺寸基准选择立柱轴线,高度方向尺寸基准选择底面，宽度方向尺寸基准为前后对称面。高度方向重要的定位尺寸为56，底板上安装孔的定位尺寸为48。M30 × 1.5-6H为细牙螺纹，内装管接头，其他尺寸可自行分析。

读懂技术要求，如表面粗糙度、尺寸公差、几何公差及其他技术要求。分析技术要求时，关键是弄清楚哪些部位的要求比较高，以便考虑在加工时应采取哪些措施予以保证。

阀体接触面要求有表面粗糙度标注，螺孔加工有公差要求。

4. 综合考虑

通过以上分析，综合想象阀体形状，如图所示3-5-9所示。

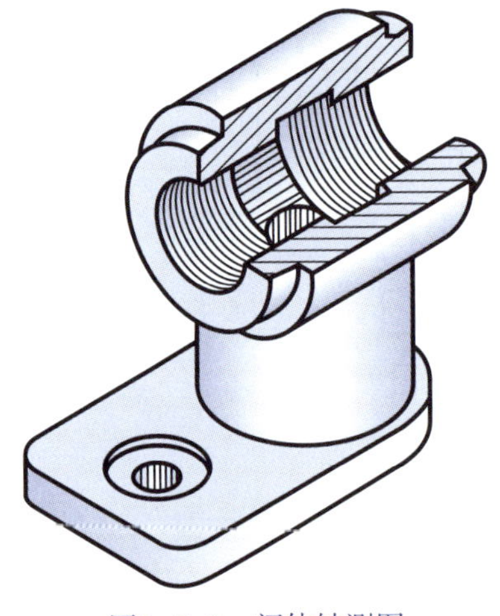

图3-5-9 阀体轴测图

任务实施

识读图3-5-2所示的蜗轮箱零件图，并想象其形状。

1. 看标题栏，了解零件的大致情况

从标题栏可以看出蜗轮箱采用1∶2的比例绘制，它是一个起支承和包容作用的零件。材料为灰口铸铁HT200，零件毛坯为铸造件，体积不大。

2. 分析视图，想象形状

蜗轮箱零件图采用了三个基本视图。主视图采用了全剖视图，清楚地反映了内部空腔结构，壳体前部凸缘（因主视图全剖而被剖去）用*D*向局部视图来表示。俯视图前后对称，为了表示壳体和套筒的壁厚采用了*A*—*A*半剖视图。四个安装孔的分布情况在俯视图上也得到清楚地反映。左视图采用*B*—*B*半剖视图和一个局部剖视图，既表达了壳体内腔为上圆下方的结构形状及下部轴孔的形状，又保留了壳体左端面上四个螺孔的分布情况。

该箱体是一个薄壁壳体零件，主体是由一个四棱柱加半圆柱和一个圆柱组成，在主体的左端面有圆柱凸台，上有螺孔。蜗轮箱底座为带有四个安装孔的长方形板，下底面在四个角处又有四个凸台以减少加工面。下方通孔内部设计凸台起加强作用，以支承蜗杆。内腔上方装蜗轮，右边为圆柱筒，内孔支承蜗轮轴，为加强圆柱筒在前后对称位置设计一肋板。

3. 分析尺寸和技术要求

蜗轮箱是个前后对称的零件，宽度方向尺寸基准是前后对称面，高度方向尺寸基准是零件的下底面，左端面是零件长度方向设计基准，右端面是零件长度方向工艺基准。左端ϕ132孔、右端ϕ74孔和下方ϕ18孔都是配合面，有公差要求。150和142这两个尺寸确定了四个安装孔的位置。ϕ18H7的定位尺寸53从高度方向尺寸基准直接标注；91 ± 0.01确定了ϕ74H7孔相对于ϕ18H7孔的位置。其他尺寸及技术要求不作叙述。

4. 综合考虑

综合考虑以上因素确定蜗轮箱箱体形状,如图3-5-10所示。

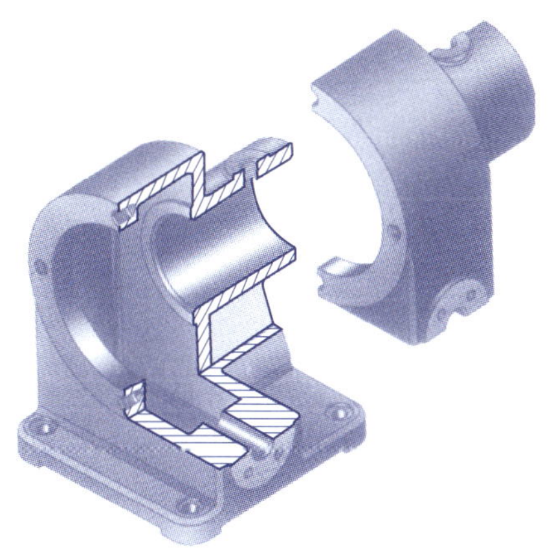

图3-5-10　蜗轮箱轴测图

学习小结

本项目主要学习箱体类零件的绘制和识读。箱体类零件的内腔和外形结构比较复杂，并带有轴承孔、凸台、肋板，此外还有安装孔、螺孔等结构。在选择主视图时，主要根据工作位置原则和形状特征原则来考虑，并多采用剖视图，以重点反映其内部结构。其他视图可根据结构需要补充表达，一般采用基本视图、剖视图、局部视图或断面图等。

合理地表达复杂箱体类零件的结构形状及尺寸和精度要求，对我们是一个挑战。所以在以后的学习中应该不断钻研，勇于探索，以保证可以科学合理地表达复杂零件的图样。

复习自查

1. 箱体类零件表达方案如何选择?
2. 零件测绘的目的是什么?
3. 列举五种常用的测绘工具。

模块四

典型部件装配图的绘制与识读

项目一　典型部件装配图的绘制

知识目标

1. 了解装配图的作用和内容。
2. 掌握装配图的基本画法和特殊画法。

能力目标

掌握绘制典型部件或简单机器装配图的方法。

素养目标

1. 弘扬大国工匠精神。
2. 遵守工程规范，养成良好职业道德。

任务引入

在进行机器或部件的设计过程中，一般先要画出装配图，然后按照装配图根据装配关系和配合性质拆画零件图。在产品制造中，根据零件图制造零件，再根据装配图将零件装配成机器或部件。那么如何根据装配体绘制其装配图（例如图4-1-1铣刀头的装配图）呢？

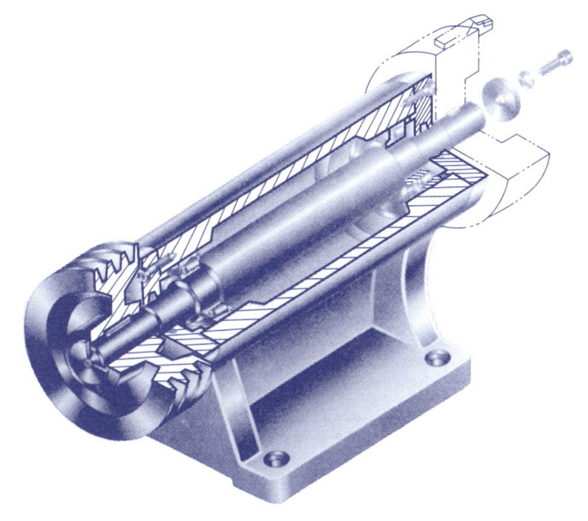

图4-1-1 铣刀头

装配图是表达装配体（机器或部件）的基本结构、各零件相对位置、装配关系、连接方式和工作原理等内容的技术图样，所以装配图的表达方法以前面学习的机件表达方法为基础，又和零件图有一定的区别。

知识链接

1.1 装配图的内容和表达方法

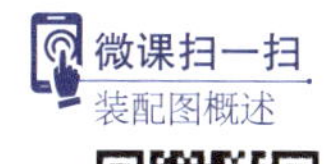

1.1.1 装配图的内容

铣刀头是安装在铣床上的一个专用部件，其作用是安装铣刀，铣削零件。铣刀装在铣刀盘上，铣刀盘装在传动轴右端，通过键连接。

以图4-1-2所示的铣刀头装配图为例，说明一张完整的装配图应包含的基本内容。

由图中可以看出，一张完整的装配图有以下四个方面的内容。

1. 一组图形

用一组视图表达机器或部件的工作原理、装配关系、各组成零件的相对位置、

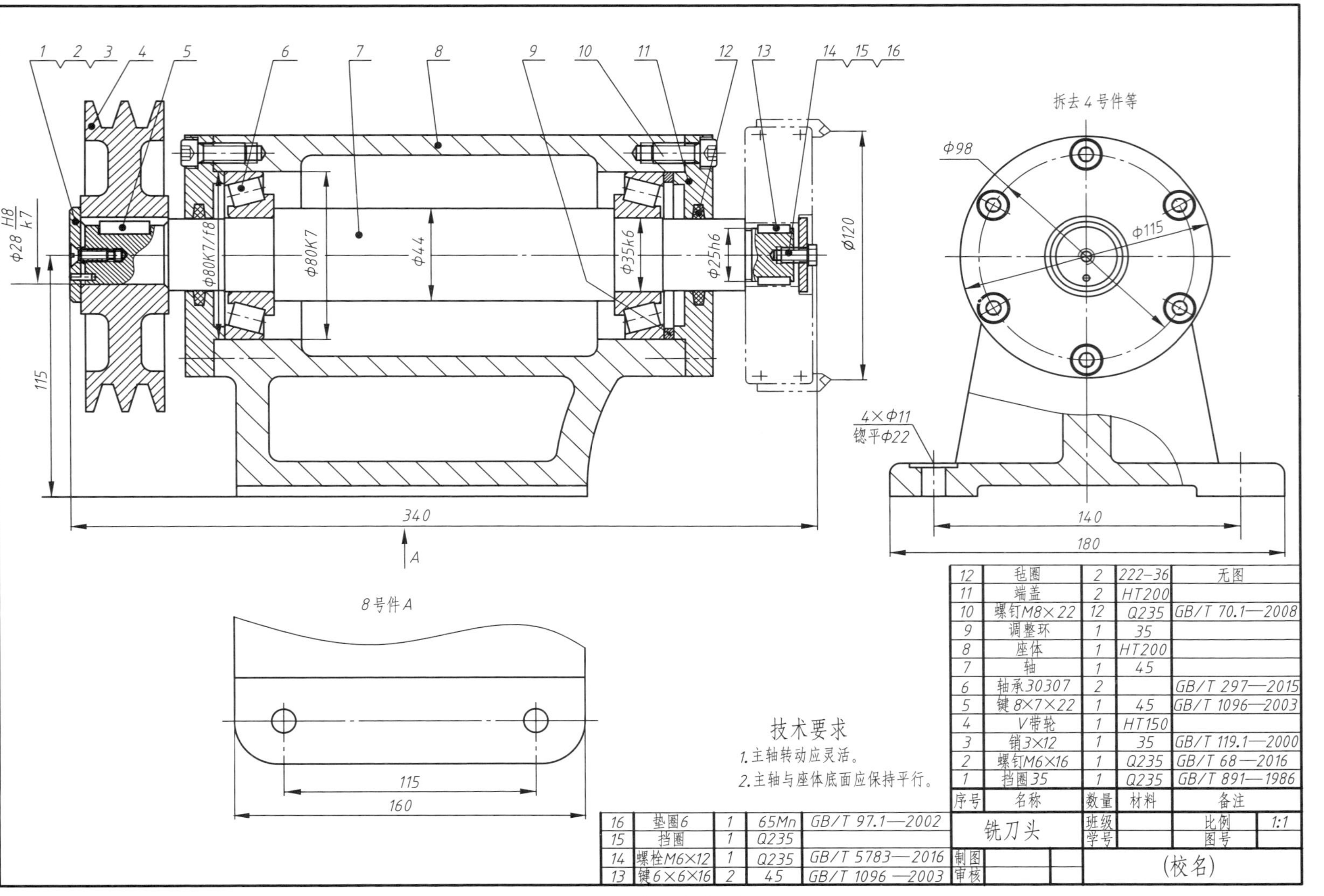
1 2 3 4 5 6 7 8 9 10 11 12 13 14 15 16
拆去4号件等
φ98
φ115
φ28 H8/k7
φ80K7/f8
φ80K7
φ44
φ35k6
φ25h6
φ120
115
340
A
4×φ11
锪平φ22
140
180
8号件A
115
160
技术要求
1.主轴转动应灵活。
2.主轴与座体底面应保持平行。
12 毡圈 2 222-36 无图
11 端盖 2 HT200
10 螺钉M8×22 12 Q235 GB/T 70.1—2008
9 调整环 1 35
8 座体 1 HT200
7 轴 1 45
6 轴承30307 2 GB/T 297—2015
5 键8×7×22 1 45 GB/T 1096—2003
4 V带轮 1 HT150
3 销3×12 1 35 GB/T 119.1—2000
2 螺钉M6×16 1 Q235 GB/T 68—2016
1 挡圈35 1 Q235 GB/T 891—1986
序号 名称 数量 材料 备注
16 垫圈6 1 65Mn GB/T 97.1—2002
15 挡圈 1 Q235
14 螺栓M6×12 1 Q235 GB/T 5783—2016
13 键6×6×16 2 45 GB/T 1096—2003
铣刀头 班级 学号 比例 1:1 图号
制图 审核
(校名)

图4-1-2 铣刀头装配图

连接方式、主要零件的结构形状及传动路线等。可以采用视图、剖视图、断面图、局部放大图等表达方法。图4-1-2所示铣刀头装配图中的主视图采用全剖视图，反映铣刀头主要零件的装配关系；左视图采用拆卸的画法，拆去V带轮等零件，表达端盖上螺钉的分布情况，座体安装板的形状采用A向局部视图表达。

2. 必要的尺寸

装配图上应标注机器或部件的规格（性能）尺寸、零件之间的配合尺寸、外形尺寸、安装尺寸及设计时确定的其他重要尺寸。

3. 技术要求

用符号、文字等说明机器或部件的工作性能及装配、安装、调试、试验或使用等方面的有关条件或要求。

4. 零件序号、明细栏及标题栏

在装配图中，应对每个不同的零件编写序号，在标题栏上方按序号编制零件明细栏，明细栏中依次填写零件序号、名称、数量、材料等信息，标题栏中应填写图名、图号、比例、制图、审核人员的签名和日期等。

应当指出，由于装配图的复杂程度和使用要求不同，以上各项内容并不是在所有的装配图中都要表现出来，而应根据实际情况来决定。

1.1.2　装配图的表达方法

画装配图时除了采用前面学习的机件的表达方法外，还要考虑装配图和零件图的表达目的有所不同，零件图是表达一个零件，而装配图则是表达多个零件组成的装配体，所以其侧重点是表达装配体的工作原理、零件的装配关系和主要零件的结构形状。因此，国家标准《机械制图》和《技术制图》规定了规定画法、特殊画法和简化画法等绘制装配图的表达方法。

1. 规定画法

在装配图中，为了便于区分不同的零件，正确地表达各零件之间的关系，在画法上有以下规定：

（1）接触面和配合面的画法。相邻两零件的接触面和配合面只画一条公用的轮廓线，如图4-1-3所示；两零件的不接触面和公称尺寸不同的非配合面画成两条线（画出各自的轮廓线）。即使间隙很小，也应用夸大画法画出间隙，如图4-1-3所示，螺栓与被连接件的孔之间为非接触面，画两条线。

（2）剖面线的画法。在装配图中，相邻两零件剖面线的方向应不同，即相邻两零件剖面线的方向相反，或方向相同但间隔不等。同一个零件在各视图上的剖面线应保持方向相同、间隔一致。当零件的断面厚度在图中等于或小于2 mm时，允许将剖面涂黑以代替剖面线。

（3）实心件和某些标准件的画法。在装配图中，对于紧固件及轴、手柄、连杆、拉杆、球、销、键等实心零件，若按纵向剖切，且剖切平面通过其对称平面或轴线时，这些零件按不剖绘制，如图4-1-4所示主视图中

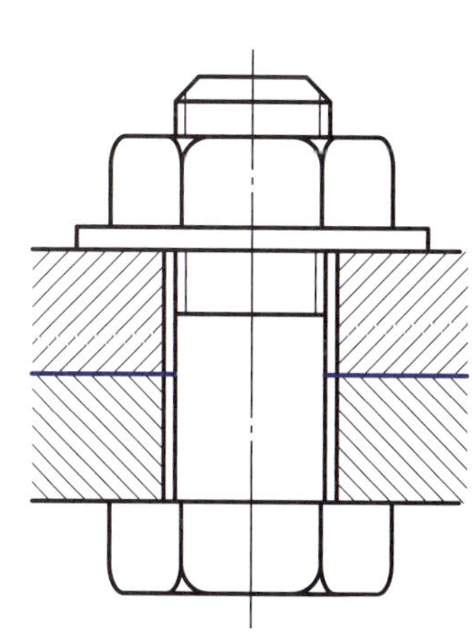
图4-1-3　装配图的规定画法

的螺栓和螺母。其上的孔、槽等结构需要表达时，可采用局部剖视图，如图4-1-2所示主视图中的轴。

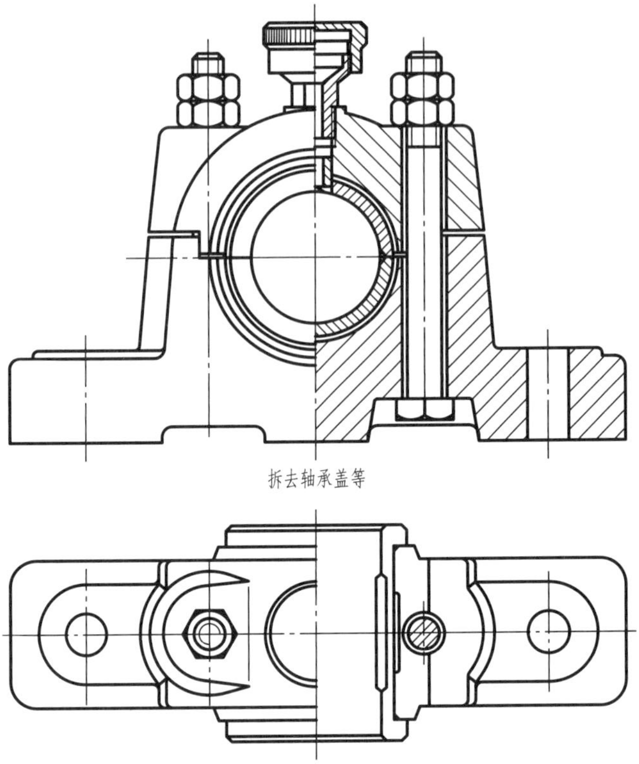

拆去轴承盖等

图4-1-4 滑动轴承装配图的画法

当剖切平面垂直于其轴线剖切时，则需画出剖面线，如图4-1-4所示俯视图中的螺栓。

2. 特殊画法

（1）拆卸画法。为了表达那些被遮挡（盖）住的零件的装配情况，可假想将某些零件拆卸后绘制欲表达的部分，为了避免读图时产生误解，应对拆卸画法加以说明，在图上加注“拆去××零件等”。如图4-1-2所示的左视图是拆去了V带轮等零件后得到的投影。

（2）沿零件的结合面剖切。在装配图中，为了表达内部结构，可假想沿着某些零件的结合面剖切，如图4-1-5所示，转子泵的右视图为*A—A*剖视图，是沿泵体和垫片的结合面剖切后再投射而得到的投影。此时，沿结合面剖开的零件不画剖面线。

（3）单独表示某个零件。在装配图中，当某个零件的形状未表达清楚，或对理解装配关系有影响时，可另外单独画出该零件的某一视图。如图4-1-5所示转子泵装配图中泵盖的*B*向视图。

（4）假想画法

① 与本部件有关系，但不属于本部件的相邻零件或部件，可用双点画线画出该

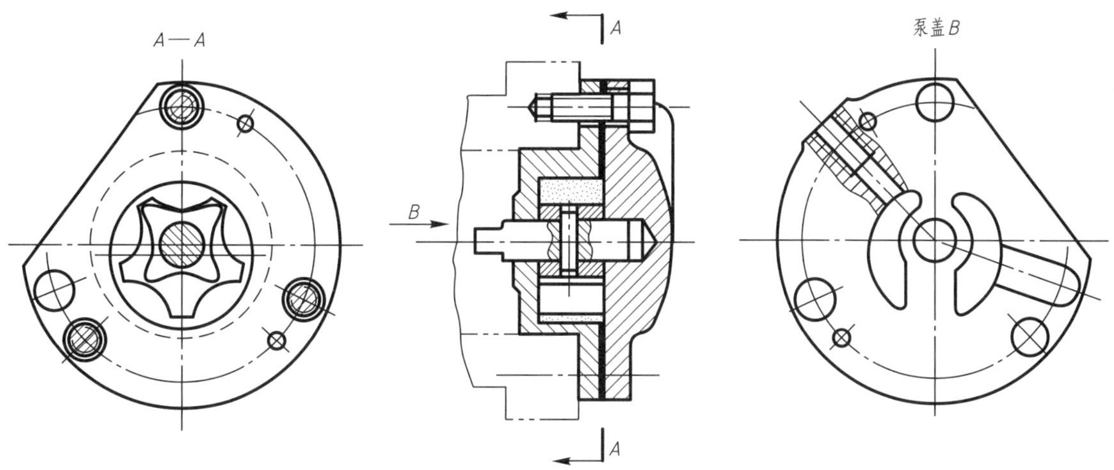

图4-1-5　转子泵装配图的画法

件的轮廓线。如图4-1-2所示用双点画线来表示铣刀头盘和铣刀，以说明装配体的作用。

② 对于运动零件，当需要表明其运动极限位置时，可以在一个极限位置上画出该零件，而在另一个极限位置用细双点画线来表示。如图4-1-6所示用细双点画线来表示扳手的极限位置。

（5）夸大画法。在装配图中，遇到一些薄片零件、细小结构、微小间隙等，若不能按全图绘图比例根据实际尺寸正常绘制时，可将零件或间隙适当地夸大画出，如图4-1-7所示垫片的厚度就夸大了。但注意夸大要适度，若适度夸大还无法表示时，可采用局部放大图表达。

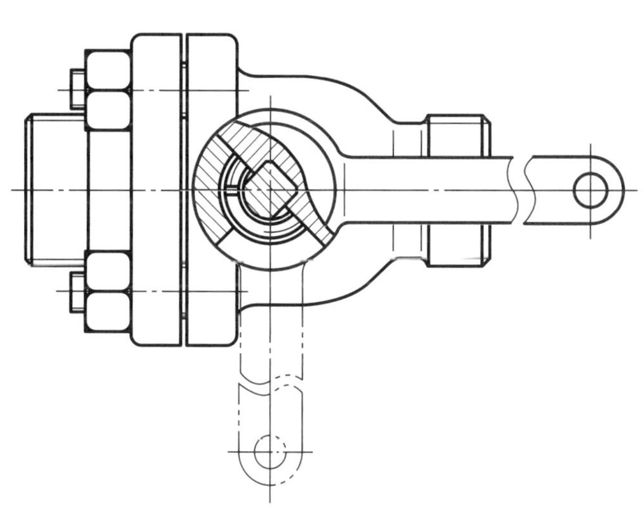

图4-1-6　装配图的假想画法

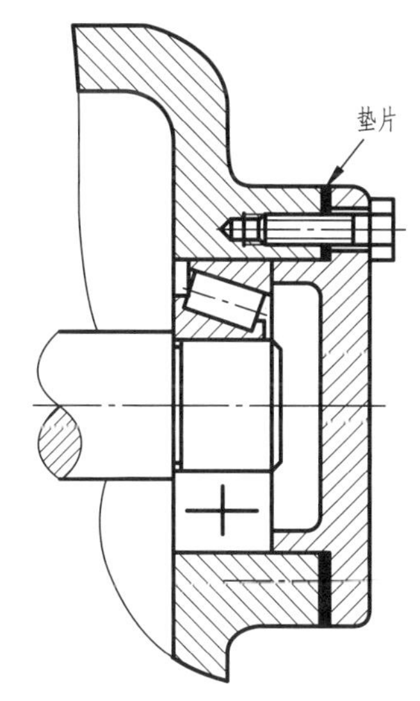

图4-1-7　轴端支承装配图的画法

3. 简化画法

（1）在装配图中，对若干相同的零件组（如螺栓、螺钉连接等），可以仅详细地画出一处或几处，其余只需用细点画线表示其位置，或用其他符号表示，如图4-1-7所示的螺钉即可采用简化画法。

（2）装配图中若干相同的零件、部件可以仅详细画出一处，其余则以细点画线表示中心位置即可，如图4-1-8中三组轴承座只详细画了一组。

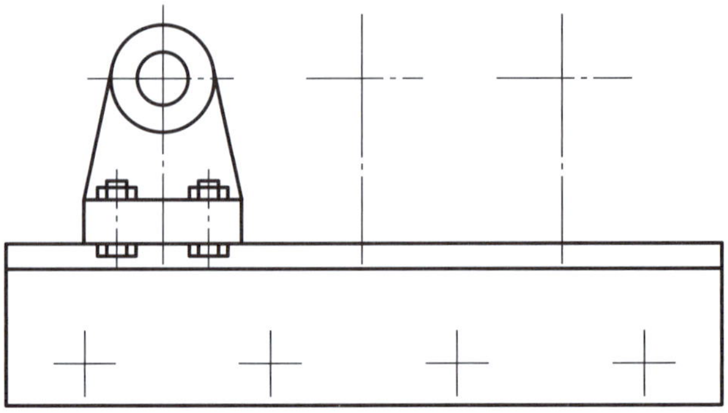

图4-1-8 相同零件组的简化画法

（3）在装配图中，零件上的一些工艺结构（如铸造圆角、倒圆、倒角、退刀槽和砂轮越程槽等）可以省略不画。

1.2 装配图的尺寸标注和技术要求

1.2.1 装配图的尺寸标注

装配图的作用与零件图不同，因此图上尺寸标注的要求也不同。零件图中必须标注零件的全部尺寸，以确定零件的形状和大小；在装配图上则应按照装配体的设计、制造要求来标注某些必要的尺寸，以说明装配体性能规格、装配体“成员”的装配关系、装配体整体大小等。这些尺寸按作用不同，大致可以分为以下五类。

1. 性能（规格）尺寸

性能（规格）尺寸表示装配体的工作性能或规格大小，这些尺寸是设计时确定的，它也是了解和选用该装配体的依据。如图4-1-2中铣刀盘的尺寸ϕ120。

2. 装配尺寸

装配尺寸是表示装配体中各零件之间相互配合关系和相对位置的尺寸，这种尺寸是保证装配体装配性能和质量的尺寸。

（1）配合尺寸。配合尺寸是表示零件间配合性质的尺寸。如图4-1-2中的配合尺寸ϕ28H8/k7。

（2）相对位置尺寸。相对位置尺寸是表示装配时需要保证的零件间相互位置的尺寸。如图4-1-2所示传动轴线到座体下底面的距离115。

3. 安装尺寸

将装配体安装到其他装配体上或地基上所需的尺寸。如图4-1-2中140、115和

$4\times\phi 11$等。

4. 外形尺寸

外形尺寸是表示装配体外形大小的总体尺寸，即装配体的总长、总宽、总高。它反映了装配体的大小，提供了装配体在包装、运输和安装过程中所需的空间尺寸。如图4-1-2所示的总长为340，总宽为180，总高可以间接计算。若某尺寸可变化时，则应注明其变化范围。

5. 其他重要尺寸

其他重要尺寸是指在设计中确定的而又未包括在上述几类尺寸之中的尺寸。其他重要尺寸视需要而定，如主体零件的重要尺寸、齿轮的中心距、运动件的极限尺寸、安装零件所需足够操作空间的尺寸等。

上述五类尺寸之间并不是互相孤立无关的，实际上有的尺寸往往同时具有多种作用。此外，在一张装配图中，也并不一定需要全部注出上述五类尺寸，应根据具体情况和要求来确定。

1.2.2　装配图的技术要求

在装配图中，还应在图的明细栏附近空白处注写部件在装配、安装、检验及使用过程等方面的技术要求。主要包括零件装配过程中的质量要求，以及在检验、调试过程中的特殊要求等。图4-1-2所示的技术要求是对铣刀头的装配和检验要求。

拟定技术要求一般可从以下三个方面来考虑：

（1）装配要求。装配体在装配过程中需注意的事项，装配后应达到的要求，如装配间隙、润滑要求等。

（2）检验要求。装配体在检验、调试过程中的特殊要求等。

（3）使用要求。对装配体的维护、维修、使用时的注意事项及要求等。

1.3　装配图中明细栏和零件序号的编排

为了便于装配时读图查找零件，便于做生产准备和图样管理，应对装配图中所有不同的零件编写序号，并列出其明细栏。

1.3.1　零件序号

1. 一般规定

装配图中所有的零件都应编写序号。相同的零件只编一个序号。

2. 零件编号的形式

零件序号由圆点、指引线、水平线或小圆（均为细实线）及数字组成，序号写在水平线上或小圆内。序号字体的号数应比该图中尺寸数字大一号或两号。指引线应自所指零件的可见轮廓内引出，并在其末端画一圆点，如图4-1-9所示；若所指的部分不宜画圆点，如很薄的零件或涂黑的剖面等，可在指引线的末端画一箭头，并指向该部分的轮廓，如图4-1-9所示垫片2就是利用箭头指向其断面。

一组螺纹紧固件或装配关系清楚的零件组，可以采用公共指引线，如图4-1-9的件号4、5、6和图4-1-10所示。装配图中的标准化组件（如油杯、滚动轴承、电动机等）可视为一个整体，只编写一个序号。

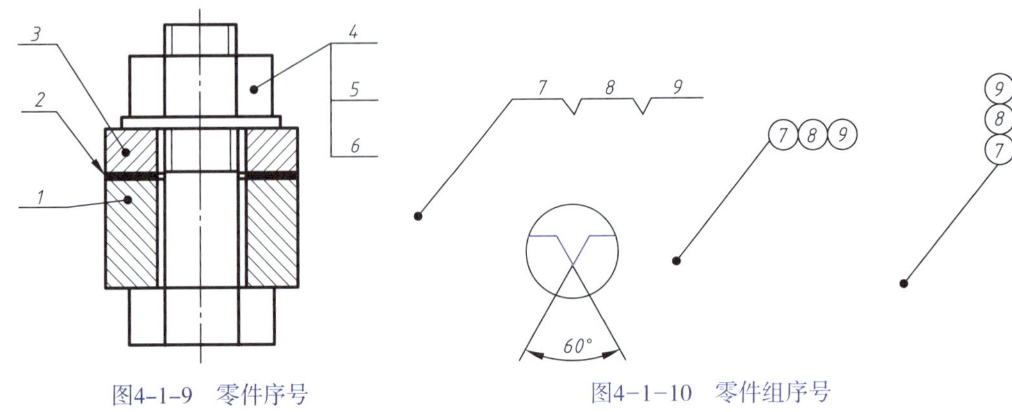

图4-1-9 零件序号

图4-1-10 零件组序号

指引线应尽可能分布均匀且不要彼此相交，也不要过长。指引线通过有剖面线的区域时，要尽量不与剖面线平行，必要时可画成折线，但只允许折一次，如图4-1-2图中的9号件。

3. 序号编排方法

应将序号在视图的外围按水平或垂直方向排列整齐，并按顺时针或逆时针方向顺序依次编号，不得跳号，如图4-1-2所示。

1.3.2 明细栏

明细栏位于标题栏的上方，并和标题栏紧连在一起。图4-1-11所示的内容和格式可供制图作业中使用。明细栏是装配体全部零件的目录，由序号、名称、数量、材料和备注等内容组成，其序号填写的顺序要由下而上。如位置不够时，可移至标题栏的左侧继续编写，如图4-1-2所示。

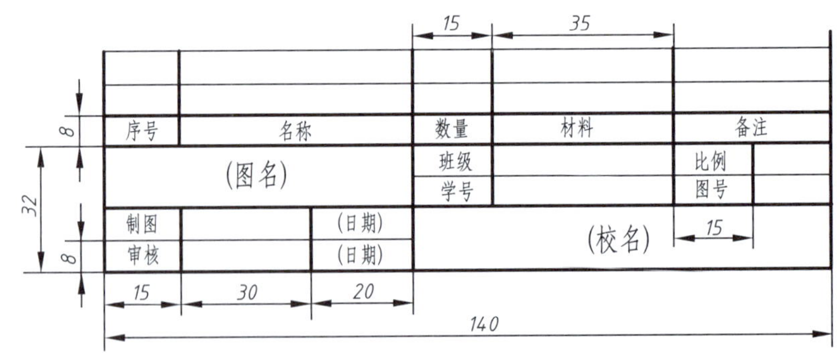

图4-1-11 明细栏

1.4 装配体的工艺结构

在设计和绘制装配图的过程中，应考虑装配结构的合理性，以保证机器和部件的性能，并给零件的加工和装拆带来方便。以下是几种常见的装配工艺结构。

1. 装配工艺对零件构形的要求

在进行零件构形设计时，要考虑零件装配成部件的方便性，并确保零件可正常工作，实现预期功能。装配工艺对构形设计有以下要求：

（1）倒角与切槽。两配合零件在转角处不应设计成相同的圆角，否则既影响接触面之间的良好接触，又不易加工，轴肩面和孔端面相接触时，应在孔边倒角，或在轴的根部切槽，以保证轴肩与孔的端面接触良好，如图4-1-12所示。

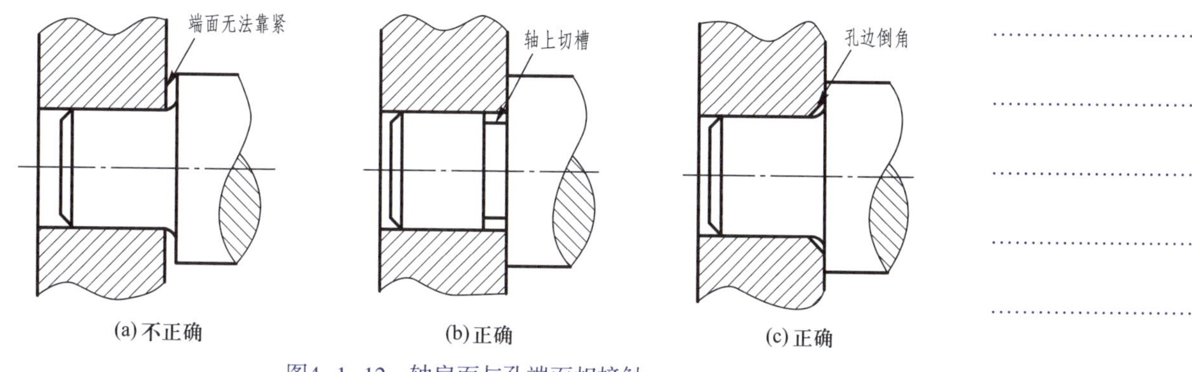

图4-1-12　轴肩面与孔端面相接触

（2）考虑螺纹紧固件的安装方便。在安排螺纹紧固件位置时，应考虑扳手的操作空间，如图4-1-13a所示预留空间太小，扳手无法使用，图4-1-13b所示是合理的结构形式；还应考虑螺钉放入时所需要的空间，如图4-1-14a所示预留空间太小，螺钉无法放入，图4-1-14b所示是合理的结构形式。

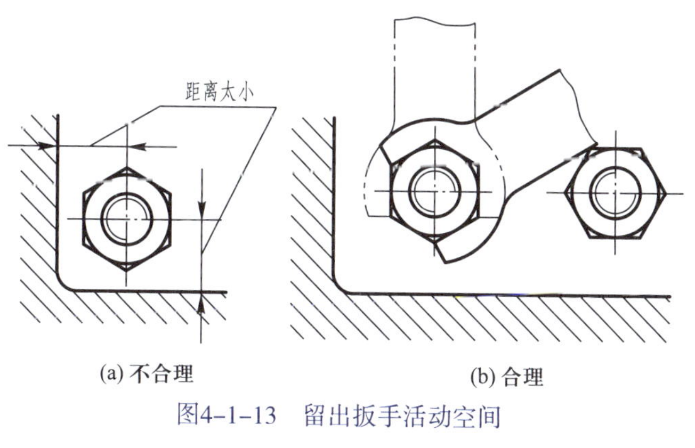

图4-1-13　留出扳手活动空间

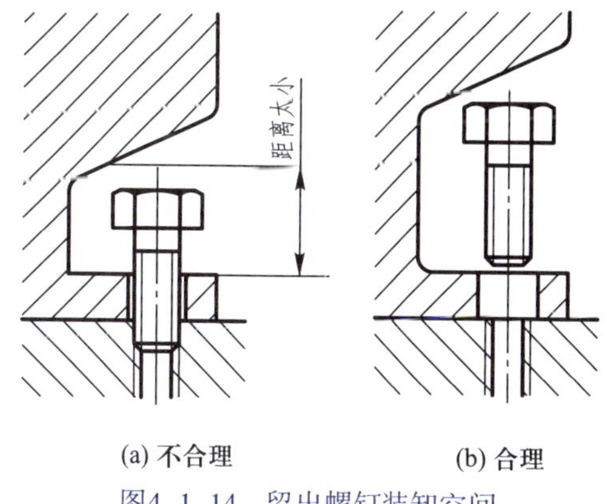

图4-1-14　留出螺钉装卸空间

（3）避免在同一方向有两组面同时接触。两零件装配时，在同一方向上，一般只宜有一个接触面，否则就必须大大提高接触面处的尺寸精度，会增大成本，如图4-1-15所示。

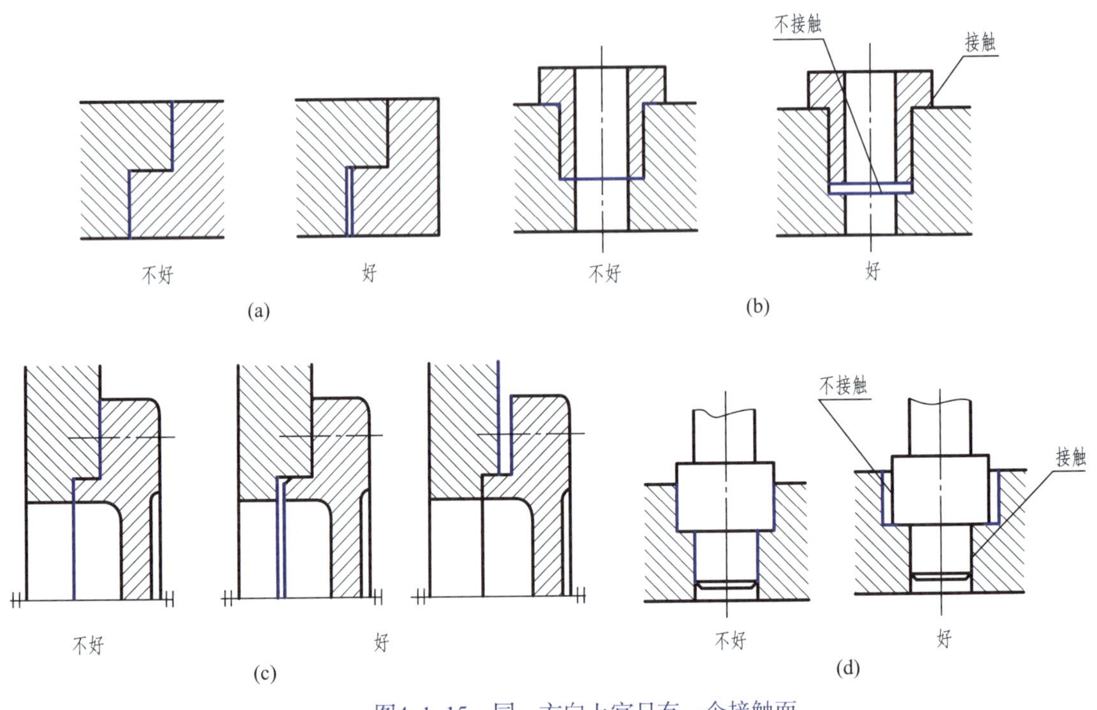

图4-1-15　同一方向上宜只有一个接触面

2. 考虑维修、安装、拆卸方便对构形的要求

如图4-1-16所示，滚动轴承装在箱体轴承孔及轴上，图4-1-16a、c所示的设计不合理，轴承不便拆卸；图4-1-16b、d所示的设计合理，轴承能容易地被拉出或顶出。如图4-1-17所示衬套的轴向定位也应考虑其拆卸的方便，图4-1-17a所示的设计很难将衬套拆出，而图4-1-17b所示的设计结构就可以容易地将衬套顶出。

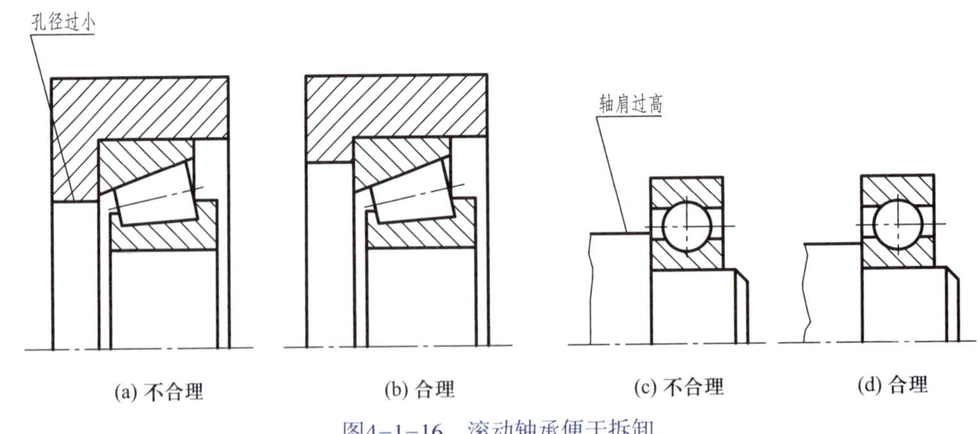

图4-1-16　滚动轴承便于拆卸

3. 密封装置的结构要求

在一些部件或机器中常需要有密封装置，以防止液体外流或灰尘进入。如图4-1-18所示的密封装置采用了泵和阀上常见的密封结构。通常用浸油的石棉绳或橡胶作填料，拧紧压盖螺母，通过填料压盖即可将填料压紧，起到密封作用。但填料压盖与阀体端面之间必须留有一定间隙，才能保证将填料压紧；而轴与填料压盖之间应有一定的间隙，以免转动时产生摩擦。图4-1-18a所示留有一定间隙，是合理的；图4-1-18b所示没有留间隙，是不合理的。

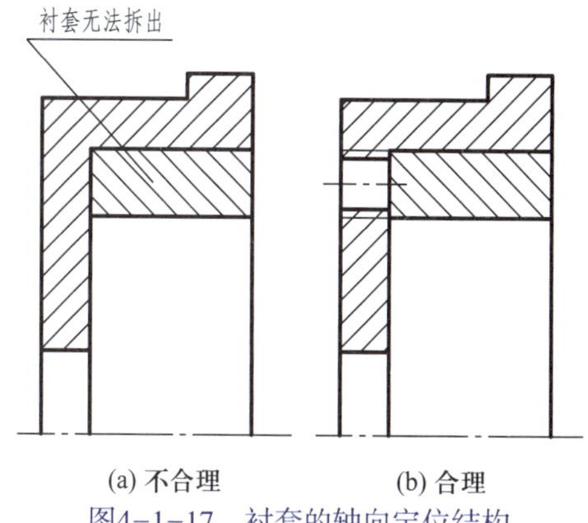

(a) 不合理　(b) 合理

图4-1-17　衬套的轴向定位结构

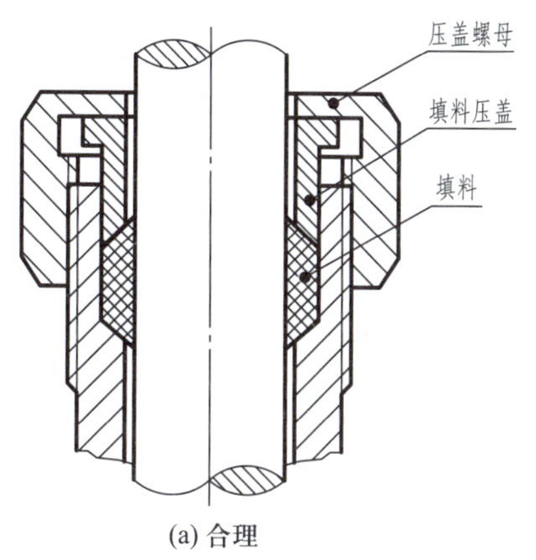

(a) 合理

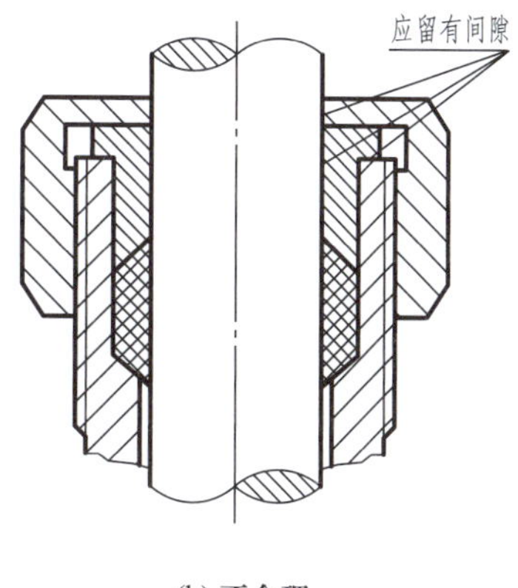

(b) 不合理

图4-1-18　填料与密封装置

4. 防松装置

为了防止因振动或冲击而引起的螺纹紧固件松动，常采用下面几种措施防止螺母等松动，如图4-1-19所示。

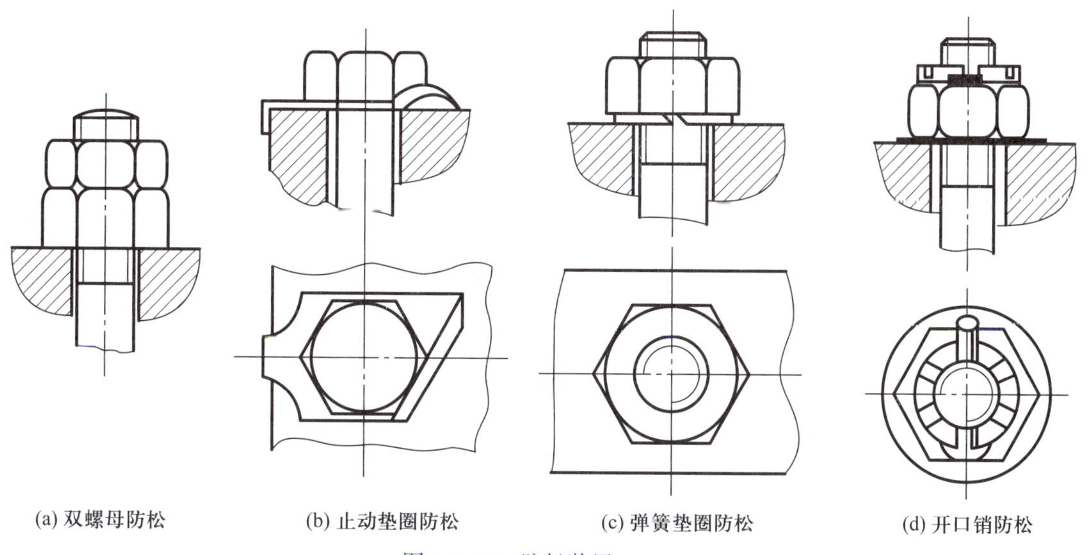
(a) 双螺母防松　(b) 止动垫圈防松　(c) 弹簧垫圈防松　(d) 开口销防松

图4-1-19　防松装置

5. 零件的轴向定位结构

装在轴上的滚动轴承及齿轮等一般都要有轴向定位结构，以保证能在轴线方向不产生移动。如图4-1-20所示，轴上的滚动轴承及齿轮是靠轴的轴肩来定位的，齿轮的另一端用螺母、垫圈来压紧，垫圈与轴肩的台阶面间应留有间隙，以便压紧。

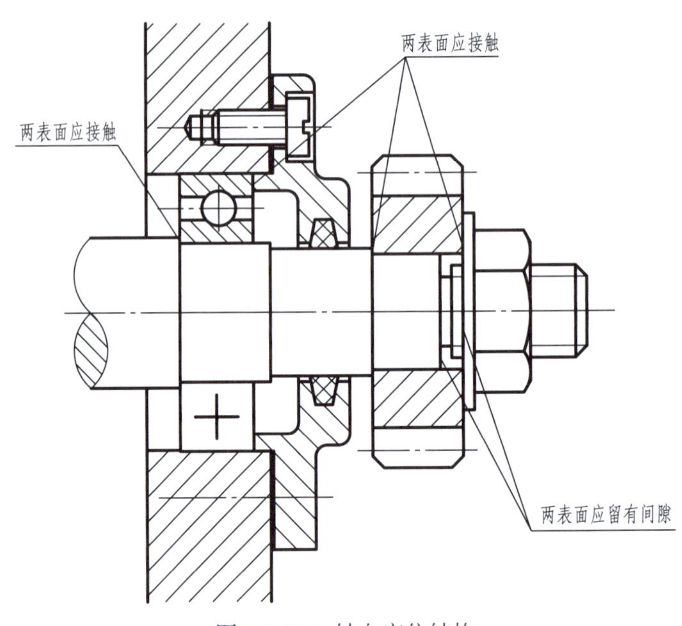

图4-1-20 轴向定位结构

1.5 画装配图的方法

1.5.1 装配体的测绘方法

对新产品进行仿制或对现有机械设备进行技术改造及维修时，往往需要先对其进行测绘。即通过拆卸零件进行测量，画出装配示意图和零件草图；然后根据零件草图画装配图；再依据装配图和零件草图画出零件图，从而完成装配图和零件图的整套图样，这个过程称为装配体测绘。现以图4-1-21所示球阀为例介绍装配体测绘的方法和步骤。

1. 了解测绘对象

通过观察实物、阅读有关技术资料和类似产品图样，了解其用途、性能、工作原理、结构特点及装拆顺序等情况。在收集资料过程中，尤其要重视生产工人和技术人员对该装配体的使用情况和改进意见，为测绘工作顺利进行做好充分准备。在初步了解装配体功能的基础上，通过对零件作用和结构的仔细分析，进一步了解零件间的装配、连接关系。

球阀是管道系统中控制流体流量和启闭的部件。球阀的启闭及流量的控制是通过旋转球形阀芯来实现的。当阀芯处于图4-1-21所示的位置时，球阀完全打开；

当阀芯旋转90°时，球阀完全关闭。阀芯的旋转是通过与其榫接的阀杆和扳手共同实现的。上述零件的支承和包容依靠阀体和阀盖，液体的密封则是通过填料、填料垫、密封圈等实现的，而连接是通过螺柱、螺母完成的。

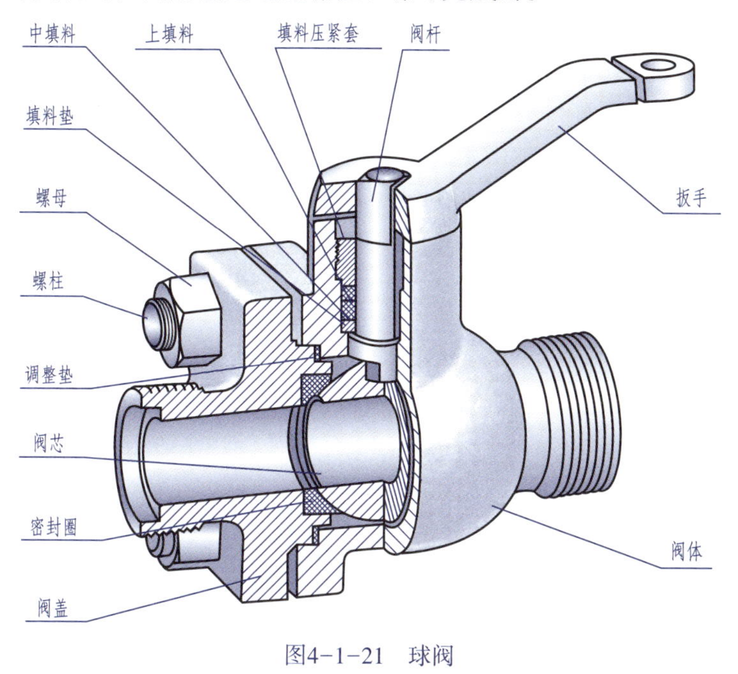

图4-1-21　球阀

该装配体的关键零件是阀芯，下面从运动关系、密封关系、包容关系等方面进行分析。

运动关系：扳手→阀杆→阀芯。

密封关系：一是两个密封圈和调整垫组成的密封系统，既保证阀体与阀盖之间的密封，又保证阀芯转动灵活；二是填料及填料垫、填料压紧套等附件，可防止液体从阀杆处的间隙泄漏。

包容关系：阀体和阀盖是球阀的主体零件，它们之间用四组双头螺柱连接。阀芯通过两个密封圈定位于阀体中，通过填料压紧套和球阀的螺纹将填料（聚四氟乙烯）固定于阀体中。

阀体右端有用于连接管道系统的外螺纹，内部阶梯孔与空腔相通。在阀体上部的圆柱体中有阶梯孔与空腔相通，在阶梯孔内装有阀杆、填料压紧套等。阶梯孔顶端90°扇形限位凸块用来控制扳手和阀杆的旋转角度。

2. 拆卸零件

在拆卸前，应准备好有关的拆卸工具，以及放置零件的用具和场地，然后根据装配体的特点制订详细的拆卸计划，按照一定的顺序拆卸零件。拆卸过程中，对每一个零件应进行编号、登记并贴上标签。对拆下的零件要分区分组放在适当地方，避免碰伤、变形，以免混乱和丢失，从而保证再次装配时能顺利进行。

拆卸零件时应注意，在拆卸之前应测量一些必要的原始尺寸，比如某些零件之间的相对位置等。拆卸过程中避免损坏原有零件。对于不可拆卸的连接零件、有较高精度的配合或过盈配合的零件，应尽量少拆或不拆，避免降低原有配合精度或损坏零件。

3. 画装配示意图

装配示意图是通过目测，用简单的图线画出装配体各零件的大致轮廓，以表示其装配位置、装配关系和工作原理等情况的简图。

画示意图时，可将零件看作透明体，其表示可不受前后层次的限制，并尽量把所有零件集中在一个图上表示出来。画机构传动部分的示意图时，应按照国家标准《机械制图　机构运动简图用图形符号》（GB/T　4460—2013）的规定绘制。对一般零件可按其外形和结构特点形象地画出零件的大致轮廓。球阀的装配示意图如图4-1-22所示。

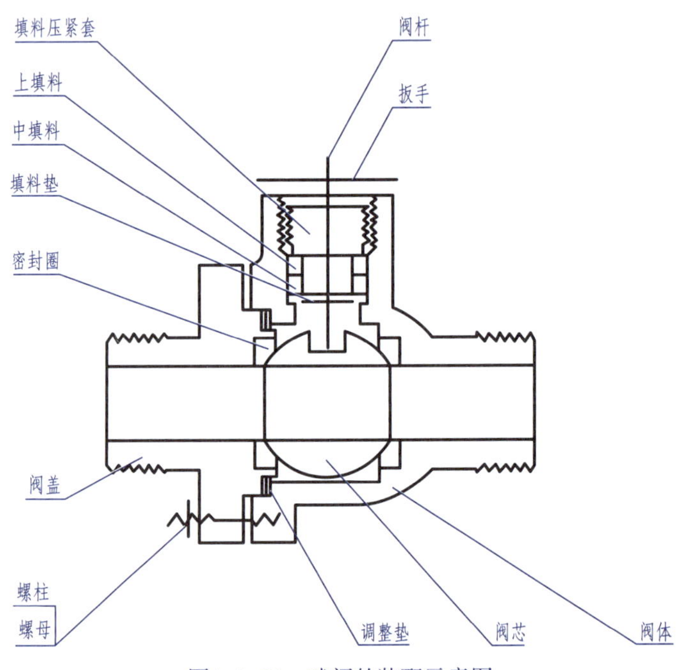

图4-1-22　球阀的装配示意图

4. 画零件草图

把拆下的零件进行分类，对于标准件（如螺栓、螺钉、螺母、垫圈、键、销等），应测量其主要规格尺寸，以确定它们的规定标记，其他数据可通过查阅有关标准获取；对于非标准件，则应画出零件草图，并要准确、完整地标注测量尺寸。

在装配体测绘中，画零件草图时应注意以下三点：

（1）绘制零件草图时，除了图线是徒手绘制外，其他方面的要求均和正式的零件工作图一样。

（2）零件草图可以按照装配关系或拆卸顺序依次画出，以便随时核对和协调各零件之间的相关尺寸。

（3）零件间有配合、连接和定位等关系的尺寸要协调一致，并在相关零件草图上一并标出。

球阀的部分零件草图如图4-1-23所示，其中阀盖、阀体的零件图分别如图3-3-13、图3-5-3所示。

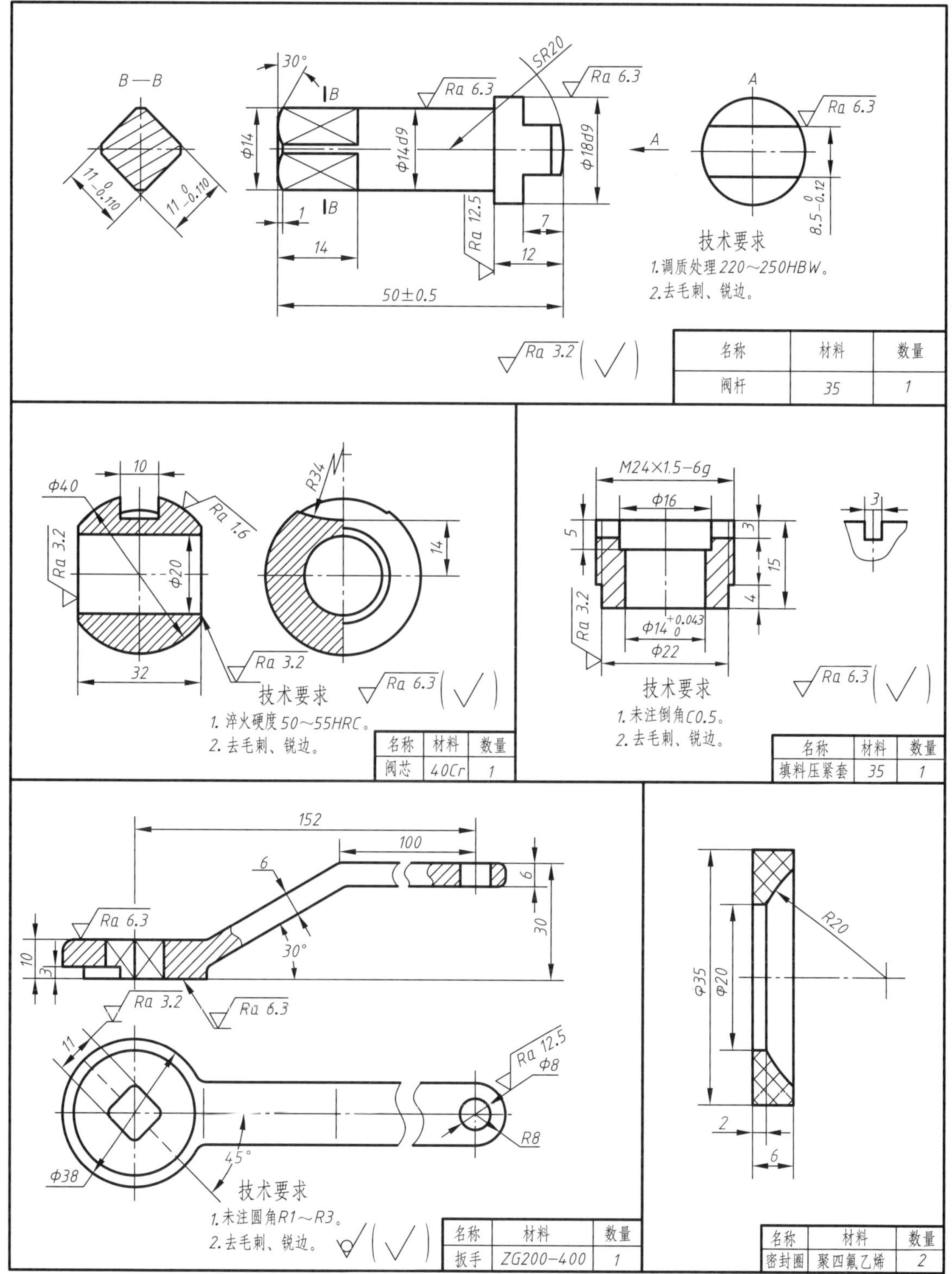

图4-1-23　球阀的部分零件草图

1.5.2 画装配图的方法和步骤

微课扫一扫
球阀装配图的绘制

1. 画装配图的方法

（1）从各装配线的核心零件开始，“由内向外”按装配关系逐层扩展画出各个零件，最后画壳体、箱体、包容零件。

这种画图过程与大多数设计过程相一致，画图的过程也就是设计的过程，在设计新机器时都需要绘制装配图。这种方法的另一优点是画图过程中不必“先画后擦”零件上那些被遮挡的轮廓线，有利于提高作图效率和保证图面清洁。

（2）先将起支承和包容作用的体积较大、结构较复杂的箱体、壳体或支架等零件画出，然后再按装配线和装配关系逐步画出其他零件。这种画法常称为“由外向里”。

这种方法多用于根据已有零件图“拼画”装配图（对已有机器进行测绘或整理新设计机器技术文件）时，绘制过程比较形象，与具体的部件装配过程一致，利于空间想象。

2. 确定表达方案

表达方案包括选择主视图、确定其他视图。拟订的表达方案应能较好地反映装配体的装配关系、工作原理和主要零件的结构形状等。

对装配图视图的要求是：

① 正确。投影关系正确，图样画法和标注方法符合国家标准规定。

② 完全、确定。装配体中各零件的装配关系表达清楚，主要零件的主要结构形状要表达清楚，但不要求把每个零件的形状结构都表达得完全、确定。

③ 清晰、合理。图形清晰，便于阅读者能迅速读懂、理解装配体。

④ 便于绘制和尺寸标注。

（1）主视图的选择。

主视图的选择应综合考虑以下几个方面：

① 能反映部件的工作状态或安装状态。

② 能反映部件的整体形状特征。

③ 能表示主装配线零件的装配关系。

④ 能表示部件主要的工作原理。

⑤ 能表示较多零件的装配关系。

装配图主视图的选择应尽量考虑满足以上各项要求，若不能同时满足，应满足前三项。

球阀的主视图选择时应考虑以下几个因素：

① 工作位置：球阀一般水平放置，即将其流体通道的轴线水平放置，并将阀芯转至完全开启状态。

② 投射方向：将阀盖放在左边，使左视图能清楚地反映其端面形状。

③ 表达方法：选取全剖视图，可将其工作原理、装配关系、零件间的相互位置表达清楚。

（2）其他视图的选择。

选择其他视图可以补充表达主视图未能表达清楚的剩余内容（包括其他的装配线、零散装配点、工作原理、对外安装关系及必要的零件结构、形状等），达到表达完全、确定。

球阀的外形结构、主要零件的结构形状，以及双头螺柱的连接部位和数量等尚未表达清楚，所以选取全剖左视图来表达。选取俯视图，主要表达扳手的开关位置，同时表达球阀的外形和扳手的形状。

检查是否表示完全，必要时进行调整、补充。

3. 画装配图的步骤

（1）确定图幅和比例。根据部件大小和复杂程度决定画图比例，安排各视图的位置，从而选定图幅，便可着手画图。在安排各视图的位置时，要注意留有编写零件序号、明细栏及注写尺寸和技术要求的位置。

（2）固定图纸、布图。将图纸固定好后，画出图框、标题栏和明细栏边界线，并画出各视图的主要中心线、轴线、对称线及基准线等，如图4-1-24a所示。

（3）画主要装配线。一般由主视图开始，几个视图配合进行。对于球阀来说，宜“由内向外”，先画阀芯，然后画阀体、阀盖、密封圈等，如图4-1-24b ~ d所示。

（4）再依次画出其他装配线，装阀杆、填料垫、填料、扳手等，如图4-1-24e、f所示。

（5）画补充细部结构，如弹簧、螺钉、销钉、螺孔及零件上的螺纹等，需要时可以画出倒角、圆角、退刀槽等。

（6）检查后描深图线，画剖面线，标注尺寸及公差配合等。

（7）编注零件序号，并填写明细栏、标题栏和技术要求，经过检查后，在标题栏签名，如图4-1-25所示。

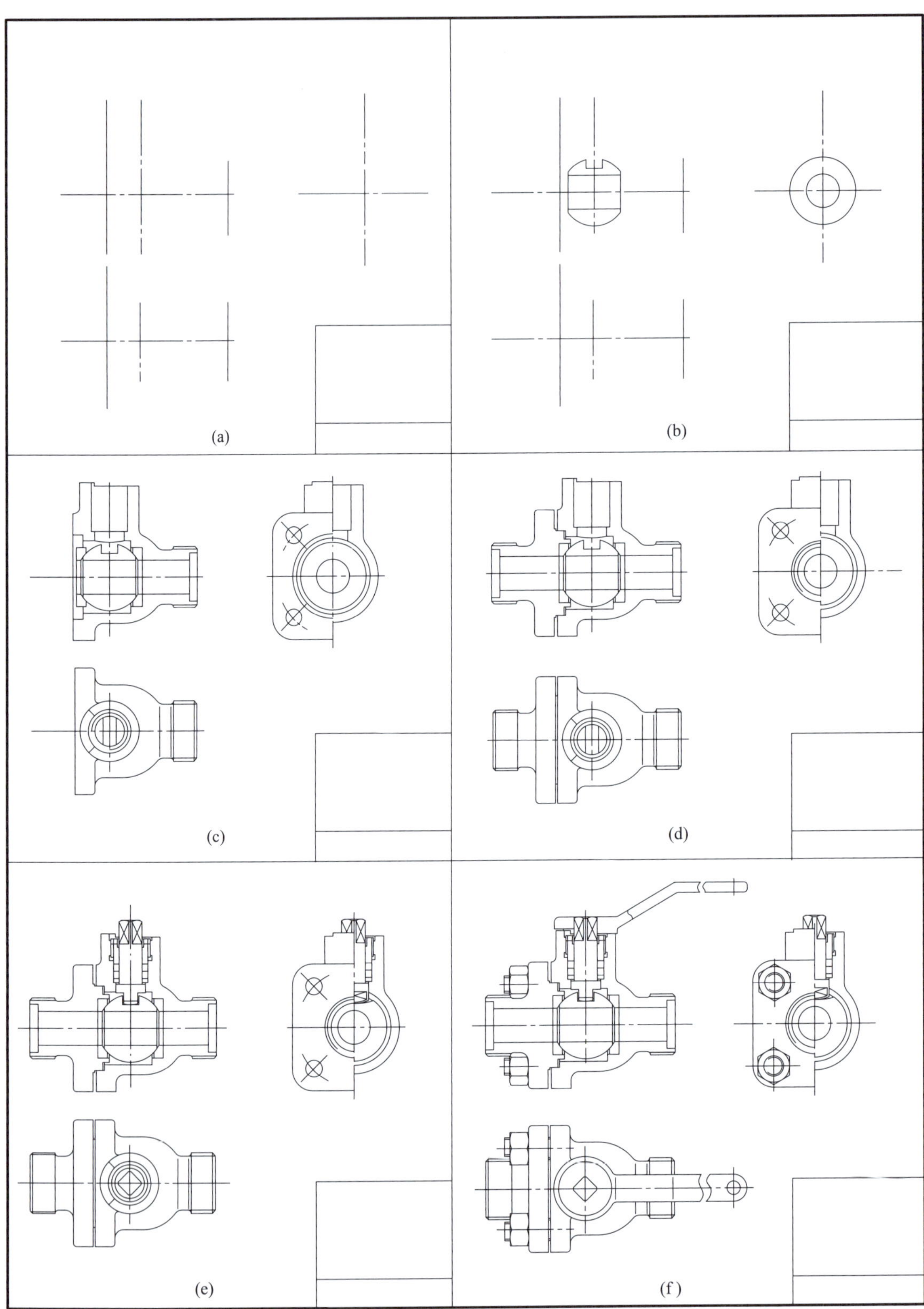

图4-1-24　球阀装配图的绘图步骤

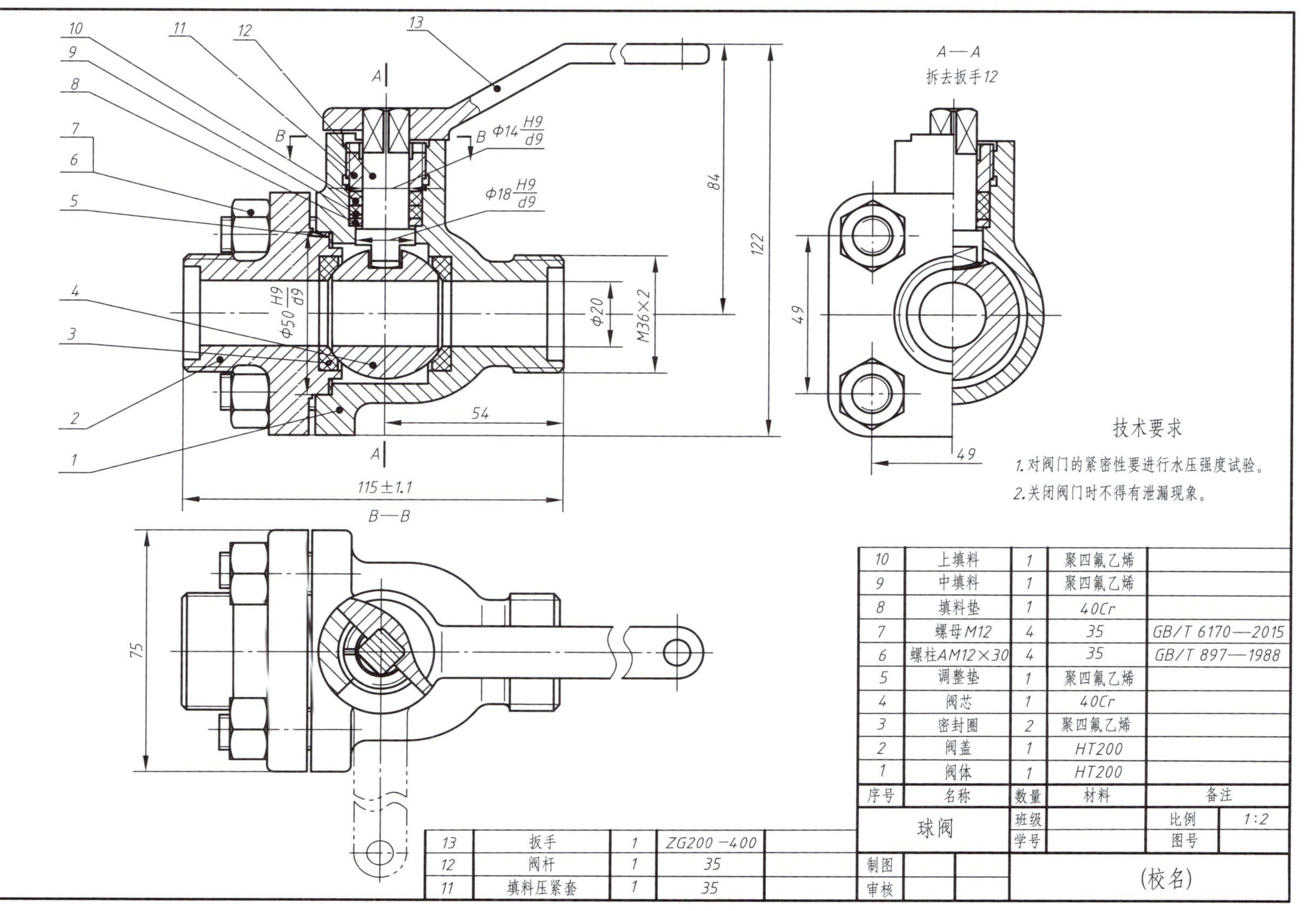
10
11
12
13
9
8
7
6
5
4
3
2
1
A
A
B
B
Φ14 H9/d9
Φ18 H9/d9
Φ50 H9/d9
Φ20
M36×2
84
122
54
115±1.1
B—B
75
A—A
拆去扳手12
49
49
技术要求
1.对阀门的紧密性要进行水压强度试验。
2.关闭阀门时不得有泄漏现象。
10 上填料 1 聚四氟乙烯
9 中填料 1 聚四氟乙烯
8 填料垫 1 40Cr
7 螺母M12 4 35 GB/T 6170—2015
6 螺柱AM12×30 4 35 GB/T 897—1988
5 调整垫 1 聚四氟乙烯
4 阀芯 1 40Cr
3 密封圈 2 聚四氟乙烯
2 阀盖 1 HT200
1 阀体 1 HT200
序号 名称 数量 材料 备注
球阀
班级 比例 1:2
学号 图号
13 扳手 1 ZG200-400
12 阀杆 1 35
11 填料压紧套 1 35
制图
审核
(校名)

图4-1-25　球阀装配图

任务实施

根据图4-1-1所示铣刀头的测绘零件图，画铣刀头装配图。

1. 了解和分析装配体，画装配示意图

图4-1-1所示的铣刀头是安装在铣床上的一个专用部件，其作用是安装铣刀，铣削零件。由12种零件组成。铣刀盘应装在传动轴的右端，铣刀固定在铣刀盘上，铣刀盘和铣刀可以不画或者采用假想件的画法画出，动力通过V带轮经键传递给轴，从而带动铣刀盘转动，对零件进行铣削加工。其装配示意图如图4-1-26所示。

2. 分析零件草图，确定零件间的装配关系

分析每个零件在装配图中的作用、位置及与相关零件的连接方式。

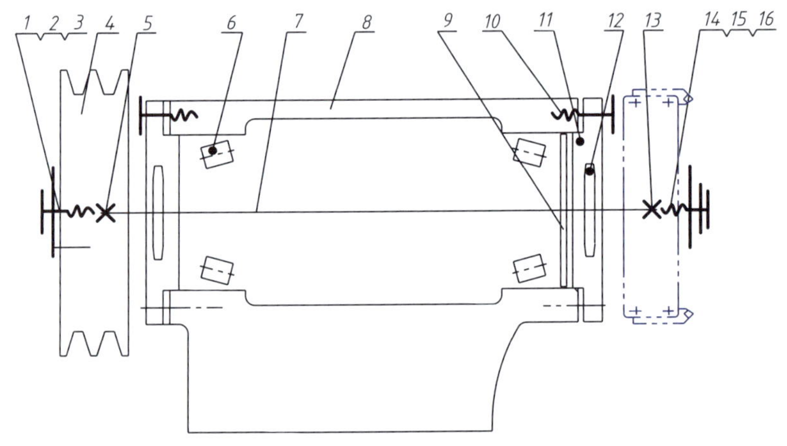

1、15—挡圈；2、10—螺钉；3—圆柱销；4—V带轮；5、13—键；6—轴承；7—轴；8—座体；9—调整环；11—端盖；12—毛毡；14—螺栓；16—垫圈

图4-1-26 铣刀头装配示意图

3. 确定表达方案

（1）铣刀头座体水平放置，符合工作位置，主视图是通过轴7轴线的全剖视图，清楚表达了铣刀头的装配主线。

（2）其他视图的选择，左视图应补充表达座体及其底板上安装孔的位置，为了突出座体的特征，左视图采用拆卸画法。为表达座体的结构特点，可采用*A*向局部视图表达。

4. 画装配图的步骤

（1）选择绘图比例、图幅，画出各视图的主要基准线，画出主要装配线上的轴等，如图4-1-27a所示。

（2）沿着主要装配线“由内向外”画左、右轴承，左、右端盖，调整环等，如图4-1-27b所示。

（3）画座体轮廓及螺钉连接等，如图4-1-27c所示。

（4）画V带轮及其与轴连接的键、销、螺钉和铣刀盘等，如图4-1-27d所示。

（5）检查后描深图线，画剖面线，标注装配图尺寸。

（6）编写零件序号，填写技术要求、明细栏、标题栏，完成装配图，如图4-1-2所示。

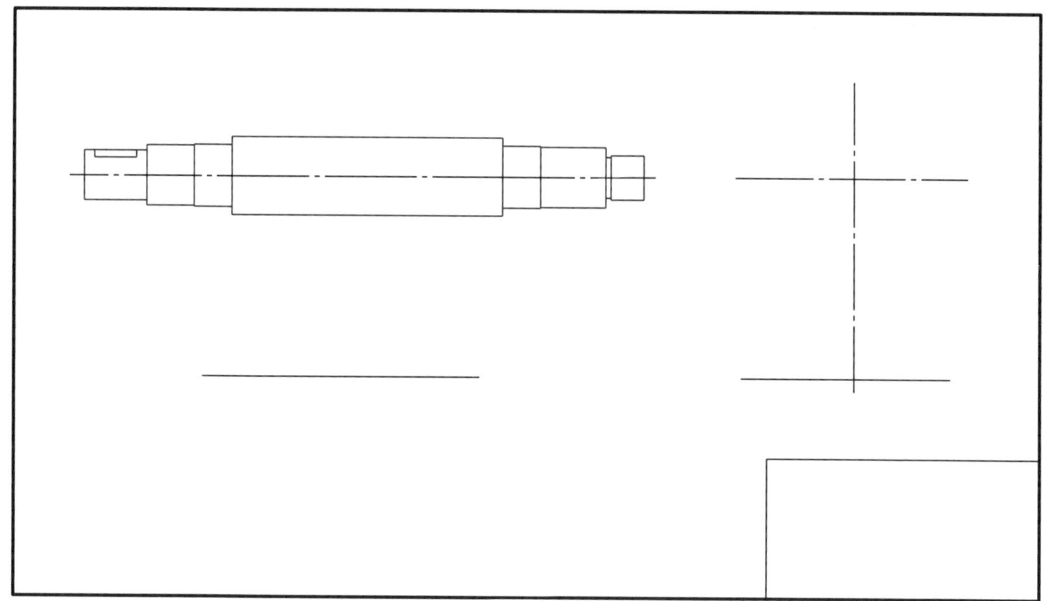

(a) 画主要基准线、轴等

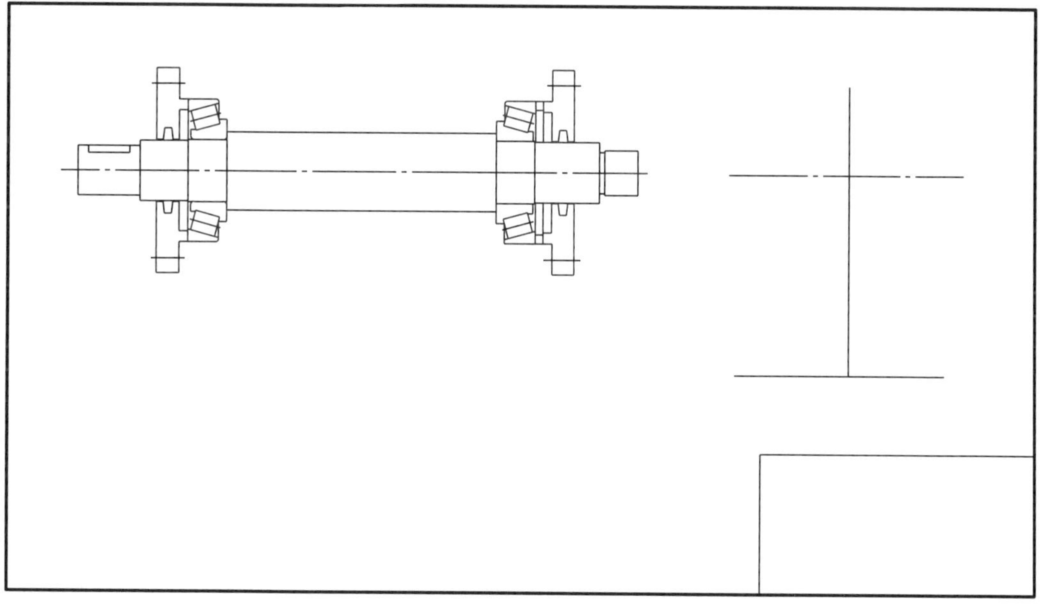

(b) 画左、右轴承，左、右端盖，调整环等

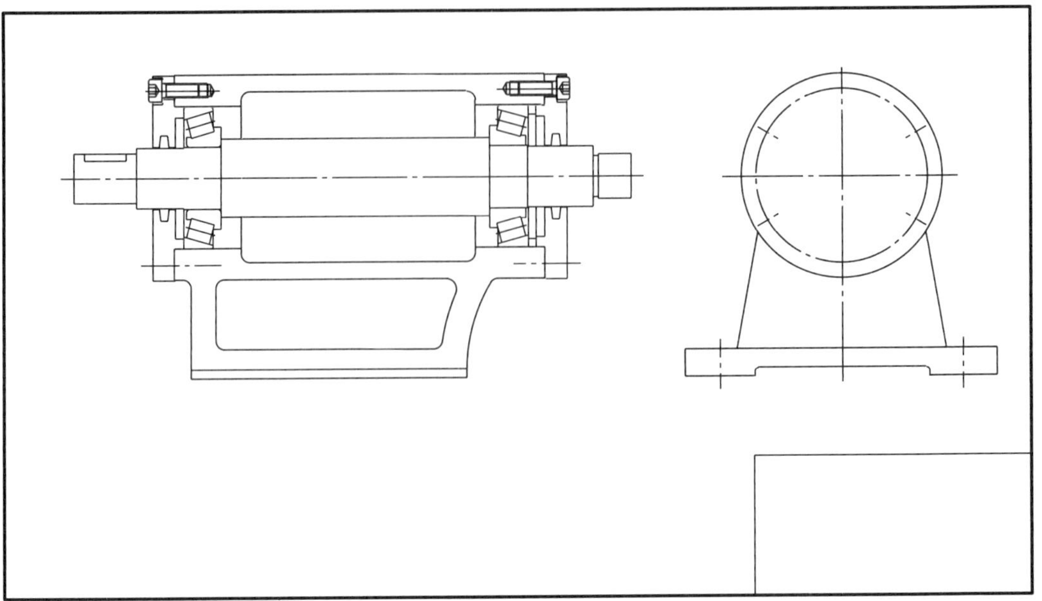

(c) 画座体轮廓及螺钉连接等

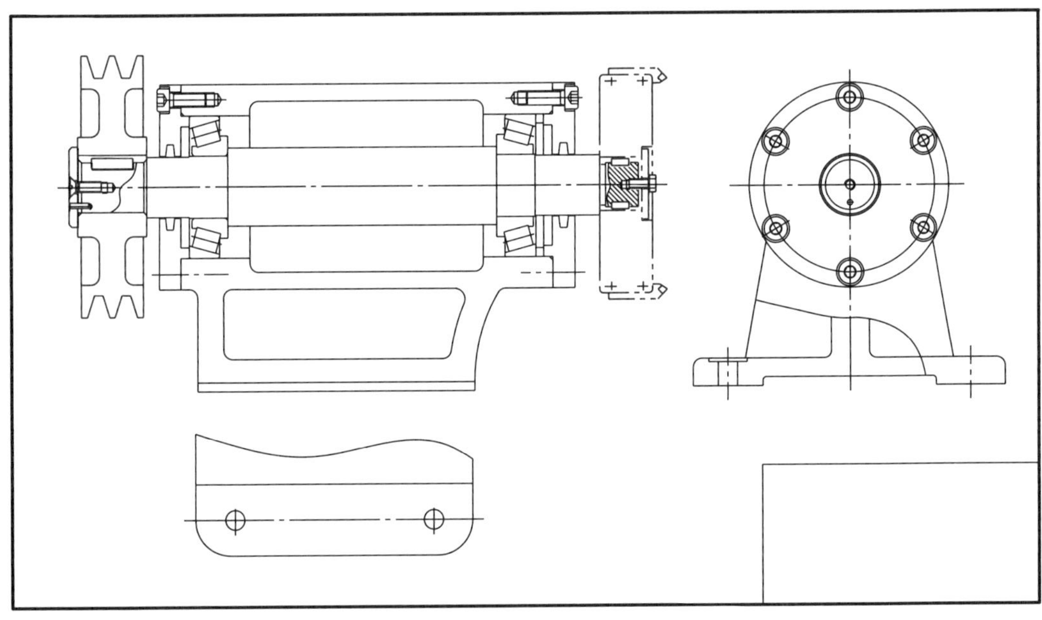

(d) 画V带轮、铣刀盘等

图4-1-27 画铣刀头装配图的步骤

学习小结

绘制和阅读零件图、装配图是本课程的最终学习目标，绘制装配图是本课程的重点内容之一，绘制时应注意以下几个方面。

（1）装配图的画法包括规定画法、特殊画法和简化画法，应准确、灵活地应用。

① 规定画法中的两零件间画一条轮廓线还是两条轮廓线的问题，是关系到保证正确反映装配关系和工作原理的问题，绘制时要认真考虑和检查。

② 要注意区分“拆卸”和“沿结合面剖切”的画法，区分的一个方法是看用于连接的紧固件，前者只画拆去紧固件后的孔，而后者的孔中要保留被剖切到的紧固件的断面。

（2）装配图的视图选择。

① 装配图视图选择应从功用出发，考虑选择主视图的五个方面的因素。

② 要体现“每种零件露面一次”“主要装配线用基本视图表达”“次要装配线用辅助视图表达”的原则。

（3）装配图的绘制步骤和方法可以总结为：先主后次，先内后外，先定位置后画形状，按装配次序画。

学习“两丝”钳工——顾秋亮的事迹，顾秋亮把玻璃与金属窗座的安装精度控制在0.2丝（1丝=0.01 mm）以内，“蛟龙号”观察窗才得以承受1400t的压力。从而了解大国工匠的“天下大事，必作于细”的工匠精神。在今后的学习和工作中对机器和部件的装配也一定要严格按照装配要求操作，精益求精，才能制造出高质量的机器。

复习自查

1. 装配图的作用、视图选择、尺寸标注与零件图有哪些区别？
2. 选择装配图的主视图时，应考虑哪些因素？
3. 装配图的视图选择原则是什么？
4. 装配图中零件序号和明细栏的编写应注意哪些问题？
5. 零件的构形设计应该在哪些方面考虑装配体的装配、调整和维修？

项目二　典型部件装配图的识读

知识目标

1. 掌握装配图的读图要求和读图方法。
2. 掌握由装配图拆画零件图的方法和步骤。

能力目标

掌握识读典型部件装配图的方法。

素养目标

刻苦钻研、精艺强身，为国家装备制造业的振兴努力学习，用“工匠精神”锻造“中国品质”。

任务引入

在设计和实际生产中，经常要阅读装配图。在设计中，需要依据装配图来设计零件并画出零件图；在装配机器时，需根据装配图将零件组装成部件或机器；在设备维修时，需参照装配图进行拆卸和重新装配；在技术交流时，参阅有关装配图可了解、研究一些工程、技术相关问题。因此，工程技术人员必须具备读装配图的能力。那么怎样认识和阅读装配图呢？图4-2-1所示为镜头架装配图，它的工作原理是怎样的呢？又如何根据装配图拆画其零件图呢？

知识链接

2.1 读装配图的方法和步骤

在装配机器、维护和维修设备、对设备进行技术改造的过程中都需要读装配图。其目的是了解装配体的规格、性能、工作原理，各个零件之间的相互位置关系、装配关系、传动路线及各零件的主要结构形状等。

2.1.1 读装配图的一般要求

（1）了解部件的组成、各零件的定位和固定方式、零件间装配关系。

（2）明确各零件的作用，部件的功用、性能和工作原理。

（3）明确部件的使用、调整方法。

（4）弄清楚各零件的主要结构、形状和装拆次序及方法。

2.1.2 读装配图的方法和步骤

以阅读图4-2-2所示齿轮油泵装配图为例介绍读装配图的方法和步骤。

1. 概括了解

（1）从标题栏了解装配体名称、大致用途及绘图的比例等。通过比例分析可确定部件的大小。齿轮油泵是机器润滑、供油系统中的一个部件，用来为机器输送润滑油，是液压系统中的动力元件。绘图的比例为1∶1，齿轮油泵外形尺寸为118mm×85mm×95mm。

（2）从零件编号及明细栏中了解部件由多少零件组成，零件的名称、数量及各零件在装配体中的位置。标准件和非标准件各为多少，以判断装配体复杂程度。齿轮油泵由泵体、齿轮、齿轮轴、泵盖等15种零件组成，其中5种是标准件，属简单装配体。

（3）了解视图数量、视图的配置，找出主视图，确定其他视图投射方向，明确各视图的画法和视图表达的内容，了解全图共表达了几条装配线和零散装配点。

齿轮油泵装配图共有两个基本视图，主视图采用全剖视图，表达了齿轮油泵的

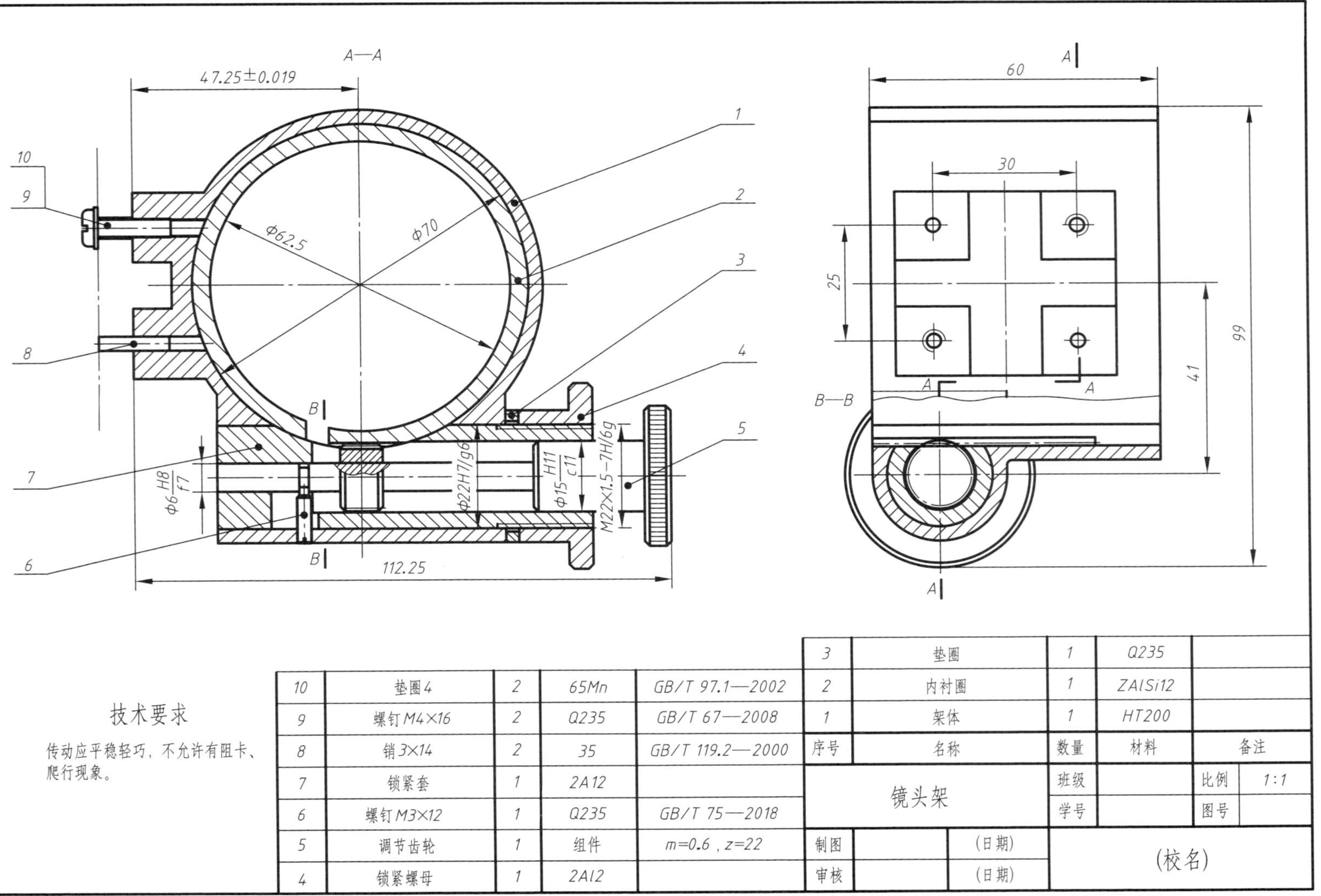

10	垫圈4	2	65Mn	GB/T 97.1—2002
9	螺钉M4×16	2	Q235	GB/T 67—2008
8	销3×14	2	35	GB/T 119.2—2000
7	锁紧套	1	2A12	
6	螺钉M3×12	1	Q235	GB/T 75—2018
5	调节齿轮	1	组件	m=0.6，z=22
4	锁紧螺母	1	2A12	

序号	名称	数量	材料	备注
3	垫圈	1	Q235	
2	内衬圈	1	ZAlSi12	
1	架体	1	HT200	

镜头架		班级		比例	1:1
		学号		图号	
制图	（日期）	（校名）			
审核	（日期）				

图4-2-1 镜头架装配图

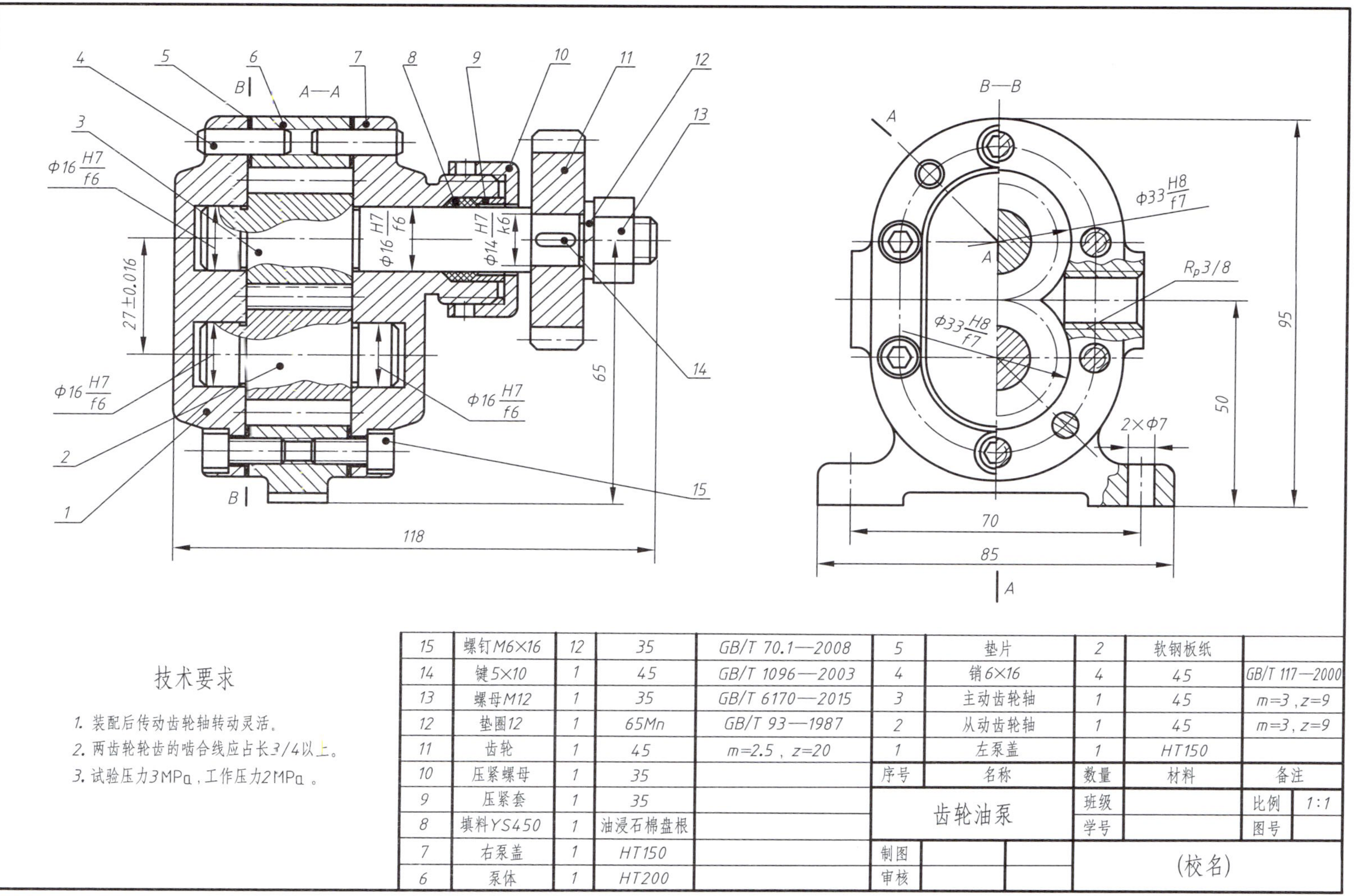

技术要求

1. 装配后传动齿轮轴转动灵活。
2. 两齿轮轮齿的啮合线应占长3/4以上。
3. 试验压力3MPa，工作压力2MPa。

序号	名称	数量	材料	备注
1	左泵盖	1	HT150	
2	从动齿轮轴	1	45	m=3，z=9
3	主动齿轮轴	1	45	m=3，z=9
4	销6×16	4	45	GB/T 117—2000
5	垫片	2	软钢板纸	
6	泵体	1	HT200	
7	右泵盖	1	HT150	
8	填料YS450	1	油浸石棉盘根	
9	压紧套	1	35	
10	压紧螺母	1	35	
11	齿轮	1	45	m=2.5，z=20
12	垫圈12	1	65Mn	GB/T 93—1987
13	螺母M12	1	35	GB/T 6170—2015
14	键5×10	1	45	GB/T 1096—2003
15	螺钉M6×16	12	35	GB/T 70.1—2008

齿轮油泵	班级		比例	1:1
	学号		图号	
制图			（校名）	
审核				

图4-2-2　齿轮油泵装配图

装配关系。左视图在沿左泵盖1处的垫片5与泵体6结合面剖切产生的半剖视图*B*—*B*的基础上，又采用了局部剖视图，表达了进、出油口的情况。

2. 深入分析视图，了解装配关系、传动路线和工作原理

对照视图研究部件的装配关系、传动路线和工作原理是读装配图的一个重要环节。在概括了解的基础上，分析各条装配主线，弄清零件间的相互配合关系，零件间的定位、连接方式、密封等问题。再进一步弄清楚运动零件的运动过程、传送方式，通过这样的分析，对部件的工作原理和装配关系得到基本掌握。对比较复杂的部件，需要参考产品说明书对其进行全面的了解。

（1）分析各视图的表达目的。

图4-2-2所示的齿轮油泵主视图将该部件的结构特点和零件间的装配、连接关系大部分表达出来了。左视图中一半表达泵室内齿轮啮合情况和工作原理，另一半清楚地反映了泵的外部结构形状和螺钉的分布情况。左视图中的局部剖视图则表达了进、出油口的形状。

（2）分析传动路线和工作原理。

外部动力经齿轮啮合传递给齿轮11，再通过键14带动主动齿轮轴3转动，经过齿轮啮合带动从动齿轮轴2，从而使2转动。从左视图上看，主动齿轮轴逆时针方向转动时，从动齿轮轴顺时针方向转动，齿轮啮合区的右边的轮齿逐渐分开时，齿轮油泵的右腔空腔体积逐渐扩大，油压降低，形成负压，油箱内的油在大气压的作用下，经吸油口被吸入齿轮油泵的右腔，齿槽中的油随着齿轮的继续旋转被带到左腔；而左边的各对轮齿又重新啮合，空腔体积缩小，使齿槽中不断挤出的油成为高压油，并由出油口压出，这样，泵室右面轮齿间的油被高速旋转的齿轮源源不断地带往泵室左腔，然后经管道被输送到机器中需要供油的部位，如图4-2-3所示。

（3）分析零件间的装配关系。

齿轮油泵主要有两条装配线，一条是主动齿轮轴系统：主动齿轮轴3装在泵体6、左泵盖1及右泵盖7的轴孔内；在主动齿轮轴伸出端通过填料8、压紧套9和压紧螺母10实现密封和压紧作用；齿轮11装在主动齿轮轴3右端，通过键14连接，用螺母13及垫圈12固定。另一条是从动齿轮轴系统：从动齿轮轴2也是装在泵体6、左泵盖1及右泵盖7的轴孔内，与主动齿轮轴啮合。齿轮油泵轴测图如图4-2-4所示。

3. 分析装配图中的重要尺寸和技术要求

在以上分析的基础上，还需对装配图所注的尺寸及技术要求（符号、文字）进行分析，进一步了解装配体的设计意图和装配工艺。从动齿轮轴3与齿轮11的配合尺寸为ϕ14H7/k6，是基孔制的过渡配合，从动齿轮轴与泵盖的配合尺寸为ϕ16H7/f6，是基孔制的间隙配合，两个齿轮轴的齿顶圆与泵体内腔的配合尺寸为ϕ33H8/f7，其配合性质请读者自行分析。

尺寸27±0.016为重要尺寸，是一对啮合齿轮的中心距，这个尺寸准确与否将直接影响齿轮的啮合传动精度。尺寸65是从动齿轮轴的轴线离泵体安装面的相对位置尺寸。27±0.016和65分别是设计和安装所要求的尺寸。请读者思考其他尺寸（如R_p3/8、2×ϕ7和70等）的含义。

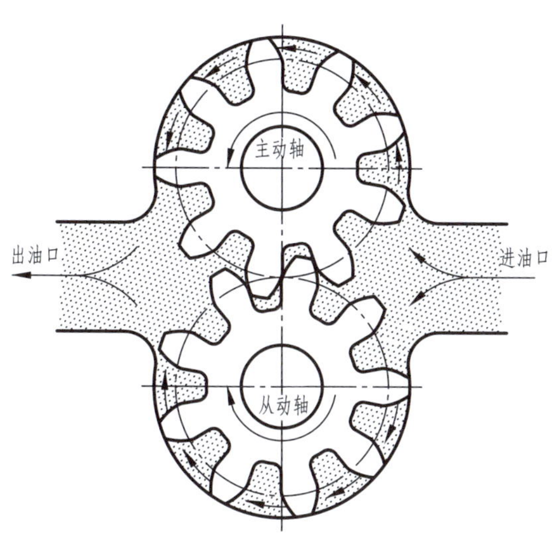

图4-2-3　齿轮油泵工作原理

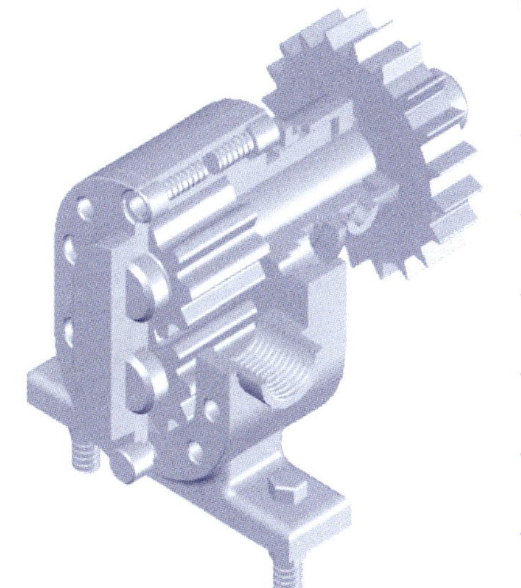

图4-2-4　齿轮油泵轴测图

2.2 由装配图拆画零件图

在设计新机器时，通常是按照功能要求先设计、绘制装配图，确定零件主要结构，然后再根据装配图拆画零件图，将零件的结构形状和大小完全确定。根据装配图画零件图的工作称为“拆画”。根据装配图拆画零件图，不仅需要较强的读图、绘图能力，而且需要有一定的设计和工艺知识。

1. 分析零件，看懂零件的结构形状

弄清楚每个零件的结构形状和作用，是读懂装配图的重要标志。在分析清楚各视图表达的内容后，对照明细栏和图中的序号，逐一分析各零件的结构形状。分析时一般从主要零件开始，再看次要零件。

分析零件，首先要会正确地区分零件。从标注该零件序号的视图入手，用对线条、找投影关系及根据“同一零件的剖面线在各个视图上方向相同、间隔相等”的规定等，将零件在各个视图上的投影范围及其轮廓搞清楚，进而构思出该零件的结构形状。零件区分出来之后，便要分析零件的结构形状和功用。

齿轮油泵的非标准件可以按照箱体、轴套、盘盖三大类零件分析其结构和形状。其分解图如图4-2-5所示。

2. 拆画视图

现以如图4-2-2所示的齿轮油泵右泵盖7为例，简要说明拆画零件图的方法和步骤。

（1）在读懂装配图的基础上，将要拆画的零件结构和形状完全确定。根据装配图将零件结构形状已经清楚的部分先确定下来、没表达清楚部分进行构形设计。构形设计的原则是保证功能并便于制作，同时使其美观。首先根据序号找出齿轮油泵右端盖7在主视图中的范围，然后利用投影关系和剖面线应相同这一原则来确定该零

图4-2-5 齿轮油泵的分解图

件在左视图中的投影，这样就可以大致确定它的结构形状。

（2）拆画零件时，先从各个视图上区分出零件，补充、完善零件结构。零件图的视图选择，不应强求与装配图一致，因为零件在装配图上的视图是服从于装配图表示装配关系和工作原理的。因此零件图不能简单地照抄装配图上的表达方案，而应该结合该零件的形状结构特征、工作位置或加工位置等，按照零件图的视图选择原则重新考虑。例如，齿轮油泵右端盖7的拆画思路是：先分离视图，再补线，最后按照投影关系，结合装配图的左视图中泵盖的形状补画其右视图，如图4-2-6所示。

3. 合理、清晰、完整地标注尺寸

拆画零件图后标注尺寸时应采用下列方法：

（1）装配图中已标注的尺寸，在有关零件图中直接标出。对于配合尺寸，应标注对应零件的上、下极限偏差。

（2）根据明细栏或相关标准中查数据。对于与标准件相连接的有关结构尺寸（如螺孔、销孔、键槽等），应查阅有关手册资料确定。

（3）根据公式计算。如齿轮分度圆、齿顶圆直径等需经过计算确定。

（4）从装配图中按比例测量。

（5）按功能需要设计。

应该特别注意，各零件间有装配

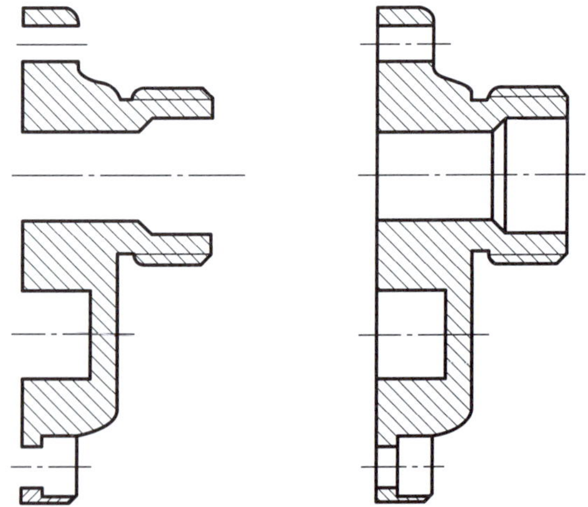

图4-2-6 拆画齿轮油泵右端盖的过程

关系的尺寸，必须协调一致，配合零件的相关尺寸不可互相矛盾。相邻零件接触面的有关尺寸和连接件有关的定位尺寸应一致，拆图时应一并将它们标注在相关的零件图上。

4. 零件图上的技术要求

（1）根据零件各表面的作用确定其表面粗糙度。

（2）根据装配图中的配合尺寸拆分出零件的公差带代号，并查表标注零件的尺寸公差。

（3）按照零件各部分的作用，参照同类零件要求标注几何公差。

5. 填写零件图标题栏

利用装配图明细栏的信息填写该零件图标题栏，完成零件图，如图4-2-7所示。

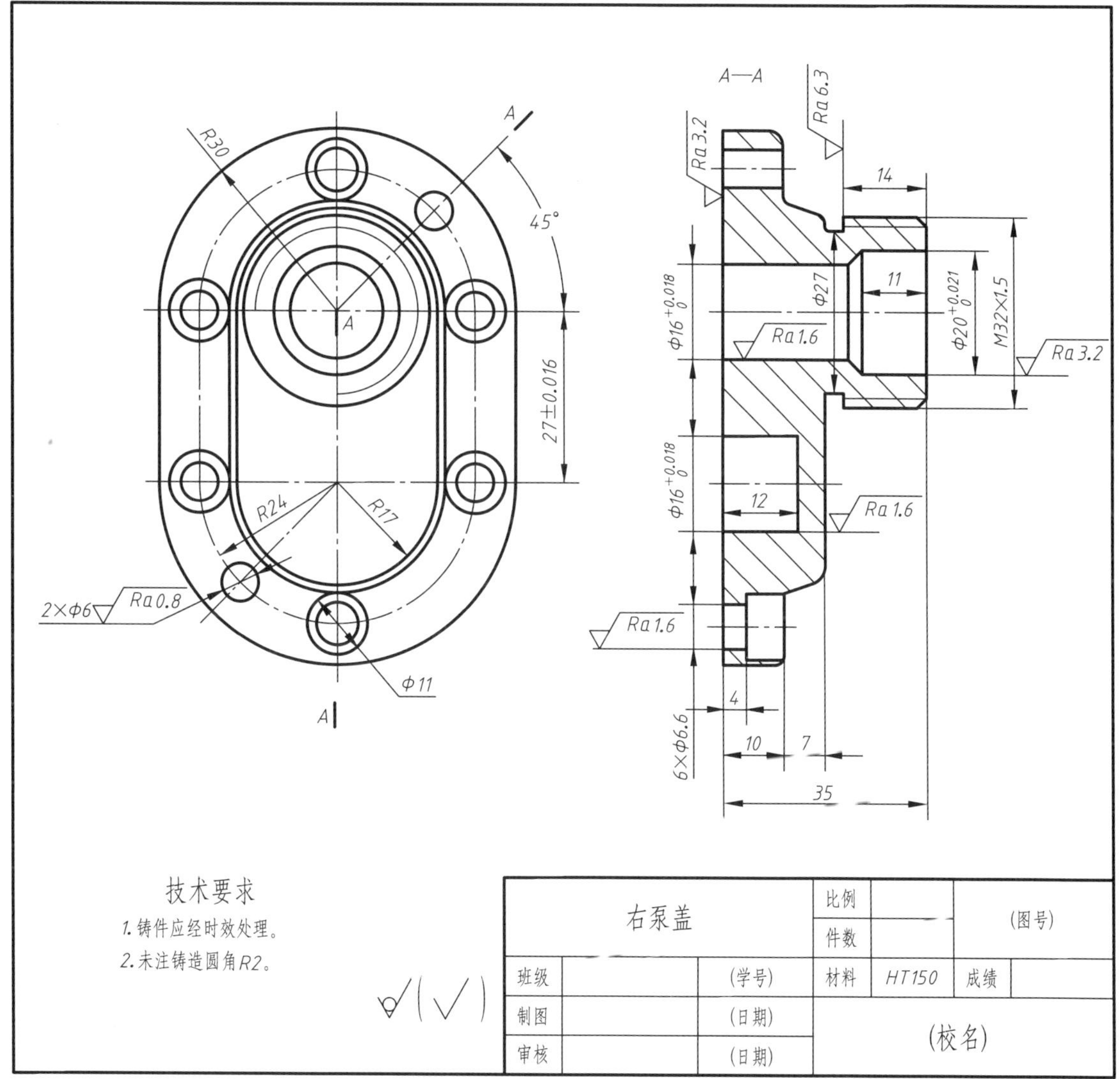

图4-2-7　右泵盖的零件图

任务实施

读懂图4-2-1所示的镜头架装配图，并拆画架体零件图。

1. 概括了解

根据标题栏，并查阅有关资料可知，镜头架是电影放映机上用来放置放映镜头和调整焦距使图像清晰的一个部件。它由10种零件组成，其中6种非标准件，4种标准件。镜头架装配图由*A*—*A*剖视图和左视图组成，*A*—*A*剖视图采用两个平行的剖切平面剖切，表达镜头架的装配关系和工作原理，左视图采用局部剖视图，既反映镜头架的外形轮廓，又反映调节齿轮5和内衬圈2上的齿条相啮合的情况。镜头架的外形尺寸为112.25、99，可见其体积不大。

2. 深入分析视图，了解装配关系、传动路线和工作原理

镜头架的主视图既表现了所有零件的装配关系，又反映了工作原理。镜架通过两个螺钉9安装定位在放映机上并用销8定位。架体1内装有内衬圈2，内衬圈2下方加工有齿条与调节齿轮5啮合，当调节齿轮5旋转时，内衬圈可以前后移动，从而实现调整镜头焦距的作用。当焦距调整好后旋紧螺钉6使调节齿轮5轴向固定。顺时针旋转锁紧螺母4时，锁紧套7向右移动，锁紧套上方的圆柱面对内衬圈产生挤压作用，迫使内衬圈上的开口收缩，进而锁紧镜头。

3. 分析零件形状，拆画架体零件图

对于镜头架的6个非标准件，这里重点分析架体1、内衬圈2、锁紧套7的结构形状。

内衬圈2是圆柱管件，下方外表面有齿条，通过左视图可以看出其齿条未加工到头，这是为了限制内衬圈后移的最大位置。为了使内衬圈能收缩变形，在其下方开了槽。根据ϕ22H7/g6和M22×1.5-7H/6g可以确定锁紧套7基本体是圆柱体，右端加工有螺纹，内部有ϕ15和ϕ6的台阶孔，上方开了圆柱面的槽与内衬圈配合，下方开了长圆头槽，以便螺钉6调整位置。

架体1是镜头架上的主体零件，从两个视图可以确定它是由上大下小的两个圆柱垂直偏交的，且内部贯通，外面设计有四棱柱，端面定位尺寸为47.25±0.019，在四棱柱上设计四个凸台安装螺钉和销。拆画其零件图时首先找出主视图和左视图中的投影，然后分离其他零件，再补画所缺的图线，如图4-2-8所示，最后完成尺寸标注和技术要求等，如图4-2-9所示。

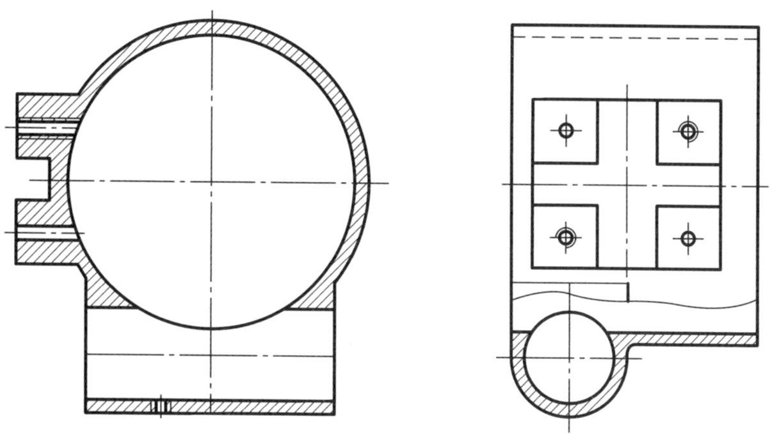

图4-2-8　拆画架体零件图

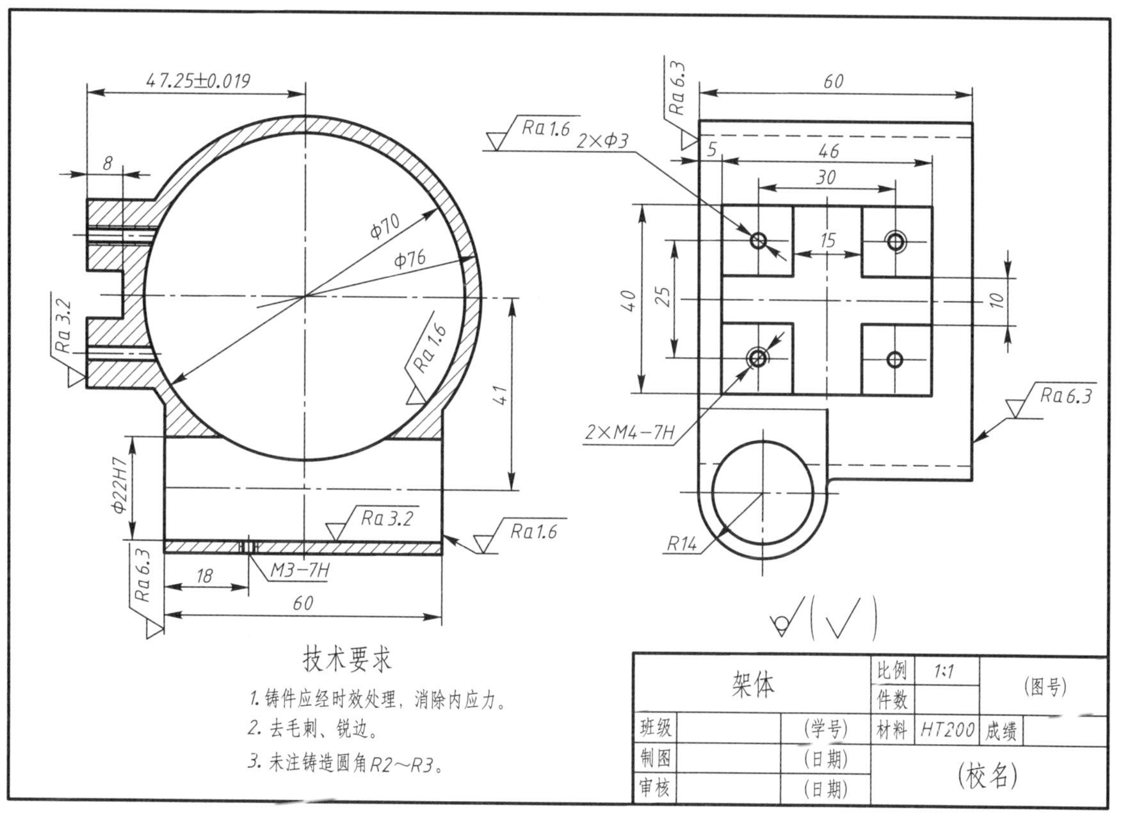

图4-2-9　架体零件图

学习小结

装配图的识读包括读装配图和拆画零件图，读装配图的关键是通过分析视图，确定装配图中各零件的装配关系、作用和结构特点，从而弄懂装配体的工作原理、运动情况等。这一过程中关键是要区分零件，同时注意三点：一是注意几个视图对照阅读。二是注意尽可能地将部件的功能和已分析出的零件的功能、作用联系起来，将相邻或相关零件的功能与本零件联系起来分析。三是必要时需用尺规度量，定量读图可以明确零件形状，便于读图。

在拆画零件视图时应按以下思路进行：① 分离要拆画的零件视图。② 补画被遮挡的图线。③ 变化局部画法，如拆掉螺纹紧固件后，应按螺孔画图。④ 补全零件视图，完善表达方案。

学习大国工匠深海钳工——管延安“以匠人之心追求技艺的极致”的故事，了解管延安在海底隧道建设中对接管道的精湛技艺，用“工匠精神”锻造“中国品质”，我们应传承精益求精的工匠精神，养成严谨认真的工作作风，为我国的装备制造业振兴努力学习。

复习自查

1. 读装配图时应该读懂哪些内容？
2. 简述读图的方法和步骤。
3. 拆画零件图时应该如何处理视图？

模块五

计算机绘图

项目　利用 AutoCAD 绘图

知识目标

1. 掌握利用 AutoCAD 绘制零件图图形并标注尺寸的方法。
2. 掌握利用 AutoCAD 标注零件表面粗糙度、尺寸公差、几何公差的方法。
3. 掌握利用 AutoCAD 注写技术要求、绘制图框和标题栏的方法。

能力目标

培养利用计算机快速绘图的能力。

素养目标

不断学习先进的科学技术，与时俱进。

任务引入

AutoCAD有哪些主要功能和基本命令呢？如何利用AutoCAD绘制图5-1-1所示铣刀头中的主轴零件图呢？如何保存利用AutoCAD软件绘制的图形并将其打印输出呢？

图5-1-1所示的零件图中有主视图、断面图、局部放大图等图形，有普通尺寸、尺寸公差、几何公差、表面粗糙度代号，有文字、图框和标题栏。本项目的学习目标是通过学习AutoCAD软件，可分步骤地绘制零件工作图。在使用AutoCAD软件绘制图形时，仍然要坚持贯彻国家标准。因此，只有对零件图相关知识熟练掌握，才能确保用AutoCAD软件画出正确的零件图。

图形在绘制过程中需要实时保存，这与其他软件的保存方法基本相同。AutoCAD软件的打印功能与其他软件略有区别，需要通过学习逐步掌握。

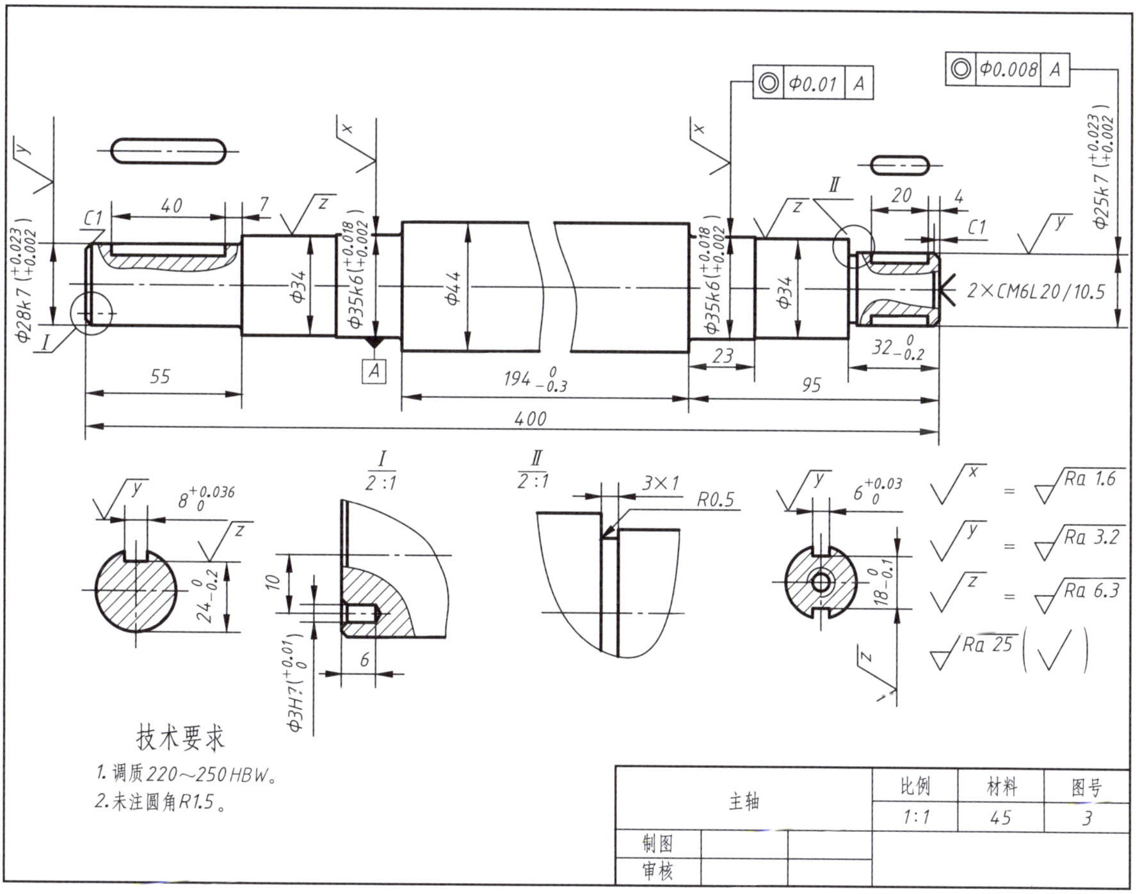

技术要求

1. 调质220～250 HBW。
2. 未注圆角R1.5。

主轴		比例	材料	图号
		1:1	45	3
制图				
审核				

图5-1-1　铣刀头中的主轴零件图

知识链接

1.1 AutoCAD 的主要功能

1. 绘制与编辑图形

AutoCAD的“绘图”菜单中包含丰富的绘图命令，使用它们可以绘制直线、构造线、多段线、圆、矩形、多边形、椭圆等基本图形，也可以将绘制的图形转换为面域，对其进行填充。如果再借助于“修改”菜单中的各种命令，便可以绘制各种各样的二维图形了。

2. 标注尺寸

标注尺寸是向图形中添加测量注释的过程，是整个绘图过程中不可缺少的一步。AutoCAD的“标注”菜单中包含一套完整的尺寸标注和编辑命令，使用它们可以在图形的各个方向创建各种类型的标注，也可以方便快速地以一定格式创建符合行业或项目标准的标注。

标注显示了对象的测量值，对象之间的距离、角度或者特征距指定原点的距离。在AutoCAD中提供了线性、半径和角度三种基本的标注类型，可以进行水平、垂直、对齐、旋转、坐标、基线或连续等标注。此外，还可以进行引线标注、公差标注，以及自定义表面粗糙度标注。图5-1-2所示为使用AutoCAD标注的二维图形。

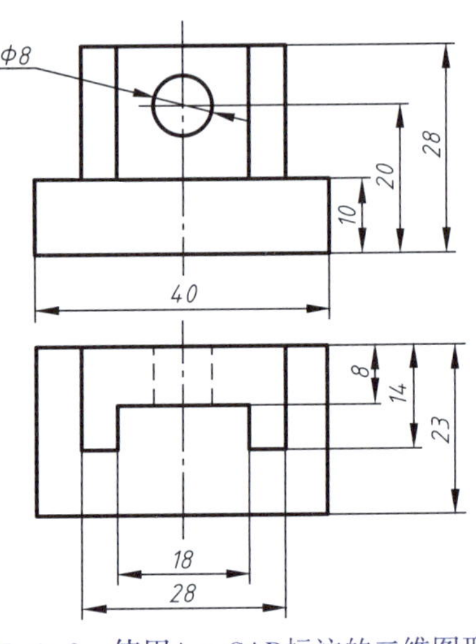

图5-1-2 使用AutoCAD标注的二维图形

3. 输出与打印图形

AutoCAD不仅允许将所绘图形以不同样式通过绘图仪或打印机输出，还能够将不同格式的图形导入AutoCAD或将AutoCAD图形以其他格式输出，增强了灵活性，因此，当图形绘制完成之后可以使用多种方法将其输出。例如，可以将图形打印在图纸上，或创建成文件以供其他应用程序使用等。

1.2 AutoCAD 的基本命令

操作视频
AutoCAD 基本绘图方法

1. AutoCAD 经典工作界面

对于习惯于使用经典版本框架的用户来说，AutoCAD的经典工作界面仍然由标题栏、菜单栏、各种工具栏、绘图窗口、光标、命令窗口、状态栏、坐标系图标、模型/布局选项卡和菜单浏览器等组成，如图5-1-3所示。

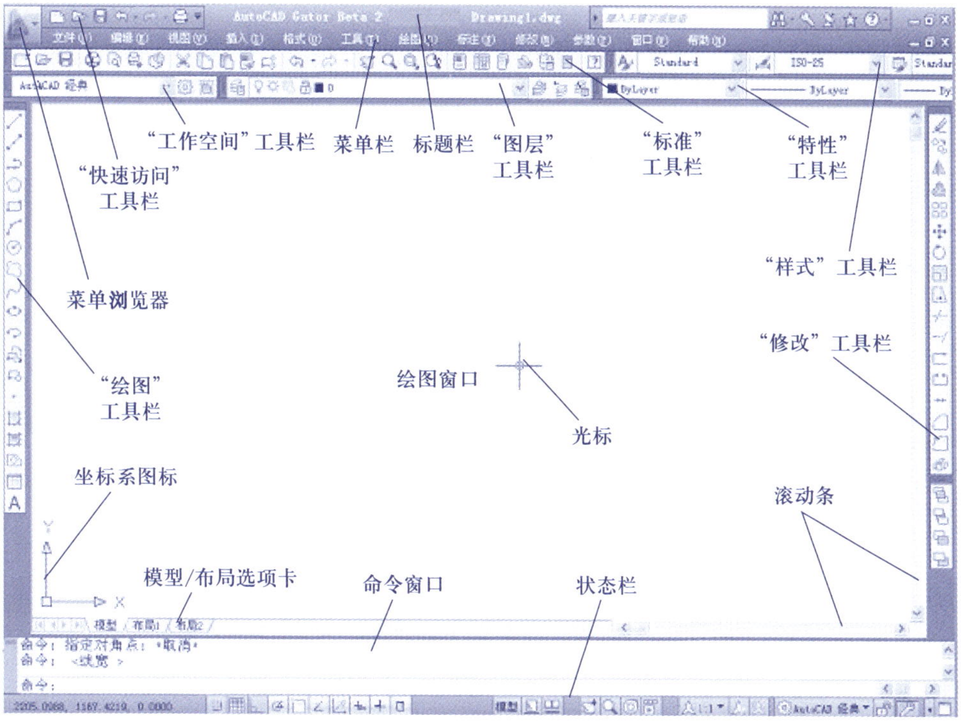

图5-1-3 AutoCAD经典工作界面

2. 绘图命令

（1）绘制直线。

直线是绘图中最常用、最简单的一类图形对象，只要指定了起点和终点即可绘制一条直线。下面使用“直线”命令绘制如图5-1-4所示的工字钢。

打开状态栏上的“正交”按钮，在“绘图”工具栏中单击“直线”按钮，在“指定第一点”提示下用鼠标左键单击绘图区任意一点，然后向右拖动鼠标输入300，按Enter键，绘制出*AB*；向上拖动鼠标输入50，按Enter键，绘制出*BC*；向左拖动鼠标输入100，按Enter键，绘制出*CD*；向上拖动鼠标输入200，按Enter键，绘制出*DE*；向右拖动鼠标输入100，按Enter键，绘制出*EF*；向上拖动鼠标输入50，按Enter键，绘制出*FG*；向左拖动鼠标输入300，按Enter键，绘制出*GH*；向下拖动鼠标输入50，按Enter键，绘制出*HI*；向右拖动鼠标输入100，按Enter键，绘制出*IJ*；向下拖动鼠标输入200，按Enter键，绘制出*JK*；向左拖动鼠标输入100，按Enter键，绘制出*KL*；再用鼠标左键单击点*A*绘制出*LA*；单击鼠标右键，在弹出的菜单中选择“确认”退出“直线”命令。

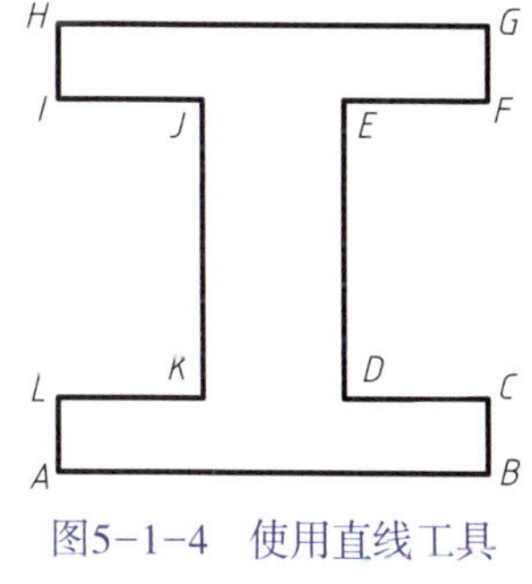

图5-1-4 使用直线工具绘制工字钢

（2）绘制正多边形。

选择“绘图”|“正多边形”命令，或在“面板”选项板的“二维绘图”选项区域中单击“正多边形”按钮，可以绘制边数为3～1024的正多边形。指定了正多边形的边数后，其命令行提示信息：指定正多边形的中心点或［边（E）］。

（3）绘制圆。

选择“绘图”|“圆”命令中的子命令，或在“面板”选项板的“二维绘图”选项

项区域单击“圆”按钮，即可绘制圆。在AutoCAD中可以使用6种方法绘制圆：“圆心、半径”“圆心、直径”“两点”“三点”“相切、相切、半径”“相切、相切、相切”。

（4）绘制圆弧。

选择“绘图”|“圆弧”命令中的子命令，或在“面板”选项板的“二维绘图”选项区域中单击“圆弧”按钮，即可绘制圆弧。在AutoCAD中，圆弧的绘制方法有11种：“三点”“起点、圆心、端点”“起点、圆心、角度”“起点、长度”“起点、端点、角度”“起点、端点、方向”“起点、端点、半径”“圆心、起点、端点”“圆心、起点、角度”“圆心、起点、长度”“继续”。当选择“继续”命令时，在命令行的“指定圆弧的长度起点或［圆心(C)：］”提示下直接按Enter键，系统将以最后一次绘制的线段或圆弧过程中确定的最后一点作为新圆弧的起点，以最后所绘线段方向或圆弧终止点的切线方向作为新圆弧在起始点的切线方向，然后再指定一点，就可以绘制出整个圆弧。

（5）绘制椭圆。

选择“绘图”|“椭圆”命令中的子命令，或在“面板”选项板的“二维绘图”选项区域中单击“椭圆”按钮，即可绘制椭圆。可以选择“中心点”命令或“轴、端点”命令。

（6）绘制样条曲线。

选择“绘图”|“样条曲线”命令，或在“面板”选项区域的“二维绘图”选项区域中单击“样条曲线”按钮，即可绘制样条曲线。此时，命令行将显示“指定第一个点或［对象（O）］：”提示信息。

3. 编辑命令

（1）删除对象。

选择“修改”|“删除”命令（ERASE），或在“面板”选项板的“二维绘图”选项区域中单击“删除”按钮，都可以删除图形中的对象。

（2）移动对象。

移动对象是指对象的重定位。选择“修改”|“移动”命令(MOVE)，或在“面板”选项板的“二维绘图”选项区域中单击“移动”按钮，可以在指定方向上按指定距离移动对象，对象的位置发生了改变，但方向和大小不改变。

（3）旋转对象。

选择“修改”|“旋转”命令(ROTATE)，或在“面板”选项板的“二维绘图”选项区域中单击“旋转”按钮，可以将对象绕基点旋转指定的角度。

（4）复制对象。

选择“修改”|“复制”命令(COPY)，或在“面板”选项板的“二维绘图”选项区域单击“复制”按钮，可以对已有的对象复制出副本，并放置到指定的位置。执行命令时，首先需要选择对象，然后指定位移的基点和位移矢量（相对于基点的方向和大小），将对象复制出的副本放置到指定的位置。

（5）镜像对象。

选择“修改”|“镜像”命令(MIRROR)，或在“面板”选项板的“二维绘图”选

项区域中单击“镜像”按钮，可以将对象以镜像对称复制。

（6）阵列对象。

选择“修改”|“阵列”命令(ARRAY)，或在“面板”选项板的“二维绘图”选项区域中单击“阵列”按钮▦，可以打开“阵列”对话框，在该对话框中可以设置以矩形阵列或者环形阵列方式多重复制对象。

（7）偏移对象。

选择“修改”|“偏移”命令(OFFSET)，或在“面板”选项板的“二维绘图”选项区域中单击“偏移”按钮，可以对指定的直线、圆弧、圆等对象作同心偏移复制。在实际应用中，常利用“偏移”命令的特性创建平行线或等距离分布图形。

（8）修剪对象。

选择“修改”|“修剪”命令(TRIM)，或在“面板”选项板的“二维绘图”选项区域中单击“修剪”按钮，可以以某一对象为剪切边修剪其他对象。

（9）延伸对象。

选择“修改”|“延伸”命令(EXTEND)，或在“面板”选项板的“二维绘图”选项区域中单击“延伸”按钮，可以延长指定的对象与另一对象相交或外观相交。

（10）缩放对象。

选择“修改”|“缩放”命令(SCALE)，或在“面板”选项板的“二维绘图”选项区域中单击“缩放”按钮，可以将对象指定的比例因子相对于基点进行尺寸缩放。先选择对象，然后指定基点，命令行将显示，“指定比例因子或［复制(C)/参照(R)］：”提示信息。

（11）倒角对象。

选择“修改”|“倒角”命令（CHAMFER），或在“面板”选项板的“二维绘图”选项区域中单击“倒角”按钮，即可为对象绘制倒角。

（12）圆角对象。

选择“修改”|“圆角”命令（FILLET），或在“面板”选项板的“二维绘图”选项区域中单击“圆角”按钮，即可为对象用圆弧修圆角。

（13）分解对象。

对于矩形、块等由多个对象编辑组成的组合对象，如果需要对单个成员进行编辑时，就需要先将它分解开再编辑，可选择“修改”|“分解”命令(EXPLODE)，或在“面板”选项板的“二维绘图”选项区域中单击“分解”按钮，选择需要分解的对象后按Enter键，即可分解图形并结束该命令。

任务实施

案例
绘制支架平面图形

绘制图5-1-1所示铣刀头的主轴零件图。

1. 设置图层

（1）选择“格式”|“图层”命令，打开“图层特性管理器”对话框，单击“新建图层”按钮，在图层列表中将出现一个名称为“图层1”的新图层，如图5-1-5所示。单击“图层1”将其名称改为“粗实线”，并在对应线宽上单击鼠标左键，会

弹出“线宽”对话框，选择线宽为0.4 mm，并单击“确定”按钮，则返回“图层特性管理器”对话框。

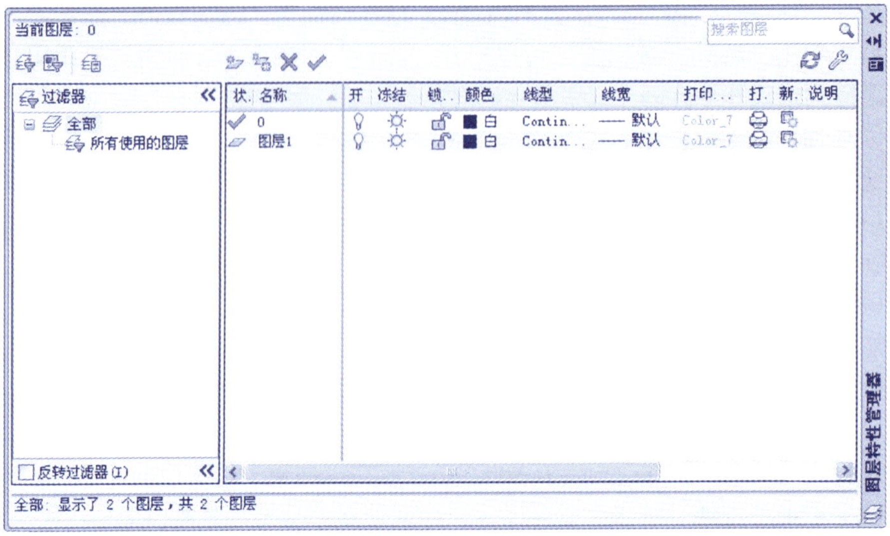

图5-1-5 “图层特性管理器”对话框

（2）单击“新建图层”按钮，将其命名为“细实线”，线宽设置为“默认”。再单击“新建图层”按钮，将其命名为“点画线”，并将对应线型设置成点画线，线宽设置为“默认”。

（3）完成图层设置，如图5-1-6所示，关闭“图层特性管理器”对话框。

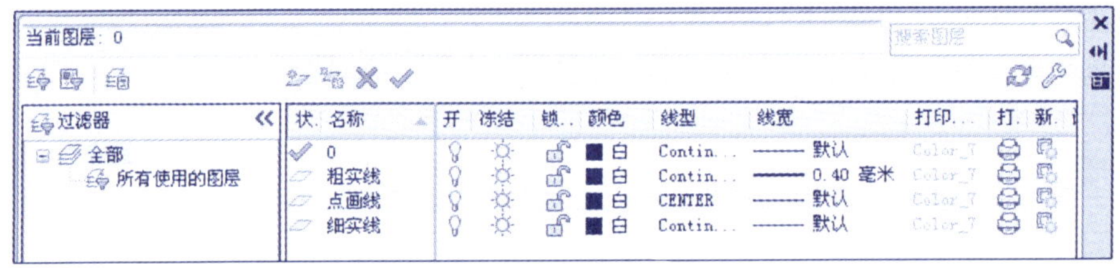

图5-1-6 建好图层后的“图层特性管理器”对话框

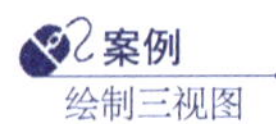

绘制三视图

2. 绘制图形

（1）分析零件图，绘制主视图，轴类零件主视图应将轴线水平放置。

① 单击“图层”工具栏上的下拉箭头，选择“粗实线”图层为当前图层，如图5-1-7所示。

图5-1-7 “图层”工具栏

打开状态栏中的“正交”按钮，单击“绘图”工具栏中的“直线”按钮，当命令行提示“line指定第一点”时，在绘图区中任意位置单击鼠标左键，然后向上拖动鼠标输入14，按Enter键，向右拖动鼠标输入55，按Enter键，向上拖动鼠标输入

3，按Enter键，向右拖动鼠标并输入33，按Enter键，向上拖动鼠标输入0.5，按Enter键，向右拖动鼠标输入23，按Enter键，向上拖动鼠标输入4.5，按Enter键，向右拖动鼠标输入100，按Enter键，向下拖动鼠标输入4.5，按Enter键，向右拖动鼠标输入23，按Enter键，向下拖动鼠标输入0.5，按Enter键，向右拖动鼠标并输入40，按Enter键，向下拖动鼠标输入5.5，按Enter键，向右拖动鼠标输入3，按Enter键，向上拖动鼠标输入1，按Enter键，向右拖动鼠标并输入29，按Enter键，向下拖动鼠标输入12.5，按Enter键，完成图形的绘制如图5-1-8所示。

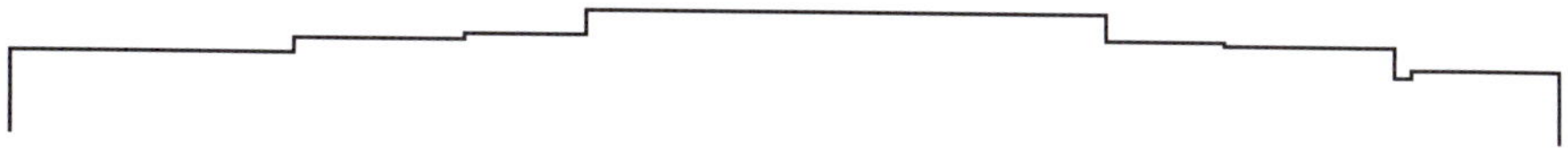

图5-1-8 绘制直线

② 单击“修改”工具栏中的“镜像”按钮，在命令行提示“选择对象”时，用鼠标选中刚才绘制的图形，单击鼠标右键，当命令行提示“指定镜像线的第一点”时用鼠标左键单击图5-1-8中的起点，当命令行提示“指定镜像线的第二点”时用鼠标左键单击图5-1-8中的终点，然后单击鼠标右键，在弹出的菜单中选择“确认”，即可得到完整的主轴外轮廓线，如图5-1-9所示。再将当前图层调整为“点画线”图层绘制点画线。

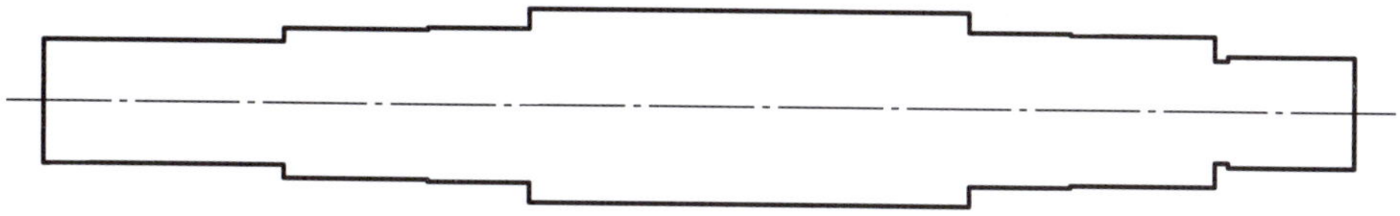

图5-1-9 镜像后的主轴

③ 利用合并或直线命令将各点连接起来，单击“倒角”按钮，然后单击鼠标右键，在弹出的菜单中选择“距离”，当提示“指定第一个倒角距离”时，输入1，按Enter键，当提示“指定第二个倒角距离”时，直接按Enter键，之后用鼠标左键分别单击要倒角的两条直线即可。单击“圆角”按钮，然后单击鼠标右键，在弹出的菜单中选择“半径”，当提示“指定圆角半径”时，输入1.5，按Enter键，之后用鼠标左键分别单击要倒圆的两条直线即可，倒角、倒圆后的主轴如图5-1-10所示。

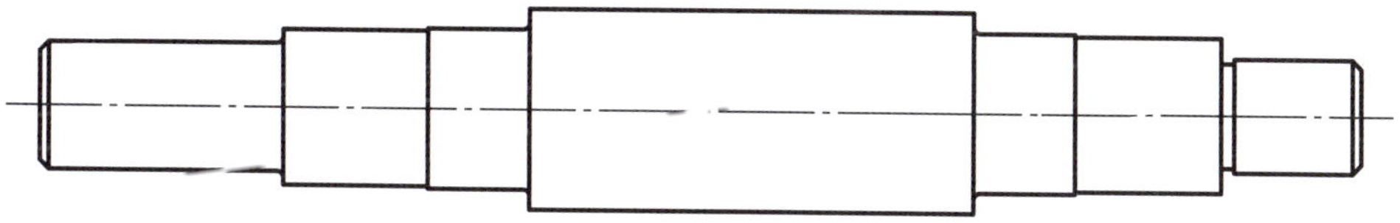

图5-1-10 倒角、倒圆后的主轴

④ 单击“直线”按钮，从左上角点向右输入7、向下输入4、向右输入40、向上输入4，按Enter键，绘制键槽。单击“样条曲线”按钮，绘制样条曲线；单击“修改”工具栏中的“修剪”按钮，修剪样条曲线中多余的部分；单击“绘图”工具

栏中的“图案填充”按钮，将局部剖面区域填充，如图5-1-11所示。

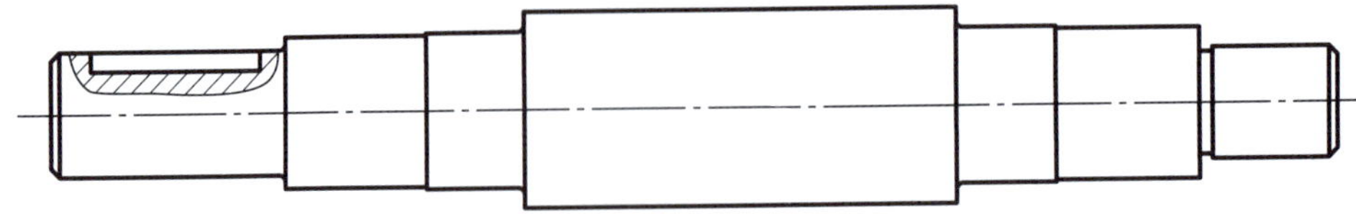

图5-1-11 绘制左端键槽

⑤ 按照以上步骤再绘制右端的键槽，并绘制中间的两条样条曲线及剖面区域填充，如图5-1-12所示。

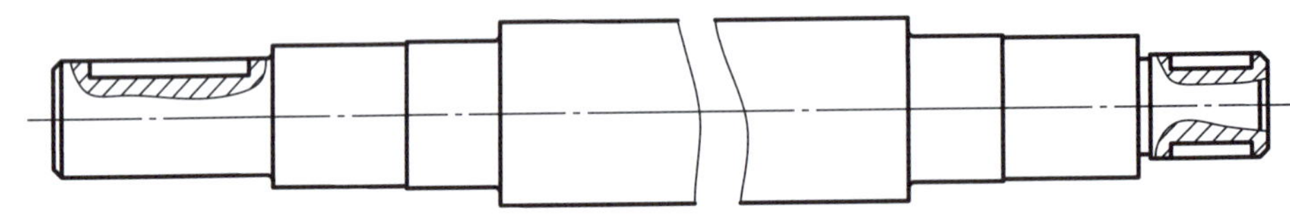

图5-1-12 绘制右端键槽

（2）绘制断面图及局部放大图。

绘制半径为14mm的圆，从圆的上象限点向下画直线，并输入4，再分别向两侧画直线，并输入4，完成第一个断面图，根据尺寸绘制另外一个断面图及两个局部放大图，如图5-1-13所示。

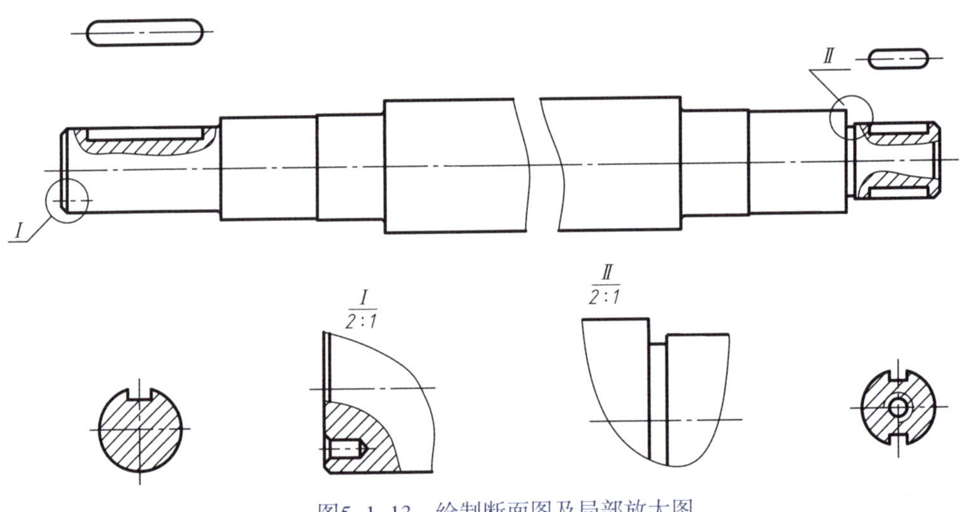

图5-1-13 绘制断面图及局部放大图

3. 标注尺寸

（1）标注线性尺寸。

① 在工具栏任意位置单击鼠标右键，弹出工具栏快捷菜单，在工具栏快捷菜单中选择“标注”，则“标注”工具栏被激活，如图5-1-14所示。

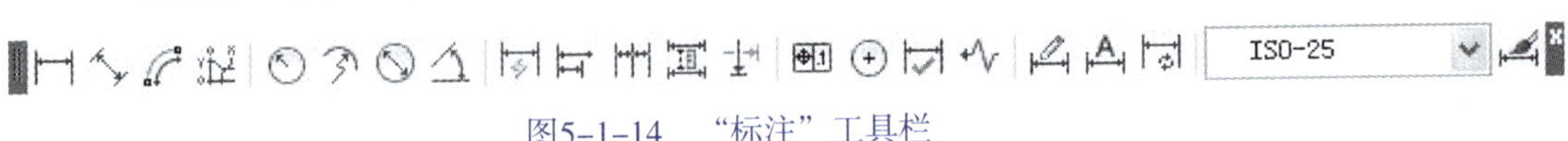

图5-1-14 “标注”工具栏

② 单击“标注”工具栏最后面的“标注样式”按钮，弹出“标注样式管理器”对话框，如图5-1-15所示。单击“标注样式管理器”对话框右侧第三个按钮“修改”，弹出“修改标注样式”对话框，如图5-1-16所示。单击“文字”选项卡，将文字高度改为“5”，文字对齐方式改为“ISO标准”，如图5-1-17所示。单击“符号和箭头”选项卡，将箭头大小改为“5”，如图5-1-18所示。单击“确定”按钮回到“标注样式管理器”对话框，单击“关闭”按钮，完成标注样式设置。

案例
标注轴零件图尺寸

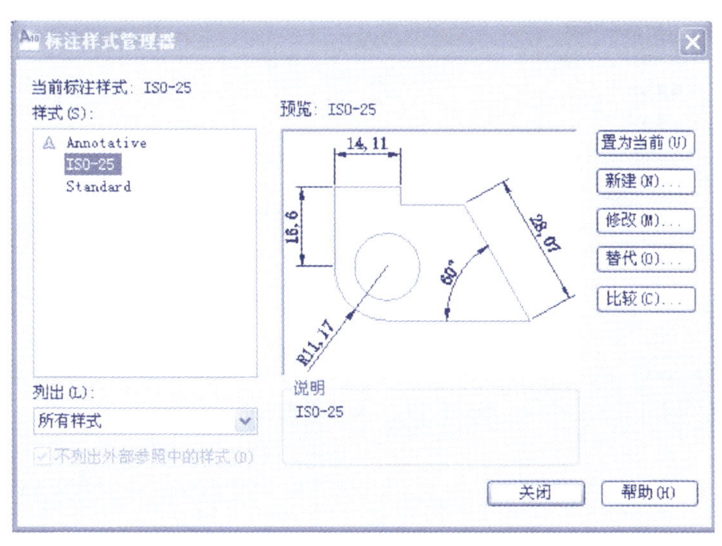

图5-1-15 “标注样式管理器”对话框

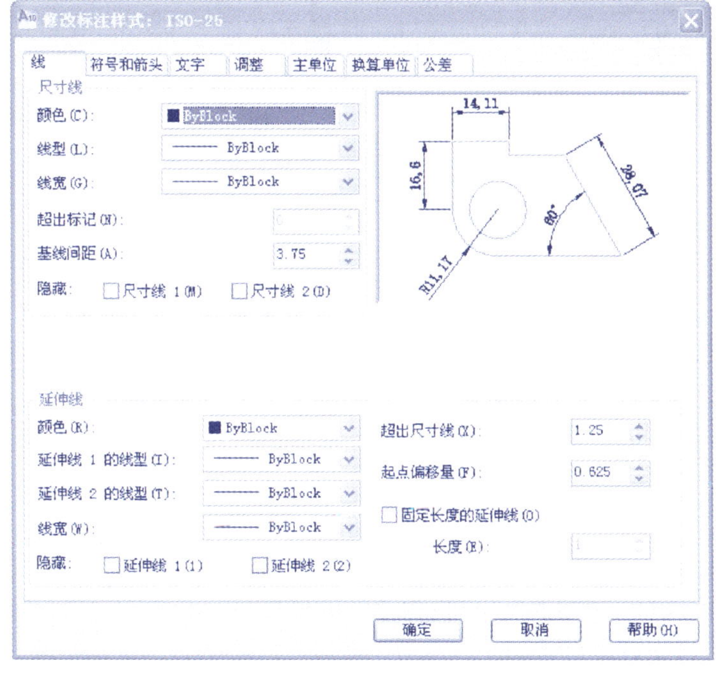

图5-1-16 “修改标注样式”对话框

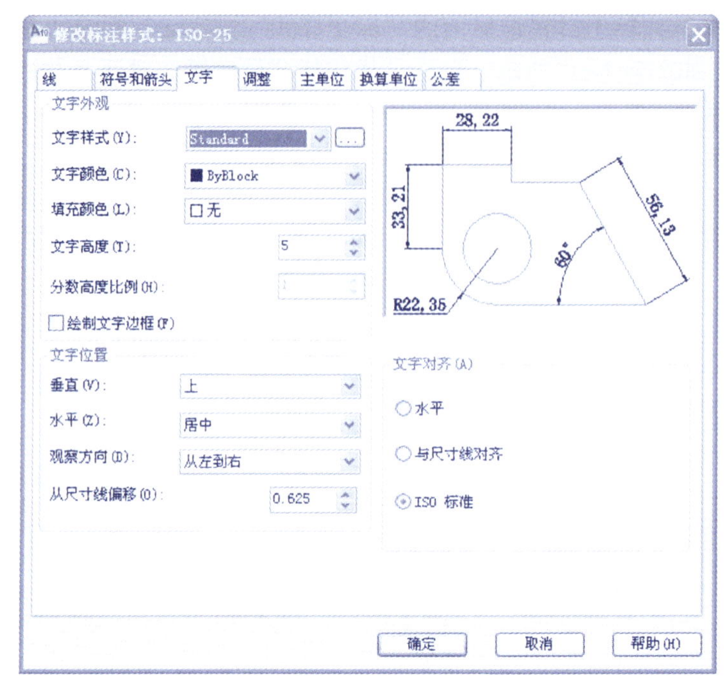

图5-1-17 “文字”选项卡

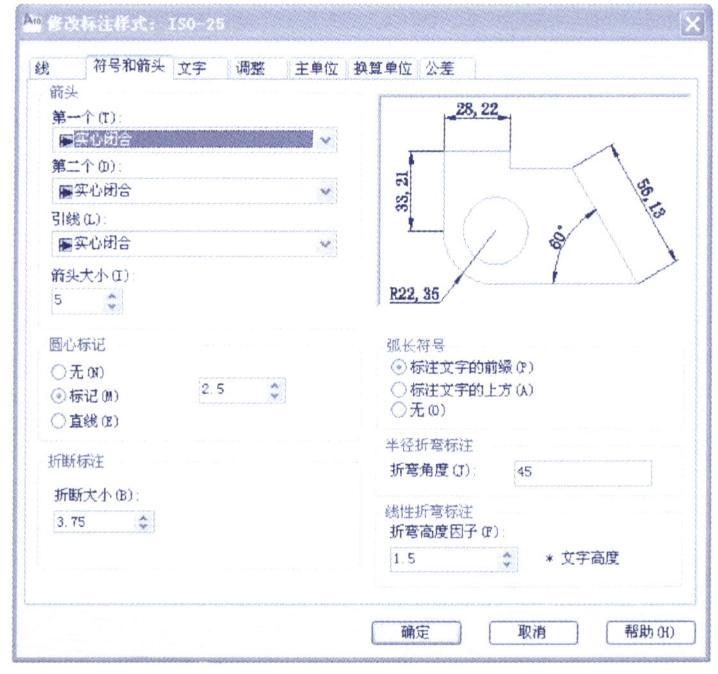

图5-1-18 “符号和箭头”选项卡

③ 单击“线性”按钮⊢⊣，用鼠标拾取键槽的左、右两个端点，选择合适位置后单击鼠标左键完成该尺寸标注；单击“连续”按钮⊢⊢⊣，用鼠标拾取尺寸另一个端点，按Enter键完成连续尺寸7的标注，如图5-1-19所示。

（2）标注直径尺寸。

单击“线性”按钮，用鼠标拾取 ϕ 34轴的上、下两个端点，然后在键盘上输入“M”，按Enter键，弹出“文字格式”对话框，如图5-1-20所示。单击“文字格式”对话框中的“选项”按钮，在弹出的菜单中选择“符号”，然后在弹出的菜单中选择“直径(I)%%c”选项，如图5-1-21所示。单击“确定”按钮，选择合适的位置单击鼠标左键，完成该尺寸的标注，如图5-1-22所示。

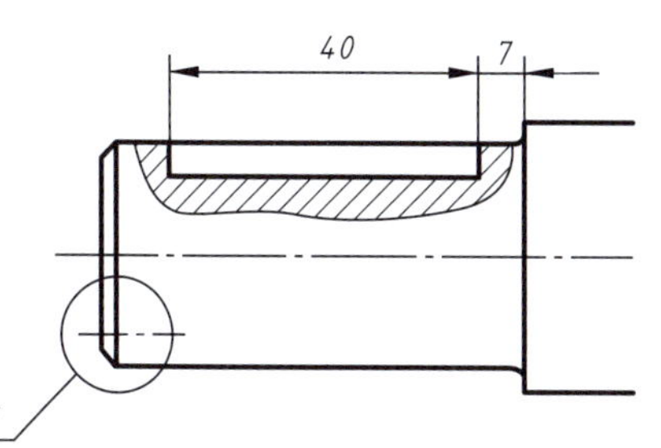

图5-1-19　标注连续尺寸7

图5-1-20　“文字格式”对话框

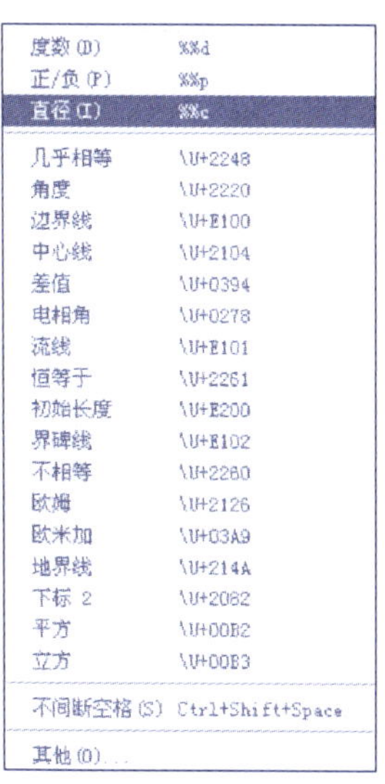

图5-1-21　符号菜单

（3）标注尺寸公差。

① 单击“标注”工具栏最后面的“标注样式”按钮，弹出“标注样式管理器”对话框，如图5-1-15所示。单击“标注样式管理器”对话框右侧第二个按钮“新建”，弹出“创建新标注样式”对话框，如图5-1-23所示，单击“继续”按钮，在弹出的“新建标注样式”对话框中单击“文字”选项卡，将文字对齐方式改为“与尺寸线对齐”，如图5-1-24所示，单击“确定”按钮回到“标注样式管理器”对话框，单击“关闭”按钮，完成标注样式设置。

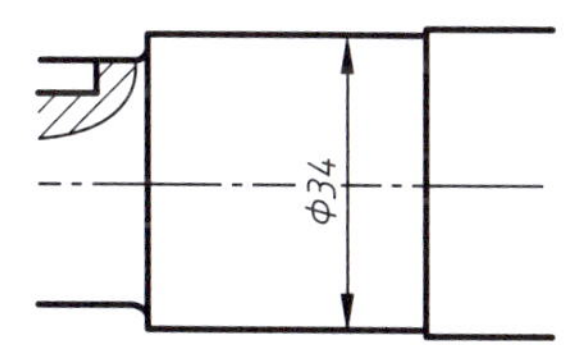

图5-1-22　标注直径尺寸 ϕ 34

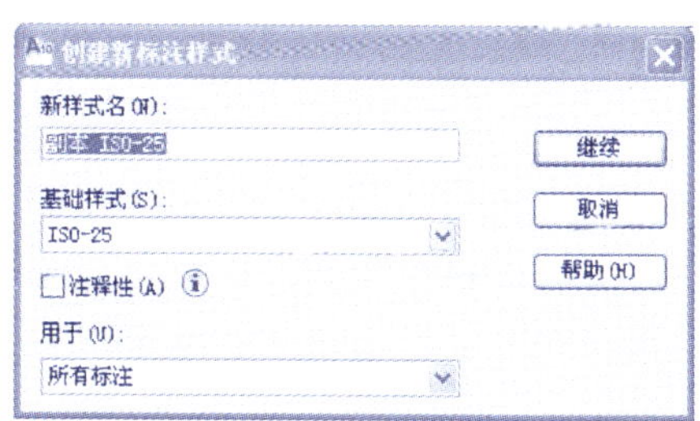

图5-1-23　“创建新标注样式”对话框

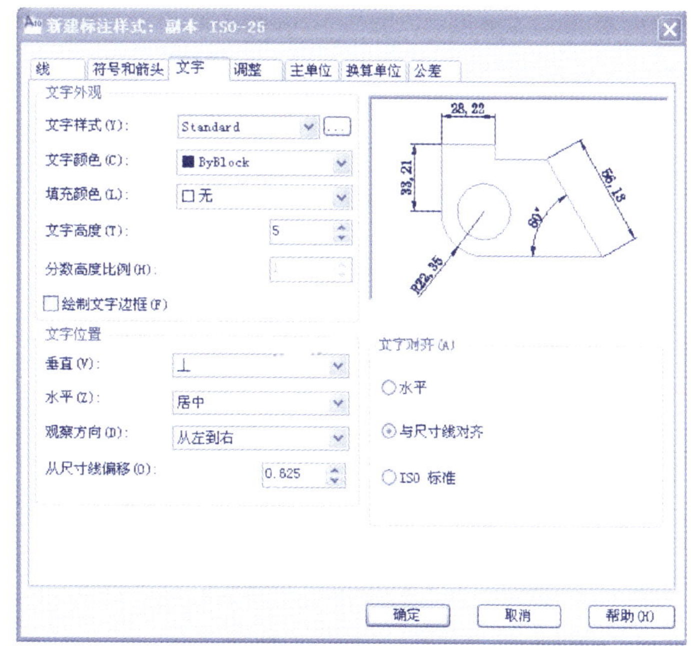

图5-1-24　“新建标注样式”对话框

② 单击“标注”工具栏右侧的“标注样式控制”下拉箭头，选择新建的“副本ISO−25”样式为当前样式，如图5−1−25所示。

图5−1−25 选择“副本ISO−25”样式为当前样式

③ 单击“线性”按钮，用鼠标拾取ϕ35轴的上、下两个端点，然后在键盘上输入“M”，按Enter键，弹出“文字格式”对话框，单击“文字格式”对话框中的“选项”按钮，在弹出的菜单中选择“符号”，然后在弹出的级联菜单中选择“直径(I)%%c”选项，在文字“35”后面输入k6(+0.018^+0.002)，然后选中“+0.018^+0.002”部分，单击“文字格式”对话框中的“堆叠”按钮，之后单击“确定”按钮，选择合适的位置单击鼠标左键完成该尺寸的标注，如图5−1−26所示。

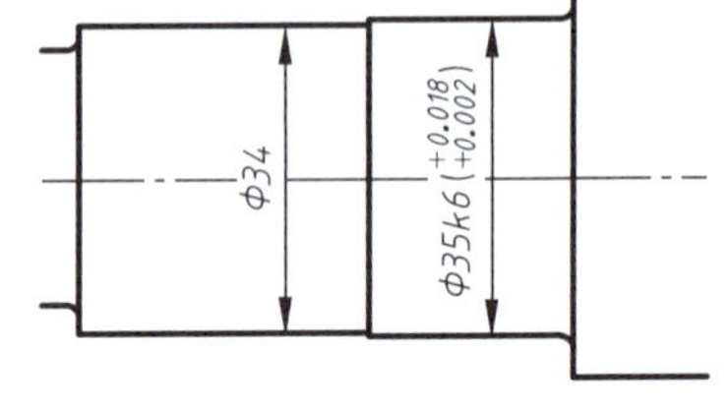

图5−1−26 标注尺寸公差

④ 用以上方法将其他尺寸都标注在图上，如图5−1−27所示。

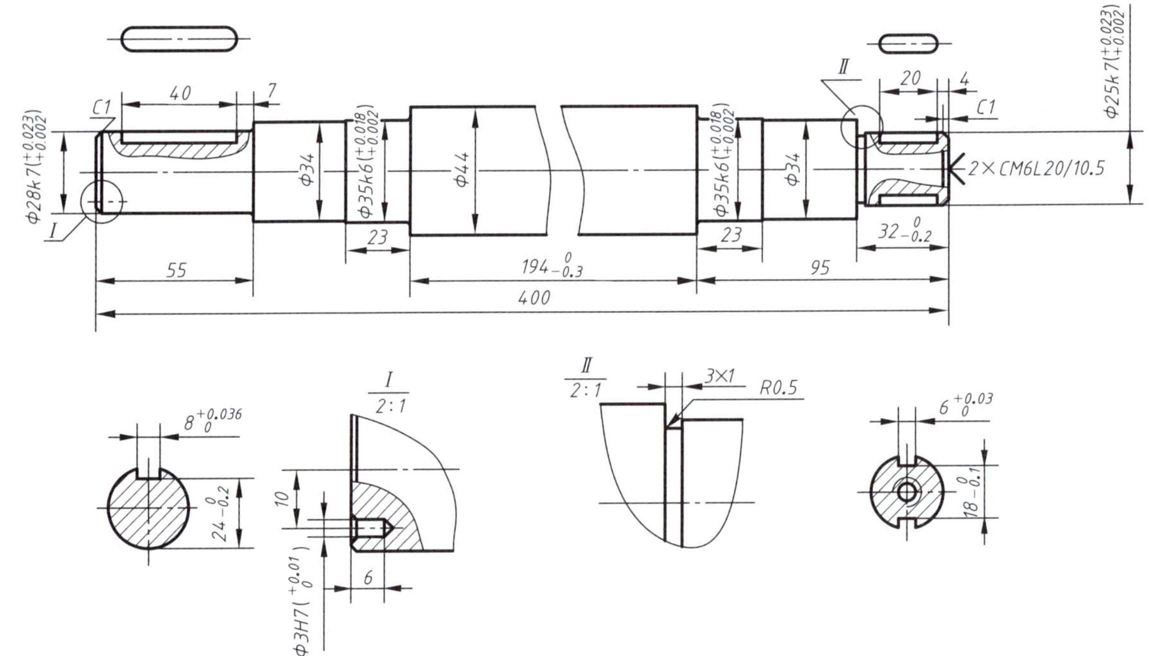

图5−1−27 完成尺寸标注

4. 标注几何公差

（1）在命令行输入“leader”，按Enter键，当提示“指定引线起点”时，用鼠标拾取ϕ35尺寸端点，到合适位置后，单击鼠标右键，在弹出的菜单中选择“确认”，当提示“输入注释文字第一行”时，单击鼠标右键，在弹出的菜单中选择“无”，绘制出引线。

（2）单击“标注”工具栏中的“公差”按钮，弹出“形位公差”（现称几何公差）对话框，如图5-1-28所示。在“符号”下面的黑色格子上单击鼠标左键，弹出“特征符号” 对话框，如图5-1-29所示。单击鼠标左键选择“同轴度”符号，在“公差1”下边的第一个黑色格子里单击鼠标左键，里面会出现直径符号ϕ，在“公差1”下边的白色格子里输入公差值“0.01”，在“基准1”下边的白色格子里输入“A”，单击“确定”按钮，回到绘图区用鼠标左键将公差放置到引线的终点处，如图5-1-30所示。

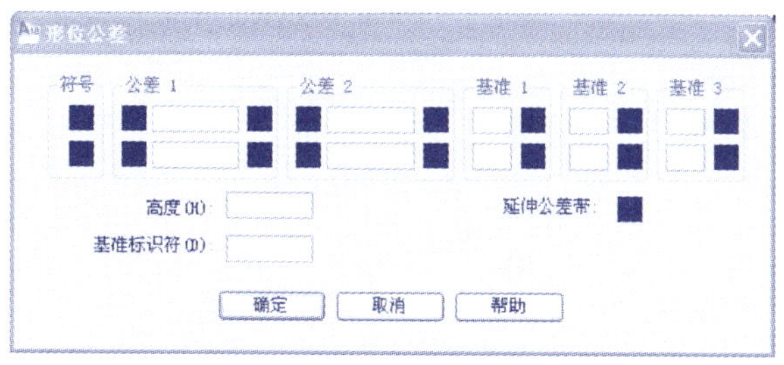

图5-1-28　“形位公差”对话框

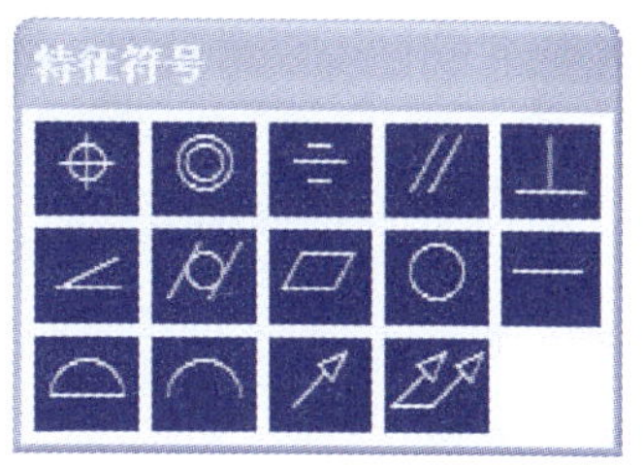

图5-1-29　“特征符号”对话框

（3）利用同样方法对零件图中其他几何公差进行标注，如图5-1-31所示。

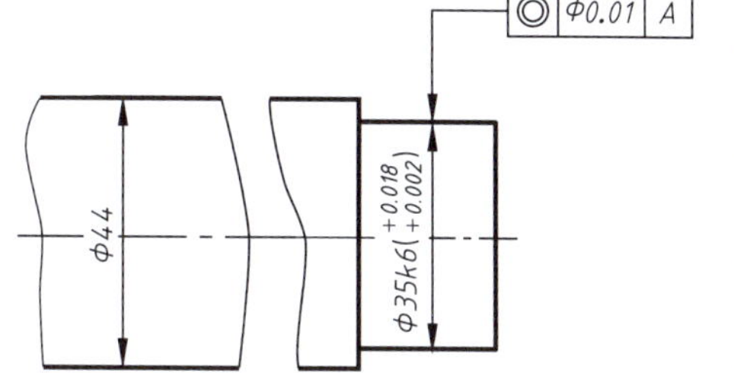

图5-1-30　标注同轴度公差

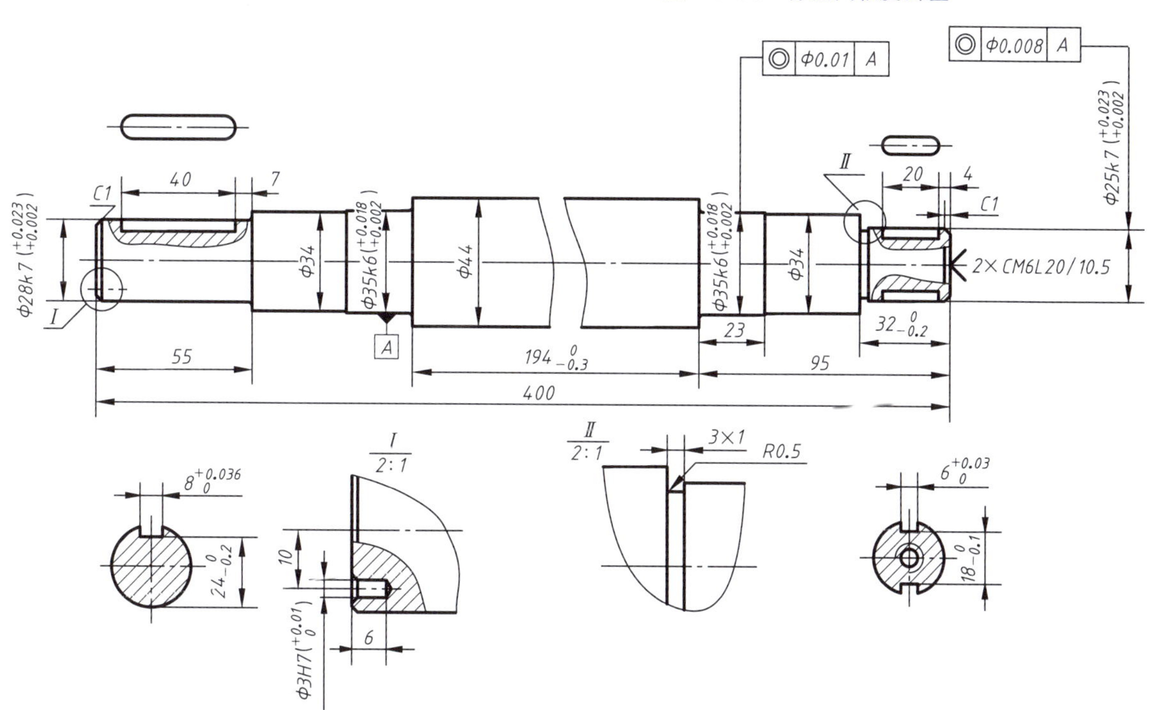

图5-1-31　标注几何公差

5. 标注表面粗糙度

（1）选择“细实线”图层，利用“直线”命令绘制表面粗糙度代号。

（2）定义表面结构代号属性。

在主菜单中选择“绘图/块/定义属性”选项，弹出“属性定义”对话框，如图5-1-32所示。

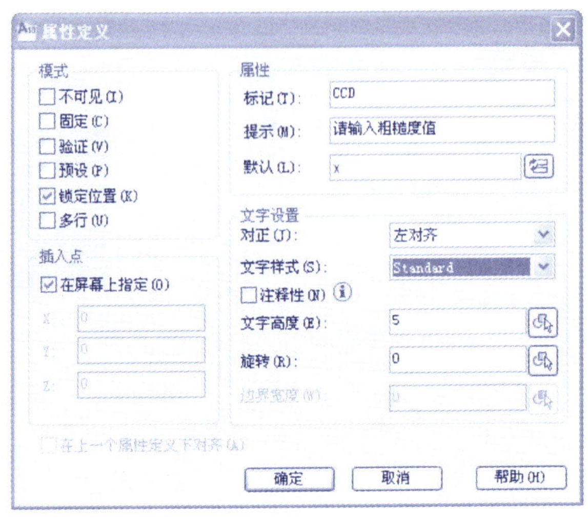

图5-1-32 “属性定义”对话框

（3）在主菜单中选择“绘图/块/创建”选项。弹出“块定义”对话框，在“名称”下拉列表中选择“表面结构代号”；在“基点”区域中，指定表面粗糙度代号下方尖角为“指定插入基点”；在“对象”区域中，选中创建的表面结构代号；在“块定义”对话框“名称”下拉列表框右侧显示表面结构代号，如图5-1-33所示。

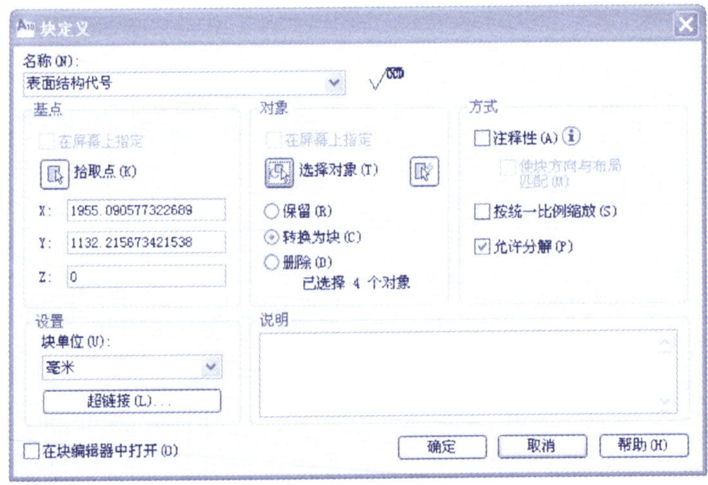

图5-1-33 “块定义”对话框

单击“块定义”对话框中的“确定”按钮，弹出“编辑属性”对话框，如图5-1-34所示。

单击“确定”按钮，完成表面结构代号的创建，如图5-1-35所示。

图5-1-34 “编辑属性”对话框

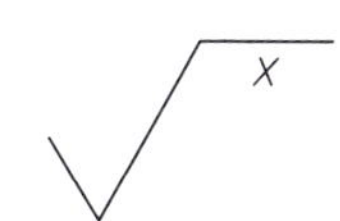

图5-1-35 创建后的表面结构代号

在命令行中输入“WBLOCK”(写块命令)，按Enter键，弹出“写块”对话框。选中“源”区域中的“块”复选框，单击右侧的下拉箭头，在下拉列表中选择“表面结构代号”。在“目标”区域“文件名和路径”下拉列表框右侧单击“...”按钮，将创建的“表面结构代号”存放到文件夹中以备调用，如图5-1-36所示。

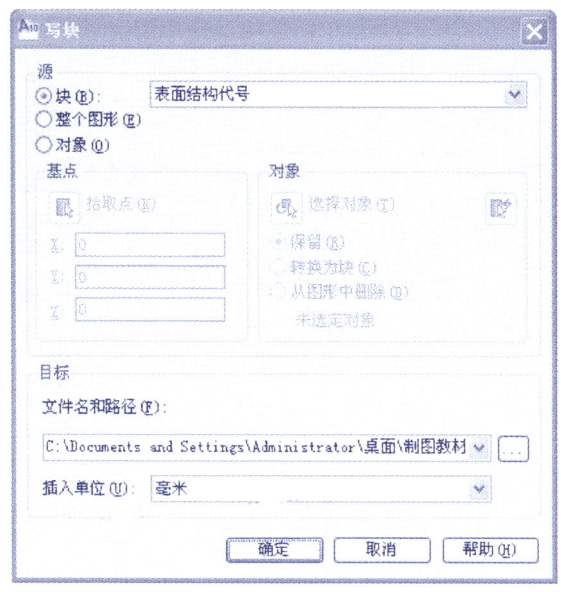

图5-1-36 “写块”对话框

单击“确定”按钮，在屏幕左上角弹出“写块预览”对话框，预览创建效果。

（4）在主菜单选择“插入/块”选项弹出“插入”对话框，如图5-1-37所示。

（5）用同样方法，将其他表面粗糙度代号均注在零件图上，如图5-1-38所示。

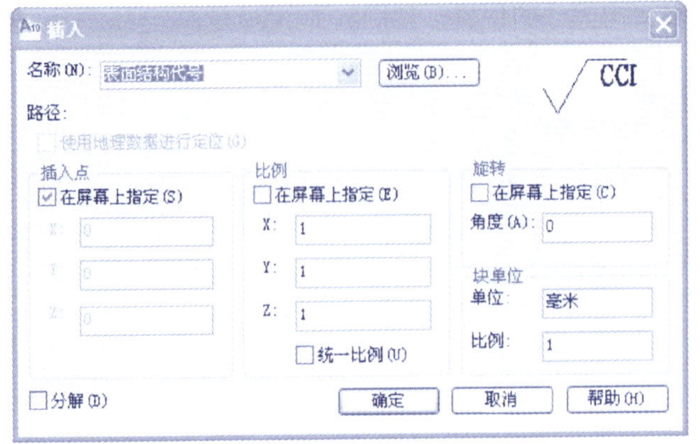

图5-1-37 “插入”对话框

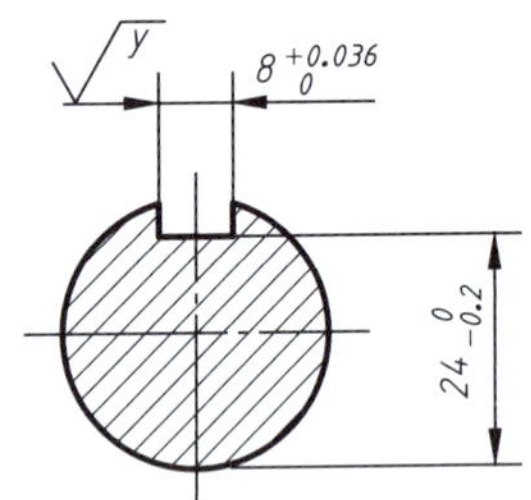

图5-1-38 标注表面粗糙度

6. 文字标注

单击“绘图”工具栏中的“多行文字”按钮A，命令行提示“指定第一角点”，用鼠标左键单击绘图区中所有注写文字位置的左上角点，当命令行提示“指定对角点”时，用鼠标左键单击绘图区中所有注写文字位置的右下角点，此时会弹出“文字格式”对话框，在输入文字区输入“技术要求”等文字，输入完毕后单击“确定”按钮，输入的文字如图5-1-39所示。

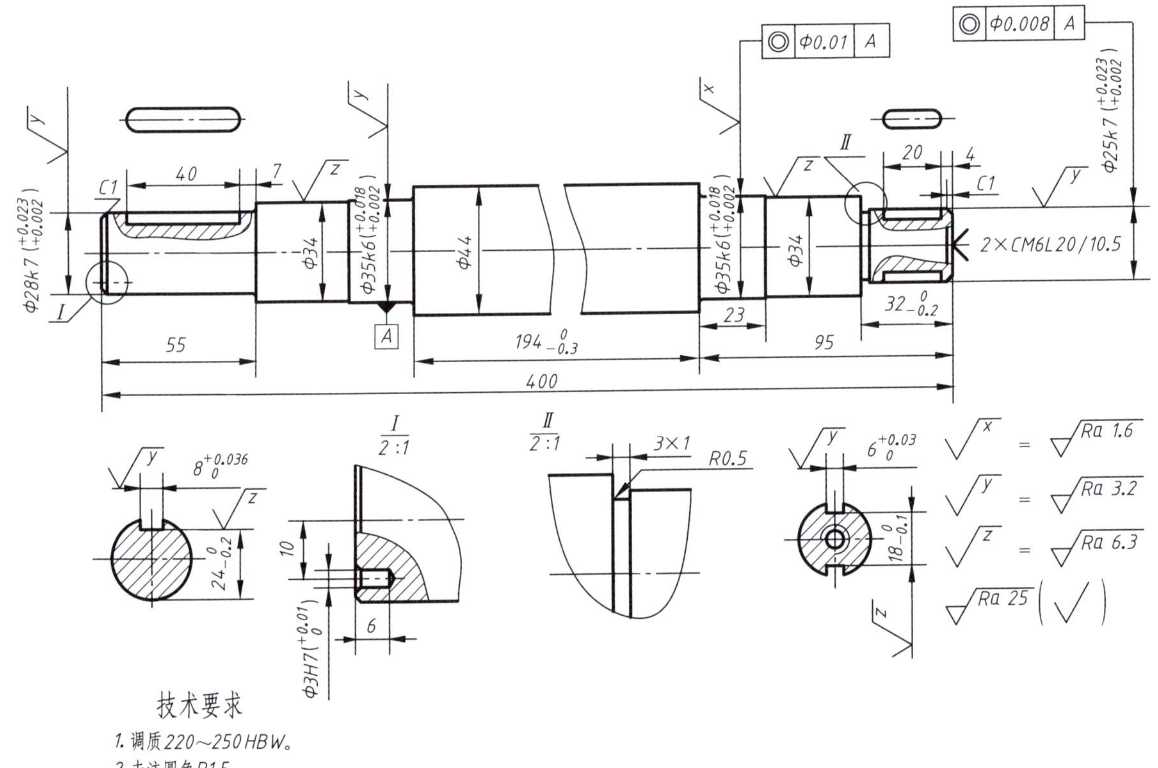

图5-1-39 文字标注

7. 绘制图框和标题栏

（1）将当前图层设置为“粗实线”，用“直线”命令绘制一个边长分别为420mm和297mm的矩形，可用“移动”命令适当调整图框位置。

（2）单击主菜单中的“绘图/表格”，弹出“插入表格”对话框，如图5-1-40所示。在“插入表格”对话框的“列和行设置”中，将列数设置为“6”，列宽设置为“30”，数据行数设置为“2”，行高设置为“1”。在“设置单元样式”区域中，将“第一行单元样式”“第二行单元样式”和“所有其他行单元样式”均设置为“数据”，单击“确定”按钮，此时系统提示“指定插入点”，在绘图区任意位置单击鼠标左键即可，插入的表格如图5-1-41所示。单击“文字格式”对话框中的“确定”按钮，“文字格式”对话框关闭。

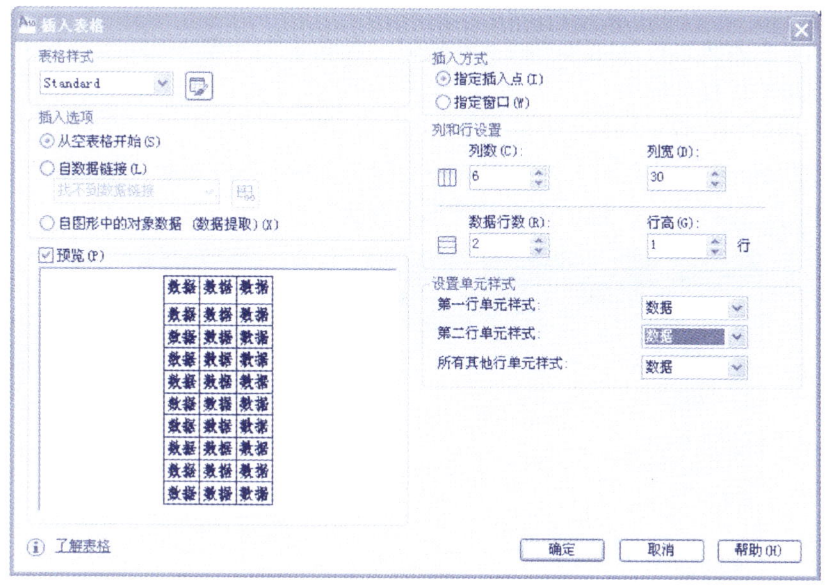

图5-1-40 “插入表格”对话框

图5-1-41 插入表格

单击“修改”工具栏中的“移动”按钮，命令行提示“选择对象”，选中表格，单击鼠标右键，此时命令行提示“指定基点”，用鼠标左键单击表格右下角点，再单击图框右下角点，表格被移动到图框右下角。

用鼠标左键选中表格左上角的六个格子，会弹出“表格”对话框，单击“表格”对话框中的“合并单元”按钮，在弹出的快捷菜单中选择“全部”，用鼠标左键单击绘图区任意位置，则表格被合并。用同样方法将表格右下角的六个格子合并。

用鼠标左键单击左上角的大格子，输入“轴”，并选中将文字高度调为“5”，单击“确定”按钮，再用鼠标单击这个格子，在弹出的“表格”对话框中单击“对齐”按钮右边的下拉箭头，选择“正中”，此时输入的文字如图5-1-42所示。

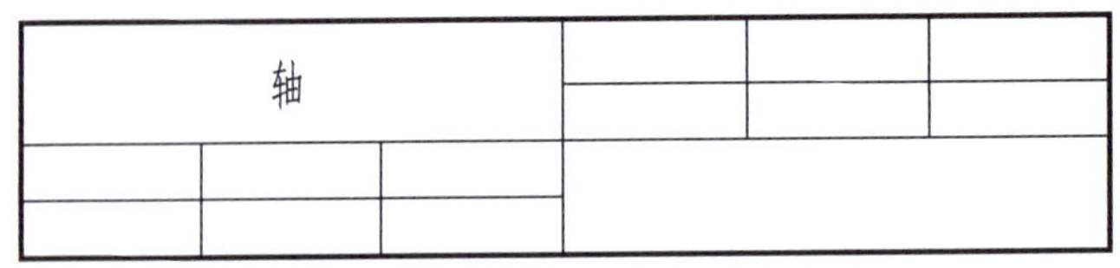

图5-1-42　在表格中输入文字

按照以上方法，将其他文字输入表格中，完成零件图的绘制如图5-1-1所示。

8. 图形的保存和输出

（1）图形的保存。

当打开AutoCAD软件时，系统默认的文件名为Drawing1.dwg，可以单击“标准”工具栏中的“保存”按钮，弹出“图形另存为”对话框，如图5-1-43所示。

案例
标注轴零件图技术要求等

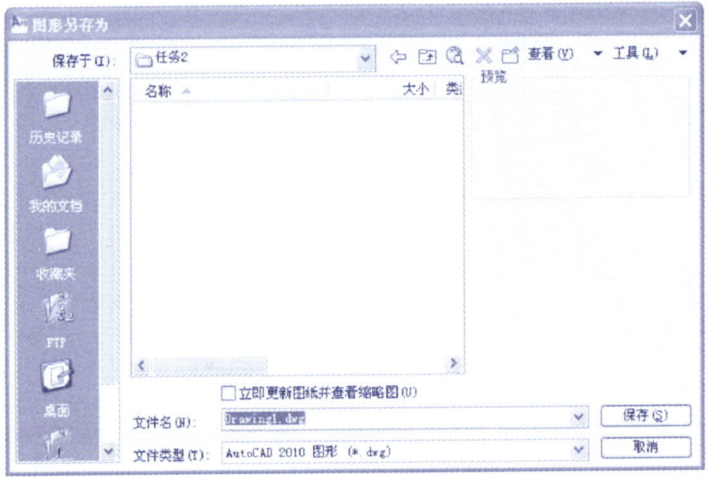

图5-1-43　“图形另存为”对话框

在“图形另存为”对话框中的“保存于”区域中单击下拉箭头，选择要保存文件的位置，在“文件名”区域中输入想要保存的文件名，例如“主轴”，然后单击“保存”按钮，图形就保存到指定的位置了。在绘图过程中，应该每隔一段时间就单击一下“保存”按钮，这样可以有效地避免因断电等问题导致的工作损失。

（2）图形的输出。

单击主菜单中的“文件/页面设置管理器”，弹出“页面设置管理器”对话框，如图5-1-44所示。单击“页面设置管理器”对话框中的“新建”按钮，弹出“新建页面设置”对话框，如图5-1-45所示。

图5-1-44　“页面设置管理器”对话框

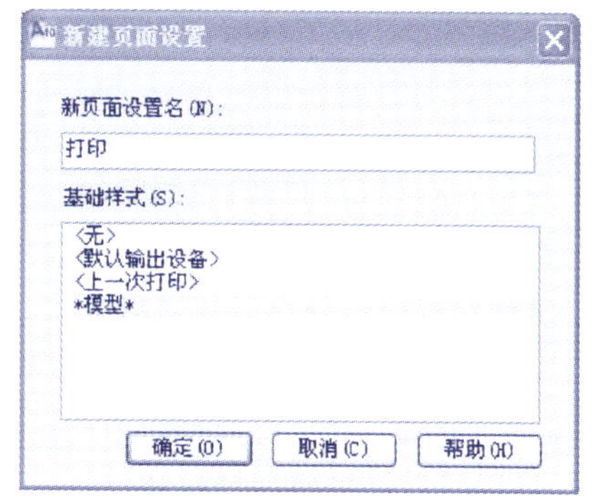

图5-1-45　“新建页面设置”对话框

在“新页面设置名”处输入一个名字，例如“打印”，单击“确定”按钮，弹出“页面设置”对话框，如图5-1-46所示。

在“打印机/绘图仪”区域，用下拉箭头选择要使用的打印机，“图纸尺寸”区域选择“ISO A4”，打印范围选择“窗口”，此时会回到绘图区，用鼠标左键拾取所绘图形边框的左上角点和右下角点，则返回到“页面设置”对话框，勾选“布满图纸”选项，图纸方向选择“横向”，其他设置不变，单击“确定”按钮，回到“页面设置管理器”对话框，如图5-1-47所示。选择新建的页面设置“打印”，单击“置为当前”按钮，单击“关闭”按钮。

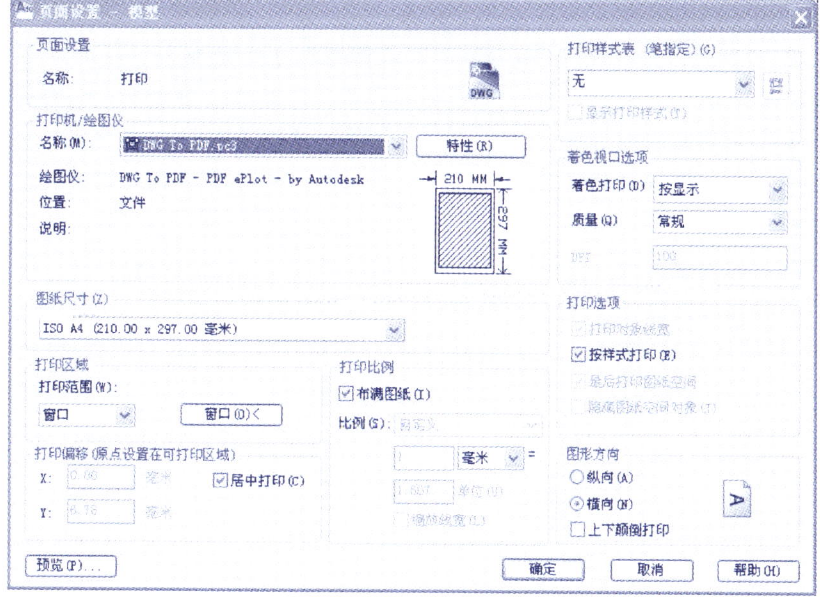

图5-1-46　“页面设置”对话框

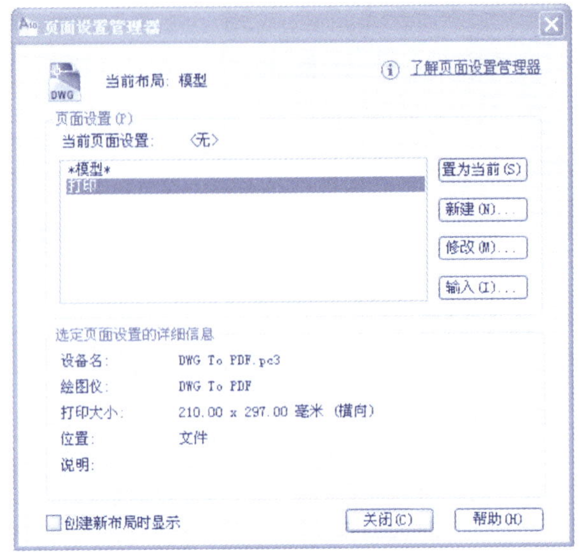

图5-1-47 “页面设置管理器”对话框

单击主菜单中的“文件/打印预览”，可以预览要打印的内容，如图5-1-1所示。确认无误后，单击鼠标右键，在弹出的菜单中选择“打印”即可。

学习小结

本项目的学习重点是利用AutoCAD绘制零件图的方法。当开始绘制一张零件图的时候，首先要对零件进行分析，确定零件视图的表达方案。绘图过程可按照绘制图形，标注尺寸、表面粗糙度、尺寸公差、几何公差，注写技术要求，绘制图框和标题栏等几个步骤完成。将任务分解后，逐步去实施，就会思路清晰，不容易产生遗漏。

从绘制图形的过程可以看出，利用AutoCAD绘制零件图和手工绘制零件图的过程大致是相同的，完成图形时的要求也是一致的，都应满足国家标准。计算机绘图比手工绘图有较多的优点，其画图准确，编辑、更改图形方便、快捷，因此计算机绘图是现代工程图绘制的重要手段。但是利用计算机绘图的前提是必须学好机械制图的基本知识和基本技能，能熟练运用制图的各种方法表达零件。

用计算机绘图有很多种方法和途径，这需要在学习的过程中去分析比较和研究，选择一种更适合自己的方法，经常练习，熟练掌握计算机绘图的方法和技巧。

现在，计算机绘图技术发展很快，从二维绘图到三维造型，从三维扫描到逆向工程，每一个技术都引领着制造业飞速发展，希望我们养成不断学习，不断钻研科学技术的良好作风。

复习自查

1. 如何在AutoCAD中设置图层？
2. AutoCAD中有多少种绘图命令？画圆有几种方法？
3. AutoCAD中图形编辑命令有多少种？
4. 如何在AutoCAD中标注圆的直径？如何标注几何公差？
5. 如何在AutoCAD中标注表面粗糙度代号？
6. 如何在AutoCAD中输入文字？
7. 如何在AutoCAD中绘制图框和标题栏？

附表 1　普通螺纹的直径与螺距（GB/T 193—2003、GB/T 196—2003）

mm

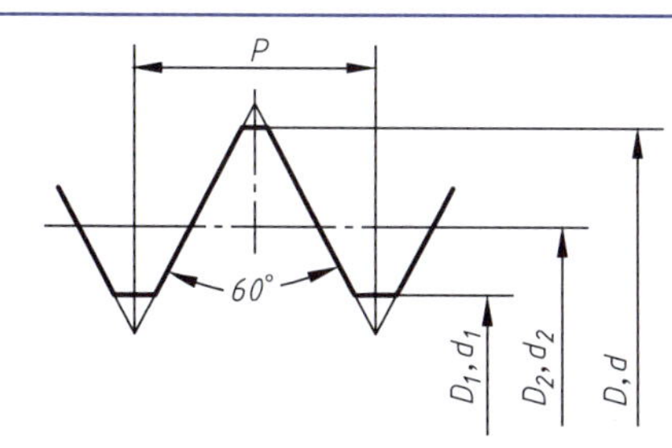

D—内螺纹大径；
d—外螺纹大径；
D_2—内螺纹中径；
d_2—外螺纹中径；
D_1—内螺纹小径；
d_1—外螺纹小径；
P—螺距

标记示例

公称直径 24 mm、螺距为 3 mm 的粗牙右旋普通螺纹：

M24

公称直径 24 mm、螺距为 1.5 mm 的细牙左旋普通螺纹：

M24 × 1.5LH

公称直径 D、d 第一系列	公称直径 D、d 第二系列	螺距 P 粗牙	螺距 P 细牙	粗牙小径 D_1、d_1
3		0.5	0.35	2.459
	3.5	0.6		2.850
4		0.7	0.5	3.242
	4.5	0.75		3.688
5		0.8		4.134
6		1	0.75	4.917
8		1.25	1、0.75	6.647
10		1.5	1.25、1、0.75	8.376
12		1.75	1.25、1	10.106
	14	2	1.5、1.25、1	11.835
16		2	1.5、1	13.835
	18	2.5	2、1.5、1	15.294
20		2.5		17.294

公称直径 D、d 第一系列	公称直径 D、d 第二系列	螺距 P 粗牙	螺距 P 细牙	粗牙小径 D_1、d_1
	22	2.5	2、1.5、1	19.294
24		3	2、1.5、1	20.752
	27	3	2、1.5、1	23.752
30		3.5	(3)、2、1.5、1	26.211
	33	3.5	(3)、2、1.5	29.211
36		4	3、2、1.5	31.670
	39	4		34.670
42		4.5	4、3、2、1.5	37.129
	45	4.5		40.129
48		5		42.587
	52	5		46.587
56		5.5	4、3、2、1.5	50.046

注：1. 优先选用第一系列，括号内尺寸尽可能不用。第三系列未列入。
2. M14 × 1.25 仅用于火花塞，M35 × 1.5 仅用于滚动轴承锁紧螺母。

附表 2　六角头螺栓

mm

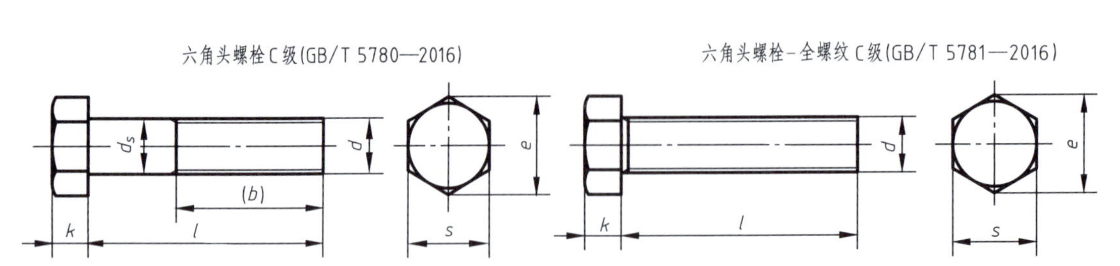

标记示例

螺纹规格 d=M12、公称长度 l=80 mm、性能等级为 4.8 级、不经表面处理、产品等级为 C 级的六角头螺栓：

螺栓　GB/T 5780　M12 × 80

螺纹规格 d=M12、公称长度 l=80 mm、全螺纹、性能等级为 4.8 级、不经表面处理、产品等级为 C 级的六角头螺栓：

螺栓　GB/T 5781　M12 × 80

<table>
<tr><th colspan="2">螺纹规格 d</th><th>M5</th><th>M6</th><th>M8</th><th>M10</th><th>M12</th><th>M16</th><th>M20</th><th>M24</th><th>M30</th><th>M36</th><th>M42</th><th>M48</th></tr>
<tr><td rowspan="3">b 参考</td><td>l≤125</td><td>16</td><td>18</td><td>22</td><td>26</td><td>30</td><td>38</td><td>46</td><td>54</td><td>66</td><td>78</td><td>—</td><td>—</td></tr>
<tr><td>125<l≤200</td><td>22</td><td>24</td><td>28</td><td>32</td><td>36</td><td>44</td><td>52</td><td>60</td><td>72</td><td>84</td><td>96</td><td>108</td></tr>
<tr><td>l>200</td><td>35</td><td>37</td><td>41</td><td>45</td><td>49</td><td>57</td><td>65</td><td>73</td><td>85</td><td>97</td><td>109</td><td>121</td></tr>
<tr><td colspan="2">k</td><td>3.5</td><td>4</td><td>5.3</td><td>6.4</td><td>7.5</td><td>10</td><td>12.5</td><td>15</td><td>18.7</td><td>22.5</td><td>26</td><td>30</td></tr>
<tr><td colspan="2">d_{smax}</td><td>5.48</td><td>6.48</td><td>8.58</td><td>10.58</td><td>12.7</td><td>16.7</td><td>20.84</td><td>24.84</td><td>30.84</td><td>37</td><td>43</td><td>49</td></tr>
<tr><td colspan="2">s_{max}</td><td>8</td><td>10</td><td>13</td><td>16</td><td>18</td><td>24</td><td>30</td><td>36</td><td>46</td><td>55</td><td>65</td><td>75</td></tr>
<tr><td rowspan="2">e_{min}</td><td>A</td><td>8.63</td><td>10.89</td><td>14.2</td><td>17.59</td><td>19.85</td><td>26.17</td><td>32.95</td><td>39.55</td><td>50.85</td><td>60.79</td><td>72.02</td><td>82.6</td></tr>
<tr><td>B</td><td>8.63</td><td>10.89</td><td>14.2</td><td>17.59</td><td>19.85</td><td>26.17</td><td>32.95</td><td>39.55</td><td>50.85</td><td>60.79</td><td>72.02</td><td>82.6</td></tr>
<tr><td rowspan="2">l 范围</td><td>GB/T 5780</td><td>25~50</td><td>30~60</td><td>35~80</td><td>40~100</td><td>45~120</td><td>55~160</td><td>65~200</td><td>80~240</td><td>90~300</td><td>110~360</td><td>130~400</td><td>140~400</td></tr>
<tr><td>GB/T 5781</td><td>10~50</td><td>12~60</td><td>16~80</td><td>20~100</td><td>25~100</td><td>35~100</td><td colspan="4">40~100</td><td>80~500</td><td>100~500</td></tr>
<tr><td colspan="2">l 系列</td><td colspan="12">8、10、12、16、18、20~50（5进位）、（55）、60、（65）、70~160（10进位）、180~500（20进位）</td></tr>
</table>

注：尽可能不采用括号内的规格。C 级为产品等级。

附表 3 双头螺柱

mm

b_m=1d（GB/T 897—1988）；b_m=1.25d（GB/T 898—1988）；b_m=1.5d（GB/T 899—1988）；b_m=2d（GB/T 900—1988）

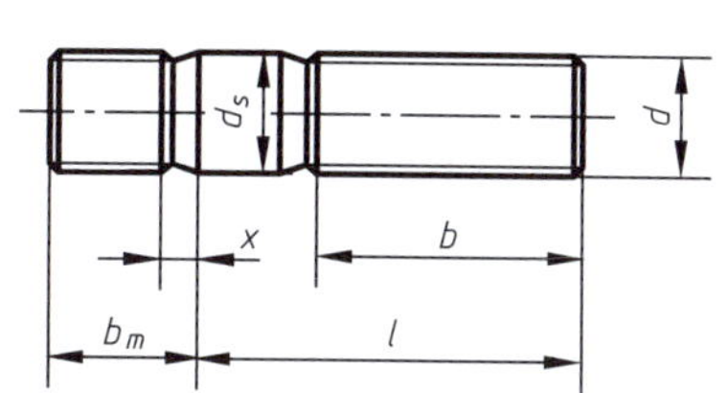

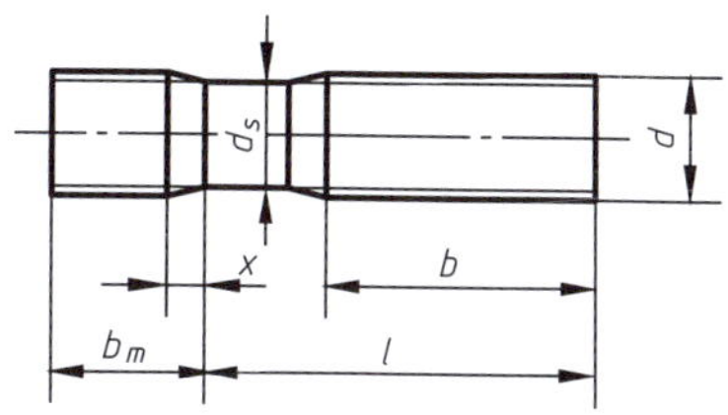

标记示例

两端均为粗牙普通螺纹、d=10 mm、l=50 mm、性能等级为 4.8 级、不经表面处理、B 型、b_m=1d 的双头螺柱：

螺柱 GB/T 897 M10×50

旋入一端为粗牙普通螺纹、旋螺母一端为螺距 P=1 mm 的细牙普通螺纹、d=10 mm、l=50 mm、性能等级为 4.8 级、A 型、b_m=1d 的双头螺柱：

螺柱 GB/T 897 AM10–M10×1×50

旋入一端为过渡配合的第一种配合、旋螺母一端为粗牙普通螺纹、d=10 mm、l=50 mm、性能等级为 8.8 级、镀锌钝化、B 型、b_m=1d 的双头螺柱：

螺柱 GB/T 897 BM10–M10×50–8.8–Zn・D

螺纹规格 d		M4	M5	M6	M8	M10	M12	M16	M20	M24	M30	M36	M42	M48
b_m	GB/T 897	—	5	6	8	10	12	16	20	24	30	36	42	48
	GB/T 898	—	6	8	10	12	15	20	25	30	38	45	52	60
	GB/T 899	6	8	10	12	15	18	24	30	36	45	54	65	72
	GB/T 900	8	10	12	16	20	24	32	40	48	60	72	84	96
d_s		A 型 d_s= 螺纹大径　B 型 d_s ≈ 螺纹中径												
x		1.5P												
$\frac{l}{b}$		$\frac{16\sim22}{8}$	$\frac{16\sim22}{10}$	$\frac{20\sim22}{10}$	$\frac{20\sim22}{12}$	$\frac{25\sim28}{14}$	$\frac{25\sim30}{16}$	$\frac{30\sim38}{20}$	$\frac{35\sim40}{25}$	$\frac{45\sim50}{30}$	$\frac{60\sim65}{40}$	$\frac{65\sim75}{45}$	$\frac{70\sim80}{50}$	$\frac{80\sim90}{60}$
		$\frac{25\sim40}{14}$	$\frac{25\sim50}{16}$	$\frac{25\sim30}{14}$	$\frac{25\sim30}{16}$	$\frac{30\sim38}{16}$	$\frac{32\sim40}{20}$	$\frac{40\sim55}{30}$	$\frac{45\sim65}{35}$	$\frac{55\sim75}{45}$	$\frac{70\sim90}{50}$	$\frac{80\sim110}{60}$	$\frac{85\sim110}{70}$	$\frac{95\sim110}{80}$
				$\frac{32\sim75}{18}$	$\frac{32\sim90}{22}$	$\frac{40\sim120}{26}$	$\frac{45\sim120}{30}$	$\frac{60\sim120}{38}$	$\frac{70\sim120}{46}$	$\frac{80\sim120}{54}$	$\frac{95\sim120}{60}$	$\frac{120}{78}$	$\frac{120}{90}$	$\frac{120}{102}$
						$\frac{130}{32}$	$\frac{130\sim180}{36}$	$\frac{130\sim200}{44}$	$\frac{130\sim200}{52}$	$\frac{130\sim200}{60}$	$\frac{130\sim200}{72}$	$\frac{130\sim200}{84}$	$\frac{130\sim200}{96}$	$\frac{130\sim200}{108}$
											$\frac{210\sim250}{85}$	$\frac{210\sim300}{97}$	$\frac{210\sim300}{109}$	$\frac{210\sim300}{121}$
l 系列		16、(18)、20、(22)、25、(28)、30、(32)、35、(38)、40、45、50、(55)、60、(65)、70、(75)、80、(85)、90、(95)、100、110、120、130、140、150、160、170、180、190、200、210、220、230、240、250、260、280、300												

注：1. 括号内的规格尽可能不用。
2. P 为螺距。

附表 4　螺　　钉

mm

开槽圆柱头螺钉(GB/T 65—2016)

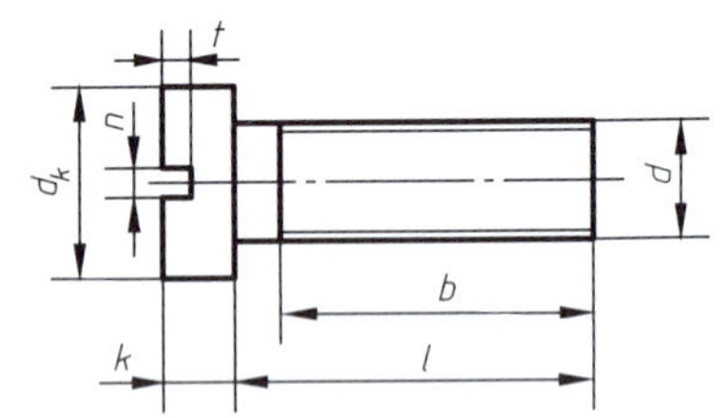

开槽盘头螺钉(GB/T 67—2016)

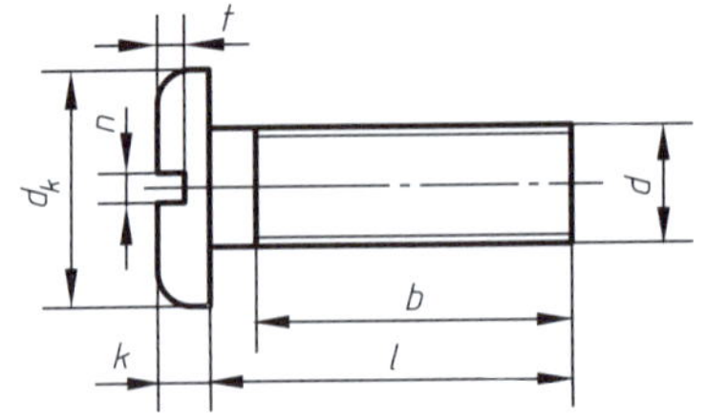

开槽沉头螺钉(GB/T 68—2016)

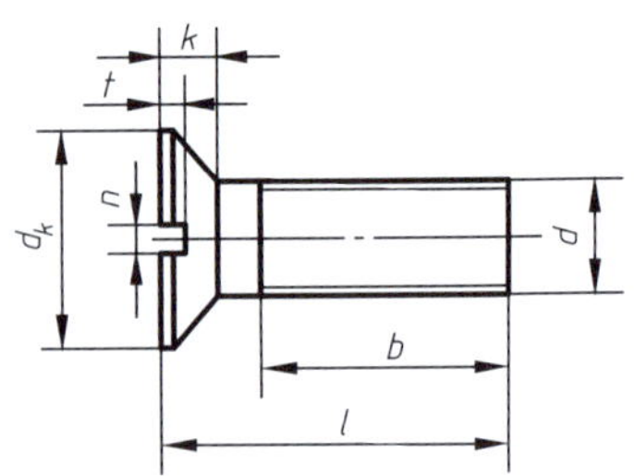

开槽半沉头螺钉(GB/T 69—2016)

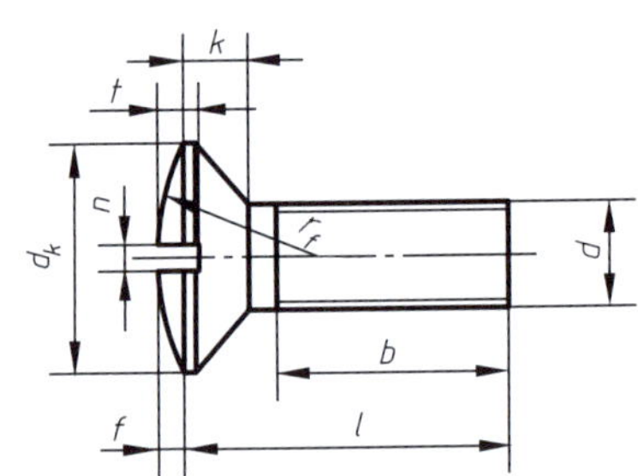

无螺纹部分杆径≈中径或＝螺纹大径

标记示例

螺纹规格 d=M5、公称长度 l=20mm、性能等级为 4.8 级、不经表面处理的 A 级开槽圆柱头螺钉：

螺钉　GB/T 65　M5×20

螺纹规格 d	P	b_{min}	$n_{公称}$	f	r_f	k_{max}			d_{kmax}			t_{min}				l 范围
				GB/T 69	GB/T 69	GB/T 65	GB/T 67	GB/T 68 GB/T 69	GB/T 65	GB/T 67	GB/T 68 GB/T 69	GB/T 65	GB/T 67	GB/T 68	GB/T 69	
M3	0.5	25	0.8	0.7	6	2	1.8	1.65	5.5	5.6	5.5	0.85	0.7	0.6	1.2	4 ~ 30
M4	0.7	38	1.2	1	9.5	2.6	2.4	2.7	7	8	8.4	1.1	1	1	1.6	5 ~ 40
M5	0.8	38	1.2	1.2	9.5	3.3	3.0	2.7	8.5	9.5	9.3	1.3	1.2	1.1	2	6 ~ 50
M6	1	38	1.6	1.4	12	3.9	3.6	3.3	10	12	11.3	1.6	1.4	1.2	2.4	8 ~ 60
M8	1.25	38	2	2	16.5	5	4.8	4.65	13	16	15.8	2	1.9	1.8	3.2	10 ~ 80
M10	1.5	38	2.5	2.3	19.5	6	6	5	16	20	18.3	2.4	2.4	2	3.8	12 ~ 80
l 系列			4、5、6、8、10、12、（14）、16、20、25、30、35、40、50、（55）、60、（65）、70、（75）、80													

注：1. 括号内的规格尽可能不用。

2. M1.6 ~ M3 的螺钉，公称长度在 30 mm 以内的制出全螺纹；M4 ~ M10 的螺钉，公称长度在 40 mm 以内的制出全螺纹；螺钉 GB/T 68—2016 在 M4 ~ M10 以内、公称长度在 45 mm 以内的制出全螺纹。

附表 5　内六角圆柱头螺钉 (GB/T 70.1—2008)

mm

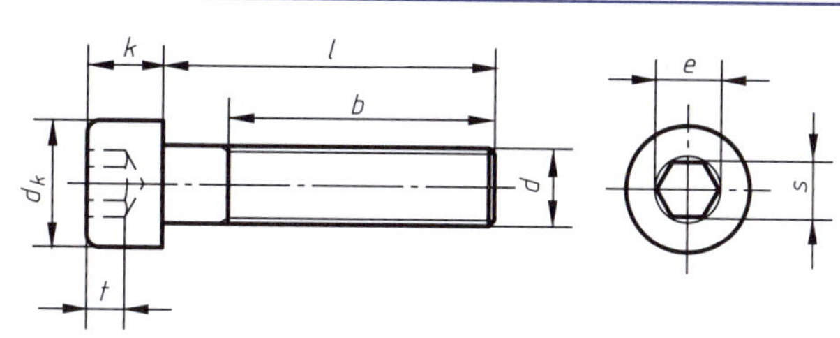

标记示例

螺纹规格 d=M5、公称长度 l=20 mm、性能等级为 8.8 级、表面氧化的 A 级内六角圆柱头螺钉，其标记为：

螺钉　GB/T 70.1　M5×20

无螺纹部分杆径≈中径或 = 螺纹大径

螺纹规格 d	M3	M4	M5	M6	M8	M10	M12	M（14）	M16	M20
P（螺距）	0.5	0.7	0.8	1	1.25	1.5	1.75	2	2	2.5
b 参考	18	20	22	24	28	32	36	40	44	52
d_k	5.5	7	8.5	10	13	16	18	21	24	30
k	3	4	5	6	8	10	12	14	16	20
t	1.3	2	2.5	3	4	5	6	7	8	10
s	2.5	3	4	5	6	8	10	12	14	17
e	2.87	3.44	4.58	5.72	6.86	9.15	11.43	13.72	16	19.44
公称长度 l	5~30	6~40	8~50	10~60	12~80	16~100	20~120	25~140	25~160	30~200
L≤表中数值时，制出全螺纹	20	25	25	30	35	40	45	55	60	65
l 系列	2.5，3，4，5，6，8，10，12，16，20，25，30，35，40，45，50，55，60，65，70，80，90，100，110，120，130，140，150，160，180，200，220，240，260，280，300									

注：括号内的规格尽可能不用。

附表 6　紧 定 螺 钉

mm

开槽锥端紧定螺钉 (GB/T 71—2018)；开槽平端紧定螺钉 (GB/T 73—2017)；
开槽长圆柱端紧定螺钉 (GB/T 75—2018)

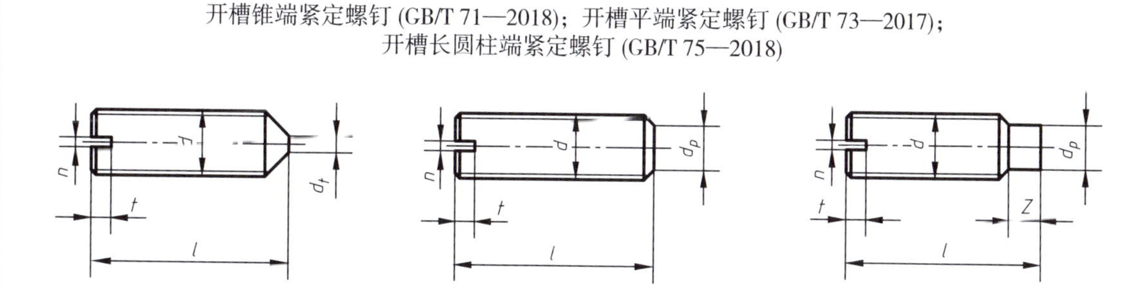

标记示例

螺纹规格 M10、公称长度 l=20 mm、钢制、硬度等级为 14H 级、表面不经处理、产品等级 A 级的开槽锥端紧定螺钉：

螺钉　GB/T 71　M10×20

续表

螺纹规格 *d*	*P*	$n_{公称}$	d_t	d_{pmax}	*Z*	*t*		*l* 范围	
						min	max	GB/T 71，GB/T 75	GB/T 73
M3	0.5	0.4	0.3	2	1.75	0.8	1.05	4 ~ 16	3 ~ 16
M4	0.7	0.6	0.4	2.5	2.25	1.12	1.42	6 ~ 20	4 ~ 20
M5	0.8	0.8	0.5	3.5	2.75	1.28	1.63	8 ~ 25	5 ~ 25
M6	1	1	1.5	4	3.25	1.6	2	8 ~ 30	6 ~ 30
M8	1.25	1.2	2	5.5	4.3	2	2.5	10 ~ 40	8 ~ 40
M10	1.5	1.6	2.5	7	5.3	2.4	3	12 ~ 50	10 ~ 50
M12	1.75	2	3	8.5	6.3	2.8	3.6	14 ~ 60	12 ~ 60
l 系列	4、5、6、8、10、12、（14）、16、20、25、30、40、45、50、（55）、60								

注：括号内规格尽可能不采用。

附表 7 螺 母

mm

1 型六角螺母（GB/T 6170—2015）

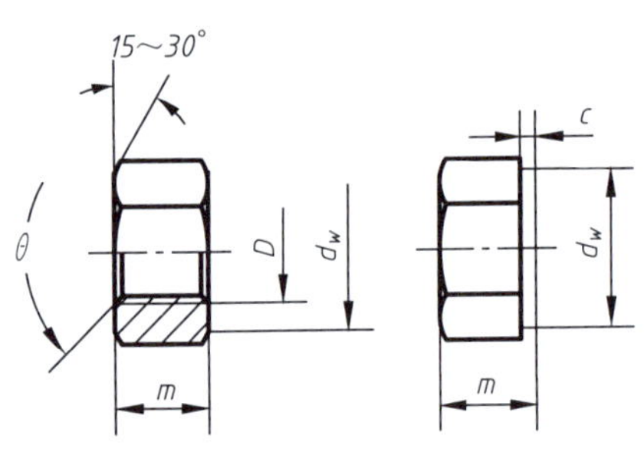

1 型六角螺母 C 级（GB/T 41—2016）

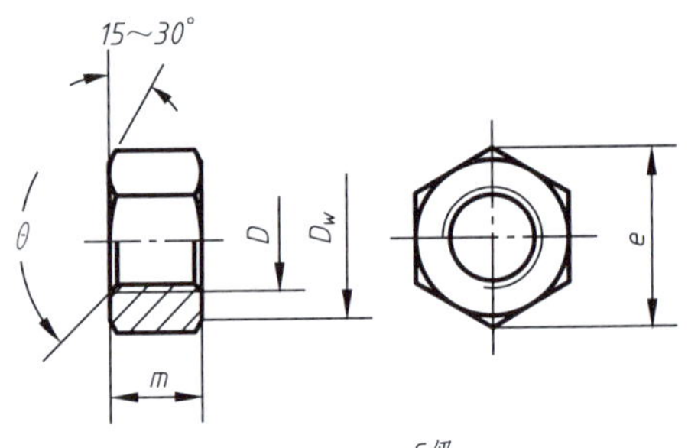

标记示例

螺纹规格为 M12、性能等级为 8 级、不经表面处理、产品等级为 A 级的 1 型六角螺母：

螺母 GB/T 6170 M12

螺纹规格为 M12、性能等级为 5 级、不经表面处理、产品等级为 C 级的 1 型六角螺母：

螺母 GB/T 41 M12

螺纹规格 *D*		M4	M5	M6	M8	M10	M12	M16	M20	M24	M30	M36	M42	M48
c		0.4	0.5		0.6			0.8					1	
s_{max}		7	8	10	13	16	18	24	30	36	46	55	65	75
e_{min}	A、B 级	7.66	8.79	11.05	14.38	17.77	20.03	26.75	32.95	39.55	50.85	60.79	71.3	82.6
	C 级	—	8.63	10.89	14.2	17.59	19.85	26.17	32.95	39.55	50.85	60.79	71.3	82.6
m_{max}	A、B 级	3.2	4.7	5.2	6.8	8.4	10.8	14.8	18.0	21.5	25.6	31.0	34	38
	C 级	—	5.6	6.4	7.9	9.5	12.2	15.9	19.0	22.3	26.4	31.9	34.9	38.9

续表

d_{wmin}	A、B 级	5.9	6.9	8.9	11.6	14.6	16.6	22.5	27.7	33.3	42.8	51.1	60	69.5
	C 级	—	6.7	8.7	11.5	14.5	16.5	22.0	27.7	33.3	42.8	51.1	60	69.5

注：1. A 级用于 $D \leqslant 16$ 的螺母；B 级用于 $D > 16$ 的螺母；C 级用于 $D \geqslant 5$ 的螺母。
2. 螺纹公差：A、B 级为 6 H，C 级为 7 H；机械性能等级：A、B 级为 6、8、10 级，C 级为 4、5 级。
3. 对于 GB/T 41 允许内倒角，GB/T 6170，θ=90° ~ 120°。

附表 8 平 垫 圈

mm

平垫圈 A 级（GB / T 97.1—2002） 平垫圈 倒角型 A 级（GB / T 97.2—2002）

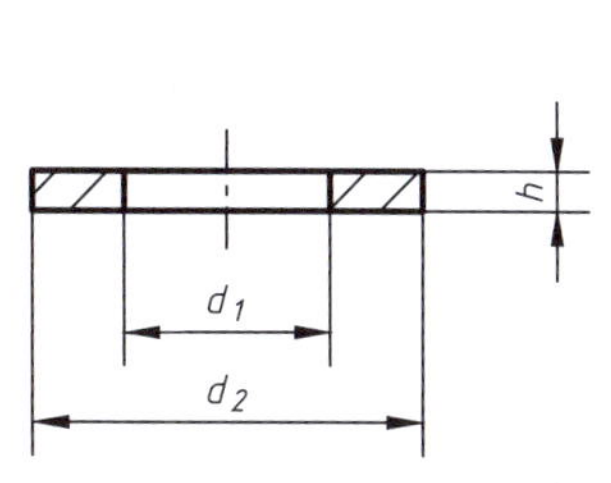

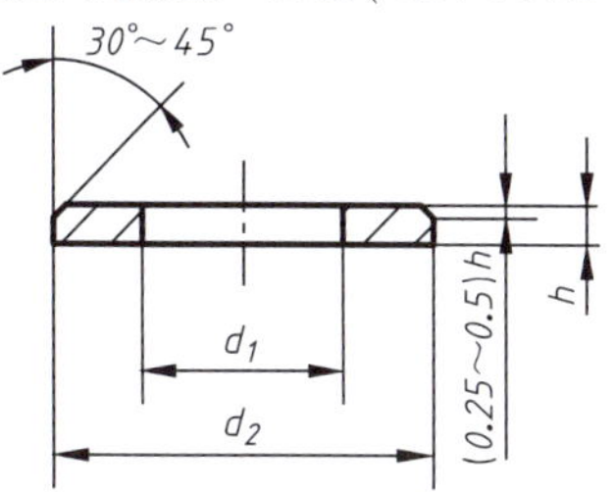

标 记 示 例

标准系列、公称规格 80 mm、由钢制造的硬度等级为 200HV 级、不经表面处理、产品等级为 A 级的平垫圈：

垫圈 GB/T 97.1 8

公称尺寸（螺纹规格）d	3	4	5	6	8	10	12	14	16	20	24	30	36
内径 d_1	3.2	4.3	5.3	6.4	8.4	10.5	13	15	17	21	25	31	37
外径 d_2	7	9	10	12	16	20	24	28	30	37	44	56	66
厚度 h	0.5	0.8	1	1.6	1.6	2	2.5	2.5	3	3	4	4	5

附表 9 标准型弹簧垫圈（GB/T 93—1987）

mm

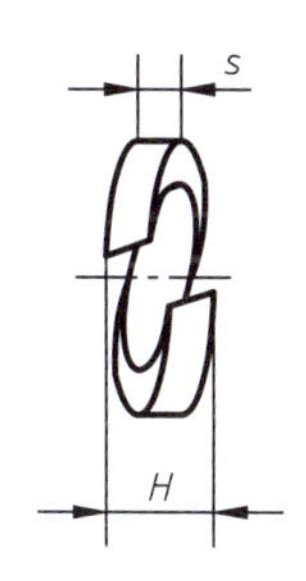

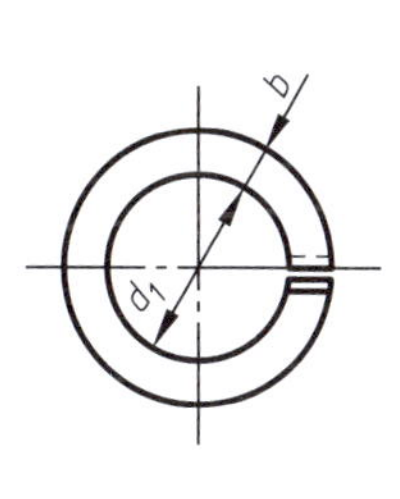

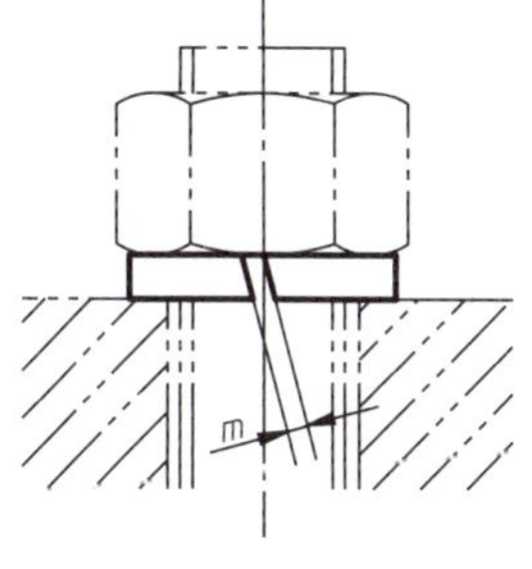

标 记 示 例

规格 16 mm、材料为 65 Mn、表面氧化的标准型弹簧垫圈：

垫圈 GB/T 93 16

规格（螺纹大径）	4	5	6	8	10	12	16	20	24	30	36	42	48
d_{1min}	4.1	5.1	6.1	8.1	10.2	12.2	16.2	20.2	24.5	30.5	36.5	42.5	48.5
$s=b$ 公称	1.1	1.3	1.6	2.1	2.6	3.1	4.1	5	6	7.5	9	10.5	12
$m \leqslant$	0.55	0.65	0.8	1.05	1.3	1.55	2.05	2.5	3	3.75	4.5	5.25	6
H_{max}	2.75	3.25	4	5.25	6.5	7.75	10.25	12.5	15	18.75	22.5	26.25	30

附表 10　普通型、导向型平键键槽的剖面尺寸（GB/T 1095—2003）

mm

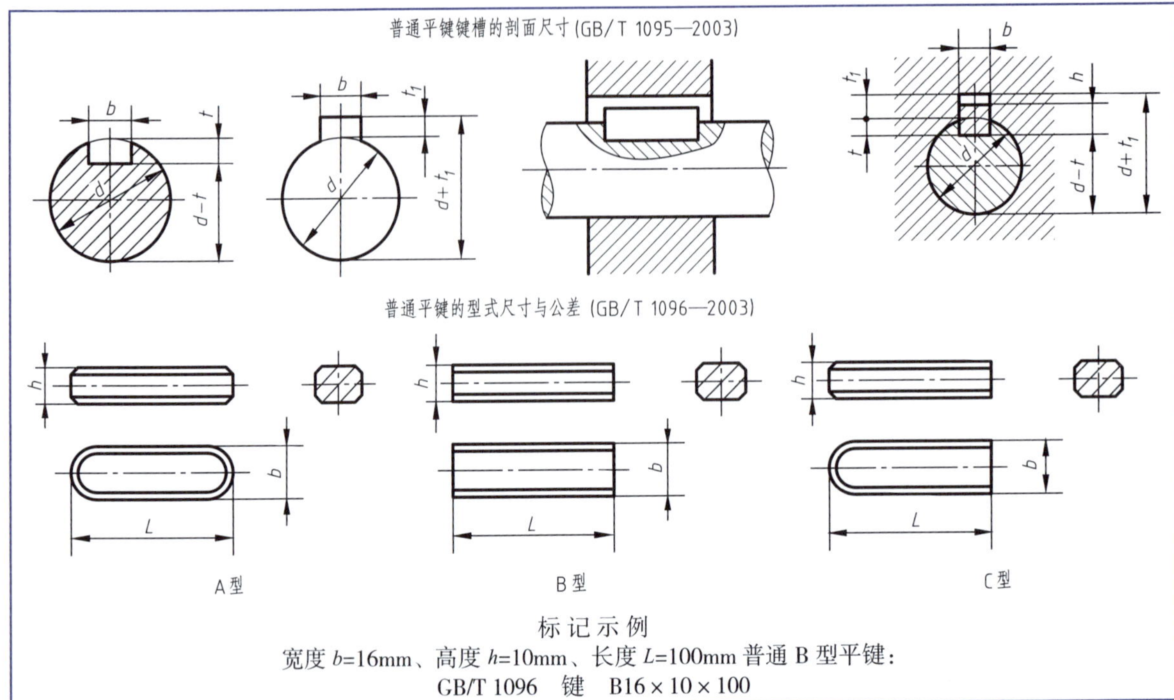

标记示例

宽度 b=16mm、高度 h=10mm、长度 L=100mm 普通 B 型平键：

GB/T 1096　键　B16 × 10 × 100

轴径 d	键的公称尺寸			键槽											
				宽度 b						深度				半径 r	
					偏差					轴		毂			
					较松键连接		一般键连接		较紧键连接						
	b	h	L	b	轴 H9	毂 D10	轴 N9	毂 JS9	轴和毂 P9	t	偏差	t_1	偏差	最小	最大
6 ~ 8	2	2	6 ~ 20	2	+0.025 0	+0.060 +0.029	−0.004 −0.029	± 0.0125	−0.006 −0.031	1.2	+0.1 0	1	+0.1 0	0.08	0.16
>8 ~ 10	3	3	6 ~ 36	3						1.8		1.4			
>10 ~ 12	4	4	8 ~ 45	4	+0.030 0	+0.078 +0.030	0 −0.030	± 0.015	−0.012 −0.042	2.5		1.8			
>12 ~ 17	5	5	10 ~ 56	5						3.0		2.3		0.16	0.25
>17 ~ 22	6	6	14 ~ 70	6						3.5		2.8			
>22 ~ 30	8	7	18 ~ 90	8	+0.036 0	+0.098 +0.040	0 −0.036	± 0.018	−0.015 −0.051	4.0	+0.2 0	3.3	+0.2 0		
>30 ~ 38	10	8	22 ~ 110	10						5.0		3.3		0.25	0.40
>38 ~ 44	12	8	28 ~ 140	12	+0.043 0	+0.120 +0.050	0 −0.043	± 0.0215	−0.018 −0.061	5.0		3.3			
>44 ~ 50	14	9	36 ~ 160	14						5.5		3.8			
>50 ~ 58	16	10	45 ~ 180	16						6.0		4.3			
>58 ~ 65	18	11	50 ~ 200	18						7.0		4.4			
>65 ~ 75	20	12	56 ~ 200	20	+0.052 0	+0.149 +0.065	0 −0.052	± 0.026	−0.022 −0.074					0.4	0.6
>75 ~ 85	22	14	63 ~ 250	22											
>85 ~ 95	25	14	70 ~ 280	25											
>95 ~ 110	28	16	80 ~ 320	28											
L 系列	6、8、10、12、14、16、18、20、22、25、28、32、36、40、45、50、56、63、70、80、90、100、110、125、140、160、180、200、220、250、320、400、450、500														

注：（$d-t$）和（$d+t_1$）的偏差按相应的 t 和 t_1 的偏差选取，但（$d-t$）的偏差值应取负号。

附表 11　圆柱销 (GB/T 119.1—2000)

mm

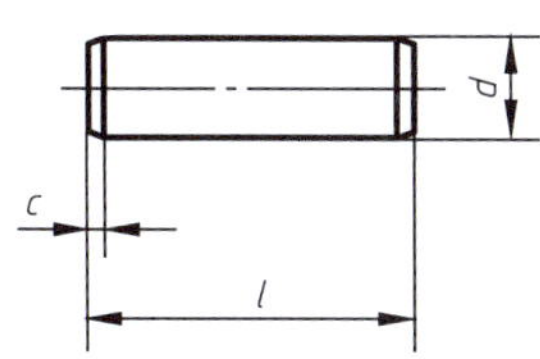

标记示例

公称直径 d=8 mm、公差为 m6、公称长度 l=30 mm、材料为钢、不经淬火、不经表面处理的圆柱销：

销　GB/T 119.1　8 m 6 × 30

d m6/h8	2	2.5	3	4	5	6	8	10	12	16	20
c ≈	0.35	0.40	0.50	0.63	0.80	1.2	1.6	2.0	2.5	3.0	3.5
l（商品范围）	6 ~ 20	6 ~ 24	8 ~ 30	8 ~ 30	10 ~ 50	12 ~ 60	14 ~ 80	16 ~ 95	22 ~ 140	26 ~ 180	35 ~ 200
l 系列	6、8、10、12、14、16、18、20、22、24、26、28、30、32、35、40、45、50、55、60、65、70、75、80、85、90、95、100、120、140、160、180、200（公称长度大于 200 mm，按 20 mm 递增）										

注：1. 销的材料为不淬火硬钢和奥氏体不锈钢。

2. 表面粗糙度：公差为 m6 时，$Ra \leqslant 0.8$ μm；公差为 h8 时，$Ra \leqslant 1.6$ μm。

附表 12　圆锥销（GB/T 117—2000）

mm

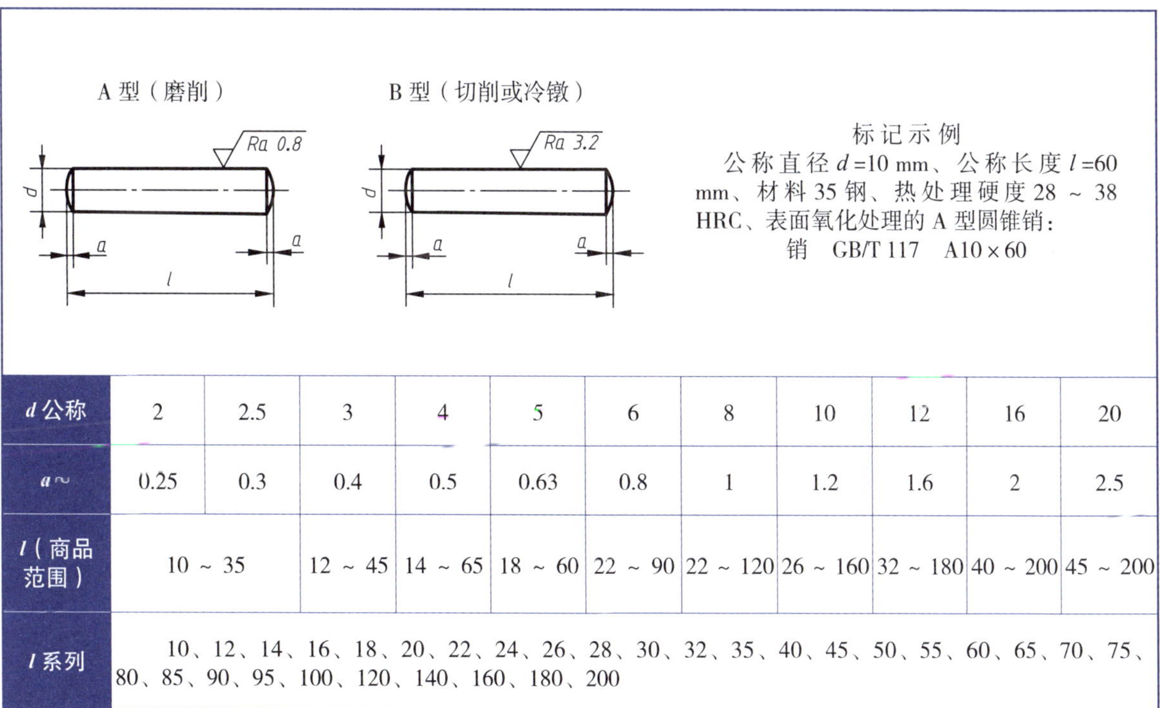

标记示例

公称直径 d=10 mm、公称长度 l=60 mm、材料 35 钢、热处理硬度 28 ~ 38 HRC、表面氧化处理的 A 型圆锥销：

销　GB/T 117　A10 × 60

d 公称	2	2.5	3	4	5	6	8	10	12	16	20
a ~	0.25	0.3	0.4	0.5	0.63	0.8	1	1.2	1.6	2	2.5
l（商品范围）	10 ~ 35		12 ~ 45	14 ~ 65	18 ~ 60	22 ~ 90	22 ~ 120	26 ~ 160	32 ~ 180	40 ~ 200	45 ~ 200
l 系列	10、12、14、16、18、20、22、24、26、28、30、32、35、40、45、50、55、60、65、70、75、80、85、90、95、100、120、140、160、180、200										

附表 13 滚动轴承 深沟球轴承 外形尺寸（GB/T 276—2013）

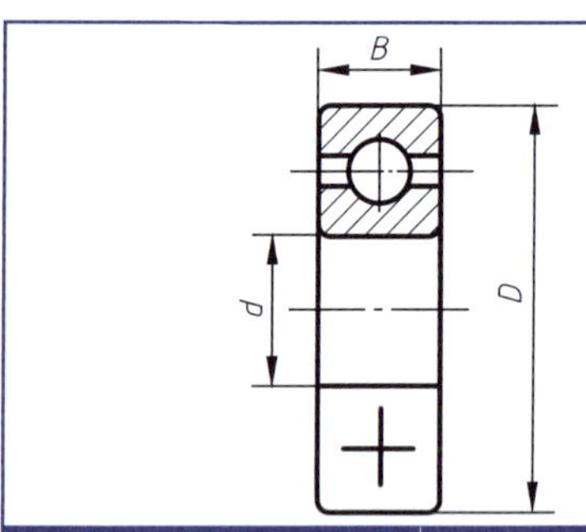

类型代号 6

标记示例

尺寸系列代号为 02、内径代号为 06 的深沟球轴承：

滚动轴承 6206 GB/T 276

轴承代号		外形尺寸／mm			轴承代号		外形尺寸／mm		
		d	*D*	*B*			*d*	*D*	*B*
10 系列	6004	20	42	12	03 系列	6304	20	52	15
	6005	25	47	12		6305	25	62	17
	6006	30	55	13		6306	30	72	19
	6007	35	62	14		6307	35	80	21
	6008	40	68	15		6308	40	90	23
	6009	45	75	16		6309	45	100	25
	6010	50	80	16		6310	50	110	27
	6011	55	90	18		6311	55	120	29
	6012	60	95	18		6312	60	130	31
	6013	65	100	18		6313	65	140	33
	6014	70	110	20		6314	70	150	35
	6015	75	115	20		6315	75	160	37
	6016	80	125	22		6316	80	170	39
	6017	85	130	22		6317	85	180	41
	6018	90	140	24		6318	90	190	43
	6019	95	145	24		6319	95	200	45
	6020	100	150	24		6320	100	215	47
02 系列	6204	20	47	14	04 系列	6404	20	72	19
	6205	25	52	15		6405	25	80	21
	6206	30	62	16		6406	30	90	23
	6207	35	72	17		6407	35	100	25
	6208	40	80	18		6408	40	110	27
	6209	45	85	19		6409	45	120	29
	6210	50	90	20		6410	50	130	31
	6211	55	100	21		6411	55	140	33
	6212	60	110	22		6412	60	150	35
	6213	65	120	23		6413	65	160	37
	6214	70	125	24		6414	70	180	42
	6215	75	130	25		6415	75	190	45
	6216	80	140	26		6416	80	200	48
	6217	85	150	28		6417	85	210	52
	6218	90	160	30		6418	90	225	54
	6219	95	170	32		6419	95	240	55
	6220	100	180	34		6420	100	250	58

附表 14　滚动轴承　圆锥滚子轴承　外形尺寸（GB/T 297—2015）

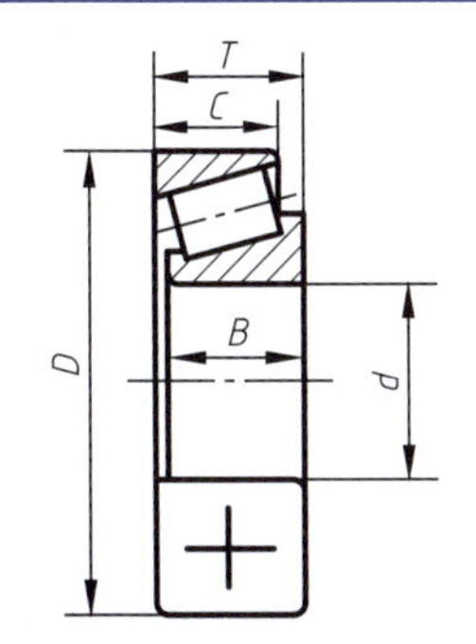

类型代号 3

标记示例

尺寸系列代号为 03、内径代号为 12 的圆锥滚子轴承：

滚动轴承　30312　GB/T 297

轴承代号		外形尺寸 / mm					轴承代号		外形尺寸 / mm				
		d	*D*	*T*	*B*	*C*			*d*	*D*	*T*	*B*	*C*
02 系列	30204	20	47	15.25	14	12	22 系列	32204	20	47	19.25	18	15
	30205	25	52	16.25	15	13		32205	25	52	19.25	18	16
	30206	30	62	17.25	16	14		32206	30	62	21.25	20	17
	30207	35	72	18.25	17	15		32207	35	72	24.25	23	19
	30208	40	80	19.75	18	16		32208	40	80	24.75	23	19
	30209	45	85	20.75	19	16		32209	45	85	24.75	23	19
	30210	50	90	21.75	20	17		32210	50	90	24.75	23	19
	30211	55	100	22.75	21	18		32211	55	100	26.75	25	21
	30212	60	110	23.75	22	19		32212	60	110	29.75	28	24
	30213	65	120	24.75	23	20		32213	65	120	32.75	31	27
	30214	70	125	26.25	24	21		32214	70	125	33.25	31	27
	30215	75	130	27.25	25	22		32215	75	130	33.25	31	27
	30216	80	140	28.25	26	22		32216	80	140	35.25	33	28
	30217	85	150	30.50	28	24		32217	85	150	38.50	36	30
	30218	90	160	32.50	30	26		32218	90	160	42.50	40	34
	30219	95	170	34.50	32	27		32219	95	170	45.50	43	37
	30220	100	180	37	34	29		32220	100	180	49	46	39
03 系列	30304	20	52	16.25	15	13	23 系列	32304	20	52	22.25	21	18
	30305	25	62	18.25	17	15		32305	25	62	25.25	24	20
	30306	30	72	20.75	19	16		32306	30	72	28.75	27	23
	30307	35	80	22.75	21	18		32307	35	80	32.75	31	25
	30308	40	90	25.25	23	20		32308	40	90	35.25	33	27
	30309	45	100	27.25	25	22		32309	45	100	38.25	36	30
	30310	50	110	29.25	27	23		32310	50	110	42.25	40	33
	30311	55	120	31.50	29	25		32311	55	120	45.50	43	35
	30312	60	130	33.50	31	26		32312	60	130	48.50	46	37
	30313	65	140	36	33	28		32313	65	140	51	48	39
	30314	70	150	38	35	30		32314	70	150	54	51	42
	30315	75	160	40	37	31		32315	75	160	58	55	45
	30316	80	170	42.50	39	33		32316	80	170	61.50	58	48
	30317	85	180	44.50	41	34		32317	85	180	63.50	60	49
	30318	90	190	46.50	43	36		32318	90	190	67.50	64	53
	30319	95	200	49.50	45	38		32319	95	200	71.50	67	55
	30320	100	215	51.50	47	39		32320	100	215	77.50	73	60

附表 15 滚动轴承 推力球轴承 外形尺寸（GB/T 301—2015）

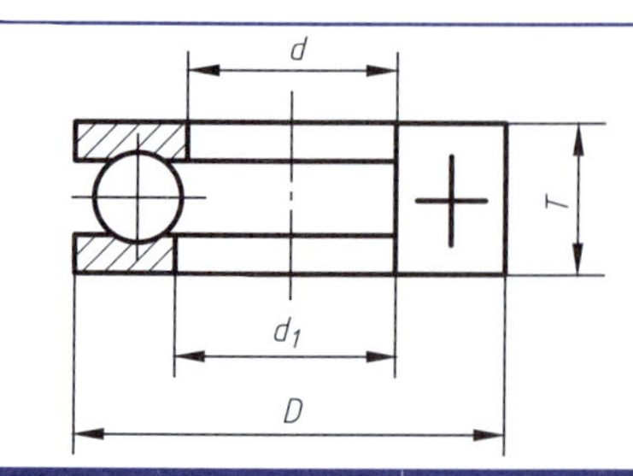

类型代号 5

标记示例
尺寸系列代号为 13、内径代号为 10 的推力球轴承：
滚动轴承 51310 GB/T 301

轴承代号		外形尺寸／mm				轴承代号		外形尺寸／mm			
		d	D	T	d_{1min}			d	D	T	d_{1min}
11 系列	51104	20	35	10	21	13 系列	51304	20	47	18	22
	51105	25	42	11	26		51305	25	52	18	27
	51106	30	47	11	32		51306	30	60	21	32
	51107	35	52	12	37		51307	35	68	24	37
	51108	40	60	13	42		51308	40	78	26	42
	51109	45	65	14	47		51309	45	85	28	47
	51110	50	70	14	52		51310	50	95	31	52
	51111	55	78	16	57		51311	55	105	35	57
	51112	60	85	17	62		51312	60	110	35	62
	51113	65	90	18	67		51313	65	115	36	67
	51114	70	95	18	72		51314	70	125	40	72
	51115	75	100	19	77		51315	75	135	44	77
	51116	80	105	19	82		51316	80	140	44	82
	51117	85	110	19	87		51317	85	150	49	88
	51118	90	120	22	92		51318	90	155	50	93
	51120	100	135	25	102		51320	100	170	55	103
12 系列	51204	20	40	14	22	14 系列	51405	25	60	24	27
	51205	25	47	15	27		51406	30	70	28	32
	51206	30	52	16	32		51407	35	80	32	37
	51207	35	62	18	37		51408	40	90	36	42
	51208	40	68	19	42		51409	45	100	39	47
	51209	45	73	20	47		51410	50	110	43	52
	51210	50	78	22	52		51411	55	120	48	57
	51211	55	90	25	57		51412	60	130	51	62
	51212	60	95	26	62		51413	65	140	56	68
	51213	65	100	27	67		51414	70	150	60	73
	51214	70	105	27	72		51415	75	160	65	78
	51215	75	110	27	77		51416	80	170	68	83
	51216	80	115	28	82		51417	85	180	72	88
	51217	85	125	31	88		51418	90	190	77	93
	51218	90	135	35	93		51420	100	210	85	103
	51220	100	150	38	103		51422	110	230	95	113

附表 16 标准公差数值（摘自 GB/T 1800.2—2020）

公称尺寸/mm		标准公差等级																	
		IT1	IT2	IT3	IT4	IT5	IT6	IT7	IT8	IT9	IT10	IT11	IT12	IT13	IT14	IT15	IT16	IT17	IT18
大于	至	μm											mm						
—	3	0.8	1.2	2	3	4	6	10	14	25	40	60	0.1	3.14	0.25	0.4	0.6	1	1.4
3	6	1	1.5	2.5	4	5	8	12	18	30	48	75	0.12	3.18	0.3	0.48	3.75	1.2	1.8
6	10	1	1.5	2.5	4	6	9	15	22	36	58	90	0.15	0.22	0.36	0.58	0.9	1.5	2.2
10	18	1.2	2	3	5	8	11	18	27	43	70	110	0.18	0.27	0.43	0.7	1.1	1.8	2.7
18	30	1.5	2.5	4	6	9	13	21	33	52	84	130	0.21	0.33	0.52	0.84	1.3	2.1	3.3
30	50	1.5	2.5	4	7	11	16	25	39	62	100	160	0.25	0.39	0.62	1	1.6	2.5	3.9
50	80	2	3	5	8	13	19	30	46	74	120	190	0.3	0.46	0.74	1.2	1.9	3	4.6
80	120	2.5	4	6	10	15	22	35	54	87	140	220	0.35	0.54	0.87	1.4	2.2	3.5	5.4
120	180	3.5	5	8	12	18	25	40	63	100	160	250	0.4	0.63	1	1.6	2.5	4	6.3
180	250	4.5	7	10	14	20	29	46	72	115	185	290	0.46	0.72	1.15	1.85	2.9	4.6	7.2
250	315	6	8	12	16	23	32	52	81	130	210	320	0.52	0.81	1.3	2.1	3.2	5.2	8.1
315	400	7	9	13	18	25	36	57	89	140	230	360	0.57	0.89	1.4	2.3	3.6	5.7	8.9
400	500	8	10	15	20	27	40	63	97	155	250	400	0.63	0.97	1.55	2.5	4	6.3	9.7
500	630	9	11	16	22	32	44	70	110	175	280	440	0.7	1.1	1.75	2.8	4.4	7	11
630	800	10	13	18	25	36	50	80	125	200	320	500	0.8	1.25	2	3.2	5	8	12.5
800	1 000	11	15	21	28	40	56	90	140	230	360	560	0.9	1.4	2.3	3.6	5.6	9	14
1 000	1 250	13	18	24	33	47	66	105	165	260	420	660	1.05	1.65	2.6	4.2	6.6	10.5	16.5
1 250	1 600	15	21	29	39	55	78	125	195	310	500	780	1.25	1.95	3.1	5	7.8	12.5	19.5
1 600	2 000	18	25	35	46	65	92	150	230	370	600	920	1.5	2.3	3.7	6	9.2	15	23
2 000	2 500	22	30	41	55	78	110	175	280	440	700	1 100	1.75	2.8	4.4	7	11	17.5	28
2 500	3 150	26	36	50	68	96	135	210	330	540	860	1 350	2.1	3.3	5.4	8.6	13.5	21	33

注：公称尺寸小于或等于 1 mm 时，无 IT14 至 IT8。

附表 17 优先及常用

代号		a	b	c	d	e	f	g						h
公称尺寸/mm		公差												
大于	至	11	11	*11	*9	8	*7	*6	5	*6	*7	8	*9	10
—	3	-270 -330	-140 -200	-60 -120	-20 -45	-14 -28	-6 -16	-2 -8	0 -4	0 -6	0 -10	0 -14	0 -25	0 -40
3	6	-270 -345	-140 -215	-70 -145	-30 -60	-20 -38	-10 -22	-4 -12	0 -5	0 -8	0 -12	0 -18	0 -30	0 -48
6	10	-280 -338	-150 -240	-80 -170	-40 -76	-25 -47	-13 -28	-5 -14	0 -6	0 -9	0 -15	0 -22	0 -36	0 -58
10	14	-290 -400	-150 -260	-90 -205	-50 -93	-32 -59	-16 -34	-6 -17	0 -8	0 -11	0 -18	0 -27	0 -43	0 -70
14	18													
18	24	-300 -430	-160 -290	-110 -240	-65 -117	-40 -73	-20 -41	-7 -20	0 -9	0 -13	0 -21	0 -33	0 -52	0 -84
24	30													
30	40	-310 -470	-170 -330	-120 -280	-80 -142	-50 -89	-25 -50	-9 -25	0 -11	0 -16	0 -25	0 -39	0 -62	0 -100
40	50	-320 -480	-180 -340	-130 -290										
50	65	-340 -530	-190 -380	-140 -330	-100 -174	-60 -106	-30 -60	-10 -29	0 -13	0 -19	0 -30	0 -46	0 -74	0 -120
65	80	-360 -550	-200 -390	-150 -340										
80	100	-380 -600	-220 -440	-170 -390	-120 -207	-72 -126	-36 -71	-12 -34	0 -15	0 -22	0 -35	0 -54	0 -87	0 -140
100	120	-410 -630	-240 -460	-18 -400										
120	140	-460 -710	-260 -510	-200 -450	-145 -245	-85 -148	-43 -83	-14 -39	0 -18	0 -25	0 -40	0 -63	0 -100	0 -160
140	160	-520 -770	-280 -530	-210 -460										
160	180	-580 -830	-310 -560	-230 -480										
180	200	-660 -950	-340 -630	-240 -530	-170 -285	-100 -172	-50 -96	-15 -44	0 -20	0 -29	0 -46	0 -72	0 -115	0 -185
200	225	-740 -1 030	-380 -670	-260 -550										
225	250	-820 -1 110	-420 -710	-280 -570										
250	280	-920 -1 240	-480 -800	-300 -620	-190 -320	-110 -191	-56 -108	-17 -49	0 -23	0 -32	0 -52	0 -81	0 -130	0 -210
280	315	-1 050 -1 370	-540 -860	-330 -650										
315	355	-1 200 -1 560	-600 -960	-360 -720	-210 -350	-125 -214	-62 -119	-18 -54	0 -25	0 -36	0 -57	0 -89	0 -140	0 -230
355	400	-1 350 -1 710	-680 -1 040	-400 -760										
400	450	-1 500 -1 900	-760 -1 160	-440 -840	-230 -385	-135 -232	-68 -131	-20 -60	0 -27	0 -40	0 -63	0 -97	0 -155	0 -250
450	500	-1 650 -2 050	-840 -1 240	-480 -880										

注: 带"*"者为优先选用的,其他为常用的。

配合中轴的极限偏差

μm

等级		js	k	m	n	p	r	s	t	u	v	x	y	z
*11	12	6	*6	6	*6	*6	6	*6	6	*6	6	6	6	6
0 −60	0 −100	± 3	+6 0	+8 +2	+10 +4	+12 +6	+16 +10	+20 +14	—	+24 +18	—	+26 +20	—	+32 +26
0 −75	0 −120	± 4	+9 +1	+12 +4	+16 +8	+20 +12	+23 +15	+27 +19	—	+31 +23	—	+36 +28	—	+43 +35
0 −90	0 −150	± 4.5	+10 +1	+15 +6	+19 +10	+24 +15	+28 +19	+32 +23	—	+37 +28	—	+43 +34	—	+51 +42
0 −110	0 −180	± 5.5	+12 +1	+18 +7	+23 +12	+29 +18	+34 +23	+39 +28	—	+44 +33	—	+51 +40	—	+61 +50
											+50 +39	+56 +45	—	+71 +60
0 −130	0 −210	± 6.5	+15 +2	+21 +8	+28 +15	+35 +22	+41 +28	+48 +35	—	+54 +41	+60 +47	+67 +54	+76 +63	+86 +73
									+54 +41	+61 +48	+68 +55	+77 +64	+88 +75	+101 +88
0 −160	0 −250	± 8	+18 +2	+25 +9	+33 +17	+42 +26	+50 +34	+59 +43	+64 +48	+76 +60	+84 +68	+96 +80	+110 +94	+128 +112
									+70 +54	+86 +70	+97 +81	+113 +97	+130 +114	+152 +136
0 −190	0 −300	± 9.5	+21 +2	+30 +11	+39 +20	+51 +32	+60 +41	+72 +53	+85 +66	+106 +87	+121 +102	+141 +122	+163 +144	+191 +172
							+62 +43	+78 +59	+94 +75	+121 +102	+139 +120	+165 +146	+193 +174	+229 +210
0 −220	0 −350	± 11	+25 +3	+35 +13	+45 +23	+59 +37	+73 +51	+93 +71	+113 +91	+146 +124	+168 +146	+200 +178	+236 +214	+280 +258
							+76 +54	+101 +79	+126 +104	+166 +144	+194 +172	+232 +210	+276 +254	+332 +310
0 −250	0 −400	± 12.5	+28 +3	+40 +15	+52 +27	+68 +43	+88 +63	+117 +92	+147 +122	+195 +170	+227 +202	+273 +248	+325 +300	+390 +365
							+90 +65	+125 +100	+159 +134	+215 +190	+253 +228	+305 +280	+365 +340	+440 +415
							+93 +68	+133 +108	+171 +146	+235 +210	+277 +252	+335 +310	+405 +380	+490 +465
0 −290	0 −460	± 14.5	+33 +4	+46 +17	+60 +31	+79 +50	+106 +77	+151 +122	+195 +166	+265 +236	+313 +284	+379 +350	+454 +425	+549 +520
							+109 +80	+159 +130	+209 +180	+287 +258	+339 +310	+414 +385	+499 +470	+604 +575
							+113 +84	+169 +140	+225 +196	+313 +284	+369 +340	+454 +425	+549 +520	+669 +640
0 −320	0 −520	± 16	+36 +4	+52 +20	+66 +34	+88 +56	+126 +94	+190 +158	+250 +218	+347 +315	+417 +385	+507 +475	+612 +580	+742 +710
							+130 +98	+202 +170	+272 +240	+382 +350	+457 +425	+557 +525	+682 +650	+822 +790
0 −360	0 −570	± 18	+40 +4	+57 +21	+73 +37	+98 +62	+144 +108	+226 +190	+304 +268	+426 +390	+511 +475	+626 +590	+766 +730	+936 +900
							+150 +114	+244 +208	+330 +294	+471 +435	+566 +530	+696 +660	+856 +820	+1 036 +1 000
0 −400	0 −630	± 20	+45 +5	+63 +23	+80 +40	+108 +68	+166 +126	+272 +232	+370 +330	+530 +490	+635 +595	+780 +740	+960 +920	+1 140 +1 100
							+172 +132	+292 +252	+400 +360	+580 +540	+700 +660	+860 +820	+1 040 +1 000	+1 290 +1 250

附表 18 优先及常用

代号		A	B	C	D	E	F	G	H					
公称尺寸/mm									公差					
大于	至	11	11	*11	*9	8	*8	*7	6	*7	*8	*9	10	*11
—	3	+330 +270	+200 +140	+120 +60	+45 +20	+28 +14	+20 +6	+12 +2	+6 0	+10 0	+14 0	+25 0	+40 0	+60 0
3	6	+345 +270	+215 +140	+145 +70	+60 +30	+38 +20	+28 +10	+16 +4	+8 0	+12 0	+18 0	+30 0	+48 0	+75 0
6	10	+370 +280	+240 +150	+170 +80	+76 +40	+47 +25	+35 +13	+20 +5	+9 0	+15 0	+22 0	+36 0	+58 0	+90 0
10	14	+400 +290	+260 +150	+205 +95	+93 +50	+59 +32	+43 +16	+24 +6	+11 0	+18 0	+27 0	+43 0	+70 0	+110 0
14	18													
18	24	+430 +300	+290 +160	+240 +110	+117 +65	+73 +40	+53 +20	+28 +7	+13 0	+21 0	+33 0	+52 0	+84 0	+130 0
24	30													
30	40	+470 +310	+330 +170	+280 +120	+142 +80	+89 +50	+64 +25	+34 +9	+16 0	+25 0	+39 0	+62 0	+100 0	+160 0
40	50	+480 +320	+340 +180	+290 +130										
50	65	+530 +340	+380 +190	+330 +140	+174 +100	+106 +60	+76 +30	+40 +10	+19 0	+30 0	+46 0	+74 0	+120 0	+190 0
65	80	+550 +360	+390 +200	+340 +150										
80	100	+600 +380	+440 +220	+390 +170	+207 +120	+125 +72	+90 +36	+47 +12	+22 0	+35 0	+54 0	+87 0	+140 0	+220 0
100	120	+630 +410	+460 +240	+400 +180										
120	140	+710 +460	+510 +260	+450 +200	+245 +145	+148 +85	+106 +43	+54 +14	+25 0	+40 0	+63 0	+100 0	+160 0	+250 0
140	160	+770 +520	+530 +280	+460 +210										
160	180	+830 +580	+560 +310	+480 +230										
180	200	+950 +660	+630 +340	+530 +240	+285 +170	+172 +100	+122 +50	+61 +15	+29 0	+46 0	+72 0	+115 0	+185 0	+290 0
200	225	+1 030 +740	+670 +380	+550 +260										
225	250	+1 110 +820	+710 +420	+570 +280										
250	280	+1 240 +920	+800 +480	+620 +300	+320 +190	+191 +110	+137 +56	+69 +17	+32 0	+52 0	+81 0	+130 0	+210 0	+320 0
280	315	+1 370 +1 050	+860 +540	+650 +330										
315	355	+1 560 +1 200	+960 +600	+720 +360	+350 +210	+214 +125	+151 +62	+75 +18	+36 0	+57 0	+89 0	+140 0	+230 0	+360 0
355	400	+1 710 +1 350	+1 040 +680	+760 +400										
400	450	+1 900 +1 500	+1 160 +760	+840 +440	+385 +230	+232 +135	+165 +68	+83 +20	+40 0	+63 0	+97 0	+155 0	+250 0	+400 0
450	500	+2 050 +1 650	+1 240 +840	+880 +480										

注：带“*”者为优先选用的，其他为常用的。

配合中孔的极限偏差

μm

	JS		K			M	N		P		R	S	T	U
等级														
12	6	7	6	*7	8	7	6	*7	6	*7	7	*7	7	*7
+100 0	±3	±5	0 -6	0 -10	0 -14	-2 -12	-4 -10	-4 -14	-6 -12	-6 -16	-10 -20	-14 -24	—	-18 -28
+120 0	±4	±6	+2 -6	+3 -9	+5 -13	0 -12	-5 -13	-4 -16	-9 -17	-8 -20	-11 -23	-15 -27	—	-19 -31
+150 0	±4.5	±7	+2 -7	+5 -10	+6 -16	0 -15	-7 -16	-4 -19	-12 -21	-9 -24	-13 -28	-17 -32	—	-22 -37
+180 0	±5.5	±9	+2 -9	+6 -12	+8 -19	0 -18	-9 -20	-5 -23	-15 -26	-11 -29	-16 -34	-21 -39	—	-26 -44
+210 0	±6.5	±10	+2 -11	+6 -15	+10 -23	0 -21	-11 -24	-7 -28	-18 -31	-14 -35	-20 -41	-27 -48	—	-33 -54
													-33 -54	-40 -61
+250 0	±8	±12	+3 -13	+7 -18	+12 -27	0 -25	-12 -28	-8 -33	-21 -37	-17 -42	-25 -50	-34 -59	-39 -64	-51 -76
													-45 -70	-61 -86
+300 0	±9.5	±15	+4 -15	+9 -21	+14 -32	0 -30	-14 -33	-9 -39	-26 -45	-21 -51	-30 -60	-42 -72	-55 -85	-76 -106
											-32 -62	-48 -78	-64 -94	-91 -121
+350 0	±11	±17	+4 -18	+10 -25	+16 -38	0 -35	-16 -38	-10 -45	-30 -52	-24 -59	-38 -73	-58 -93	-78 -113	-111 -146
											-41 -76	-66 -101	-91 -126	-131 -166
+400 0	±12.5	±20	+4 -21	+12 -28	+20 -43	0 -40	-20 -45	-12 -52	-36 -61	-28 -68	-48 -88	-77 -117	-107 -147	-155 -195
											-50 -90	-85 -125	-119 -159	-175 -215
											-53 -93	-93 -133	-131 -171	-195 -235
+460 0	±14.5	±23	+5 -24	+13 -33	+22 -50	0 -46	-22 -51	-14 -60	-41 -70	-33 -79	-60 -106	-105 -151	-149 -195	-219 -265
											-63 -109	-113 -159	-163 -209	-241 -287
											-67 -113	-123 -169	-179 -225	-267 -313
+520 0	±16	±26	+5 -27	+16 -36	+25 -56	0 -52	-25 -37	-14 -66	-47 -79	-36 -88	-74 -126	-138 -190	-198 -250	-295 -347
											-78 -130	-150 -202	-220 -272	-330 -382
+570 0	±18	±28	+7 -29	+17 -40	+28 -61	0 -57	-26 -62	-16 -73	-51 -87	-41 -98	-87 -144	-169 -226	-247 -304	-369 -426
											-93 -150	-187 -244	-273 -330	-414 -471
+630 0	±20	±31	+8 -32	+18 -45	+29 -68	0 -63	-27 -67	-17 -80	-55 -95	-45 -108	-103 -166	-209 -272	-307 -370	-467 -530
											-109 -172	-229 -292	-337 -400	-517 -580

附表 19　倒角与倒圆 (GB/T 6403.4—2008)

mm

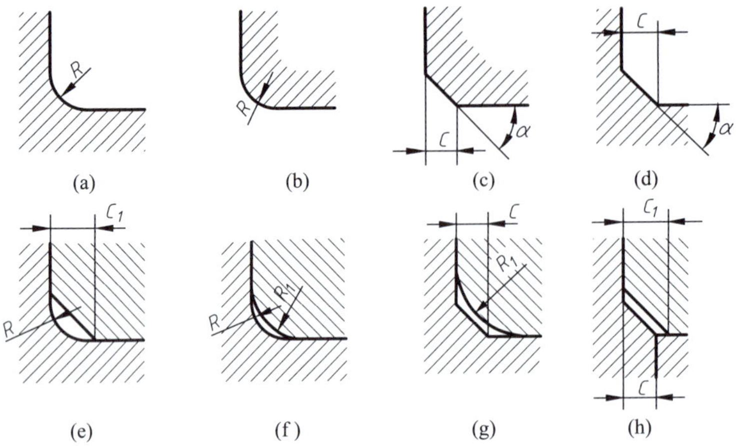

(a)　(b)　(c)　(d)

(e)　(f)　(g)　(h)

直径 D	~3		>3~6		>6~10		>10~18	>18~30	>30~50		>50~80
C、R　R_1	0.1	0.2	0.3	0.4	0.5	0.6	0.8	1.0	1.2	1.6	2.0
C_{max}（$C<0.58R_1$）	—	0.1	0.1	0.2	0.2	0.3	0.4	0.5	0.6	0.8	1.0
直径 D	>80~120	>120~180	>180~250	>250~320	>320~400	>400~500	>500~630	>630~800	>800~1 000	>1 000~1 250	>1 250~1 600
C、R　R_1	2.5	3.0	4.0	5.0	6.0	8.0	10	12	16	20	25
C_{max}（$C<0.58R_1$）	1.2	1.6	2.0	2.5	3.0	4.0	5.0	6.0	8.0	10	12

附表 20　普通螺纹退刀槽（GB/T 3—1997）

mm

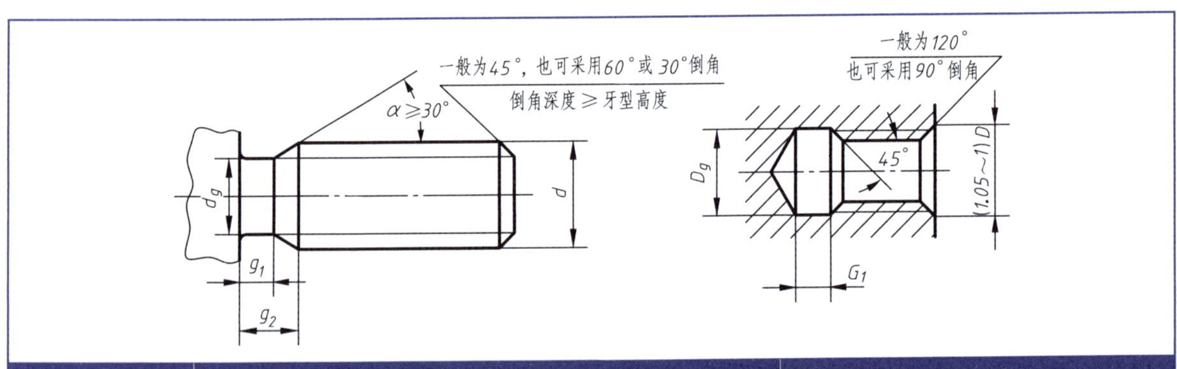

螺距	外螺纹			内螺纹	
	g_{2max}	g_{1min}	d_s	G_1	D_g
0.5	1.5	0.8	d−0.8	2	D+0.3
0.7	2.1	1.1	d−1.1	2.8	
0.8	2.4	1.3	d−1.3	3.2	

续表

螺距	外螺纹			内螺纹	
	g_{2max}	g_{1min}	d_s	G_1	D_g
1	3	1.6	d−1.6	4	D+0.5
1.25	3.75	2	d−2	5	
1.5	4.5	2.5	d−2.3	6	
1.75	5.25	3	d−2.6	7	
2	6	3.4	d−3	8	
2.5	7.5	4.4	d−3.6	10	
3	9	5.2	d−4.4	12	
3.5	10.5	6.2	d−5	14	
4	12	7	d−5.7	16	

附表 21　砂轮越程槽（GB/T 6403.5—2008）

mm

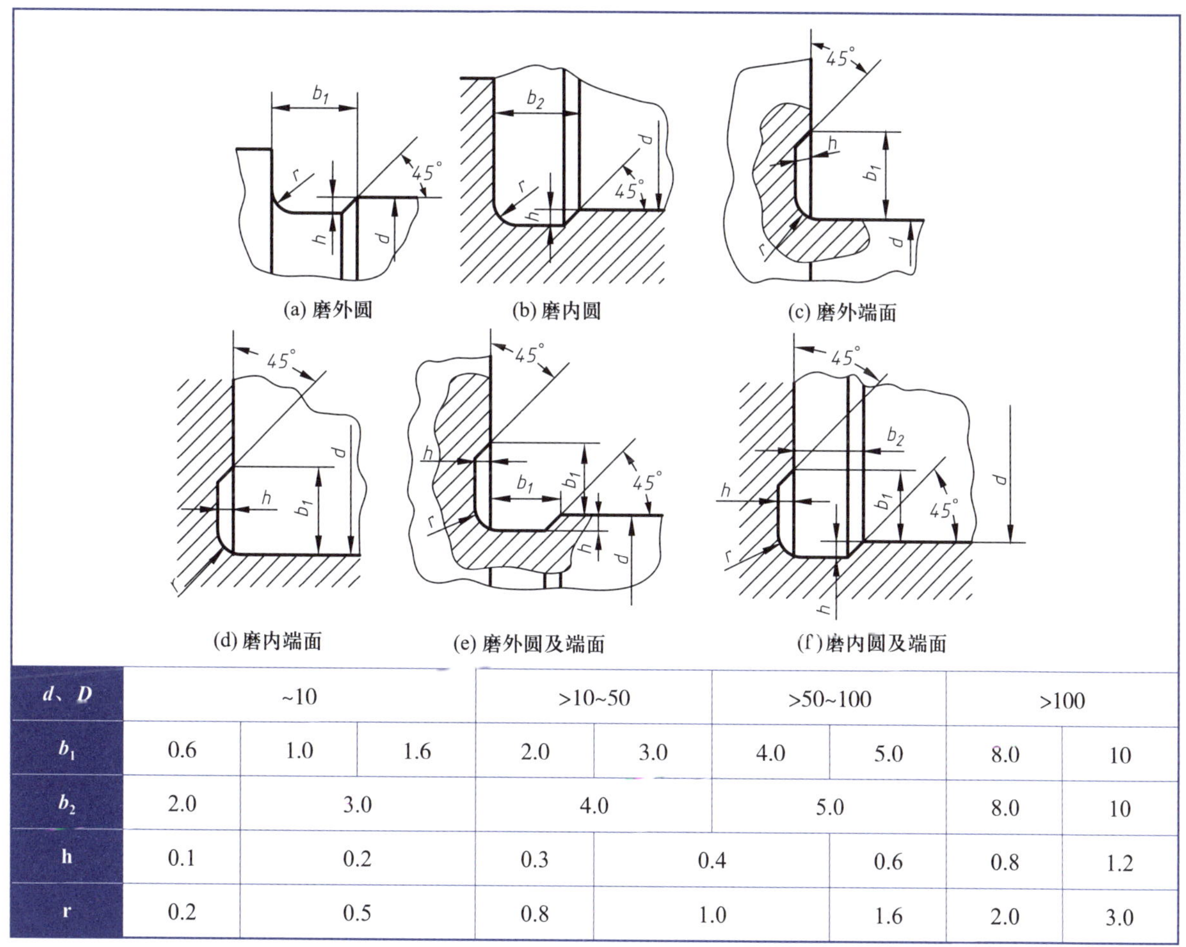

d、D	~10			>10~50		>50~100		>100	
b_1	0.6	1.0	1.6	2.0	3.0	4.0	5.0	8.0	10
b_2	2.0	3.0		4.0		5.0		8.0	10
h	0.1	0.2		0.3	0.4		0.6	0.8	1.2
r	0.2	0.5		0.8	1.0		1.6	2.0	3.0

[1] 叶玉驹，焦永和，张彤.机械制图手册［M］.5版.北京：机械工业出版社，2012.
[2] 吕守祥.机械制图［M］.北京：机械工业出版社，2007.
[3] 钱可强.机械制图［M］.6版.北京：高等教育出版社，2022.
[4] 李澄.机械制图［M］.4版.北京：高等教育出版社，2013.
[5] 叶钢.工程制图［M］.北京：清华大学出版社，2007.
[6] 金莹，程联社.机械制图项目教程［M］.2版.西安：西安电子科技大学出版社，2014.
[7] 唐克中，朱同钧.画法几何及工程制图［M］.5版.北京：高等教育出版社，2017.
[8] 金大鹰.机械制图：机械类专业［M］.5版.北京：机械工业出版社，2020.
[9] 刘朝儒，吴志军，高政一，等.机械制图［M］.5版.北京：高等教育出版社，2006.
[10] 何铭新，钱可强，徐祖茂.机械制图［M］.7版.北京：高等教育出版社，2016.
[11] 胡建生.机械制图：多学时［M］.4版.北京：机械工业出版社，2020.
[12] 赵岷.机械制图与AutoCAD［M］.西安：西北大学出版社，2006.
[13] 胡建国，汪鸣琦，李亚萍.机械工程图学［M］.2版.武汉：武汉大学出版社，2008.
[14] 蒋丹，杨培中，赵新明.现代机械工程图学［M］.3版.北京：高等教育出版社，2015.

郑重声明

读者意见反馈

为收集对教材的意见建议，进一步完善教材编写并做好服务工作，读者可将对本教材的意见建议通过如下渠道反馈至我社。

咨询电话　400-810-0598

反馈邮箱　gjdzfwb@pub.hep.cn

通信地址　北京市朝阳区惠新东街4号富盛大厦1座

　　　　　高等教育出版社总编辑办公室

邮政编码　100029